光学薄膜と成膜技術

李 正中 著
㈱アルバック 訳

アグネ技術センター

序　文

　オプトエレクトロニクス技術の発展により、この分野への光学薄膜の応用は不可欠となりつつある。薄膜に対する品質要求も年々高くなってきている。この十数年来、筆者は技術者を訓練するためにいろいろな会社に招かれた。本書の雛型はこの際の講義内容や関連資料と、国立中央大学光電科学研究所で開設された薄膜光学の講義内容でもある。

　オプトエレクトロニクス技術の発展・変化の速さには感心せざるを得ないが、これに伴い、学校で訓練を受けた学生の人数だけではとても研究機関や産業界からの人材需要を満たすことが出来ないという理由で、筆者は過去の講義や原稿を整理して一冊の本にまとめるよう要請された。更に多くの人々が本書から直接あるいは間接的に必要とする知識を得ることができる様にすることも本書を書くに至った理由の一つである。

　本書を書く上で最も多くの時間を費やしたのは各講義の中で言及した参考文献の出所や著者名の整理であった。不幸にも、既に多くの時間が経過しているのと、当時、筆者は本を書くつもりがなかったので、一部の資料については原稿が残っていなかった。幸いにも筆者が1980年からH.A.Macleod教授のご指導を賜った際に作ったノートはほぼ完全なもので、特に理論的な部分は構成が容易であったので、本書においてもその理念に基づいて第2章から第9章を著した。その中には最新の定期刊行物、会議、専門雑誌などに発表された内容や筆者の研究室における新しい情報も加えた。設計理念の一部には、過去において言及されたにも関わらず重要視されなかったが最近になって成膜技術やコンピュータ技術の大きな進歩により初めて実現の可能性が出てきたものもあるので、それらについては筆者が随時各章節の中に加えた。第10章から第14章には主に実験、新しい成膜技術、測定装置、技術に関する解説を著した。最後の第15章には光学フィルタを成膜するためのいくつかの方法を挙げた。そこには初心者が理論と実験を関連づける為の参考例が解説されている。

　薄膜光学がカバーする範囲は非常に広く、本書はそれらの全てを網羅するつもりはないが、なるべくそれら原理や重要と思われる点を参考資料とともに提

供することに苦心した。興味のある読者はこれを参考に、さらに研究を深めることができると筆者は確信する。それでも多くの至らない部分があるので、各界のご指導をお願いする次第である。

　本書の完成にあたって、H.A.Macleod 教授のご指導に深く感謝するとともに資料提供、資料整理にご協力いただいた多くの友人、学生諸君に深く感謝の意を申し上げる次第である。

李　正中 中央大學にて

1999 年 11 月 11 日

日本語版発行にあたって

　光学薄膜は、光通信、ディスプレイ、その他の光学デバイスなどの応用においてきわめて重要な分野であり、今後大きく発展することが期待されております。(株)アルバックは、かねてからこの分野の装置やプロセス技術に強く興味をもっており、次世代光学薄膜の成膜技術の開発を行ってまいりました。

　その過程で、光学薄膜技術の基礎から応用までを網羅した教科書を探していたところ、本書に出会いました。著者である李正中氏は、台湾の国立中央大学光学科学研究所の教授であり、台湾真空学会の会長も歴任されており、(株)アルバックとも古くからの友人であります。

　李教授は、同大学での薄膜光学の講義を中心に、台湾の薄膜光学技術者を育てる努力を長年続けてこられました。この本は、内容を見ていただければすぐわかりますように、光学薄膜の開発や生産に携わるすべての方々にとって、極めて貴重で実践的な教科書になるものと確信しました。そして(株)アルバックの中だけで利用するのはもったいないと思うようになり、今回、弊社内に特別のプロジェクトをつくり、日本語に翻訳し出版することに致しました。

　今回の日本語版の出版を快く了解していただいた李教授と、翻訳作業に従事された若尾琳氏、沈国華氏、高橋晴夫氏に心より感謝申し上げます。

　この本が、光学薄膜に携わる多くの方々に大いに役立つことを願っております。

　平成１４年７月

株式会社　アルバック
代表取締役社長
中村　久三

記号と略号表

A	吸収	L	損失
A, Air	空気	ℓ	レーザ共振器長
A	面積	M	1/4 波長膜厚中間屈折率膜
B	磁束密度	M	膜マトリックス
C	光速	m	次数
D	電位差	m	質量
D	電束密度	N	光学定数 $N = n-ik$
d	物理膜厚	n	屈折率
d	距離	n	膜材料蒸発パラメータ
E	電場強度	n^*	狭帯域バンドパスフィルタのキャビティ層の実効屈折率
E	等価屈折率		
F	Fabry-Perot 干渉計中の反射関数		
		nd	光学厚さ
F	力	P	充填密度
$\mathfrak{F}$	フィネス（先鋭度）	P	偏光度
G	ガラス基板	R	反射率
g	相対波数($g=\lambda_0/\lambda$),波数比	Re	実数部
H	1/4 波長膜厚高屈折率膜	S, Sub	基板
H	磁場強度	S	散乱
HV	マイクロビッカース硬さ	S	傾き
I	光強度	T	透過率
I	電流	T	温度
I	イオン流	t	時間
Im	虚数部	t	膜厚
J	電流密度	V	電圧
J	イオン流密度	W	光エネルギー（ワット）
k	消衰係数	Y	光学アドミタンス $Y = NY_0$
L	1/4 波長膜厚低屈折率膜		

Y_0, y_0	真空の光学アドミタンス	λ	波長
y	光学アドミタンス	λ_0	中心波長
z	光進行方向	λ_p	ピーク値波長
α	吸収係数	μ	透磁率
α	膜材料蒸発方位	μ	膜密度
$\alpha - i\beta$	アドミタンス軌道の実数部分と虚数部分	ν	周波数
		θ	光の膜中の位相
α	$= 2\dfrac{\pi}{\lambda}nd$ 膜の位相を表す	θ_0	入射角
		θ_B	Brewster 角
β	$= 2\dfrac{\pi}{\lambda}kd$ 膜の吸収を表す	$\theta_{B'}$	準 Brewster 角
		θ_C	臨界角
β	基板傾斜角	θ_{cone}	入射光広がり半角
β	膜柱状構造傾斜角	ρ	電荷密度
Δ	微小変化,楕円パラメータ,Π–偏光とΣ–偏光の位相差	ρ	反射係数
		ρ	膜密度
		σ	導電率
Δg	半値幅 $= 2\Delta g$	σ	表面粗さ
Δ_i	P-偏光と S-偏光アドミタンス比	σ	応力
		σ	波数
$\Delta\lambda_h$	半値幅(波長)	τ	透過係数
$\Delta\nu_h$	半値幅(周波数)	τ_C	減衰時定数
δ	膜の位相厚さ	Ω	基板公転角速度
ε	誘電率	ω	基板自転角速度
ε	微少量記号	ω	光角周波数
ϕ	位相変位	Ψ	ポテンシャル透過率
γ	対称積層系の等価厚さ	ψ	楕円パラメータ
η	斜入射時の光学アドミタンス		
η_E	斜入射時の等価屈折率		

目 次

序文 ·· i
日本語版発行にあたって ·· iii

記号と略号表 ·· iv

第1章 序論 ··· *1*

第2章 基礎理論 ··· *7*
  2.1 電磁波 ·· *7*
  2.2 単一境界での反射と透過 ··································· *16*
  2.3 単層膜の反射と透過 ······································· *36*
  2.4 多層膜の反射と透過 ······································· *56*
  2.5 多層膜マトリックスの幾つかの性質 ························· *60*
  2.6 非干渉性の場合の反射と透過 ······························· *64*

第3章 光学薄膜設計の図解法 ····································· *73*
  3.1 ベクトル図法 ··· *73*
  3.2 アドミタンス軌道法 ······································· *84*

第4章 ビームスプリッタ ··· *119*
  4.1 中性分離ミラー(ニュートラルビームスプリッタ) ············ *120*
  4.2 ダイクロイックミラー ····································· *127*
  4.3 偏光ビームスプリッタ ····································· *130*

第5章 高反射ミラー ··· *135*
  5.1 金属膜反射ミラー ··· *135*

5.2　全誘電体膜高反射ミラー ……………………………… *150*
5.3　全誘電体膜の高反射帯の広帯域化 …………………… *156*
5.4　膜損失の1/4波長積層系への影響 ……………………… *158*

第6章　エッジフィルタ …………………………………… *167*
6.1　非干渉型エッジフィルタ ……………………………… *167*
6.2　干渉型エッジフィルタ ………………………………… *169*

第7章　バンドストップフィルタ ………………………… *193*
7.1　高/低屈折率積層法 ……………………………………… *193*
7.2　傾斜屈折率膜と不均一膜法 …………………………… *195*

第8章　バンドパスフィルタ ……………………………… *205*
8.1　広帯域バンドパスフィルタ …………………………… *205*
8.2　狭帯域バンドパスフィルタ …………………………… *206*
8.3　多キャビティバンドパスフィルタ …………………… *222*
8.4　誘導透過干渉フィルタ ………………………………… *239*

第9章　斜入射のときの薄膜 ……………………………… *249*
9.1　斜入射における薄膜屈折率の修正 …………………… *249*
9.2　斜入射時における光学アドミタンスの修正 ………… *251*
9.3　非偏光膜 ………………………………………………… *256*
9.4　斜入射特性の応用 ……………………………………… *270*

第10章　光学薄膜の作製方法 …………………………… *273*
10.1　ウェット（液相）成膜法 ……………………………… *273*
10.2　ドライ（気相）成膜法 ………………………………… *276*
10.3　増エネルギー、アシストその他の方法 ……………… *300*

第 11 章　光学薄膜の特性と作製技術の進歩 ……… 301
11.1　膜質改善のための各種成膜方法 ……… 311
11.2　併用式改善法 ……… 328
11.3　単一材料による多層膜作製 ……… 333
11.4　膜の微視的構造と複屈折性 ……… 336

第 12 章　膜厚の均一性及び膜厚の監視 ……… 341
12.1　膜厚分布の理論解析 ……… 341
12.2　基板支持治具及び膜厚監視法の選択 ……… 353

第 13 章　薄膜の光学特性の測定 ……… 365
13.1　薄膜の光学定数の測定 ……… 365
13.2　薄膜の透過率、反射率、吸収及び散乱の測定 ……… 376
13.3　薄膜の充填密度の測定 ……… 388
13.4　薄膜表面形状及び粗さの測定 ……… 389
13.5　薄膜の硬度、耐摩耗性、付着性及び耐環境性 ……… 394
13.6　薄膜の応力の測定 ……… 398
13.7　薄膜の微視的構造の解析 ……… 403
13.8　薄膜の成分分析 ……… 404
13.9　薄膜のレーザー損傷閾値の測定 ……… 405

第 14 章　光学薄膜材料 ……… 411
14.1　光学薄膜に対する基本要求 ……… 411
14.2　よく使われる光学薄膜の成膜と性質 ……… 418
14.3　毒性 ……… 426

第 15 章　光学フィルタの成膜例 ……… 429
15.1　フィルタの設計 ……… 429
15.2　基板の準備 ……… 435

15.3	成膜と膜厚の監視	*436*
15.4	光学特性の検査	*438*
15.5	非光学特性の検査	*439*
15.6	成膜装置の掃除	*440*

付録1　光学薄膜材料の特性 ……………………………………… *443*

付録2　薄膜光学原理、製作と計測に関する参考文献と会議
　　　　　　　　　　　　　　………………………………………… *448*

索引 ……………………………………………………………………… *451*

第1章　序論

　光学薄膜とは光学素子や基板上に積層した単層または多層の誘電体膜，金属膜、或いは両者の組合せによって作られる膜で、光波の伝播特性を変化させるものである。光学分野として薄膜光学は光が薄膜を通過するとき起こる現象、則ち透過、反射、吸収、散乱、偏光、位相変化などの原理を研究する学問であると同時に、単層及び多層からなる各種光学薄膜の設計や製造技術などを含むものである。

　光学薄膜の研究は1817年にFraunhoferが酸腐蝕を利用して反射防止膜を製造したことから始まったが、真の発展は真空蒸着装置が現れた1930年以降である。光学薄膜の研究開発は軍事需要によって大幅に発展した。第二次世界大戦後、光学部品の光学特性に対する要求仕様は更に高くなり、それに応じて光学薄膜理論及び各種設計方法が相次いで提案され、高性能薄膜の開発が行われてきた。その結果光学薄膜はいっそう重要視されることになった。コンピュータの誕生で、設計はより容易になり、光学薄膜研究の発展は更に加速した。その結果、今日では光学薄膜も様々な分野で広く使われるようになってきた。例えば、光学機器、発光素子、カラー表示器、エネルギー制御、光通信、干渉計、人工衛星、ミサイル、半導体レーザ、MEMS、情報産業機器、光集積回路やセンサー、更には日常使われるようなメガネやサングラスなどに至るまで、その用途は広い範囲に及んでいる。今日ではほとんどの光学機器に光学薄膜が使われている。特にレーザシステム、高性能測定器、光通信システム用部品等に対しては、薄膜の高品質化が要求されている。

　基本的に、光学薄膜は干渉効果によりその機能を発揮する。簡単な例としては、石鹸の泡の膜、金属表面の酸化膜、水面上に浮かぶ油膜の色等があげられ、それらは単層膜の干渉効果と見なせる。膜中で光の干渉現象が観察されるとき、その膜は薄く、そうでなければ厚いと見なす。干渉現象が観察されるか否かは

第1章 序論

膜の厚さにのみ関係するのではなく光源の可干渉性やセンサーの種類にも関わってくる。一般に膜の厚さが波長の数倍以下であればその膜は薄いと考える。膜に比べると、それを支える基板の厚さは普通1cm以上あるので厚いと考える。

薄膜上での光の干渉は数百本以上の波束によって生じるが、この効果は波長に強く依存する。光学薄膜を通過した後、透過率、反射率、偏光状態、位相などの光スペクトルは変化を起こす。これらの変化を含めて光学薄膜は次に示すような機能を有する。

- 反射率の増加または透過率の低下
- 反射率の低下または透過率の増加
- 分離効果（例：中性分離、二色分離、偏光分離）
- フィルタ作用（例：バンドパスフィルタ、バンドストップフィルタ、短波長透過フィルタ（SPF）、長波長透過フィルタ（LPF））
- 輻射熱と放射率の制御
- 光量の調節
- 位相の調整
- 光導波路、光スイッチ、光集積回路への応用
- 色温度変換機能
- 光情報メモリ化への応用
- 液晶ディスプレーの視認性の効率化
- カラーディスプレー
- 紙幣や有価証券の偽造防止機能用部品

膜中での光干渉の結果観察される量、例えば反射率Rなどは薄膜自身とその両側の媒質の屈折率nに関係する。位相変化も同様である。

図1-1に示すように基板のない単層膜、例えば石鹸の泡の膜ではその反射強度が光学膜厚 nd に対して周期的に変化する。nd が 1/4 波長の奇数倍のとき、反射率 R は最大になる。このような波長に対して薄膜は強い反射を引き起こすが他の波長に対してはこの特性を持たないので、結果として色彩が現れる。

基板のある単層膜については、光が干渉作用によって強め合う干渉となるか

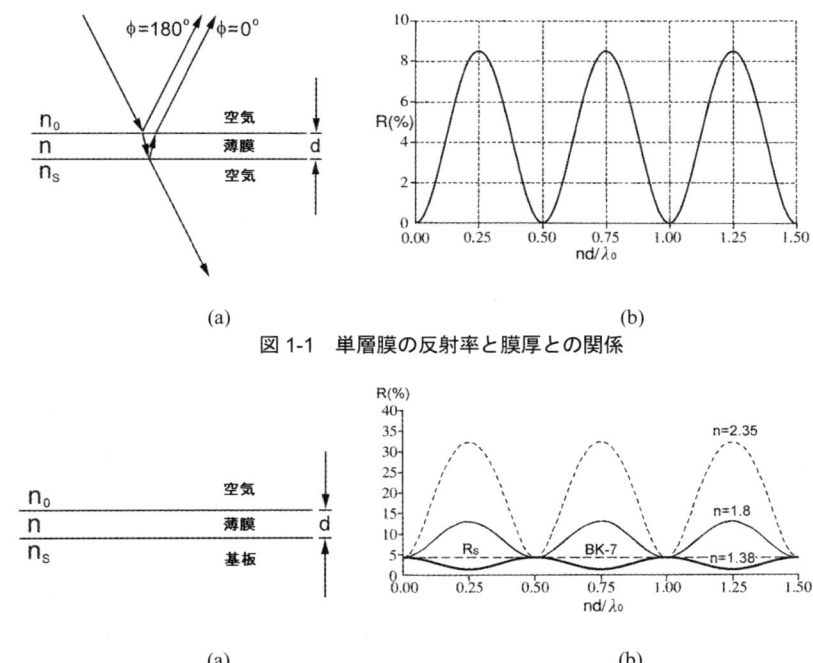

図 1-1　単層膜の反射率と膜厚との関係

図 1-2　基板(屈折率 n_s)上での単層膜(屈折率 n)の反射率変化

打ち消し合う干渉となるかによって反射率が高くなったり低くなったりするが、これは膜と基板の屈折率によって定まる。図 1-2 で、R_s は基板の反射率、n は単層膜の屈折率、n_s は基板の屈折率である。$n > n_s$ の場合、反射率は高くなる可能性があるが、$n < n_s$ の場合には反射率は低くなる可能性がある。$n < n_s$ の場合、nd が 1/4 波長のとき反射率は最小値を持つ。これが反射防止膜の基本理論である。各層の境界面で発生した電磁波の変化や干渉については次の章で詳しく説明する。

　理想的な膜システム、例えばバンドパスフィルタやエッジフィルタなどは図 1-3 に示される特性を持つ。

　しかし、通常、実際に出来上がるのは図 1-4 に示される特性を持つ膜である。図中で $\Delta\lambda_h$ は半値幅、λ_0 は中心波長、λ_p は最大透過率波長、λ_c はカット波

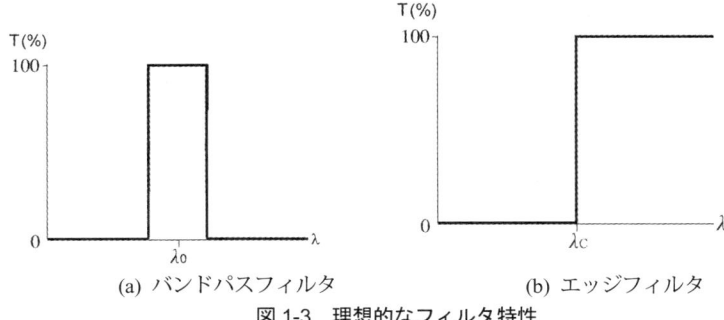

(a) バンドパスフィルタ　　　　(b) エッジフィルタ
図 1-3　理想的なフィルタ特性

長であり、LK は副透過帯、SB は透過帯、RP はリップル、ST は阻止帯域である。理想的な特性を得るためには一歩進んだ設計が必要である。この設計理論については後の各章で詳しく説明する。

　光学薄膜の製作は理論設計の実現である。理論設計は成膜方法に関係するだけでなく、膜を支える基板の表面状態や材質と密接な関係を持っている。これらについては第 10 章以降で説明する。

　薄膜が柱状構造になる、軟らかすぎる、付着性が悪いなどの状態になる主な原因として、成膜する際の各原子・分子の運動エネルギーの低さがあげられる。蒸発する原子・分子の運動エネルギーが増加すれば、膜の質は向上する可能性がある。そのためには新しい成膜の手法が必要であり、このことについては第 11 章で説明する。

　成膜された膜の均一性は生産量と製造コストに影響するだけでなく、膜の品質にも影響する。この話と膜厚の監視については第 12 章で説明する。

　薄膜の特性がバルク材料(bulk material)の特性と異なる点としては構造の不均一性やピンホールの存在などがある。基本的に薄膜の構造は柱状であり、これは膜の光学特性（光学的安定性など）と非光学特性（機械的強度や硬度）に影響を与える。各特性の測定方法は第 13 章で説明する。

　今日では、光学薄膜製造における難点は設計ではなく、むしろ成膜の方法にある。つまり設計通りの光学定数や厚さを有する薄膜を製造するには更に新しい成膜方法の開発が重要なのである。

第1章 序論

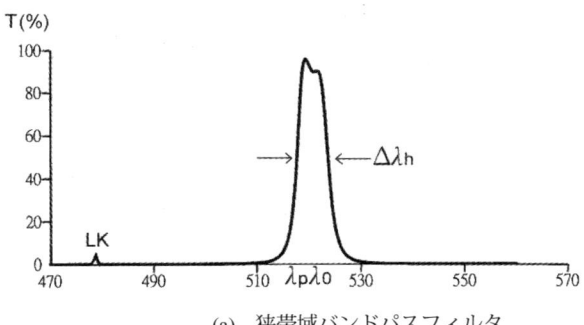

(a) 狭帯域バンドパスフィルタ

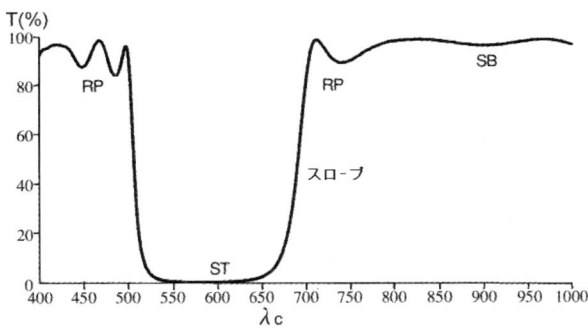

(b) エッジフィルタ

図 1-4 実際に出来上がったフィルタの特性

練習問題

1. 自然界の動植物で、光学薄膜を有するものを 5 種類挙げなさい。
2. 科学計測機器、工業製品または生活用品の中から、光学薄膜を有するものを 10 種類挙げなさい。
3. 針金の輪を垂直方向にして石鹸の膜を作る。この膜の反射光について垂直方向の色彩変化の様子を説明し、その理由を説明しなさい。
4. 金属表面酸化により現れる色から、酸化膜の厚さを計算することができるか答えなさい。
5. 第 3 問の石鹸の泡に現れる色と、虹色が現れる時の発生原理の違いについて説明しなさい。
6. 第 3 問の石鹸の泡に現れる色と、羽毛を透過する太陽光が呈する色との発生原理の違いについて説明しなさい。

第 2 章　基礎理論

　元来、光学薄膜の機能は光の波としての性質によって説明できる。ここでは薄膜とそれに作用する光の記述に波を用いる。太陽やタングステン電球、或いはその他光源から発する光は全て電磁波と見なせる。異なる光源はそれぞれ異なる強度とスペクトルを有するが、理論上は全ていくつかの連なった平面波の重ね合わせと見なすことができる。故に、膜中と境界面上における光の振る舞いは単色平面波の挙動を解析することから得られるのである。

2.1　電磁波

　電磁波の数学的モデルはマックスウェル方程式を解くことによって得られる。等方性媒質と通常の異方性媒質（媒質の光学定数の変化は膜に垂直な方向のみに依存する。これを不均一膜と呼ぶ。）に対して、マックスウェル方程式と相関物質の方程式は次のように表される。（国際単位制 SI units を用いる）

$$\nabla \times E = -\frac{\partial B}{\partial t} \tag{2-1}$$

$$\nabla \times H = J + \frac{\partial D}{\partial t} \tag{2-2}$$

$$\nabla \cdot D = \rho \tag{2-3}$$

$$\nabla \cdot B = 0 \tag{2-4}$$

$$J = \sigma E \ ; \ D = \varepsilon E \ ; \ B = \mu H \tag{2-5}$$

上式中の各記号の意味と単位は表 2-1 に示す。

　各単位の中で V はボルト(Volt)，A はアンペア(Ampere)，C はクーロン(Coulomb)，T はテスラ (Tesla)，S はジーメンス (Siemens)，F はファラッド (Farad)，H はヘンリー (Henry)である。

第2章 基礎理論

表2-1 媒質と電磁場関連物理量の記号と意味及び単位

記号	物理意味	単位
E	電場強度	V/m
H	磁場強度	A/m
D	変位電場	C/m^2
B	磁束密度	T
J	電流密度	A/m^2
ρ	電荷密度	C/m^3
σ	電気伝導率	S/m
ε	誘電率	F/m
μ	透磁率	H/m

　式(2-1)から(2-4)はマクスウェルの電磁波方程式であり、James Clerk Maxwellによって1864年に完成された。この方程式は電磁場間の相互変化の関係を説明している。式(2-5)は媒質による電磁場への影響を示す。σ, ε, μは媒質の物性物理量で、等方性媒質の場合にはスカラー量となるが異方性媒質ではテンソルとなる。そして線形等方性媒質の場合、σ, ε, μはEとHの関数ではなく、定数となる。

　上述の各式を解くと平面波の方程式が得られる。解く方法を次に示す。電荷のない媒質中では

$$\nabla \cdot D = \nabla \cdot (\varepsilon E) = \varepsilon \nabla \cdot E + E \cdot \nabla \varepsilon = 0$$
$$\therefore \nabla \cdot E = -E \cdot \frac{\nabla \varepsilon}{\varepsilon} = -E \cdot \nabla(\ln \varepsilon)$$

が得られ、恒等式 $\nabla \times \nabla \times E = \nabla(\nabla \cdot E) - \nabla^2 E$ より次式が得られる。

$$\nabla \times (-\frac{\partial}{\partial t}\mu H) = \nabla[-E \cdot \nabla(\ln \varepsilon)] - \nabla^2 E$$
$$\therefore -\frac{\partial}{\partial t}[\mu \nabla \times H + (\nabla \mu) \times H] = \nabla[-E \cdot \nabla(\ln \varepsilon)] - \nabla^2 E$$
$$\therefore -[\mu\sigma\frac{\partial E}{\partial t} + \mu\varepsilon\frac{\partial^2 E}{\partial t^2} + (\nabla\mu)\times\frac{\partial H}{\partial t}] = \nabla[-E \cdot \nabla(\ln \varepsilon)] - \nabla^2 E$$
$$\therefore \nabla^2 E + \nabla[E \cdot \nabla(\ln \varepsilon)] = \mu\sigma\frac{\partial E}{\partial t} + \mu\varepsilon\frac{\partial^2 E}{\partial t^2} - \frac{\nabla\mu}{\mu}\times(\nabla \times E)$$

上記方程式の解を次式のような平面波と仮定し、方程式に代入すると

第 2 章　基礎理論

$$E = E(xyz)e^{i\omega t}$$

であり、式は次のようになる。

$$\nabla^2 E + \nabla[E \cdot \nabla(\ln\varepsilon)] = (i\mu\sigma\omega - \mu\varepsilon\omega^2)E - \nabla(\ln\mu)\times(\nabla\times E)$$
$$= -\mu\varepsilon_c\omega^2 E - \nabla(\ln\mu)\times(\nabla\times E)$$

但し

$$\varepsilon_c = \varepsilon - i\frac{\sigma}{\omega} \tag{2-6}$$

である。従って、電場に関する方程式は次式のようになる。

$$\nabla^2 E + \omega^2\mu\varepsilon_c E + \nabla[E \cdot \nabla(\ln\varepsilon)] + \nabla(\ln\mu)\times(\nabla\times E) = 0 \tag{2-7}$$

同様に、マクスウェル方程式中の電場を消去すると、次の様な磁場に関する方程式が得られる。

$$\nabla^2 H + \omega^2\mu\varepsilon_c H + \nabla[H \cdot \nabla(\ln\mu)] + \nabla(\ln\varepsilon_c)\times(\nabla\times H) = 0 \tag{2-8}$$

　電場の周波数が光の範囲では、物質のμの値は定数μ_0 ($\mu_0 = 4\pi\times 10^{-7}$ H/m)によって近似できる。膜が oxy 平面に平行で、且つ媒質は不均一性媒質（光学定数は z のみの関数）であるとすると、式(2-7)と(2-8)は次のように簡単化できる。

$$\nabla^2 E + \omega^2\mu\varepsilon_c E + \nabla(E_z \cdot \frac{\partial \ln\varepsilon}{\partial z}) = 0 \tag{2-9}$$

$$\nabla^2 H + \omega^2\mu\varepsilon_c H + \nabla(\ln\varepsilon_c)\times(\nabla\times H) = 0 \tag{2-10}$$

2.1.1　TE-偏光

　TE-偏光とは、入射平面(oxz 平面とする)に対して光の電場が垂直に振動する偏光(＝S-偏光)を言う。このとき y 方向の電場ベクトル E_y は 0 でないので、式(2-9)は次のようになる。

$$(\frac{\partial^2}{\partial x^2} + \frac{\partial^2}{\partial z^2})E_y + \omega^2\mu\varepsilon_c E_y = 0 \tag{2-11a}$$

第 2 章　基礎理論

S-偏光に対して、式(2-2)は次のように書ける。

$$\nabla \times H = \hat{j}(\sigma E_y + i\varepsilon\omega E_y) = \hat{j}(i\varepsilon_c \omega E_y)$$

但し

$$(\nabla \times H) = \begin{vmatrix} \hat{i} & \hat{j} & \hat{k} \\ \frac{\partial}{\partial x} & \frac{\partial}{\partial y} & \frac{\partial}{\partial z} \\ H_x & H_y & H_z \end{vmatrix} = \hat{i} \cdot A + \hat{j}(\frac{\partial}{\partial z}H_x - \frac{\partial}{\partial x}H_z) + \hat{k} \cdot B$$

上記 2 式を比較すると、A＝B＝0 であるのが分かる。式(2-1)より S-偏光(E_y のみ 0 でない)に対して $H_y=0$ なので、A＝B＝0、則ち $\frac{\partial H_z}{\partial y} = 0 = -\frac{\partial H_x}{\partial y}$ であることも説明できる。故に式(2-10)の左辺第 3 項は次のようになる。

$$\nabla(\ln\varepsilon_c) \times (\nabla \times H) = \begin{vmatrix} \hat{i} & \hat{j} & \hat{k} \\ 0 & 0 & \frac{\partial}{\partial z}\ln\varepsilon_c(z) \\ 0 & (\frac{\partial}{\partial z}H_x - \frac{\partial}{\partial x}H_z) & 0 \end{vmatrix}$$

$$= \hat{i}(\frac{\partial}{\partial x}H_z - \frac{\partial}{\partial z}H_x) \cdot \frac{\partial}{\partial z}\ln\varepsilon(z)$$

従って、式(2-10)より $\hat{i}$ 方向と $\hat{k}$ 方向の磁場方程式はそれぞれ次のようになる。

$$(\frac{\partial^2}{\partial x^2} + \frac{\partial^2}{\partial z^2})H_x + \omega^2\varepsilon_c\mu H_x + \frac{\partial}{\partial z}\ln\varepsilon \cdot (\frac{\partial}{\partial x}H_z - \frac{\partial}{\partial z}H_x) = 0 \qquad (2\text{-}11b)$$

$$(\frac{\partial^2}{\partial x^2} + \frac{\partial^2}{\partial z^2})H_z + \omega^2\varepsilon_c\mu H_z = 0 \qquad (2\text{-}11c)$$

上記の式(2-11)は S-偏光を記述する電磁波方程式である。

2.1.2　TM-偏光

TM-偏光は入射平面に対して電場が平行に振動する偏光(＝P-偏光)である。こ

第2章 基礎理論

のとき $H = \hat{j}H_y$ であるから、上述の S-偏光と同様に空間座標に対する電場変化は oxz 平面内だけで起こる。y 方向の変化量は $\frac{\partial}{\partial y} = 0$ である。式(2-1)より

$$E_y = 0$$

$$\frac{\partial}{\partial y}E_z = 0 = -\frac{\partial}{\partial y}E_x$$

$$\frac{\partial}{\partial z}E_x - \frac{\partial}{\partial x}E_z = -i\mu\omega H_y$$

が導かれる。また $\nabla \times H = -\hat{i}\frac{\partial H_y}{\partial z} + \hat{k}\frac{\partial H_y}{\partial x}$ より

$$\nabla(\ln\varepsilon_c) \times (\nabla \times H) = \begin{vmatrix} \hat{i} & \hat{j} & \hat{k} \\ 0 & 0 & \frac{\partial}{\partial z}\ln\varepsilon_c \\ -\frac{\partial H_y}{\partial z} & 0 & \frac{\partial H_y}{\partial x} \end{vmatrix} = -\hat{j}\frac{\partial}{\partial z}\ln\varepsilon_c \cdot \frac{\partial}{\partial z}H_y$$

が得られ、従って磁場の方程式(2-10)は次のようになる。

$$(\frac{\partial^2}{\partial x^2} + \frac{\partial^2}{\partial z^2})H_y + \omega^2\mu\varepsilon_c H_y - \frac{\partial}{\partial z}\ln\varepsilon_c \cdot \frac{\partial H_y}{\partial z} = 0 \qquad (2\text{-}12a)$$

次に、P-偏光の電場成分の変化を考える。条件 $\varepsilon = \varepsilon(z)$ と y 方向の変化量が 0 であることに注意すると、式(2-9)の左辺の第3項は次のようになる。

$$\nabla(E_z \cdot \frac{\partial \ln\varepsilon}{\partial z}) = \hat{i}(\frac{\partial}{\partial x}E_z \cdot \frac{\partial \ln\varepsilon}{\partial z}) + \hat{k}(\frac{\partial}{\partial z}E_z\frac{\partial \ln\varepsilon}{\partial z} + E_z\frac{\partial^2 \ln\varepsilon}{\partial z^2})$$

故に、$\hat{i}$ と $\hat{k}$ 方向の電場の変化量はそれぞれ次式になる。

$$(\frac{\partial^2}{\partial x^2} + \frac{\partial^2}{\partial z^2})E_x + \omega^2\mu\varepsilon_c E_x + \frac{\partial}{\partial x}E_z\frac{\partial}{\partial z}\ln\varepsilon = 0 \qquad (2\text{-}12b)$$

$$(\frac{\partial^2}{\partial x^2} + \frac{\partial^2}{\partial z^2})E_z + \omega^2\mu\varepsilon_c E_z + \frac{\partial}{\partial z}E_z\frac{\partial}{\partial z}\ln\varepsilon + E_z\frac{\partial^2}{\partial z^2}\ln\varepsilon = 0 \qquad (2\text{-}12c)$$

第 2 章　基礎理論

式(2-12)は P-偏光の電磁波方程式である。

特殊な場合 A: 正方向に進む P-偏光では $E = \hat{i}E_x$ なので、式(2-12)は次のように簡単化できる。

$$\frac{\partial^2 E_x}{\partial z^2} + \omega^2 \mu \varepsilon_c E_x = 0 \tag{2-13a}$$

$$\frac{\partial^2}{\partial z^2} H_y + \omega^2 \mu \varepsilon_c H_y - \frac{\partial \ln \varepsilon_c}{\partial z}\frac{\partial H_y}{\partial z} = 0 \tag{2-13b}$$

特殊な場合 B: 等方性媒質に対して、式(2-7)と(2-8)を簡単化すると次のような d'Alembert 方程式になる。

$$\nabla^2 G + \omega^2 \mu \varepsilon_c G = 0 \tag{2-14}$$

但し、G=E、または G=H である。故に、次のような直線偏光の単色平面波が得られる。

$$G = \hat{a} G_0 e^{i(\omega t - \vec{k}\cdot\vec{r})} \tag{2-15}$$

$\vec{k}$ は電磁波の媒質中の波数ベクトルである。$\vec{S}$ を単位ベクトルとすると $\vec{k} = K\vec{S}$ である。$\vec{S}$ と $\vec{r}$ は以下に示される。

$$\hat{S} = \hat{i}\sin\theta + \hat{k}\cos\theta$$
$$\vec{r} = \hat{i}x + \hat{j}y + \hat{k}z$$

$\hat{a}$ は電磁波の振動方向の単位ベクトルである。
P-偏光の場合には、電場が oxz 平面で角度 β の方向に振動すると、次のように表される。

$$E = (\hat{i}\sin\beta + \hat{k}\cos\beta)E_0 e^{i[\omega t - K(x\sin\theta + z\cos\theta)]} \tag{2-16a}$$

$$H = \hat{j}H_y = \hat{j}H_0 e^{i[\omega t - K(x\sin\theta + z\cos\theta)]} \tag{2-16b}$$

媒質が等方性のとき、ε は定数であるから、上式を(2-12)に代入すると、次式が得られる。

第2章　基礎理論

$$K^2 = \omega^2 \mu \varepsilon_c = K_0^2 N^2$$

ここで、$K_0 = \dfrac{2\pi}{\lambda} = \dfrac{\omega}{c}$ は真空中での光の波数で、$\lambda = \dfrac{c}{\nu}$ は真空中での波長である。$\nu = \dfrac{\omega}{2\pi}$ は周波数で、$c = \dfrac{1}{\sqrt{\varepsilon_0 \mu_0}}$ は光の速度である。故に、$N^2 = \mu \varepsilon_c c^2$ は媒質の光学定数を表す。

$N = n - ik$ とし

$$\varepsilon_c = \varepsilon_r - i\varepsilon_i = \varepsilon - i\dfrac{\sigma}{\omega}$$

とすると

$$\omega^2 \mu \varepsilon - i\omega \sigma \mu = \dfrac{\omega^2}{c^2}(n^2 - k^2) - i\dfrac{\omega^2}{c^2} 2nk$$

$$2nk = \dfrac{\mu \sigma c^2}{\omega} = \dfrac{\mu \sigma}{\mu_0 \varepsilon_0 \omega} \quad \therefore n^2 - k^2 = \mu \varepsilon c^2 = \dfrac{\mu \varepsilon}{\mu_0 \varepsilon_0}$$

または

$$\left.\begin{matrix} n^2 \\ k^2 \end{matrix}\right\} = \dfrac{1}{2}\mu c^2 [\sqrt{\varepsilon_r^2 + \varepsilon_i^2} \pm \varepsilon_r] = \dfrac{1}{2}\mu c^2 [\sqrt{\varepsilon^2 + \dfrac{\sigma^2}{\omega^2}} \pm \varepsilon]$$

と書ける。電場の周波数が光の範囲では、$\mu \approx \mu_0$ で、非導電性媒質では $\sigma = 0$ であるから、$k = 0$, $n^2 = \mu_0 \varepsilon c^2 = \varepsilon / \varepsilon_0$ であることが分かる。次に、式(2-15)と光学定数 N を比較すると、N の物理的意味が分かる。

$$\vec{G} = \vec{a} G_0 e^{-\frac{2\pi}{\lambda} kd} e^{i[\omega t - \frac{2\pi}{\lambda} nd]} \tag{2-17}$$

但し、$d = x\sin\theta + z\cos\theta$ は光が位相速度 $\upsilon = \dfrac{c}{n}$ で走行した距離で、nd は光が走行した光学的な厚さを示す。電場の強度は、進行距離に対して指数関数的に減衰することが分かる。この k を消衰係数という。電気伝導体の中では $\sigma \gg \omega\varepsilon$ なので、則ち $k \gg n$、故に電場の強度は d の増加とともに急激に減少

する。これは、電気伝導体の内部では電場の強度が0となることを示している。nは一般にいう屈折率である。またここでは便宜上、Nも屈折率と呼ぶ。

等方性媒質に対しては $\nabla \cdot E = -E\nabla \ln \varepsilon = 0$ であるから、式(2-16a)より、

$$\nabla \cdot E = \frac{\partial}{\partial x}E + \frac{\partial}{\partial z}E = ik[\sin\beta\sin\theta + \cos\beta\cos\theta]E_0 = 0$$

が分かる。則ち

$$\cos(\theta - \beta) = 0$$
$$\therefore \theta = \beta \pm \frac{\pi}{2}$$

であり、電場の方向は光の進行方向に対して垂直である。式(2-2)より、P-偏光の場合は

$$\nabla \times H = -\hat{i}\frac{\partial H_y}{\partial z} + \hat{k}\frac{\partial H_y}{\partial x} = i\omega\varepsilon_c E$$

であるから、式(2-16b)を代入することにより

$$iH_0K[\hat{i}\cos\theta - \hat{k}\sin\theta]e^{i[\omega t - K(x\sin\theta + z\cos\theta)]}$$
$$= i\omega\varepsilon_c E_0[\hat{i}\sin\beta + \hat{k}\cos\beta]e^{i[\omega t - K(x\sin\theta + z\cos\theta)]}$$

となり、$\theta = \beta \pm \frac{\pi}{2}$ なので

$$\therefore KH_0 = \omega\varepsilon_c E_0$$

と表される。媒質中の磁場強度と電場強度の比をYで表し、媒質の光学アドミタンスと呼ぶことにする。従ってYは

$$Y = \frac{H_0}{E_0} = \frac{\omega\varepsilon_c}{K} = \frac{\varepsilon_c}{\sqrt{\mu\varepsilon_c}} = \sqrt{\frac{\varepsilon_c}{\mu}} = \frac{\sqrt{\mu\varepsilon_c}}{\mu} = \frac{N}{\mu c} = NY_0\left(\frac{\mu_0}{\mu}\right) \quad (2\text{-}18)$$

と表される。電場の周波数が光の範囲では、$\mu_0 \approx \mu$ であるから $Y = NY_0$ である。

第2章 基礎理論

$Y_0 = \sqrt{\varepsilon_0/\mu_0}$ は自由空間光学アドミタンスで、その値は $\frac{1}{377}$ オームである。これを単位とすると、媒質の屈折率は数値的には光学アドミタンスと等値、則ち Y=N である。今後特別に断りがない限り、本書ではこの考えを使う。

ベクトルの符号を考えると、次式が得られる。

$$H = Y \left[\hat{S} \times E\right] \tag{2-19}$$

式(2-17)と式(2-19)は等方性媒質における単色平面波の挙動を説明している。このとき振幅平面は等位相平面に平行である。これが均質波の性質である。この性質は非均質波の場合には存在しない。例えば、吸収媒質へ斜め方向に入射する波面の場合などがそうである。

光学薄膜は干渉によって入射光の振幅を、つまりは入射光のエネルギー流量を分割する。エネルギー流量は可観測量で、光の強度 I はポインティングベクトル P の平均値で表すことが出来る。則ち

$$\begin{aligned}
I &= <P> = <E \times H> \\
&= <\text{Re}[E(x,y,z)e^{i\omega t}] \times \text{Re}[H(x,y,z)e^{i\omega t}]> \\
&= \frac{1}{4} <(Ee^{i\omega t} + E^* e^{-i\omega t}) \times (He^{i\omega t} + H^* e^{-i\omega t})> \\
&= \frac{1}{4} <E \times H e^{i2\omega t} + E^* \times H^* e^{-i2\omega t} + E^* \times H + E \times H^*>
\end{aligned}$$

である。上の2つ目の式で、Re は実数部分を表す。4つ目の式のはじめの2項の平均は0であるため

$$\begin{aligned}
I &= \frac{1}{2} \text{Re}(E \times H^*) \\
&= \frac{1}{2} \text{Re}(Y)|E|^2 \tag{2-20} \\
&= \frac{1}{2} n Y_0 |E|^2 \tag{2-21}
\end{aligned}$$

となる。式(2-17)で G = E を代入すると、光の強度は

第 2 章　基礎理論

$$I = \frac{1}{2} n Y_0 |E_0|^2 e^{-\frac{4\pi}{\lambda}kd}$$
$$= I_0 e^{-\alpha d} \qquad (2\text{-}22)$$

となる。これは電磁波の強度が指数関数的に減衰しながら伝播していくことを意味する。$\alpha = \frac{4\pi}{\lambda}k$ を吸収係数という。光のエネルギーWは

$$W = I \cdot A \qquad (2\text{-}23)$$

である。A は入射する光束の垂直断面積である。

2.2　単一境界面での反射と透過

磁場の挙動は電場と同様だが、振動方向が電場に垂直であり速度を持って運動している電子へ作用する。しかし光の周波数に比べると電子の速度は小さいので、電場が及ぼす相互作用の大きさのほうが磁場のそれよりはるかに大きい。この先の議論を、主に電場方程式を用いて説明するのはこのためである。

電場の方向及び記号に関する取り決めは図2-1に従う。

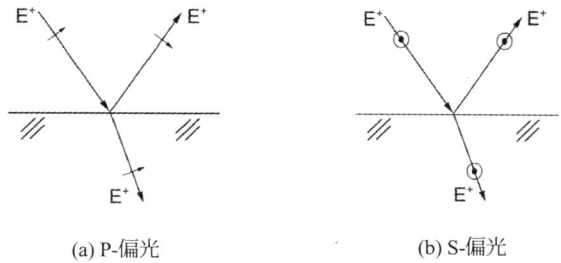

(a) P-偏光　　　　　　　　(b) S-偏光

図2-1　電場の方向と記号の定義

光が媒質 N_0 から媒質 N_1 へ入射するとき、その境界面 $z = 0$ では図2-2に示すようにそれぞれ

入射波は $e^{i\left[\omega_i t - \frac{2\pi}{\lambda} N_0 (x\sin\theta_i + z\cos\theta_i)\right]}$

第 2 章 基礎理論

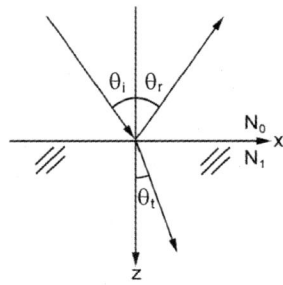

図 2-2 光が媒質 N_0 から媒質 N_1 へ入射する

反射波は $e^{i\left[\omega_r t - \frac{2\pi}{\lambda} \cdot N_0(\alpha_r x + \beta_r y + \gamma_r z) + \delta_r\right]}$

透過波は $e^{i\left[\omega_t t - \frac{2\pi}{\lambda} \cdot N_1(\alpha_t x + \beta_t y + \gamma_t z) + \delta_t\right]}$

と表される。

境界面に平行な E と H の成分は連続であるため、Z=0 のところで E と H は連続値をとる。従って、

(I) $\delta_r = \delta_t = 0$

(II) $\omega_r = \omega_t = \omega_i$

(III) $\beta_r = \beta_t = 0$

である。よって波は y 方向には進まない。また

(IV) $N_0 \sin\theta_i = N_0 \alpha_r = N_1 \alpha_t$

である。もし $\alpha_r = \sin\theta_r$ ならば $\theta_r = \theta_i$，つまり入射角と反射角は等しい。故に、$N_0 \sin\theta_i = N_1 \sin\theta_t$ または $N_0 \sin\theta_0 = N_1 \sin\theta_1$ となる。これがスネルの法則 (Snell's law) である。この法則は境界面において、媒質の吸収の有無に関わらず常に成立する。

2.2.1 垂直入射

境界面に平行な電磁場成分は必ず連続なので、媒質 0 と媒質 1 の境界面(図

第 2 章　基礎理論

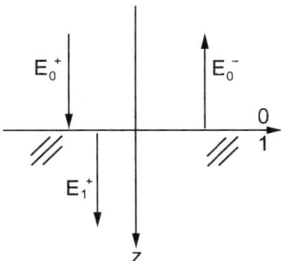

図 2-3　光が媒質 0 から媒質 1 へ垂直入射する

2-3 を参照)においては次の式を満たし、

$$E_0^+ + E_0^- = E_1^+ \tag{2-24}$$

さらに

$$H_0^+ + H_0^- = H_1^+$$

である。光学アドミタンスと電磁場の関係について、式(2-19)を用いると、上式は次のように変形できる。

$$Y_0 E_0^+ - Y_0 E_0^- = Y_1 E_1^+ \tag{2-25}$$

式(2-24)× Y_0 + 式(2-25)より、次式が得られる。

$$2Y_0 E_0^+ = (Y_0 + Y_1) E_1^+$$

よって透過係数は　$\tau \equiv \dfrac{E_1^+}{E_0^+} = \dfrac{2Y_0}{Y_0 + Y_1}$ となる。 (2-26)

また、式(2-24)× Y_1 − 式(2-25)より、次式が得られる。

$$(Y_1 - Y_0) E_0^+ + (Y_1 + Y_0) E_0^- = 0$$

よって反射係数は　$\rho \equiv \dfrac{E_0^-}{E_0^+} = \dfrac{Y_0 - Y_1}{Y_0 + Y_1}$ となる。 (2-27)

式(2-20)より、反射率と透過率はそれぞれ

$$R = \frac{\frac{1}{2}\operatorname{Re}(Y_0)|E_0^-|^2}{\frac{1}{2}\operatorname{Re}(Y_0)|E_0^+|^2} = |\rho|^2 = \frac{|Y_0 - Y_1|^2}{|Y_0 + Y_1|^2} \tag{2-28}$$

$$T = \frac{\frac{1}{2}\operatorname{Re}(Y_1)|E_1^+|^2}{\frac{1}{2}\operatorname{Re}(Y_0)|E_0^+|^2} = \frac{\operatorname{Re}(Y_1)}{Y_0}|\tau|^2 = \frac{4Y_0\operatorname{Re}(Y_1)}{|Y_0 + Y_1|^2} \tag{2-29}$$

となる。Y_0 と Y_1 はそれぞれ媒質 0 と媒質 1 の光学アドミタンスである。媒質 0 と媒質 1 の光学定数をそれぞれ N_0 と N_1 とすると、式(2-18)を用いて、反射率と透過率は次のように表される。

$$R = \frac{|N_0 - N_1|^2}{|N_0 + N_1|^2} \tag{2-30}$$

$$T = \frac{4N_0 \operatorname{Re}(N_1)}{|N_0 + N_1|^2} \tag{2-31}$$

2.2.2 斜入射

境界面に平行な電磁場の連続性から電磁場成分を E_T 及び H_T とし、斜入射の光学アドミタンスを η と定義すると、次のような関係が導かれる。

$$H_T = \eta(\hat{S} \times E_T)$$

(i) P-偏光

P-偏光に対して、磁場は常に境界面と平行なので、$H_T = H$ である。しかし電場は境界面と角度 θ をなすため、$E_T = E\cos\theta$ である。式(2-19)と比較すると、η_P と+方向入射の時の光学アドミタンスとの関係が求められる。式(2-19)は

$$H_T = H = Y(\hat{S} \times E) = Y\left(\frac{\hat{S} \times E_T}{\cos\theta}\right) = \frac{Y}{\cos\theta}(\hat{S} \times E_T)$$

と書けるから、比較すると次式を得る。

第 2 章 基礎理論

$$\eta_P = \frac{Y}{\cos\theta} \tag{2-32}$$

η_P を P-偏光の等価光学アドミタンスという。

境界面と平行な電磁場の連続性(図 2-4 を参照)より、

$$E_0^+ \cos\theta_0 + E_0^- \cos\theta_0 = E_1^+ \cos\theta_1 \tag{2-33}$$

$$H_0^+ + H_0^- = H_1^+$$

または $\quad Y_0 E_0^+ - Y_0 E_0^- = Y_1 E_1^+ \tag{2-34}$

となる。
式(2-33)×Y_1 ー式(2-34)×$\cos\theta_1$ より、反射係数 ρ_P は次のようになる。

$$\rho_P \equiv \frac{E_0^-}{E_0^+} = \frac{\dfrac{Y_0}{\cos\theta_0} - \dfrac{Y_1}{\cos\theta_1}}{\dfrac{Y_0}{\cos\theta_0} + \dfrac{Y_1}{\cos\theta_1}} = \frac{\eta_{0P} - \eta_{1P}}{\eta_{0P} + \eta_{1P}} \tag{2-35}$$

また、式(2-33)×Y_0 +式(2-34)×$\cos\theta_0$ より、透過係数 τ_P は次のようになる。

$$\tau_P \equiv \frac{E_1^+}{E_0^+} = \frac{2 Y_0 \cos\theta_0}{Y_0 \cos\theta_1 + Y_1 \cos\theta_0} = \frac{2\eta_{0P}}{\eta_{0P} + \eta_{1P}} \cdot \frac{\cos\theta_0}{\cos\theta_1} \tag{2-36}$$

上記の ρ と τ は電場の全成分についてである。境界面に平行な成分の電場については

$$\tau_P = \frac{2\eta_{0P}}{\eta_{0P} + \eta_{1P}} \quad \text{であるが、} \rho_P \text{は同じである。}$$

(ii) S-偏光

S-偏光に対して磁場は境界面と θ の角度をなし、電場は境界面と平行なので、$H_T = H\cos\theta$ 及び $E_T = E$ が成立する。従って、S-偏光の光学アドミタンス η_S と+方向の光学アドミタンス Y との関係は次式となる。
η_S は S-偏光の等価光学アドミタンスである。

第 2 章　基礎理論

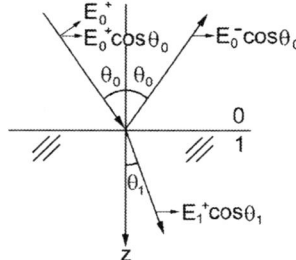

図 2-4　P-偏光の光が媒質 0 から媒質 1 へ入射する（入射角は θ_0）

$$H_T = H\cos\theta = [Y(\hat{S}\times E)]\cos\theta = Y\cos\theta(\hat{S}\times E_T)$$
$$\therefore \eta_S = Y\cos\theta \tag{2-37}$$

式(2-32)と式(2-37)は斜入射時の媒質の光学アドミタンス $\eta \equiv \dfrac{H_T}{E_T}$ を直接定義することにより得られる。則ち

$$\eta_P = \frac{H}{E\cos\theta} = \frac{Y}{\cos\theta}$$
$$\eta_S = \frac{H\cos\theta}{E} = Y\cos\theta$$

である。境界面に平行な電磁場の連続性(図 2-5 を参照)より

$$E_0^+ + E_0^- = E_1^+ \tag{2-38}$$
$$H_0^+\cos\theta_0 + H_0^-\cos\theta_0 = H_1^+\cos\theta_1 \text{ または}$$
$$Y_0 E_0^+\cos\theta_0 - Y_0 E_0^-\cos\theta_0 = Y_1 E_1^+\cos\theta_1 \text{ または}$$
$$\eta_{0S} E_0^+ - \eta_{0S} E_0^- = \eta_{1S} E_1^+ \tag{2-39}$$

式(2-38), (2-39)と式(2-24), (2-25)より、S-偏光の透過係数と反射係数はそれぞれ次式となる。

$$\tau_S = \frac{2\eta_{0S}}{\eta_{0S} + \eta_{1S}} \tag{2-40}$$
$$\rho_S = \frac{\eta_{0S} - \eta_{1S}}{\eta_{0S} + \eta_{1S}} \tag{2-41}$$

第2章　基礎理論

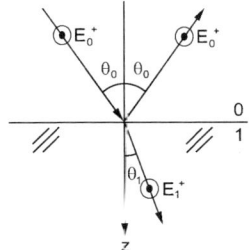

図2-5　S-偏光の光が媒質0から媒質1へ入射する

考察

i) $N_0 < N_1$ の場合は $\theta_0 > \theta_1$ であり、従って $\cos\theta_0 < \cos\theta_1$ である。故に $N_0\cos\theta_0 < N_1\cos\theta_1$ が分かる。従って、任意の θ_0 に対して

$$\rho_S = \frac{N_0\cos\theta_0 - N_1\cos\theta_1}{N_0\cos\theta_0 + N_1\cos\theta_1} < 0$$

が成立する。ρ_P に対しては、最初は $\rho_P < 0$ であり、θ_0 が徐々に増加した後に ρ_P が0に近づき、やがて0となる（この $\theta_0 = \theta_B$ を Brewster 角という）。$\theta_0 > \theta_B$ の場合は $\rho_P > 0$ である。これらは次式から分かる。（スネルの法則を用いて導ける。）

$$\rho_P = \frac{\dfrac{N_0}{\cos\theta_0} - \dfrac{N_1}{\cos\theta_1}}{\dfrac{N_0}{\cos\theta_0} + \dfrac{N_1}{\cos\theta_1}} = \frac{\sin(\theta_1 - \theta_0)\cos(\theta_1 + \theta_0)}{\sin(\theta_1 + \theta_0)\cos(\theta_1 - \theta_0)} \tag{2-42}$$

$\theta_1 + \theta_0 < 90^0$ の場合 $\rho_P < 0$ である。$\theta_1 + \theta_0 = 90^0$、則ち $\theta_0 = \theta_B$ の場合、$\rho_P = 0$ である。$\theta_1 + \theta_0 > 90^0$ の場合は $\rho_P > 0$ である。

ii) $N_0 > N_1$ の場合 $\theta_0 < \theta_1$ なので $\cos\theta_0 > \cos\theta_1$ が分かる。故に、任意の角度に対して $\rho_S > 0$ である。ρ_P に対しては、十分小さく且つ $\rho_P > 0$ である場合、θ_0 の増加に従って ρ_P は徐々に減少する。$\theta_0 = \theta_B$ の場合 $\rho_P = 0$ である。$\theta_0 > \theta_B$ の場合 $\rho_P < 0$ であり、$\theta_0 \geq \sin^{-1}(\dfrac{N_1}{N_0})$ の場合 $|\rho_S| = |\rho_P| = 1$ である。この角度

第 2 章　基礎理論

$\theta_0 = \sin^{-1}(\dfrac{N_1}{N_0})$ を臨界角 θ_C という。

2.2.3　反射率と透過率の測定

反射率と透過率をそれぞれ次のように定義する。

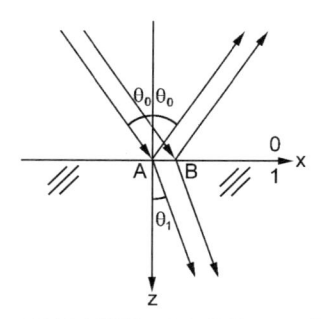

$$R \equiv \dfrac{\text{反射光エネルギー量}}{\text{入射光エネルギー量}} = \dfrac{W_r}{W_i} = \dfrac{I_r A_r}{I_i A_i}$$

$$T \equiv \dfrac{\text{透過光エネルギー量}}{\text{入射光エネルギー量}} = \dfrac{W_t}{W_i} = \dfrac{I_t A_t}{I_i A_i}$$

図 2-6　入射光が媒質 0 から媒質 1 へ入射する

(i) 計測時に測定器面と境界面が並行な場合

このとき、$A_t = A_i = A_r$ で

$I_r \Rightarrow I_r \cos\theta_0 ; \quad I_i \Rightarrow I_i \cos\theta_0 ; \quad I_t \Rightarrow I_t \cos\theta_1$ である。

1) P-偏光

$$R_P = \dfrac{\dfrac{1}{2}\text{Re}(Y_0)\left|E_0^-\right|^2 \cos\theta_0}{\dfrac{1}{2}\text{Re}(Y_0)\left|E_0^+\right|^2 \cos\theta_0} = \left|\rho_P\right|^2 = \left|\dfrac{\eta_0 - \eta_1}{\eta_0 + \eta_1}\right|^2 \qquad (2\text{-}43)$$

但し、 $\eta = \dfrac{Y}{\cos\theta}$ とする。

第 2 章　基礎理論

$$T_P = \frac{\frac{1}{2}\text{Re}(Y_1)|E_1^+|^2\cos\theta_1}{\frac{1}{2}\text{Re}(Y_0)|E_0^+|^2\cos\theta_0} = \frac{\text{Re}(\frac{Y_1}{\cos\theta_1})|E_1^+|^2\cos^2\theta_1}{\text{Re}(\frac{Y_0}{\cos\theta_0})|E_0^+|^2\cos^2\theta_0}$$

$$= \frac{\text{Re}(\eta_1)}{\text{Re}(\eta_0)} \times |\tau_P|^2 \left(\frac{\cos\theta_1}{\cos\theta_0}\right)^2$$

入射媒質が吸収性を持たないときは、$\text{Re}(\eta_0) = \eta_0$ である。よって式(2-36)より、次式のようになる。

$$T_P = \frac{4\eta_0 \text{Re}(\eta_1)}{|\eta_0 + \eta_1|^2} \tag{2-44}$$

2) S-偏光

$$R_S = \frac{\frac{1}{2}\text{Re}(Y_0)|E_0^-|^2\cos\theta_0}{\frac{1}{2}\text{Re}(Y_0)|E_0^+|^2\cos\theta_0} = |\rho|^2 = \left|\frac{\eta_0 - \eta_1}{\eta_0 + \eta_1}\right|^2 \tag{2-45}$$

但し、$\eta = Y\cos\theta$ である。

$$T_S = \frac{\frac{1}{2}\text{Re}(Y_1)|E_1^+|^2\cos\theta_1}{\frac{1}{2}\text{Re}(Y_0)|E_0^+|^2\cos\theta_0} = \frac{\text{Re}(Y_1\cos\theta_1)|E_1^+|^2}{\text{Re}(Y_0\cos\theta_0)|E_0^+|^2} = \frac{\text{Re}(\eta_1)}{\text{Re}(\eta_0)}|\tau_S|^2 = \frac{4\eta_0 \text{Re}(\eta_1)}{(\eta_0 + \eta_1)^2}$$

$$\tag{2-46}$$

(ii) 計測時に測定器面と光線が垂直な場合

1) 測定器の面積 A_d が、光束の断面積より大きい場合

$$A_r = A_i = \overline{AB}\cos\theta_0 \; ; \; A_t = \overline{AB}\cos\theta_1$$

$$\therefore R_P = R_S = |\rho|^2 = \left|\frac{(\eta_0 - \eta_1)}{(\eta_0 + \eta_1)}\right|^2$$

第2章　基礎理論

$$T_p = \frac{\frac{1}{2}\text{Re}(Y_1)|E_1^+|^2\cos\theta_1}{\frac{1}{2}\text{Re}(Y_0)|E_0^+|^2\cos\theta_0} = \frac{4\eta_0\,\text{Re}(\eta_1)}{(\eta_0+\eta_1)^2}; \qquad \eta = \frac{Y}{\cos\theta}$$

$$T_s = \frac{\frac{1}{2}\text{Re}(Y_1)|E_1^+|^2\cos\theta_1}{\frac{1}{2}\text{Re}(Y_0)|E_0^+|^2\cos\theta_0} = \frac{4\eta_0\,\text{Re}(\eta_1)}{(\eta_0+\eta_1)^2}; \qquad \eta = Y\cos\theta$$

2) 一方、A_d が光束の断面積より小さい場合 $A_r = A_i = A_t = A_d$

$$\therefore R_p = R_s = |\rho|^2 = \left|\frac{(\eta_0-\eta_1)}{(\eta_0+\eta_1)}\right|^2$$

$$T_p = \frac{\frac{1}{2}\text{Re}(Y_1)|E_1^+|^2 A_d}{\frac{1}{2}\text{Re}(Y_0)|E_0^+|^2 A_d} = \frac{\text{Re}(Y_1)}{\text{Re}(Y_0)}|\tau_p|^2 = \frac{\text{Re}(\eta_1)}{\text{Re}(\eta_0)}|\tau_p|^2 \left(\frac{\cos\theta_1}{\cos\theta_0}\right)$$

$$= \frac{4\eta_0\,\text{Re}(\eta_1)}{(\eta_0+\eta_1)^2}\cdot\left(\frac{\cos\theta_0}{\cos\theta_1}\right)$$

$$T_s = \frac{\frac{1}{2}\text{Re}(Y_1)|E_1^+|^2 A_d}{\frac{1}{2}\text{Re}(Y_0)|E_0^+|^2 A_d} = \frac{\text{Re}(Y_1)}{\text{Re}(Y_0)}|\tau_s|^2 = \frac{\text{Re}(\eta_1)}{\text{Re}(\eta_0)}|\tau_s|^2 \left(\frac{\cos\theta_0}{\cos\theta_1}\right)$$

$$= \frac{4\eta_0\,\text{Re}(\eta_1)}{(\eta_0+\eta_1)^2}\cdot\left(\frac{\cos\theta_0}{\cos\theta_1}\right)$$

これらより R＋T≠1 である。よって測定器の受光面積が光束断面積より小さい場合には、測定器面が境界面に並行になるようにして測定する。

2.2.4　位相変化

式(2-35)と式(2-41)からは反射振幅の大きさだけでなく、反射波の位相も知ることができる。例えば

$$N_0 = 1 \,;\, N_1 = 1.52 \,;\, \theta_0 = 0 \text{ のとき、} \rho = \frac{1-1.52}{1+1.52} = -0.206 = 0.206e^{+i\pi}$$

よって、光が低屈折率媒質から高屈折率媒質へ入射する場合、反射波の位相変

第 2 章　基礎理論

化はπであるが、逆の場合は以下の式に示すように位相変化はない。

$$N_0 = 1.52 \; ; \; N_1 = 1 \; ; \; \theta_0 = 0 \; ; \; \rho = \frac{1.52 - 1}{1.52 + 1} = 0.206$$

一方、光が低屈折率媒質から高屈折率媒質へ入射する場合、入射角がある角度以上で屈折角は 90° より大きくなるため、全反射現象が起きる。この時の入射角度を臨界角 θ_c という。

$$\because N_0 \sin\theta_0 = N_1 \sin\theta_1 \; ; \; N_0 > N_1 \qquad \text{(Snell's law)}$$
$$\therefore N_0 \sin\theta_c = N_1 \sin 90^0 \Rightarrow \sin\theta_c = N_1/N_0 \qquad (2\text{-}47)$$

入射角が臨界角 θ_c より大きい場合、反射波の位相変化は次のようにして計算する。$\theta_0 > \theta_c$ のとき θ_1 は虚数である。$\cos\theta_1 = \pm\sqrt{1-\sin^2\theta_1}$ も虚数なので

$$\cos\theta_1 = \pm i\sqrt{\sin^2\theta_1 - 1} = \pm i\sqrt{\frac{N_0^2}{N_1^2}\sin^2\theta_0 - 1} \qquad (2\text{-}48)$$

とおく。マイナス符号の場合のみ、電磁場は媒質 N_1 の中で指数関数的に減衰するという物理的意味に一致する。このとき、電場は次式であらわされる。

$$E = E_0 e^{i\left[\omega t - \frac{2\pi}{\lambda}N_1(x\sin\theta_1 + z\cos\theta_1)\right]} = E_0 e^{i\left\{\omega t - \frac{2\pi}{\lambda}\left[xN_1\sin\theta_1 + zN_1\left(-i\sqrt{\left(\frac{N_0}{N_1}\sin\theta_0\right)^2 - 1}\right)\right]\right\}}$$
$$= E_0 e^{-\frac{2\pi}{\lambda}\sqrt{N_0^2\sin^2\theta_0 - N_1^2} \cdot z} e^{i\left[\omega t - \frac{2\pi}{\lambda}N_0\sin\theta_0 \cdot x\right]} \qquad (2\text{-}49)$$

このとき、電場の振幅は z 軸に沿って減衰し、また θ_0 が大きいほど減衰も速くなる。位相変化は x 方向に存在し、その波長は $\lambda' = \lambda/\sin\theta_0$ である。つまり、等振幅平面が z＝定数の平面であり境界面に平行である一方、等位相平面は x ＝定数の平面で、この平面は境界面に垂直である。

全反射の反射率は 1 であるのに、なぜエネルギーは減衰するのか？　減衰したエネルギーはどこへ消えたのか？　$k_1 = 0$ に注目すると、実はエネルギーは消耗されてなかったことが分かる。x 方向に沿って一定の距離を進行した後、エネルギーは媒質 0（入射媒質）の中へ全反射されるので、R = 1 であり T = 0

第2章 基礎理論

である。この表面波のx方向への移動距離はGoos-Haenchenシフトと呼ばれている。この値は次式であらわされる。

$$X_{P,S} = \frac{\lambda}{4\pi}\left(\frac{\tan\theta_0}{\sqrt{N_0^2 \sin^2\theta_0 - N_1^2}}\right)|\tau_{P,S}|^2 \qquad (2\text{-}50)$$

ここで、$\tau_{P,S}$ はP或いはS-偏光の透過係数である。$X_{P,S}$ はP或いはS-偏光のGoos-Haenchenシフトである。図2-7はそのモデル図である。

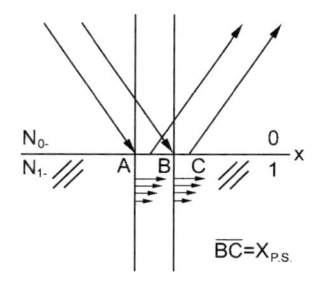

図2-7　全反射光の第2媒質 N_1 中での減衰及びその表面波移動 $X_{P,S}$ のモデル図

式(2-48)を式(2-35)に代入すると、P-偏光に対する反射係数が得られる。

$$\rho_P = |\rho_P|e^{i\phi_P} = \frac{\dfrac{N_0}{\cos\theta_0} - \dfrac{N_1}{-i\sqrt{(\dfrac{N_0}{N_1}\sin\theta_0)^2 - 1}}}{\dfrac{N_0}{\cos\theta_0} + \dfrac{N_1}{-i\sqrt{(\dfrac{N_0}{N_1}\sin\theta_0)^2 - 1}}}$$

$$= -\frac{\dfrac{N_1}{N_0}\cos\theta_0 + i\sqrt{(\dfrac{N_0}{N_1}\sin\theta_0)^2 - 1}}{\dfrac{N_1}{N_0}\cos\theta_0 - i\sqrt{(\dfrac{N_0}{N_1}\sin\theta_0)^2 - 1}} = -\frac{re^{i\phi}}{re^{-i\phi}} = e^{i2\phi}e^{i\pi}$$

これは $R = \rho_P\rho_P^* = 1$ であるから、全反射の挙動を示している。そしてその反射波の位相変化は次式であらわされる。

27

$$\phi_P = 2\phi + \pi = 2\tan^{-1}\frac{N_0\sqrt{(\frac{N_0}{N_1}\sin\theta_0)^2 - 1}}{N_1\cos\theta_0} + \pi \tag{2-51}$$

同様に、S-偏光の反射波の位相変化 ϕ_S は次式となる。

$$\phi_S = 2\tan^{-1}\frac{N_1\sqrt{(\frac{N_0}{N_1}\sin\theta_0)^2 - 1}}{N_0\cos\theta_0} \tag{2-52}$$

$\phi_S \neq \phi_P$ より、完全な P-偏光でも S-偏光でもない直線偏光は全反射した後には楕円偏光となることが分かる。相対位相差 $\Delta = \phi_S - \phi_P$ は次の式から算出できる。

$$\tan\frac{\Delta}{2} = \frac{\tan\frac{\phi_S}{2} - \tan\frac{\phi_P}{2}}{1 + \tan\frac{\phi_P}{2}\tan\frac{\phi_S}{2}} = \frac{N_0\sin^2\theta_0}{\cos\theta_0\sqrt{N_0^2\sin^2\theta_0 - N_1^2}}$$

$$\Delta = 2\tan^{-1}(\frac{N_0\sin^2\theta_0}{\cos\theta_0\sqrt{N_0^2\sin^2\theta_0 - N_1^2}})$$

ここで、Δ の値は $\theta_0 = \cos^{-1}\sqrt{\frac{N_0^2 - N_1^2}{N_0^2 + N_1^2}}$ で最小値、$2\tan^{-1}\frac{2N_0N_1}{N_0^2 - N_1^2}$ を持つ。

入射角 θ_0 に対する反射係数 ρ、反射率 R、位相 ϕ の関係を図 2-8 にまとめて示す。但し $N_0 = 1.52$ で、$N_1 = 1.0$ である。

図 2-8 から分かるように、ある角度で P-偏光の反射係数または反射率は 0 になる。この角度を Brewster 角といい、θ_B という記号を用いる。この角と入射角の関係は次のように導かれる。

$$\rho_P = 0 \Rightarrow \frac{N_0}{\cos\theta_0} = \frac{N_1}{\cos\theta_1}, \quad \therefore \cos\theta_1 = \frac{N_1}{N_0}\cos\theta_0$$

Snell の法則より、次式が得られる。

$$\sin\theta_1 = \frac{N_0}{N_1}\sin\theta_0$$

第2章 基礎理論

(a)

(b)

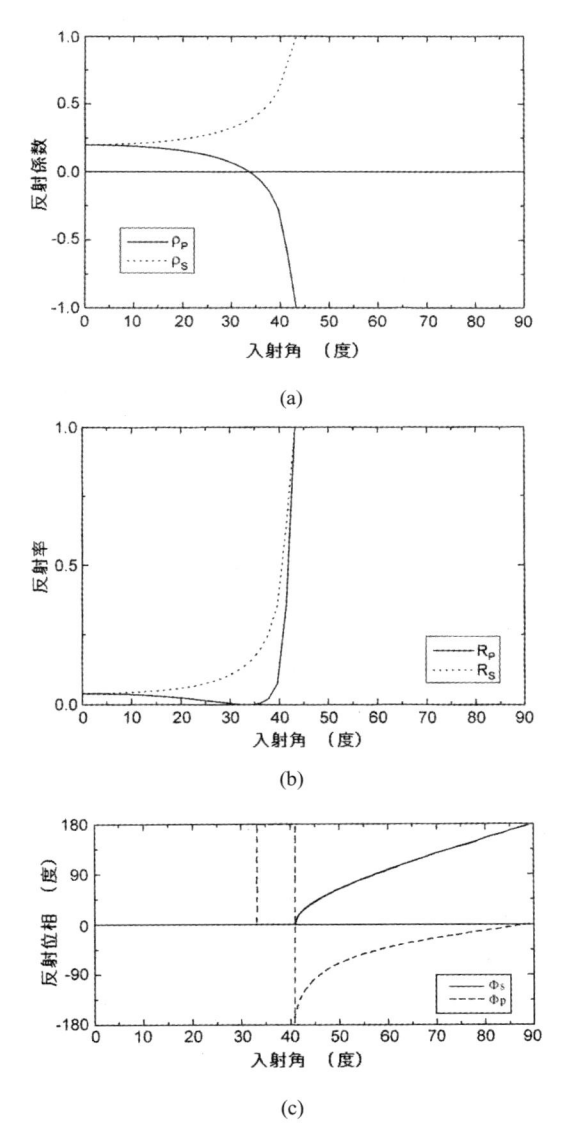

(c)

図 2-8 $N_0 = 1.52$, $N_1 = 1.0$ の場合の入射角 θ_0 に対する反射係数 ρ, 反射率 R, 反射位相 ϕ の関係

一方、三角定理より、次式が得られる。

$$1 = \cos^2\theta_1 + \sin^2\theta_1 = \cos^2\theta_0 + \sin^2\theta_0$$

$$\therefore 1 = (\frac{N_1}{N_0}\cos\theta_0)^2 + (\frac{N_0}{N_1}\sin\theta_0)^2 = \cos^2\theta_0 + \sin^2\theta_0$$

$$\therefore [(\frac{N_1}{N_0})^2 - 1]\cos^2\theta_0 = [1 - (\frac{N_0}{N_1})^2]\sin^2\theta_0$$

$$\therefore \frac{\sin^2\theta_0}{\cos^2\theta_0} = \frac{(\frac{N_1}{N_0})^2 - 1}{1 - (\frac{N_0}{N_1})^2} = (\frac{N_1}{N_0})^2$$

よって次式のような関係が成立する。

$$\tan\theta_0 = \frac{N_1}{N_0} = \tan\theta_B \qquad (2\text{-}53)$$

上式と Snell の法則とを比較すると次式を導くことが出来る。

$$\theta_1 + \theta_B = \frac{\pi}{2} \qquad (2\text{-}54)$$

$R_P < R_S$ であるから、特にθ_B付近においては非偏光が反射した後にある程度の偏光性が出現する。このとき、偏光度 P は定義より $P \equiv \dfrac{R_S - R_P}{R_S + R_P}$ と表される。

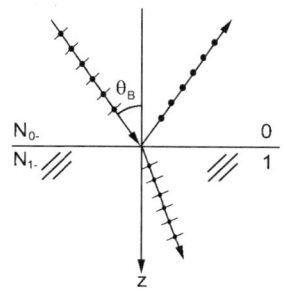

図2-9　θ_B の角度では反射電場 E_P は存在しない

偏光度と入射角の関係を図 2-10 に示す。一般的に成膜された基板や研磨された基板においては応力が存在するので、偏光に関する性質や上述の理論はこの

影響を受け、多少変更される。一方、溶融加工基板では実験結果と理論はほぼ一致する。

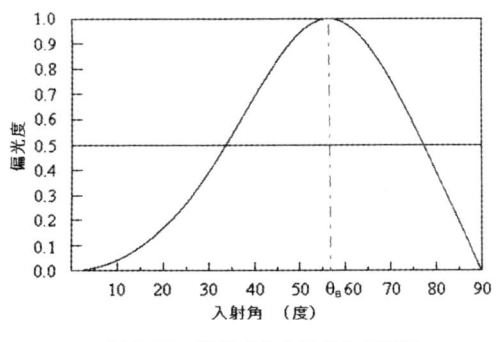

図2-10 偏光度と入射角との関係

2.2.5 吸収性を有する媒質

吸収性を有する媒質の場合でも、Snellの法則は依然として適用されるが、ここでは物理的視点から入射媒質は吸収性を持っていないとする。媒質N_1のみが吸収性を持つと考えるので、$N_1 = n_1 - ik_1$と書く。このとき、電場の伝播は図2-11に示すようになる。

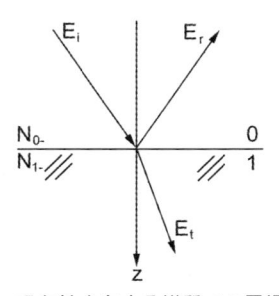

図2-11 吸収性を有する媒質での電場の伝播

入射波E_iは$e^{i[\omega t - \frac{2\pi}{\lambda} N_0 (x \sin\theta_0 + z \cos\theta_0)]}$であり、

透過波E_tは$e^{i[\omega t - \frac{2\pi}{\lambda}(n_1 - ik_1)(\alpha_1 x + \gamma_1 z)]}$である。

ここで、$\alpha_1^2 + \gamma_1^2 = 1$ または $\gamma_1^2 = 1 - \alpha_1^2$ である。
媒質に平行な電場成分の連続性から、次式が得られる。

$$(n_1 - ik_1)\alpha_1 = N_0 \sin\theta_0 = 実数$$

これが吸収性を有する媒質に関する Snell の法則である。$\alpha_1 = \sin\theta_1$ とおくと

$$(n_1 - ik_1)\sin\theta_1 = N_0 \sin\theta_0 \tag{2-55}$$

が得られる。しかし一方で、$\lambda_1 = \cos\theta_1$ とおいてもその値は依然として複素数であり、その意味は明らかではない。そこでまずこの物理的意味から分析しよう。

$\alpha_1 = \dfrac{N_0 \sin\theta_0}{n_1 - ik_1}$ であるため

$$\therefore \gamma_1 = \pm(1-\alpha_1^2)^{\frac{1}{2}} = \pm[1 - \frac{N_0^2 \sin^2\theta_0}{(n_1 - ik_1)^2}]^{\frac{1}{2}}$$

$$= \pm\frac{1}{n_1 - ik_1}[n_1^2 - k_1^2 - N_0^2 \sin^2\theta_0 - i2n_1k_1]^{\frac{1}{2}} = \cos\theta_1$$

最後の式の括弧内のはじめから 3 項までの和は正にも負にもなるが、最後の項 $(-2n_1k_1)$ は明らかに負である。故に括弧内の平方根の解は第 4 象限上にある。解析は次のようである。

$\pm\sqrt{a - ib} = A - iB$ とおく。但し $b = 2n_1k_1 > 0$ とすると、
$a - ib = A^2 - B^2 - i2AB$ であり、従って $2AB = b > 0$、故に A と B の符号は同じである。

故に解は第 2 象限または第 4 象限においてのみ存在する。
次に透過波の挙動を考える。

$$\tau \propto e^{-i\frac{2\pi}{\lambda}(n_1 - ik_1)\gamma_1 z} = e^{-i\frac{2\pi}{\lambda}(A - iB)z} = e^{-B\frac{2\pi}{\lambda}z}e^{-iA\frac{2\pi}{\lambda}z}$$

τ が $e^{+\infty}$ にならないためには、B は正値でなければならない。従って A も正値である。則ち

第 2 章 基礎理論

$$\lambda_1 = \cos\theta_1 = \frac{1}{n_1 - ik_1}\left(n_1^2 - k_1^2 - N_0^2 \sin^2\theta_0 - i2n_1k_1\right)^{\frac{1}{2}} \tag{2-56}$$

となり、解は第 4 象限に存在する。第 2 媒質の等価アドミタンスの式(2-37)と式(2-32)は次式となる。

$$\eta_{1S} = N_1 \cos\theta_1 = \left(n_1^2 - k_1^2 - N_0^2 \sin^2\theta_0 - i2n_1k_1\right)^{\frac{1}{2}} \tag{2-57}$$

$$\eta_{1P} = \frac{N_1^2}{\eta_{1S}} \tag{2-58}$$

透過波の伝播を考えると

$$\tau \propto e^{i\left[\omega t - \frac{2\pi}{\lambda}(n_1-ik_1)\sin\theta_1 x - \frac{2\pi}{\lambda}(n_1-ik_1)\gamma_1 z\right]} = e^{i\left[\omega t - \frac{2\pi}{\lambda}N_0\sin\theta_0 x - \frac{2\pi}{\lambda}(A-iB)z\right]}$$
$$= e^{-\frac{2\pi}{\lambda}Bz} e^{i\left[\omega t - \frac{2\pi}{\lambda}(N_0\sin\theta_0 x + Az)\right]}$$

波は z 軸に沿って減衰し、位相は方位角χに沿って変化するので

$$N_1(\sin\chi \cdot x + \cos\chi \cdot z) = N_0 \sin\theta_0 x + Az$$

等振幅波面はもはや等位相波面と平行でなくなる。このような波は不均一波(inhomogeneous wave)と呼ばれる。光学アドミタンスは複素数であるため、この媒質中における電場と磁場の位相は異なる。

反射波の挙動もまた、無吸収性媒質のそれとは違う。反射率と位相については次に述べる。

(i) 垂直入射（$\theta_0 = 0$）の場合

$$\rho = |\rho|e^{i\phi} = \frac{N_0 - N_1}{N_0 + N_1} = \frac{N_0 - n_1 + ik_1}{N_0 + n_1 - ik_1}$$

$$\therefore R = |\rho|^2 = \frac{(N_0 - n_1)^2 + k_1^2}{(N_0 + n_1)^2 + k_1^2} \tag{2-59}$$

$$\phi = \tan^{-1}\frac{2N_0 k_1}{N_0^2 - n_1^2 - k_1^2} \tag{2-60}$$

第 2 章　基礎理論

例1　空気/アルミニウムの場合、表面鏡としての境界面での反射は、 $N_0 = 1$, $N_1 = 0.82 - i5.99$ (入射波長を546nm とおく)であるから、次のようになる。

R=91.63%
$\phi = \tan^{-1}(-0.337) = 161.38°$

例2　ガラス/アルミニウムの場合、裏面鏡としての境界面の反射は $N_0 = 1.52$, $N_1 = 0.82 - i5.99$ (入射波長を546nm とおく)であるから、次のようになる。

R=87.9%
$\phi = 152°$

例1と比較すると、裏面鏡の反射率は表面鏡のそれより低いことが分かる。

(ii)　斜入射（$\theta_0 \neq 0$）の場合

$$\rho_S = |\rho_S|e^{i\phi_S} = \frac{\eta_0 - \eta_1}{\eta_0 + \eta_1} = \frac{N_0\cos\theta_0 - (n_1 - ik_1)\cos\theta_1}{N_0\cos\theta_0 + (n_1 - ik_1)\cos\theta_1} = \frac{N_0\cos\theta_0 - A + iB}{N_0\cos\theta_0 + A - iB}$$

$$\therefore R_S = \rho_S \rho_S^* = \frac{(N_0\cos\theta_0 - A)^2 + B^2}{(N_0\cos\theta_0 + A)^2 + B^2} \tag{2-61}$$

但し

$$A^2 = \frac{1}{2}[\sqrt{a^2 + b^2} + a], \quad B = \frac{b}{2A}$$
$$a = n_1^2 - k_1^2 - N_0^2 \sin^2\theta_0, \quad b = 2n_1 k_1$$
$$\phi_S = \tan^{-1}\frac{2B \cdot N_0\cos\theta_0}{N_0^2\cos^2\theta_0 - A^2 - B^2} \tag{2-62}$$

$$\rho_P = |\rho_P|e^{i\phi_P} = \frac{\eta_0 - \eta_1}{\eta_0 + \eta_1} = \frac{\dfrac{N_0}{\cos\theta_0} - \dfrac{(n_1 - ik_1)}{\cos\theta_1}}{\dfrac{N_0}{\cos\theta_0} + \dfrac{(n_1 - ik_1)}{\cos\theta_1}}$$

$$= \frac{[N_0 A - (a + N_0^2\sin^2\theta_0)\cos\theta_0] + i\,[b\cos\theta_0 - N_0 B]}{[N_0 A - (a + N_0^2\sin^2\theta_0)\cos\theta_0] - i\,[b\cos\theta_0 + N_0 B]}$$

$$\therefore R_P = \rho_P \rho_P^* = \frac{[N_0 A - (a + N_0^2 \sin^2 \theta_0)\cos\theta_0]^2 + (b\cos\theta_0 - N_0 B)^2}{[N_0 A + (a + N_0^2 \sin^2 \theta_0)\cos\theta_0]^2 + (b\cos\theta_0 + N_0 B)^2} \quad (2\text{-}63)$$

$$\phi_P = \tan^{-1} \frac{2N_0 B\cos\theta_0 [A^2 + B^2 - N_0^2 \sin^2 \theta_0]}{N_0^2 A^2 + N_0^2 B^2 - [(A^2 + B^2) + 2(A^2 - B^2)N_0^2 \sin^2 \theta_0 + N_0^4 \sin^4 \theta_0]\cos^2 \theta_0}$$

$$(2\text{-}64)$$

よって $\phi_P \neq \phi_S$ であることが分かる。故に、斜め方向から吸収性媒質に入射する場合、入射光が直線偏光であり且つ完全な S-偏光または P-偏光である場合を除いては、その反射光はもはや直線偏光ではなく楕円偏光となる。この事から、楕円偏光計を用いると吸収性媒質の光学定数を測定することができる。

式(2-63)から、R_P は最小値 R_{Pm} を持つことが分かる。この値は完全には 0 ではない。この R_P が最小値となる入射角度を準 Brewster 角 $\theta_{B'}$ という。入射媒質 $N_0 = 1$ に対して $\theta_{B'}$ は次式を満たす。

$$(\sin\theta_{B'} \tan\theta_{B'})^4 = (n_1^2 + k_1^2)^2 - 2(n_1^2 - k_1^2)\sin^2\theta_{B'} + \sin^4\theta_{B'} \quad (2\text{-}65)$$

一般的に $\theta_{B'}$ は吸収のない媒質の場合の Brewster 角 θ_B より大きい。最小値 R_{Pm} は k/n が大きくなればなるほど 0 から遠ざかる。

表 2-2 は波長 546nm におけるアルミニウム、銀、金、銅などの常用金属の光学定数と特性の比較表である。

表 2-2 波長λ = 546 nm での Al, Ag, Au, Cu の光学定数及び特性

	n	k	k/n	$\theta_{B'}$	R_{pm}(%)
Al	0.82	5.99	7.3	80°	75.6
Ag	0.055	3.31	60.18	72°	96.3
Au	0.33	2.32	7.03	64°	72.7
Cu	0.76	2.46	3.24	69°	58.5

図 2-12 に 4 種類の金属の反射率の入射角依存性を示す。図 2-12 から分かるように、大きい反射率を示す金属ほど、入射角度変化に対する反射光の偏光の程度は軽い。つまり $\theta = \theta_{B'}$ のときには反射率の大きな金属ほど、$\Delta R = R_S - R_P$ は小さくなる。

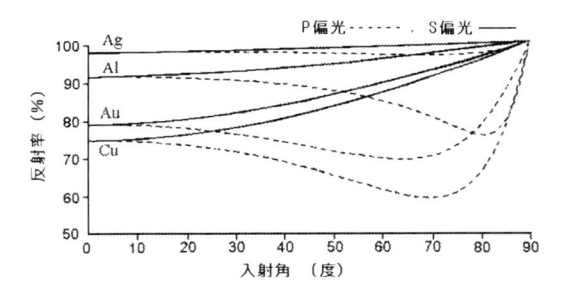

図 2-12 Ag, Al, Au, Cu の金属面における反射率は入射角によって変化する
実線は S-偏光の反射率, 破線は P-偏光の反射率である.

式(2-62)と式(2-64)から分かるように、反射係数の位相はもはや 0 またπではなくなる。一般的な金属、例えば Ag や Al においては、反射率が $R_{B'}$ に近づくと位相差 $\phi_S - \phi_P$ は約 90°となる。 $\phi_S - \phi_P = 90°$ のときの θ_0 を主入射角 θ_{P0} という。

直線偏光が金属面で反射するときに $\theta_0 = \theta_{P0}$ の条件を満たす場合、入射光(偏光)の S-ベクトルの位相がはじめから P-ベクトルの位相より 90°遅れていると、S-ベクトルと P-ベクトルの位相差は 90°ずれるので反射光は直線偏光となる。従って測定器の前に偏光子を置けば θ_{P0} が観察される。

k/n の値が大きい物質ほど金属性が強く、$\theta_{B'}$ は θ_{P0} に近づく。つまり金属面での反射における位相差 $\phi_S - \phi_P$ は $\theta_0 = \theta_{B'}$ のとき、ほぼ 90°になる。$\theta_0 = \theta_{P0}$ のとき、k/n の値は次の式で近似できる。

$$\frac{k}{n} \approx \tan \Psi \big|_{\theta_0 = \theta_{P0}} \tag{2-66}$$

$$\Psi = \tan^{-1} \left| \frac{\rho_P}{\rho_S} \right|_{\theta_0 = \theta_{P0}}$$

2.3 単層膜の反射と透過

図 2-13 に示すように、基板(屈折率を N_S とする)上の単層膜(屈折率 N, 厚さ d) は 2 つの境界面 a, b を構成する。光は媒質 N_0 から入射し、2 つの境界面 a, b での反射により、その境界面上において電場と磁場 E_a, H_a と E_b, H_b

を形成する。便宜上、全ての媒質は均一且つ等方的であるとし、境界面は互いに平行で且つ無限であると仮定する。

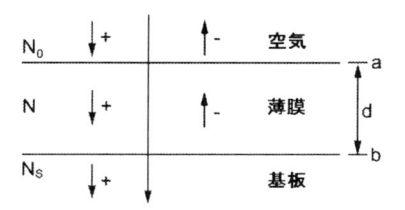

図 2-13　基板 N_S 上での屈折率 N の単層薄膜（厚さは d）

波の形は次式で表される。

$$e^{i[\omega t - \frac{2\pi}{\lambda}Nz]} \propto e^{-i\frac{2\pi}{\lambda}Nz} = e^{-i\delta}$$

進行距離 d で移相厚さ δ を走行したことになる。従って z 方向に位相差 δ を有する。

$$\delta = \frac{2\pi}{\lambda}Nd$$

境界面に並行な電場と磁場をそれぞれ記号 E, H で表すと、それらは境界面上で連続であるから、次の関係式が得られる。

境界面 b において：

$$\text{電場 } E_b = E_{Sb}^+ = E_{1b}^+ + E_{1b}^- \tag{2-67}$$

$$\text{磁場 } H_b = H_{Sb}^+ = H_{1b}^+ + H_{1b}^-$$

$$\text{または } \eta_S E_b = \eta_S E_{Sb}^+ = \eta E_{1b}^+ - \eta E_{1b}^- \tag{2-68}$$

境界面 a において：

$$\text{電場 } E_a = E_{0a}^+ + E_{0a}^- = E_{1a}^+ + E_{1a}^- \tag{2-69}$$

$$\text{磁場 } H_a = H_{0a}^+ + H_{0a}^- = H_{1a}^+ + H_{1a}^-$$

$$\text{または } \eta_0 E_a = \eta_0 E_{0a}^+ - \eta_0 E_{0a}^- = \eta E_{1a}^+ - \eta E_{1a}^- \tag{2-70}$$

第 2 章　基礎理論

η_0，η，η_s はそれぞれ入射媒質，薄膜，基板の光学アドミタンスを表す。

光が薄膜中で境界面 a から境界面 b まで走行するとき、その電場の位相差はδであるので

$$E_{1a}^{+} = E_{1b}^{+} e^{i\delta} \tag{2-71}$$

$$E_{1a}^{-} = E_{1b}^{-} e^{-i\delta} \tag{2-72}$$

となる。これと式(2-67)及び式(2-68)より、次式が得られる。

$$E_{1b}^{+} = \frac{\eta E_b + H_b}{2\eta}$$

$$E_{1b}^{-} = \frac{\eta E_b - H_b}{2\eta}$$

従って

$$\begin{aligned}
E_a &= E_{1a}^{+} + E_{1a}^{-} = E_{1b}^{+} e^{i\delta} + E_{1b}^{-} e^{-i\delta} \\
&= \frac{\eta E_b + H_b}{2\eta} e^{i\delta} + \frac{\eta E_b - H_b}{2\eta} e^{-i\delta} \\
&= E_b \cos\delta + H_b \left(\frac{i\sin\delta}{\eta}\right)
\end{aligned} \tag{2-73}$$

$$\begin{aligned}
H_a &= H_{1a}^{+} + H_{1a}^{-} = \eta E_{1b}^{+} e^{i\delta} - \eta E_{1b}^{-} e^{-i\delta} \\
&= \frac{\eta E_b + H_b}{2} e^{i\delta} - \frac{\eta E_b - H_b}{2} e^{-i\delta} \\
&= E_b (i\eta \sin\delta) + H_b \cos\delta
\end{aligned} \tag{2-74}$$

式(2-73)と式(2-74)をマトリックスの形で表現すると[1]

$$\begin{bmatrix} E_a \\ H_a \end{bmatrix} = \begin{bmatrix} \cos\delta & \dfrac{i}{\eta}\sin\delta \\ i\eta\sin\delta & \cos\delta \end{bmatrix} \begin{bmatrix} E_b \\ H_b \end{bmatrix} \tag{2-75}$$

となる。従って、マトリックス

$$M = \begin{bmatrix} \cos\delta & \dfrac{i}{\eta}\sin\delta \\ i\eta\sin\delta & \cos\delta \end{bmatrix} \tag{2-76}$$

は a，b 両境界面間での電磁場の関係を表すことになる。

　これは単層膜の特性を示しており、薄膜の特性マトリックスと呼ばれるものである。簡単に膜マトリックスともいう。式(2-69)と式(2-70)から

$$E_{0a}^+ = \frac{\eta_0 E_a + H_a}{2\eta_0} \quad \text{と} \quad E_{0a}^- = \frac{\eta_0 E_a - H_a}{2\eta_0}$$

が分かる。従って反射係数は次式となる。

$$\rho = \frac{E_{0a}^-}{E_{0a}^+} = \frac{\eta_0 E_a - H_a}{\eta_0 E_a + H_a} = \frac{\eta_0 - Y}{\eta_0 + Y} \tag{2-77}$$

式(2-77)と式(2-24)を比較すると $Y = \dfrac{H_a}{E_a}$ は成膜後のアドミタンス η_E に相当することが分かる。則ち a、b の両境界面は 1 つの境界面に帰着できる。その様子を図2-14に示す。η_E をYで表す場合、Yは等価アドミタンスと呼ばれる。

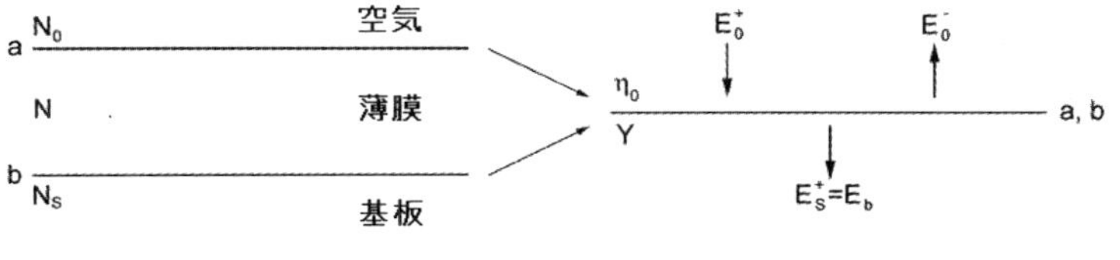

図2-14　a，b 境界面の等価アドミタンス

反射係数と同様に透過係数は次式となる。

$$\tau = \frac{E_b}{E_{0a}^+} = \frac{2\eta_0 E_b}{\eta_0 E_a + H_a} = \frac{2\eta_0 \dfrac{E_b}{E_a}}{\eta_0 + Y}$$

式(2-75)の両辺を E_b で割ると、$H_b \rightarrow Y_b = \dfrac{H_b}{E_b}$ は基板のアドミタンスに等しい。

式(2-75)は次式の様に書ける。

$$\begin{bmatrix} B \\ C \end{bmatrix} = \begin{bmatrix} \cos\delta & \dfrac{i}{\eta}\sin\delta \\ i\eta\sin\delta & \cos\delta \end{bmatrix} \begin{bmatrix} 1 \\ y_s \end{bmatrix} \tag{2-78}$$

従って等価アドミタンス Y は

$$Y = \frac{C}{B} \tag{2-79}$$

反射係数 ρ は

$$\rho = \frac{\eta_0 B - C}{\eta_0 B + C} \tag{2-80}$$

透過係数 τ は

$$\tau = \frac{2\eta_0}{\eta_0 B + C} \tag{2-81}$$

反射率 R は

$$R = |\rho|^2 = \left(\frac{\eta_0 B - C}{\eta_0 B + C}\right)\left(\frac{\eta_0 B - C}{\eta_0 B + C}\right)^* \tag{2-82}$$

透過率 T は

$$T = \frac{\mathrm{Re}(y_s)}{y_0}|\tau|^2 = \frac{4\eta_0 \mathrm{Re}(y_s)}{(\eta_0 B + C)(\eta_0 B + C)^*} \tag{2-83}$$

と表される。

反射係数と透過係数は境界面 a, b での無限多重反射係数の級数和からも求められる。その方法は以下のようである。

図 2-15 を参照して、式(2-26)より次式が分かる。

$$t_a^+ = \frac{2N_0}{N + N_0}, \quad t_a^- = \frac{2N}{N + N_0}, \quad t_a^- = \frac{N}{N_0}t_a^+$$

同様に $r_a^- = -r_a^+$

$$\therefore \rho = r_a^+ + t_a^+ r_b^+ t_a^- e^{-i2\delta} + t_a^+ r_b^+ r_a^- r_b^+ t_a^- e^{-i4\delta} + t_a^+ r_b^+ (r_a^- r_b^+)^2 t_a^- e^{-i6\delta} + \cdots$$

$$= r_a^+ + \frac{r_b^+ t_a^+ t_a^- e^{-i2\delta}}{1 - r_b^+ r_a^- e^{-2i\delta}}$$

第 2 章　基礎理論

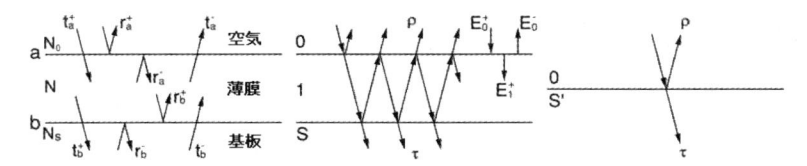

図 2-15　単層膜境界面 a, b での反射と透過

$t_a^+ t_a^- = \dfrac{4N_0 N}{(N_0 + N)^2} = T_a^+ = T_a^-$ で、$T_a = 1 - r_a^{+2}$ と等しいと置き、$-r_a^+$ を r_a^- に代入すると、次式が得られる。

$$\rho = \frac{r_a^+ + r_b^+ e^{-i2\delta}}{1 + r_b^+ r_a^+ e^{-2i\delta}} \tag{2-84a}$$

$$R = \rho\rho^* = \frac{r_a^{+2} + r_b^{+2} + 2r_a^+ r_b^+ \cos 2\delta}{1 + r_a^{+2} r_b^{+2} + 2r_a^+ r_b^+ \cos 2\delta} \tag{2-84b}$$

同様に

$$t = t_a^+ t_b^+ e^{-i\delta} + t_a^+ r_b^+ r_a^- t_b^+ e^{-i3\delta} + t_a^+ r_b^+ r_a^- r_b^+ r_a^- t_b^+ e^{-i5\delta} + \cdots$$

$$= \frac{t_a^+ t_b^+ e^{-i\delta}}{1 - r_a^- r_b^+ e^{-i2\delta}} \tag{2-85a}$$

$$T = \frac{n_S}{n_0} |\tau|^2 = \frac{n_S}{n_0} \frac{(1 - r_a^+)^2 (1 - r_b^+)^2}{(1 + r_a^{+2} r_b^{+2} + 2r_a^+ r_b^+ \cos 2\delta)} \tag{2-85b}$$

故に、薄膜の位相厚さδが決まれば、反射係数，反射率，透過係数，透過率が求められる。

2.3.1　膜と基板の両方に吸収がない場合

薄膜，基板ともに吸収がない場合、$N = n$，$N_s = n_s$ であり、このとき膜マトリックスと反射率 R 及び透過率 T の間には次に示すような 3 つの特徴がある。
i) 膜マトリックスの行列式は 1 に等しい。
ii) 膜の位相厚さがπだけ増加、つまり膜の厚さが 1/2 波長増加しても膜マトリックスは不変である。したがって、この半波長厚膜を不在層とも呼ぶ。

第 2 章　基礎理論

iii) 膜の厚さ nd が nd = m $\cdot \frac{1}{4} \lambda_0$ であるとき

$$\frac{\partial R}{\partial (nd)} = 0$$

となる。

m＝偶数のとき、ii)の場合に帰着できる。

m＝奇数のとき R は極値を取り、n が n_S より大きいか小さいかで、最大値または最小値となる。

　上述の膜マトリックスの特性から、膜が基板上に成膜される場合には次のような挙動を示すことが分かる。まず、成膜されていない基板の反射率を R_S とすると

i) 膜の厚さの増加に従って、系の反射率ははじめの R_S から変化してゆく。

ii) 膜の厚さが 1/4 波長に達したとき、則ち位相厚さが 90 度に達したとき、反射率は極値となる。

iii) 膜の厚さがさらに増加して 1/2 波長に達したとき、則ち位相厚さが 180 度に達したとき、反射率は再び R_S に戻る。

iv) 膜の厚さがさらに増加する場合には、上述の挙動を繰り返す。

　以上の結論は図 1-2 に示されている。図 1-2 の中で基板は BK-7 であり、その屈折率は 1.52 である。

　$\delta = 90°$ を式(2-78)に代入すると

$$\begin{bmatrix} B \\ C \end{bmatrix} = \begin{bmatrix} 0 & \frac{i}{n} \\ in & 0 \end{bmatrix} \begin{bmatrix} 1 \\ n_s \end{bmatrix}$$

となる。よって

等価アドミタンス：　$Y = \frac{C}{B} = \frac{n^2}{n_s}$

∴ 反射率の極値：　$R = \left(\frac{n_0 - \frac{n^2}{n_s}}{n_0 + \frac{n^2}{n_s}} \right)^2$ 　　　　(2-86)

第 2 章　基礎理論

と表される。

基板の反射率 $R_s = \left(\dfrac{n_0 - n_s}{n_0 + n_s}\right)^2$ と比較すると分かるように、$n > n_s$ のときは $R > R_s$ で、$n < n_s$ のときは $R < R_s$ である。つまり薄膜はもともとの基板の反射率を増大若しくは減少させる機能を持っていることが分かる。

故に、基板の反射よりも大きい反射を得たい場合には、屈折率が基板のそれよりも大きい薄膜を成膜すれば良い。薄膜の屈折率が大きいほど得られる反射率も高い。これが薄膜を利用して作る分離鏡（ビームスプリッタ）の原理である。

逆に、基板の反射率を下げたい場合には薄膜の屈折率を基板のそれより小さくしなければならない。膜の厚さが $\dfrac{1}{4}\lambda_0$ の奇数倍のとき、反射率は最小値になる。これは膜の厚さという観点から得られる結論である。一方反射量という観点から、反射率を完全に 0 まで降下させる膜の屈折率条件を求めることができる。則ち $n^2 = n_0 n_s$、または $n = \sqrt{n_0 n_s}$ である。よって反射防止効果を得るためには、次の 2 つの条件を満たすべきである。

(1) 膜の厚さは 1/4 波長の奇数倍。
(2) 薄膜の屈折率 n は条件 $n = \sqrt{n_0 n_s}$ を満たす。

厚さ $(2p+1)\dfrac{1}{4}\lambda_0$（$p \geq 1$）の薄膜は $\dfrac{1}{4}\lambda_0$ の厚さを持つ薄膜同様に、波長 λ_0 で反射率は極値となる。しかし $p \geq 1$ のとき、波長に対する位相厚さの変化は p = 0 のときよりも速く、従って強烈な色分散を生じる。従って、原則的には $\dfrac{1}{4}\lambda_0$ 厚さを採用する。図 2-16 に膜厚が各々 $\dfrac{1}{4}\lambda_0$ (太線)と $\dfrac{3}{4}\lambda_0$ (細線)の時の色分散の挙動を示した。

1/4 波長膜は以上のように特殊な性質を持つため、膜系の設計や成膜時の膜厚制御には通常 1/4 波長の膜厚を基準として用い、H，M，L などの記号で表す。H は膜の屈折率が基板の屈折率より大きいことを示し、L は小さいことを示す。M は H と L の中間であることを示す。3 者の膜厚はともに 1/4 波長であ

り、膜厚が 1/8 波長なら $\frac{1}{2}$H，$\frac{1}{2}$M，$\frac{1}{2}$L と表示する。また膜厚が 1/2 波長であるときには 2H，2M，2L または HH，MM，LL などと表示する。その他の厚さについても同様である。

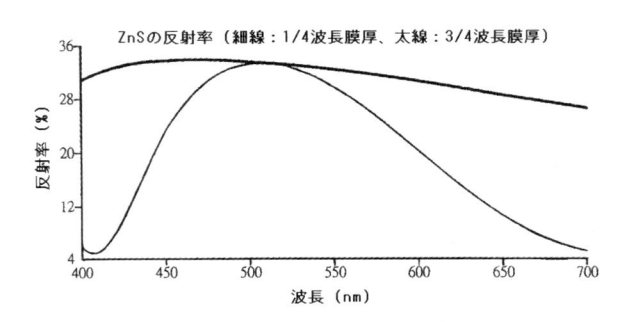

図 2-16　$\lambda_0 = 510\text{nm}$ の場合、$\frac{3}{4}\lambda_0$ (細線)膜は $\frac{1}{4}\lambda_0$ (太線)膜よりも顕著な色分散を示す

2.3.2　膜に吸収がある場合

　吸収膜の場合は2つに分けて考える。1つ目は、わずかな吸収がある媒質膜の場合で、$N = n - ik$，$k \ll n$ である。この種の吸収は不完全な膜構造や不完全な化学結合、あるいは不純物の混入などにより発生する。一般に k の値は 1/10000 以下である。2つ目は、k の値が n より大きい金属膜の場合である。この種の金属膜は吸収が大きすぎるので、膜系全体の透過率 T が金属膜厚の増加とともに急激に低下してしまう。
例：アルミニュウム Al の場合（k = 5.99：表 2-2 を参照）

$$\text{Al 膜の厚さが } d = \frac{1}{10}\lambda \text{、則ち } d = 54.6 \text{ nm のとき}$$

$$T = T_0 e^{-\frac{4\pi}{\lambda}kd} = T_0 e^{-4\pi \times 0.599} = 5.38 \times 10^{-4} T_0$$

　このような状況において薄膜の機能はその反射効果にあり、それらの挙動については 2.2.5 節で説明した。しかし実際には金属基板を反射鏡として利用す

第2章 基礎理論

ることはめったにない。主な理由は金属表面は研磨しにくいためである。故に、基板としてガラスやプラスチック材料などを用いて加工し、その上に金属膜を成膜する方法をとる。この種の反射鏡は極めて重要なある性質を持っている。膜面側から観測される反射率 R_f と、基板面側から観測される反射率 R_b が異なることである。仮に、金属膜の吸収が基板と金属境界面の反射より大きいとして、単純に計算すると

$$R_f \approx (\frac{n_0 - n + ik}{n_0 + n - ik})^2 = \frac{(n_0 - n)^2 + k^2}{(n_0 + n)^2 + k^2} \tag{2-87a}$$

$$R_b \approx (\frac{n - ik - n_S}{n - ik + n_S})^2 = \frac{(n_S - n)^2 + k^2}{(n_S + n)^2 + k^2} \tag{2-87b}$$

となる。これは明らかに $R_f \neq R_b$ であり、$n_0 = 1$ のとき、つまり空気であるときには $R_f > R_b$ である。n_S は基板の屈折率である。

わずかな吸収のある媒質膜に対して、前節 2.3.1 の理論は依然として適用できる。しかし、膜マトリックス中の位相厚さ δ と屈折角 θ が複素数であるので、図 1-2 の反射率は次のような性質となる。

(1) 厚さの増加につれて曲線の最大値はそれほど上がらず、曲線の最小値もそれほど下がらない。

(2) 反射率 R の極値の位置は 1/2 と 1/4 波長位置からややずれるようになり、膜系の透過率 T も低下する。図 2-17 にこの様子を示す。

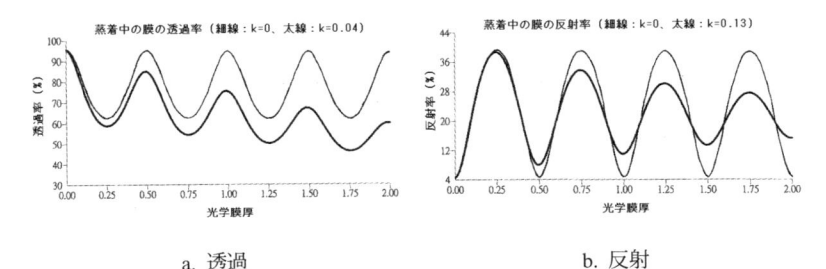

a. 透過 b. 反射

図 2-17 吸収のない膜(細線)と吸収のある膜(太線)の膜厚に対する透過率と反射率の変化

2.3.3 膜には吸収がなく、基板に吸収がある場合

k が極めて小さい基板媒質は、薄膜の干渉特性にそれほど影響を与えない。主な影響は単に透過率を低下させるということである。k の大きい値を持つ金属膜を成膜した基板媒質は光を透過しないので、強い吸収性を持つ基板と見なせる。この基板に誘電体膜を成膜すると、次のような2つの効果がある。
(1) 誘電体膜が金属膜面の保護膜となる。金属膜面は傷付き易く外部環境によっては腐蝕や酸化が起き易いため、保護膜が必要である。
(2) 誘電体膜が金属膜面の反射率を高める。

この系の反射率を求めるためには、まず式(2-78)を用いて等価アドミタンス Y を求める。

$$\begin{bmatrix} B \\ C \end{bmatrix} = \begin{bmatrix} \cos\delta & \dfrac{i}{n}\sin\delta \\ in\sin\delta & \cos\delta \end{bmatrix} \begin{bmatrix} 1 \\ n_s - ik_s \end{bmatrix} = \begin{bmatrix} \cos\delta + i\dfrac{n_s}{n}\sin\delta + \dfrac{k_s}{n}\sin\delta \\ in\sin\delta + n_s\cos\delta - ik_s\cos\delta \end{bmatrix}$$

$$\therefore Y = \frac{C}{B} = \frac{n_s\cos\delta + i(n\sin\delta - k_s\cos\delta)}{\cos\delta + \dfrac{k_s}{n}\sin\delta + i(\dfrac{n_s}{n}\sin\delta)}$$

$$\rho = \left(\frac{n_0 - Y}{n_0 + Y}\right)$$

$$= \frac{n_0(\cos\delta + \dfrac{k_s}{n}\sin\delta) + in_0\dfrac{n_s}{n}\sin\delta - n_s\cos\delta - i(n\sin\delta - k_s\cos\delta)}{n_0(\cos\delta + \dfrac{k_s}{n}\sin\delta) + in_0\dfrac{n_s}{n}\sin\delta + n_s\cos\delta + i(n\sin\delta - k_s\cos\delta)}$$

$$\therefore R = |\rho|^2$$

$$= \left| \frac{n_0(\cos\delta + \dfrac{k_s}{n}\sin\delta) + in_0\dfrac{n_s}{n}\sin\delta - n_s\cos\delta - i(n\sin\delta - k_s\cos\delta)}{n_0(\cos\delta + \dfrac{k_s}{n}\sin\delta) + in_0\dfrac{n_s}{n}\sin\gamma + n_s\cos\delta + i(n\sin\delta - k_s\cos\delta)} \right|^2$$

$$= \frac{[n_0(\cos\delta + \dfrac{1}{n}k_s\sin\delta) - n_s\cos\delta]^2 + [n_0\dfrac{n_s}{n}\sin\delta - n\sin\delta + k_s\cos\delta]^2}{[n_0(\cos\delta + \dfrac{1}{n}k_s\sin\delta) + n_s\cos\delta]^2 + [n_0\dfrac{n_s}{n}\sin\delta + n\sin\delta - k_s\cos\delta]^2}$$

(2-88)

これらにより、薄膜の厚さが異なると反射率 R の値も異なることが分かる。しかし、その極値はもはや位相厚さが $\delta = \dfrac{\pi}{2}$ の位置ではない。極値の正確な位置は次のようにして求められる。

$$\frac{dR}{d\delta} = 0 \Rightarrow \delta_m = (\frac{2\pi}{\lambda}nd)_m = \frac{1}{2}\tan^{-1}(\frac{2nk_s}{n^2 - n_s^2 - k_s^2}) \qquad (2\text{-}89)$$

極値に対する位相厚さ δ_m を知ることで、膜系の反射率を変えられる。しかしこれらについては、3.2 節で示すようにより良い計算方法があるので、ここではこれ以上詳しい検討は行わない。

2.3.4 斜入射

斜入射に対しても図 2-14 で示した等価アドミタンスの概念とマトリックス方程式(2-78)は完全に適用できるが、各媒質の屈折率は式(2-32)または式(2-37)に従って、P-偏光か S-偏光かによる適当な変換が必要であり、マトリックス中の位相厚さ $\delta = \dfrac{2\pi}{\lambda}Nd$ については等価光路長の修正も必要である。

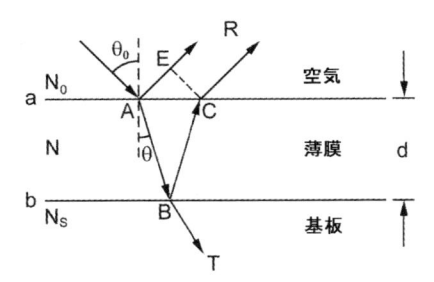

図 2-18 斜入射の等価光路差

反射波に対する光等価行路長は E, C 2 点における光行路差 OPD（Optical Pass Difference）である。光が境界面 a で反射し、E 点まで到達する時の光の行路長は次のようになる。

$$N_0 \cdot \overline{AE} = N_0 \overline{AC}\sin\theta_0$$

第 2 章　基礎理論

$$= N_0\, 2d\tan\theta \cdot \sin\theta_0$$
$$= N2d\tan\theta \cdot \sin\theta \tag{a}$$

光が境界面 a から b に到達し、そこで反射して C 点まで到達する時の光の行路長は次のようになる。

$$N(\overline{AB}+\overline{BC}) = 2N\overline{AB} = 2N\frac{d}{\cos\theta} \tag{b}$$

よって行路長差は

$$\therefore \mathrm{OPD} = (b)-(a) = 2Nd\left(\frac{1}{\cos\theta}-\tan\theta\cdot\sin\theta\right) = 2Nd\cos\theta$$

となる。これは、斜入射時の OPD が垂直入射時よりも短いことを示し、つまりは等価膜の厚さが薄くなったことを意味する。もし垂直入射と同様の効果を示す膜の厚さを得たいならば、垂直入射の $\frac{1}{\cos\theta}$ 倍の膜厚を成膜する必要がある。膜厚制御の際にはこの点について注意する必要がある。斜入射のときの膜の等価位相厚さは次のようになる。

$$\delta = \frac{2\pi}{\lambda} Nd\cos\theta \tag{2-90}$$

式(2-82)に従って、それぞれ S-偏光と P-偏光に対する反射率 R_S と R_P が求められる。

　もし入射光が自然光であり、反射率について偏光性を考慮しなくてもよい場合には、反射率 R は

$$R = \frac{1}{2}(R_S + R_P)$$

のようになる。

　膜に吸収があるとき、図 2-19 を参照すると反射率は次のようになる。

　N は吸収を有する、つまり N = n-ik である。従ってこのときθはもはや実数ではないので、2.2.5 節の処理方法により次式が得られる。

第 2 章　基礎理論

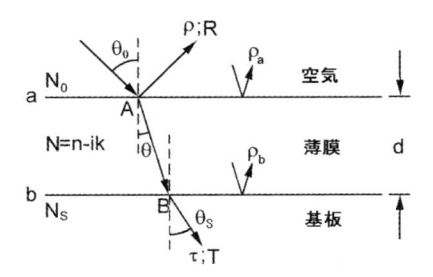

図 2-19　吸収性を有する薄膜

$$N\cos\theta = [n^2 - k^2 - n_0^2 \sin^2\theta_0 - i2nk]^{\frac{1}{2}} \quad 第Ⅳ象限解 \tag{2-91}$$

$$\delta = \frac{2\pi}{\lambda}dN\cos\theta$$

S-偏光に対して：

$$\rho_a = \frac{N_0\cos\theta_0 - N\cos\theta}{N_0\cos\theta_0 + N\cos\theta}$$

$$\rho_b = \frac{N\cos\theta - N_s\cos\theta_s}{N\cos\theta + N_s\cos\theta_s}$$

P-偏光に対して：

$$\rho_a = \frac{\dfrac{N_0}{\cos\theta_0} - \dfrac{N^2}{N\cos\theta}}{\dfrac{N_0}{\cos\theta_0} + \dfrac{N^2}{N\cos\theta}}$$

$$\rho_b = \frac{\dfrac{N^2}{N\cos\theta_0} - \dfrac{N_s}{\cos\theta_s}}{\dfrac{N^2}{N\cos\theta_0} + \dfrac{N_s}{\cos\theta_s}}$$

式(2-84)から分かるように

$$\rho = \frac{\rho_a + \rho_b e^{-i2\delta}}{1 + \rho_a\rho_b e^{-i2\delta}} \tag{2-92}$$

となる。
S-偏光に対して：

$$\tau_a = \frac{2N_0 \cos\theta_0}{N_0 \cos\theta_0 + N\cos\theta}$$

$$\tau_b = \frac{2N\cos\theta}{N\cos\theta + N_s \cos\theta_s}$$

透過率に関しては
P-偏光に対して：

$$\tau_a = \frac{\dfrac{2N_0}{\cos\theta_0}}{\dfrac{N_0}{\cos\theta_0} + \dfrac{N^2}{N\cos\theta}}$$

$$\tau_b = \frac{\dfrac{2N^2}{N\cos\theta}}{\dfrac{N^2}{N\cos\theta} + \dfrac{N_s}{\cos\theta_s}}$$

式(2-85)から分かるように

$$\tau = \frac{\tau_a \tau_b e^{-i\delta}}{1 + \rho_a \rho_b e^{-i2\delta}} \tag{2-93}$$

よって

$$\therefore R = |\rho|^2$$

$$T = \frac{n_s}{n_0}|\tau|^2$$

となる。

 $k \neq 0$ であるから、媒質 N_0 から観測した反射率 R と媒質 N_s から観測した反射率とは、$N_s = N_0$ の場合を除けば等しくない。

 斜入射のときには 2.2.4 節で議論した様に全反射が発生する。この場合、一層の膜を成膜すると、全反射に関して影響があるのだろうか？ 次の3種類の場合に分けて考える。図 2-20 において入射媒質 N_0 はプリズムの屈折率、N は

薄膜の屈折率とする。

(i) $N > N_0$; $N_S < N_0$

図 2-20 から、全反射角は θ_C で発生することが分かる。よって

$$\sin \theta_C = \frac{N_S}{N}$$

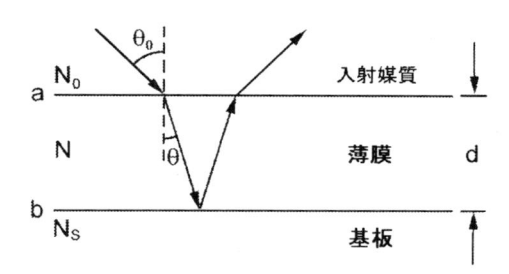

図 2-20

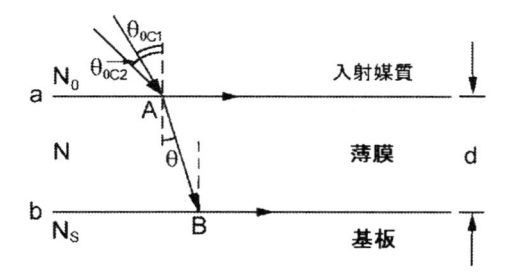

図 2-21

一方、Snell の法則から次のことが分かる。

$$N_0 \sin \theta_{0C} = N \sin \theta_C$$
$$\therefore \sin \theta_{0C} = \frac{N_S}{N_0}$$

第 2 章　基礎理論

よって、薄膜 N を成膜していないときと比較して高屈折率の薄膜 N は、全反射角の大きさには影響しない。

(ii) $N<N_0$; $N>N_S$

図 2-21 を参照すると、全反射角は(1)境界面 b と(2)境界面 a で発生することが分かる。つまり

$$(1)\sin\theta_C = \frac{N_S}{N} \quad または \quad \sin\theta_{0C1} = \frac{N_S}{N_0}$$

及び

$$(2)\sin\theta_{0C2} = \frac{N}{N_0}$$

である。$\theta_{0C2} > \theta_{0C1}$ なので、低屈折率の薄膜 N をプリズム上に成膜しても全反射角には影響を及ぼさないが、プリズムに対して反射防止膜を成膜する場合、膜が吸収または散乱を起こさない様に注意する必要がある。そうでない場合には全反射特性が影響を受ける。

(iii) $N<N_0$; $N<N_S$; $N_0 \geqq N_S$

全反射が(1)境界面 b と(2)境界面 a で発生するとき

$$(1)\sin\theta_{0C1} = \frac{N_S}{N_0}$$

$$(2)\sin\theta_{0C2} = \frac{N}{N_0} ; \theta_{0C2} < \theta_{0C1}$$

となる。このとき、入射角が θ_{0C2} と θ_{0C1} の間で、ある特殊な物理現象が発生する。

$\theta_{0C2} < \theta_0 < \theta_{0C1}$ とおくと、

$$\sin\theta = \frac{N_0}{N}\sin\theta_0 > 1 \quad (\therefore \theta は虚数)$$

であることが分かる。一方

$$\sin\theta_s = \frac{N_0}{N_s}\sin\theta_0 < 1 \quad (\therefore \theta_s \text{ は実数})$$

　膜 N の屈折角θは虚数であるので、光が全反射されることを意味する。しかし、θ_s が実数となるため、光が媒質 N_s に入ってしまう可能性もある。この虚数を別の物理的意味から解釈すると、光はその強度が減衰するだけなので、膜 N が十分に薄いとき、全反射現象は $\theta_0 > \theta_{0C2}$ のときに成り立たない可能性がある。このような現象を全反射不完全(Frustrated Total Reflection, FTR)という。この FTR は従来の銀(Ag)またはクロム(Cr)によるビームスプリッタの代わりとして、低損失ビームスプリッタに利用できる。分光反射率の計算は 2.3 節で述べたベクトルと式(2-84)から数学的に求められる。

$$\rho = \frac{\rho_a + \rho_b e^{-i2\delta}}{1 + \rho_a \rho_b e^{-i2\delta}}$$

$$\delta = \frac{2\pi}{\lambda} Nd\cos\theta$$

$$\cos\theta = \pm\sqrt{1 - \frac{N_0^2 \sin^2\theta_0}{N^2}} = \pm i\sqrt{\left(\frac{N_0}{N}\right)^2 \sin^2\theta_0 - 1}$$

$$\therefore 2\delta = -i2 \cdot \frac{2\pi}{\lambda} Nd\sqrt{\left(\frac{N_0}{N}\right)^2 \sin^2\theta_0 - 1}$$

ここで

$$2\delta = -i2 \cdot \frac{2\pi}{\lambda} Nd\sqrt{\left(\frac{N_0}{N}\right)^2 \sin^2\theta_0 - 1} = -i\beta$$

とおくと、負の符号のときは物理的減衰を意味する。
S-偏光の場合は

$$\rho_a = \frac{N_0 \cos\theta_0 + i\sqrt{N_0^2 \sin^2\theta_0 - N^2}}{N_0 \cos\theta_0 - i\sqrt{N_0^2 \sin^2\theta_0 - N^2}} = |\rho_a|e^{i\phi_a} = e^{i\phi_a}$$

$$\rho_b = \frac{-i\sqrt{N_0^2 \sin^2\theta_0 - N^2} - N_s \cos\theta_s}{-i\sqrt{N_0^2 \sin^2\theta_0 - N^2} + N_s \cos\theta_s} = |\rho_b|e^{i\phi_b} = e^{i\phi_b}$$

第 2 章　基礎理論

$$\therefore \rho_S = \frac{e^{i\phi_a} + e^{-\beta}e^{i\phi_b}}{1+e^{-\beta}e^{i(\phi_a+\phi_b)}} = |\rho|e^{i\phi}$$

$$R_S = \rho_S \rho_S{}^* = \frac{e^{i\phi_a} + e^{-\beta}e^{i\phi_b}}{1+e^{-\beta}e^{i(\phi_a+\phi_b)}} \times \frac{e^{-i\phi_a} + e^{-\beta}e^{-i\phi_b}}{1+e^{-\beta}e^{-i(\phi_a+\phi_b)}}$$

$$= \frac{1+e^{-2\beta}+2\cos(\phi_b-\phi_a)e^{-\beta}}{1+e^{-2\beta}+2\cos(\phi_b+\phi_a)e^{-\beta}} \tag{2-94}$$

となる。特別な場合を除けば $\cos(\phi_b-\phi_a) \neq \cos(\phi_b+\phi_a)$ のため、$\therefore R \neq 1$、則ち $T \neq 0$ である。$\beta \gg 1$ のとき $R \approx 1$ であり、この β は不完全な全反射を発生させるとき、膜の薄さを測るために利用される物理量である。

2.3.5　不均一性媒質の膜

これまで述べた膜は皆均一で且つ等方的であることを仮定したが、実際にはそうではない。成膜条件や材料が異なるため、膜の屈折率は不均一で且つ異方性になり、特に異方性は薄膜の複屈折効果として現れる。この原因は主に、成膜時の各蒸発原子・分子の有限な運動エネルギーと自己遮蔽（シャドーイング）にある。

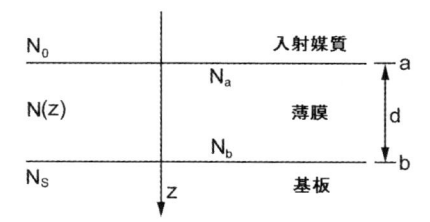

図 2-22

膜の不均一は膜の成長に従って起きる組成上あるいは構造上の変化によるもので、最も簡単なモデルは屈折率が膜の厚さ方向に低下または上昇するものである。この場合、図 2-22 に示すように位相厚さは次のように修正すべきである。

$$\delta = \frac{2\pi}{\lambda}\int_0^d N(z)dz$$

第 2 章　基礎理論

一方、反射係数は次式のようになる。

$$\rho = \frac{\rho_a + \rho_b e^{-i2\delta}}{1 + \rho_a \rho_b e^{-i2\delta}}$$

不均一の程度が小さい場合、垂直入射の薄膜特性マトリックス M と反射率 R は次式のように近似できる。[2]

$$M = \begin{bmatrix} \sqrt{\dfrac{N_b}{N_a}} \cos\delta & \dfrac{i\sin\delta}{\sqrt{N_a N_b}} \\ i\sqrt{N_a N_b} \sin\delta & \sqrt{\dfrac{N_a}{N_b}} \cos\delta \end{bmatrix} \quad (2\text{-}95)$$

$$R = \frac{(N_0 \sqrt{\dfrac{N_b}{N_a}} - N_S \sqrt{\dfrac{N_a}{N_b}})^2 + (\dfrac{N_0 N_S}{\sqrt{N_a N_b}} - \sqrt{N_a N_b})^2 \tan^2\delta}{(N_0 \sqrt{\dfrac{N_b}{N_a}} + N_S \sqrt{\dfrac{N_a}{N_b}})^2 + (\dfrac{N_0 N_S}{\sqrt{N_a N_b}} + \sqrt{N_a N_b})^2 \tan^2\delta} \quad (2\text{-}96)$$

R が極値のときは $\delta = m \cdot \dfrac{\pi}{2}$ で

$$m = 偶数,\quad R_0 = \left(\frac{N_0 - \dfrac{N_a}{N_b} N_S}{N_0 + \dfrac{N_a}{N_b} N_S} \right)^2 \quad (2\text{-}97)$$

$$m = 奇数,\quad R_m = \left(\frac{N_0 - \dfrac{N_a N_b}{N_S}}{N_0 + \dfrac{N_a N_b}{N_S}} \right)^2 \quad (2\text{-}98)$$

となる。式(2-98)から分かるように、一層の不均一膜が成膜可能で、このとき $N_b = N_S$ 且つ $N_a = N_0$ であると仮定すると、その反射率は $R_0 = R_m = 0$ となる。これは完全な反射防止膜である。

2.4 多層膜の反射と透過

基本的に多層膜は単層膜の積み重ねである。このため式(2-75)のマトリックス方程式を重複利用すれば、多層膜における電磁場の挙動を計算できる。多層膜の膜マトリックスは各単層膜の膜マトリックスの積である。つまり

$$\begin{bmatrix} E(z_0) \\ H(z_0) \end{bmatrix} = M_1 M_2 \cdots M_m \begin{bmatrix} E(z_m) \\ E(z_m) \end{bmatrix} = M \begin{bmatrix} E(z_m) \\ H(z_m) \end{bmatrix}$$

$$M = \prod_{j=1}^{m} M_j = \prod_{j=1}^{m} \begin{bmatrix} \cos\delta_j & \dfrac{i}{\eta_j}\sin\delta_j \\ i\eta_j \sin\delta_j & \cos\delta_j \end{bmatrix} \tag{2-99}$$

$$\delta_j = \frac{2\pi}{\lambda} N_j d_j \cos\theta_j$$

で表される。図 2-23 に示されるように、その等価アドミタンス Y は次式となる。

$$Y = \frac{C}{B}$$

$$\begin{bmatrix} B \\ C \end{bmatrix} = \prod_{j=1}^{m} \begin{bmatrix} \cos\delta_j & \dfrac{i}{\eta_j}\sin\delta_j \\ i\eta_j \sin\delta_j & \cos\delta_j \end{bmatrix} \begin{bmatrix} 1 \\ \eta_S \end{bmatrix} \tag{2-100}$$

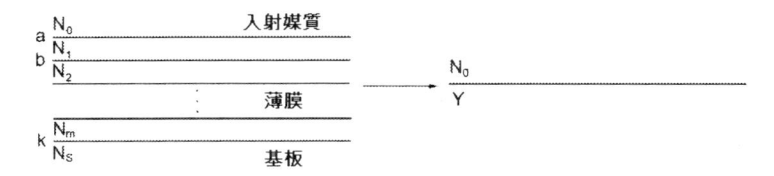

図 2-23

従って、式(2-82)と式(2-83)で示した公式は完全に適用できる。

同様に、もし式(2-84)を用いて反射率を求めたいのであれば、図 2-15 で示した概念で最終的な反射係数が求められる。

第 2 章 基礎理論

　膜系に吸収が有る場合も式(2-100)から計算できる。入射媒質と基板には吸収がないと仮定すると、光が k 境界面に到達したときの光強度は、式(2-20)より次のように求められる。

$$I_k = \frac{1}{2}\mathrm{Re}(E_k \times H_k^*)$$
$$= \frac{1}{2}|E_k|^2 \mathrm{Re}(Y_s)$$

実際に膜系に入射した光の強度は次式で表される。

$$I = \frac{1}{2}\mathrm{Re}(E_a \times H_a^*)$$
$$= \frac{1}{2}\mathrm{Re}(BC^*)|E_k|^2$$

膜系の反射率を R とすると、実際に膜系に入射した光の強度は $(1-R)I_0$ となる。I_0 は入射光の強度である。2つの式を比較すると次式が得られる。

$$I_0 = \frac{\frac{1}{2}\mathrm{Re}(BC^*)|E_k|^2}{1-R}$$

$$\therefore T = \frac{I_k}{I_0} = \frac{(1-R)\mathrm{Re}(Y_s)}{\mathrm{Re}(BC^*)} \tag{2-101}$$

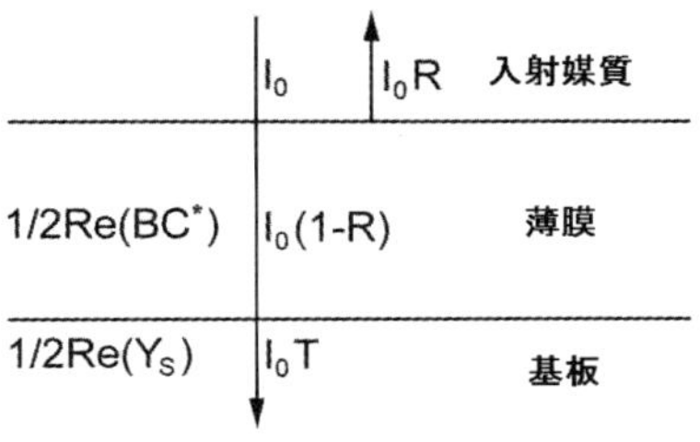

図 2-24　各媒質における光強度

エネルギー保存の法則より、吸収率 A は次のように得られる。

$$A = 1 - R - T = (1-R)[1 - \frac{\mathrm{Re}(Y_s)}{\mathrm{Re}(BC^*)}] \tag{2-102}$$

一方、式(2-82)から分かるように

$$R = \frac{(\eta_0 B - C)(\eta_0 B - C)^*}{(\eta_0 B + C)(\eta_0 B + C)^*} \qquad (2\text{-}103)$$

$$1 - R = \frac{2\eta_0 (BC^* + B^*C)}{(\eta_0 B + C)(\eta_0 B + C)^*}$$

であり、それらを式(2-101)に代入すると次式が得られる。

$$T = \frac{2\eta_0 \mathrm{Re}(Y_S)(BC^* + B^*C)}{(\eta_0 B + C)(\eta_0 B + C)^*} \cdot \frac{2}{(BC^* + B^*C)} = \frac{4\eta_0 \mathrm{Re}(Y_S)}{(\eta_0 B + C)(\eta_0 B + C)^*} \quad (2\text{-}104)$$

多層膜を図 2-25 に示されるように積層系 A，B 及び任意の中間膜 Nd に分けると、積層系 A と B は図 2-15 中の境界面 a と b に相当する。このとき中間膜 Nd はちょうど我々が考察したい膜に相当する。

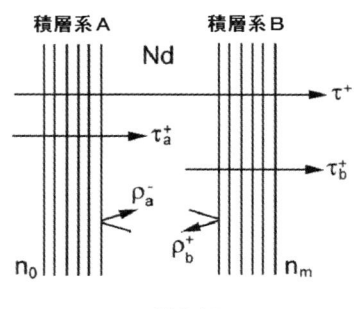

図 2-25

ここで

$$\tau_a^+ = t_a^+ \ , \ \tau_b^+ = t_b^+ \ , \ \rho_a^- = r_a^- \ , \ \rho_b^+ = r_b^+$$

及び

$$\delta = \frac{2\pi}{\lambda} Nd = \frac{2\pi}{\lambda}(n - ik)d = \alpha - i\beta$$
$$e^{-i\delta} = e^{-\beta} e^{-i\alpha}$$

第 2 章　基礎理論

とおいて式(2-85)を用いると、次式が得られる。

$$T = \frac{n_m}{n_0}(\tau^+)(\tau^+)^*$$

$$= \frac{n_m}{n_0} \frac{\tau_a^+ \tau_a^{+*} \tau_b^+ \tau_b^{+*} e^{-2\beta}}{(1-\rho_a^-\rho_b^+ e^{-2\beta}e^{-2i\alpha})(1-\rho_a^-\rho_b^+ e^{-2\beta}e^{-2i\alpha})^*}$$

そして

$$\tau_a^+ = |\tau_a^+|e^{i\phi'_a} \qquad \rho_a^- = |\rho_a^-|e^{i\phi_a}$$
$$\tau_b^+ = |\tau_b^+|e^{i\phi'_b} \qquad \rho_b^+ = |\rho_b^+|e^{i\phi_b}$$

とおくと

$$T = \frac{n_m}{n_0} \frac{|\tau_a^+|^2 |\tau_b^+|^2 e^{-2\beta}}{(1-|\rho_a^-||\rho_b^+|e^{i(\phi_a+\phi_b)}e^{-2\beta}e^{-2i\alpha})(1-|\rho_a^-||\rho_b^+|e^{-i(\phi_a+\phi_b)}e^{-2\beta}e^{-2i\alpha})^*}$$

$$= \frac{n_m}{n_0} \frac{|\tau_a^+|^2 |\tau_b^+|^2 e^{-2\beta}}{1+|\rho_a^-|^2|\rho_b^+|^2 e^{-4\beta} - 2|\rho_a^-||\rho_b^+|e^{-2\beta}\cos(\phi_a+\phi_b-2\alpha)}$$

$$= \frac{n_m}{n_0} \frac{|\tau_a^+|^2 |\tau_b^+|^2 e^{-2\beta}}{(1-|\rho_a^-||\rho_b^+|e^{-2\beta})^2}[1+\frac{4|\rho_a^-||\rho_b^+|e^{-2\beta}}{(1-|\rho_a^-||\rho_b^+|e^{-2\beta})^2}\sin^2(\frac{\phi_a+\phi_b}{2}-\frac{2\pi}{\lambda}nd)]^{-1}$$

(2-105)

となる。もし両境界面側の層に吸収がなければ

$\beta = 0$ なので，

透過率は次のようになる。

$$T_a = \frac{n}{n_0}|\tau_a^+|^2 ; \quad T_b = \frac{n_m}{n}|\tau_b^+|^2 ; \quad R_a^- = |\rho_a^-|^2 ; \quad R_b^+ = |\rho_b^+|^2$$

$$\therefore T = \frac{T_a T_b}{[1-(R_a^- R_b^+)^{\frac{1}{2}}]^2}\left[1+\frac{4\sqrt{R_a^- R_b^+}}{[1-(R_a^- R_b^+)^{\frac{1}{2}}]^2}\sin^2(\frac{\phi_a+\phi_b}{2}-\frac{2\pi}{\lambda}nd)\right]^{-1}$$

(2-106)

この式は透過率 T への寄与を積層系 A，B、中間層 Nd の 3 部分に分けて考えたもので、はじめの 2 つは値の変化に影響し、3 番目は中心波長に対して重要な影響を与える。ここで注意すべきことは、ρ_a^- または ρ_b^+ が 0 に等しいときは T は T_a または T_b に等しいが、中間膜の厚さには依存しないということである。

2.5　多層膜マトリックスの幾つかの性質

膜マトリックスの数学的特性から、多層膜の光学特性が計算出来る[3]。多層膜の膜マトリックスを次式に示す。

$$M = M_1 M_2 M_3 \cdots M_m \tag{2-107}$$

M_i は任意の単層膜の膜マトリックスで、その対角要素は実数であり、非対角要素は純虚数である。

1) いま、2 つのマトリックスの積 A×B から次式が得られる。

$$A \cdot B = \begin{bmatrix} A_{11} & iA_{12} \\ iA_{21} & A_{22} \end{bmatrix} \begin{bmatrix} B_{11} & iB_{12} \\ iB_{21} & B_{22} \end{bmatrix}$$
$$= \begin{bmatrix} A_{11}B_{11} - A_{12}B_{21} & i(A_{11}B_{12} + A_{12}B_{22}) \\ i(A_{21}B_{11} + A_{22}B_{21}) & -A_{21}B_{12} + A_{22}B_{22} \end{bmatrix} = \begin{bmatrix} M_{11} & iM_{12} \\ iM_{21} & M_{22} \end{bmatrix}$$

積マトリックスの形は A や B と同形で、その対角要素は依然として実数であり、非対角線上の要素は純虚数である。

2) 式(2-107)の行列式を取ると、次式が得られる。

$$\det|M| = \det(M_1)\det(M_2)\det(M_3)\cdots\det(M_m)$$
$$= M_{11}M_{22} + M_{12}M_{21} = 1 \tag{2-108}$$

この式から、多層膜のマトリックスは行列式の値が 1 となる特性を維持していることが分かる。

第 2 章　基礎理論

3) 式(2-107)に対してその逆行列を取ると

$$M^{-1} = M_m^{-1} M_{m-1}^{-1} \cdots M_2^{-1} M_1^{-1}$$

であり、一方

$$M^{-1} = \begin{bmatrix} M_{11} & iM_{12} \\ iM_{21} & M_{22} \end{bmatrix}^{-1} = \begin{bmatrix} M_{22} & -iM_{12} \\ -iM_{21} & M_{11} \end{bmatrix}$$

であるから、単層膜に対して $S = \begin{bmatrix} 1 & 0 \\ 0 & -1 \end{bmatrix}$ であれば、次式が得られる。

$$S \begin{bmatrix} \cos\delta & \dfrac{i}{N}\sin\delta \\ iN\sin\delta & \cos\delta \end{bmatrix} S = \begin{bmatrix} \cos\delta & -\dfrac{i}{N}\sin\delta \\ -iN\sin\delta & \cos\delta \end{bmatrix}, \quad かつ\ SS = 1$$

$$\therefore M^{-1} = SM_m SS M_{m-1} SS \cdots SM_2 SS M_1 S = SM_m M_{m-1} \cdots M_2 M_1 S\ または$$

$$SM^{-1}S = \begin{bmatrix} M_{22} & iM_{12} \\ iM_{21} & M_{11} \end{bmatrix} = M_m M_{m-1} \cdots M_2 M_1 = M_{rev} \tag{2-109}$$

この式から、多層膜を逆の順序に成膜してもその膜マトリックスは対角要素が入れ替わるだけであることが分かる。

4) 任意の対称型多層膜積層系 M_{sym} に対しては積層系 A とその逆順の積層系 A_{rev} の合成であると見なせる。則ち、$M_{sym} = A \cdot A_{rev}$

$$\therefore M_{sym} = \begin{bmatrix} A_{11} & iA_{12} \\ iA_{21} & A_{22} \end{bmatrix} \begin{bmatrix} A_{22} & iA_{12} \\ iA_{21} & A_{11} \end{bmatrix}$$

$$= \begin{bmatrix} A_{11}A_{22} - A_{12}A_{21} & 2iA_{11}A_{12} \\ 2iA_{22}A_{21} & A_{11}A_{22} - A_{21}A_{12} \end{bmatrix} \tag{2-110}$$

この式から、対称多層膜系の対角要素の値は等しいことが分かる。

5) 周期性を有する膜が積みかさなった多重膜系は、Chebyshev 多項式を用いて表すことができる。基本周期マトリックスを M とすると、周期数 P の多重膜系マトリックス M^P に対して、M の固有値は次式の根 L である。

第 2 章　基礎理論

$$\det(M - LI) = 0$$

または

$$L^2 - (M_{11} + M_{22})L + \det M = L^2 - (M_{11} + M_{22})L + I = 0$$

同時に、マトリックス自身も次の特性方程式を満たすので

$$M^2 - (M_{11} + M_{22})M + I = 0$$

または

$$M^2 = (M_{11} + M_{22})M - I \tag{2-111}$$

ここで

$$X = M_{11} + M_{22}$$

として、式(2-111)の両辺に M を乗ずると、次式が得られる。

$$\begin{aligned} M^3 &= XM^2 - M \\ &= X(XM - I) - M \\ &= (X^2 - 1)M - XI \end{aligned}$$

同様に、次式が得られる。

$$M^4 = (X^3 - 2X)M - (X^2 - 1)I$$

このように乗算を続けると、次の一般式が得られる。

$$M^P = [S_{P-1}(X)]M - [S_{P-2}(X)]I \tag{2-112}$$

S_{P-1} と S_{P-2} は第 P-1 と第 P-2 次の Chebyshev 多項式であり、その漸化式は次式で表される。

$$S_P(X) - XS_{P-1}(X) + S_{P-2}(X) = 0 \tag{2-113}$$

初めの幾つかの項の具体的な形は $S_0(X) = 1$，$S_1(X) = X$，$S_2(X) = X^2 - 1$ で

第 2 章　基礎理論

ある。

6) 式(2-83)の B, C に多層膜マトリックス要素 M_{ij} を代入すると、透過率は次式となる。

$$T = \frac{4\eta_0 \, \text{Re}(\eta_S)}{(\eta_0 M_{11} + \eta_S M_{22})^2 + (\eta_0 \eta_S M_{12} + M_{21})^2} \tag{2-114}$$

膜マトリックス(2-76)は次式のように書けるため

$$\begin{bmatrix} \cos\delta & \dfrac{i}{\eta}\sin\delta \\ i\eta\sin\delta & \cos\delta \end{bmatrix} = \begin{bmatrix} 1 & 0 \\ 0 & \eta \end{bmatrix}\begin{bmatrix} \cos\delta & i\sin\delta \\ i\sin\delta & \cos\delta \end{bmatrix}\begin{bmatrix} 1 & 0 \\ 0 & \dfrac{1}{\eta} \end{bmatrix} = S(\eta)P(\delta)S(\dfrac{1}{\eta})$$

$S(\dfrac{1}{\eta_1})S(\eta_2) = S(\dfrac{\eta_2}{\eta_1})$ を考慮すると、多層膜の膜マトリックスは次式となる。

$$M = S(\eta_1)P(\delta_1)S(\dfrac{\eta_2}{\eta_1})P(\delta_2)S(\dfrac{\eta_3}{\eta_2})\cdots S(\dfrac{\eta_m}{\eta_{m-1}})P(\delta_m)S(\dfrac{1}{\eta_m})$$

$$= S(\eta_1)F(\delta_i, \eta_i)S(\dfrac{1}{\eta_m})$$

上式の全ての η_i に $C\eta_i$ を代入して、前後からそれぞれ $S(\dfrac{1}{C})$ と $S(C)$ を乗算することによって次式が得られる。

$$\begin{bmatrix} M_{11}(C\eta) & iCM_{12}(C\eta) \\ \dfrac{iM_{21}(C\eta)}{C} & M_{22}(C\eta) \end{bmatrix} = \begin{bmatrix} M_{11}(\eta) & iM_{12}(\eta) \\ iM_{21}(\eta) & M_{22}(\eta) \end{bmatrix} \tag{2-115}$$

更に膜マトリックスの前後にそれぞれ $S = \begin{bmatrix} 0 & 1 \\ 1 & 0 \end{bmatrix}$ を掛けることによって

$$\begin{bmatrix} 0 & 1 \\ 1 & 0 \end{bmatrix}\begin{bmatrix} \cos\delta & \dfrac{i}{\eta}\sin\delta \\ i\eta\sin\delta & \cos\delta \end{bmatrix}\begin{bmatrix} 0 & 1 \\ 1 & 0 \end{bmatrix} = \begin{bmatrix} \cos\delta & i\eta\sin\delta \\ i\dfrac{\sin\delta}{\eta} & \cos\delta \end{bmatrix}$$

第 2 章　基礎理論

が得られる。見かけでは $\frac{1}{\eta}$ に η を代入しているので、式(2-107)の前後にそれぞれ S を掛けることで、

$$\begin{bmatrix} M_{11}(\eta) & iM_{12}(\eta) \\ iM_{21}(\eta) & M_{22}(\eta) \end{bmatrix} = M_1(\frac{1}{\eta_1})M_2(\frac{1}{\eta_2})\cdots M_m(\frac{1}{\eta_m})$$

$$= \begin{bmatrix} M_{11}(\frac{1}{\eta}) & iM_{12}(\frac{1}{\eta}) \\ iM_{21}(\frac{1}{\eta}) & M_{22}(\frac{1}{\eta}) \end{bmatrix} \tag{2-116}$$

が得られる。式(2-114), (2-115), (2-116)を比較すると

$$T(\eta) = T(C\eta) \tag{2-117}$$

$$T(\eta) = T(\frac{1}{\eta}) \tag{2-118}$$

が分かる。故に、多層膜中の各膜の屈折率にある定数 C を掛けても、屈折率が元来の値の逆数であっても、その透過率は不変であることが分かる。

2.6　非干渉性の場合の反射と透過

これまでの基板(substrate)に関する議論では基板に接している膜のみを考慮したが、実際に、光は基板の向こう側の面にまで達するので、光のエネルギーの一部は再び膜へ戻る。但し、これらの反射される光は「非常に厚い」(薄膜に対して)基板を通過するので、膜間で生じる反射光とは干渉を起こさず、ただ光

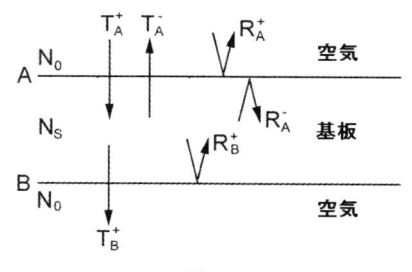

図 2-26

第2章　基礎理論

強度増加に寄与するだけである。

図2-26でN_sを基板の屈折率とすると、境界面Aは基板上の膜系の等価境界面である。このとき膜系の透過率と反射率をそれぞれT_AとR_Aとする。等価境界面Bの意味は境界面Aの意味と同様に別の成膜膜面であるか、または未成膜基板面である。このとき、全体の反射率は次式となる。

$$R = R_A^+ + T_A^+ R_B^+ T_A^- [1 + R_A^- R_B^+ + (R_A^- R_B^+)^2 \cdots]$$

$$= R_A^+ + \frac{T_A^+ T_A^- R_B^+}{(1 - R_A^- R_B^+)}$$

$\because T_A^+ = T_A^-$, $T_A^+ = T_A^- = T_A$ とすると

$$\therefore R = \frac{R_A^+ + R_B^+ (T_A^2 - R_A^+ R_A^-)}{1 - R_A^- R_B^+} \tag{2-119}$$

となる。

もし膜に吸収がなければ

$$R_A^- = R_A^+ = R_A = 1 - T_A, \quad R_B^+ = R_B = 1 - T_B$$

となる。従って

$$R = \frac{R_A + R_B - 2R_A R_B}{1 - R_A R_B} \tag{2-120}$$

となる。同様の方法で、全体の透過率は次式のように求められる。

$$T = T_A^+ T_B^+ + T_A^+ T_B^+ R_B^- R_A^- [1 + R_A^- R_B^+ + (R_A^- R_B^+)^2 + \cdots]$$

$$= \frac{T_A T_B}{1 - R_A^- R_B^+} \tag{2-121}$$

$$T = \frac{T_A \cdot T_B}{1 - R_A R_B} \tag{2-122}$$

$$= \frac{1}{\frac{1}{T_A} + \frac{1}{T_B} - 1} \tag{2-123}$$

光源の可干渉距離が基板の厚みよりも著しく大きく（レーザ光源など）、且

つ基板両平面の平行度が十分良いときには、基板の両側で干渉が起きる。基板の厚さが光源の 1/4 波長の奇数倍のとき、透過率は低下する。図 2-27 に平行基板, 非平行基板、およびレンズについて、可干渉性光源と非干渉性光源に対する透過率の基板屈折率依存性を示す。

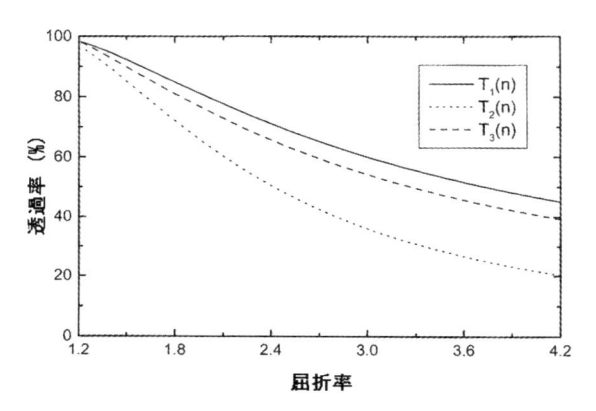

図 2-27 透過率の基板屈折率依存性
$T_1(n)$：平行基板, 非干渉性光源
$T_2(n)$：平行基板, 可干渉性光源
$T_3(n)$：非平行基板またはレンズ

例1 T_S または R_S の測定から基板の屈折率 N_S を求める方法。

$$\because T_A = \frac{4N_S}{(1+N_S)^2} = T_B$$

$$\therefore T_S = \frac{1}{\frac{(1+N_S)^2}{2N_S} - 1} = \frac{2N_S}{1+N_S^2}$$

$$N_S = \frac{1 \pm \sqrt{1-T_S^2}}{T_S} \tag{2-124a}$$

または $R_A = \left(\frac{1-N_S}{1+N_S}\right)^2 = R_B$

$$\therefore R_S = \frac{2R_A - 2R_A^2}{1-R_A^2} = \frac{2R_A}{1+R_A} = \frac{(N_S-1)^2}{N_S^2+1}$$

第 2 章　基礎理論

$$\therefore N_S = \frac{1 \pm \sqrt{1-(1-R_S)^2}}{1-R_S} = \frac{1+\sqrt{1-T_S^2}}{T_S} \cdot N_0 \tag{2-124b}$$

また、片面を粗面にした基板の反射率 R_A を測定しても N_S は次式から求められる。

$$N_S = \frac{1+\sqrt{R_A}}{1-\sqrt{R_A}} \tag{2-125}$$

例2　基板上に厚さ $\frac{1}{4}\lambda_0$ の膜を成膜し、T 値を測定することによって屈折率 n を求める方法。

$$T_{A_m} = \frac{4\frac{n^2}{N_S}n_0}{(n_0+\frac{n^2}{N_S})^2} = \frac{4n^2 N_S}{(N_S+n^2)^2}, \quad T_B = \frac{4N_S n_0}{(n_0+N_S)^2}$$

$$\therefore T_m = \frac{1}{(\frac{(N_S+n^2)^2}{4N_S n^2}+\frac{(1+N_S)^2}{4N_S}-1)} = \frac{1}{(\frac{n^4+n^2(1+N_S^2)+N_S^2}{4N_S n^2})} \tag{2-126}$$

$$n^4 + n^2(1+N_S^2 - \frac{4}{T_m}N_S) + N_S^2 = 0$$

$$\therefore n^2 = \frac{\frac{4}{T_m}N_S - 1 - N_S^2 \pm \sqrt{(1+N_S^2-\frac{4}{T_m}N_S)^2 - 4N_S^2}}{2} \tag{2-127a}$$

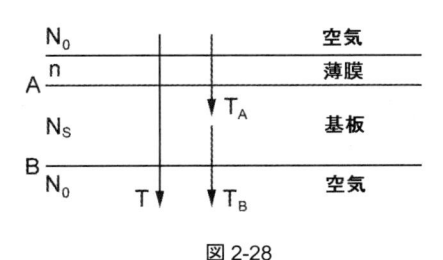

```
         N₀              空気
   A ─────n──────────    薄膜
         N_S    ↓T_A    基板
   B ─────N₀────────    空気
              ↓T  ↓T_B
```

図 2-28

または式(2-126)から次式が得られる。

第 2 章　基礎理論

$$n^2 = N_S[B \pm \sqrt{B^2 - 1}] \tag{2-127b}$$

但し

$$B = \frac{2}{T_m} - \frac{2}{T_B} + 1 \; ; \; N_S = \frac{1}{T_B} + \sqrt{\frac{1}{T_B^2} - 1}$$

もし基板両側に同じ $\frac{1}{4}\lambda_0$ 膜を成膜すると

$$T_{A_m} = T_{B_m} = \frac{4n^2 N_S}{(N_S + n^2)^2}$$

$$T_m = \frac{1}{\left(\frac{2(N_S + n^2)^2}{4n^2 N_S} - 1\right)} = \frac{2n^2 N_S}{N_S^2 + n^4}$$

$$n^4 - \frac{2}{T_m} N_S n^2 + N_S^2 = 0$$

$$n^2 = \frac{\frac{2}{T_m} N_S \pm \sqrt{\frac{4}{T_m^2} N_S^2 - 4 N_S^2}}{2} = \frac{N_S}{T_m} \pm N_S \sqrt{\frac{1}{T_m^2} - 1} = N_S\left(\frac{1}{T_m} \pm \sqrt{\frac{1}{T_m^2} - 1}\right)$$

$$\tag{2-128}$$

が分かる。

例3 基板裏面を荒く研磨して反射しないようにしておき、表面に $\frac{1}{4}\lambda_0$ 膜を成膜する。このときの R を測定することによって薄膜の屈折率 n を求める方法。

$$R = \left(\frac{n_0 - \frac{n^2}{N_S}}{n_0 + \frac{n^2}{N_S}}\right)^2$$

$$n = \sqrt{N_S \frac{1+\sqrt{R}}{1-\sqrt{R}}} \quad \text{for } n > N_S$$

$$n = \sqrt{N_S \frac{1-\sqrt{R}}{1+\sqrt{R}}} \quad \text{for } n < N_S \tag{2-129}$$

第 2 章　基礎理論

参考文献

1. Macleod H. A., 1986, "Thin-Film Optical Filters", 2nd ed., Macmillan Publishing Company, N.Y. Adam Hilger Ltd., Bristol.
2. Jacobsson R., 1975, "Phys. of Thin Films", Volume **8**, 51-98, Academic Press, Inc., N.Y.
3. Thelen A., 1988, "Design of Optical Interference Coatings", Chap. 2, McGraw-Hill Book Company, N.Y.

練習問題

1. 式(2-50)を証明しなさい。また Goos-Haenchen シフト値を求めなさい。
2. 式(2-66)を証明しなさい。
3. BK-7 の反射率が 0 になるような単層膜の屈折率は幾らか答えなさい。
4. 式(2-89)を証明しなさい。
5. 図示のように、$N'_0 < N$，$N_S < N$，$N_0 > N$ の場合、θ_0 はどの値のときに、光が薄膜 N の中を伝播できるか答えなさい。

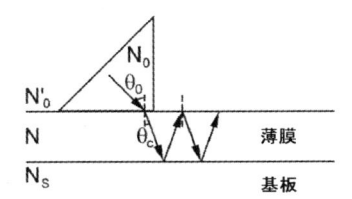

6. 次のグラフを描くプログラムを作成しなさい。
   a). BK-7｜H L H L H｜Air について波長 λ (400-700nm) に対する反射率 R のグラフ、但し、n_H=2.3, n_L=1.45, λ_0 =500nm。
   b). BK-7｜J 2I M｜Air について波長 λ (400-700nm) に対する反射率 R のグラフ、但し、n_J=1.7, n_I=2.15, n_M=1.38, λ_0 =500nm。
7. 式(2-94)に習って、ρ_P と R_P の値を求めなさい。
8. 2.3.5 節より、M の値が既知のときの R の値を求めなさい。
   （例：N_S =1.52, N_b =2.3, N_a =2.0, N_0 =1）。
9. 次の表を完成しなさい、つまり異なる波長での基板屈折率 n_S の値を求めなさい。また波長 λ（横軸)対基板屈折率 n_S（縦軸)のグラフを描きなさい。

第 2 章　基礎理論

λ (nm)	T (%)	n_S
350	85	
400	89	
450	90	
504	91	
568	92	
675.6	92.2	
800	92.4	
900	92.5	
1000	92.6	
2000	92.6	

10. 問題 9 の基板を用いて光学薄膜を成膜し、その透過率と波長との関係が次の表の様な場合、この薄膜の屈折率と厚さを求めなさい。

λ (nm)	T (%)
450	91
504	67
568	92
675.6	70

11. 2 枚の基板がある系には 4 つの境界面が存在する。それぞれの境界面の透過率を T_a, T_b, T_c, T_d とすると、光線がこの両基板を透過した後の透過率は次式であることを示しなさい。

$$T = (\frac{1}{T_a} + \frac{1}{T_b} + \frac{1}{T_c} + \frac{1}{T_d} - 3)^{-1}$$

12. 式(2-123)から分かるように、レンズまたは傾斜基板（ウエッジ）に対して、両面ともに成膜されていないときは $T_A = T_B$ であり、従って $T = T_A^2$ であるが、平行な基板に対しては $T = \dfrac{T_A}{(2-T_A)}$ である。光源の可干渉距離が基板の厚さより長いと仮定するとき、平行基板の透過率 T は波長または基板の屈折率により変化することを示しなさい。また最大透過率 T_{max} と最小透過率 T_{min} を求めなさい。最後に、基板の屈折率が 1.5 より小さいときは $T_{min} \approx 4T_A - 3$ である。このときの曲線を図 2-27 を参考にして描きなさい。

13. 問 12 の中で基板の色分散を無視できると仮定すると、T_{max} と T_{min} を用いて基板の厚さを求めることは可能か答えなさい。

14. コンピュータプログラムを作成し、式(2-80)から式(2-83)までの各式を参照して BK-7|L|Air と BK-7|3L|Air に対する R と T の波長依存性のグラフを示しなさい。但し、n_L=1.38 で、波長の範囲は 400nm〜700nm とする。

第 2 章　基礎理論

15. 不均一膜の屈折率を $n=2.35-0.3z-0.2z^2$ として、$n_S=1.52$ の基板の上に成膜する。反射率 R が nz/λ_0 に対して変化する様子を示すグラフを描きなさい。また、グラフを図 1.2(b) 中の均一膜 $n=2.35$ の場合と比較しなさい。

第3章　光学薄膜設計の図解法

　第1章で光学薄膜の応用例をいくつか挙げたが、そこでの結論は、異なる用途には異なる設計が必要であるということであった。第2章で述べた基本理論は各種設計の基礎である。設計方法は多くあるが、本章においては比較的実用性のある2種類の図示設計法について説明する。

3.1　ベクトル図法

　反射係数を $\rho = |\rho| \cdot e^{i\phi}$ とするとき、絶対値 $|\rho|$ はその大きさで、位相角 ϕ は方位をあらわす。このようにすると、境界面で発生した光の反射係数をベクトルとみなして処理出来る。多層膜の全反射係数は以下に示すように、各境界面の反射係数のベクトル和として表せる。

$$\rho = \rho_a + \rho_b e^{-i2\delta_1} + \rho_c e^{-i2(\delta_1+\delta_2)} + \rho_d e^{-i2(\delta_1+\delta_2+\delta_3)}$$

　図3-1は3層膜の各境界面での反射ベクトルのモデル図である。各ベクトルの意味を表3-1に示す。反射防止膜は光学系の中では最も早く使われた薄膜であり、今日でも最も良く使われる光学薄膜の一種である。よって、ここではまず反射防止膜を例にとって、ベクトル法の使い方を説明する[**]。

---

* 反射防止膜を成膜する目的は2つある。
　(1). 反射を減らして光学系全体の透過率を増加させる。
　(2). 光学系の像のコントラストを向上させる。（反射防止処理をしないと入射光の系の各界面間での多重反射によって散乱光、フレアー、ゴーストなどが発生する。）
** ここで示すベクトル法は1次反射量のみを計算し高次反射量を無視するので、厳密には近似値法である。しかし反射防止膜の様に膜界面両側の屈折率の差が小さい場合には、十分正確である。なぜなら、2次以上の反射量は既に非常に小さいからである。

第3章　光学薄膜設計の図解法

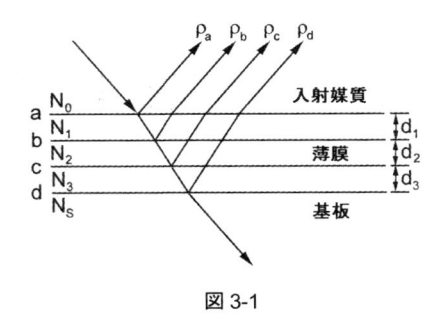

図 3-1

表 3-1

大きさ	方向と方位
$\lvert\rho_a\rvert = \left\lvert\dfrac{N_0 - N_1}{N_0 + N_1}\right\rvert$	＋または－； 0
$\lvert\rho_b\rvert = \left\lvert\dfrac{N_1 - N_2}{N_1 + N_2}\right\rvert$	＋または－； $-2\delta_1$
$\lvert\rho_c\rvert = \left\lvert\dfrac{N_2 - N_3}{N_2 + N_3}\right\rvert$	＋または－； $-2(\delta_1 + \delta_2)$
$\lvert\rho_d\rvert = \left\lvert\dfrac{N_s - N_3}{N_s + N_3}\right\rvert$	＋または－； $-2(\delta_1 + \delta_2 + \delta_3)$

　表 3-1 の中で、方向（符号）がマイナスのときベクトルは原点方向を指し、方向（符号）がプラスのときベクトルは原点から離れる方向を指す。表 3-1 は図 3-2a のベクトル図のように表示できる。$N_i > N_{i+1}$ のときはプラス方向、その逆のときはマイナスである。図 3-2 では ρ_a と ρ_c はマイナス方向、ρ_b と ρ_d はプラス方向としてあり，方位は膜の厚さ δ（$\delta = (\dfrac{2\pi}{\lambda})Nd\cos\theta$ によって決まる。）となっている。2.3 節で述べたように，δ は正の値なので、ベクトルは時計方向に回転する。

　各ベクトルの作図法として、まず表 3-1 の値を計算する。次に座標の中に描画する。図 3-2a のように、ベクトルは正のときに矢の先が原点から遠ざかり、負のときには矢の先が原点を指す。δ 値は皆正の値なので、時計方向に回転する。次に、図 3-2a の各ベクトルを平行移動して、図 3-2b に示すように各ベク

第 3 章　光学薄膜設計の図解法

トルの始まる点と矢先を連結する。合成ベクトルは原点 O からベクトルの終点 A のベクトル $\rho = |\rho| \cdot e^{i\phi}$ となり、反射率は $R = |\rho|^2$ となる。

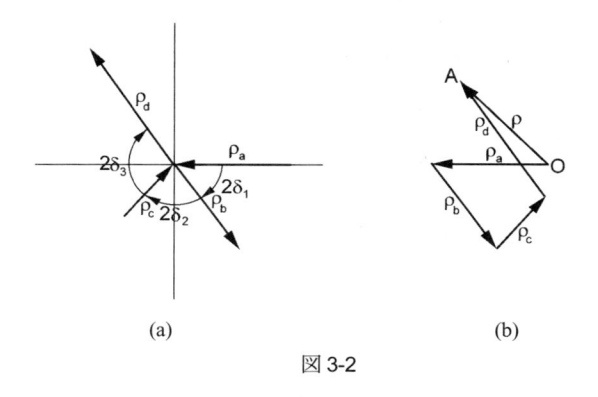

図 3-2

　光学特性、則ち反射率や透過率などは位相厚さに直接関係する一方、位相厚さは波長の逆数に比例する。波長の逆数をパラメータ g で定義すると、光学特性を議論する際にはこのパラメータ g を用いたほうが波長を用いるよりも便利である。

　$g = \dfrac{\lambda_0}{\lambda}$ と定義する。λ_0 は参照波長で定数である。g を相対波数または波長比という。すると位相厚さは次式となる。

$$\delta = \frac{2\pi}{\lambda} \mathrm{Nd}\cos\theta = 2\pi\left(\frac{\mathrm{Nd}\cos\theta}{\lambda_0}\right)\left(\frac{\lambda_0}{\lambda}\right) = 2\pi Dg$$

$D = \dfrac{\mathrm{Nd}\cos\theta}{\lambda_0} = \dfrac{1}{4}$ のとき、則ち $\delta = \dfrac{\pi}{2}$ のときの膜の厚さを 1/4 波長膜厚さという。

$D = \dfrac{1}{2}$ 則ち $\delta = \pi$ のときの膜の厚さは 1/2 波長膜厚さという。

　ベクトル図法を応用するため手助けとして、幾つかの例を挙げて説明する。可視光領域における基板材料の屈折率は大体 1.8 以下だが、赤外線領域において使用される基板材料はほとんどが高屈折率材料、Ge: n=4 や Si: n=3.4 などである。両者は薄膜設計上、やや性質を異にするので、ここでは別々に考える。

第 3 章　光学薄膜設計の図解法

3.1.1　低屈折率基板の反射防止膜

(i) 単層膜の設計

まず図 3-2 に習って図 3-3 を描く。図 3-3c から、$\rho = 0$ を得たい場合には、次に示す 2 つの条件を同時に満たさなければならないことが分かる。

(a) 位相厚さ条件：$\delta = \dfrac{\pi}{2}$ または $Nd\cos\theta = \dfrac{1}{4}\lambda_0$

(b) 振幅条件：$|\rho_b| = |\rho_a|$ または $\dfrac{N-N_S}{N+N_S} = \dfrac{N_0-N}{N_0+N}$　則ち $N = \sqrt{N_0 N_S}$

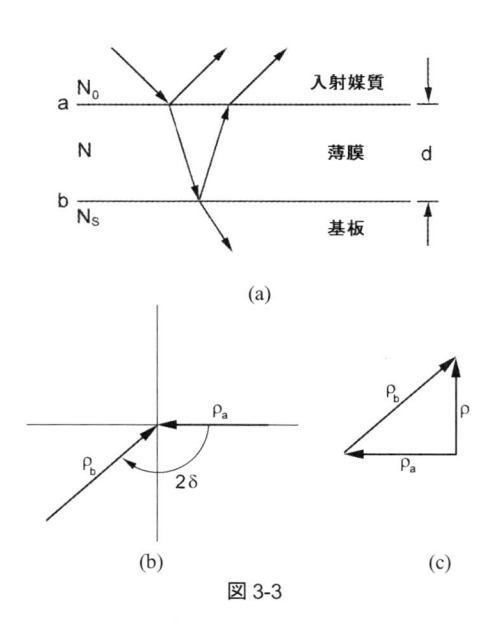

図 3-3

上記の 2 つの条件に対して、実際の製作上においては次の事柄に注意する必要がある。

(a) $\delta = \dfrac{\pi}{2}$ は g=1 に対してのみ、つまり $\lambda = \lambda_0$ のときのみに成立する。その他の波長での反射率は 0 ではないので、単層の反射防止膜は色分散を生じ、

基板の色バランス（中性）がくずれることになる。例えば $\lambda_0 = 510$ nm のとき、赤色と青色の反射率が緑色の反射率より高くなるため反射色はマゼンタ色（緑色の補色）となる。薄膜製作初期には膜厚監視システムが発達しておらず、成膜技術者は自分の目で膜厚による薄膜の色変化を観察して膜厚を判断していた。

(b) 薄膜の屈折率は $N = \sqrt{N_0 N_s}$ である。N_0 は一般的には空気なので $N_0 = 1$ である。N_s は基板の屈折率であり、常用光学ガラスの BK-7（$N_s = 1.517$）であれば N は 1.23 でなければならない。いまのところ実際に利用出来て尚かつ薄膜特性が良好な物質の中で、最も低い屈折率を有するものは MgF_2 の 1.38 である。この材料によって出来る反射防止膜の最低反射率は $R_{min} \neq 0$ である。実際式(2-86)を用いて計算すると $R_{min} = 1.28$ ％が算出される。

上述の 2 つの欠点を改善するためには多層膜（または不均一膜）による設計が必要となる。

(ii) 2 層膜の設計

2 層膜，基板，入射媒質（空気 N_0）が 3 つの境界面を形成するため、3 つのベクトル ρ_a，ρ_b，ρ_c が描ける。この 3 つのベクトルを 1 つの閉じた三角形に合成すれば、ベクトル和が 0 となり、目的を達成できる。故に ρ_a の起点と終点を各々の円の中心として、それぞれ ρ_b と ρ_c を半径とする円を描けば、2 つの円の交点は ρ_b の矢先と ρ_c の起点が連結するところになる。図3-4b 中の ρ_b と ρ_c，ρ'_b と ρ'_c はすべて可能な解である。またこの 2 組の解は組み合わせ方によって 4 種類の解を持つ。

ところで前節の単層膜の場合は $R_{min} = 0$ となっていなかった。それは薄膜の屈折率が $N > \sqrt{N_s}$ であったからである。これに対し、先に基板 N_s の上に高屈折率薄膜を成膜すると $R_{min} = 0$ になることが分かる。最も外側の薄膜として機械的性質が比較的良好な MgF_2（フッ化マグネシウム $N_1 = 1.38$）を用いると、$N_2 > N_s > N_1 > N_0$ となるので、ρ_a，ρ_b は負の方向となり ρ_c は正の方向となる。このような条件の下で、合成ベクトル和を 0 にするような解は図 3-4c と図 3-4d の 2 組のみとなる。図 3-4c に示す解のほうが膜全体の厚さが比較的薄くなるの

第3章 光学薄膜設計の図解法

で膜応力の問題も起きにくく、波長に対するスペクトル変化も比較的ゆるやかになるので、好ましいのである。

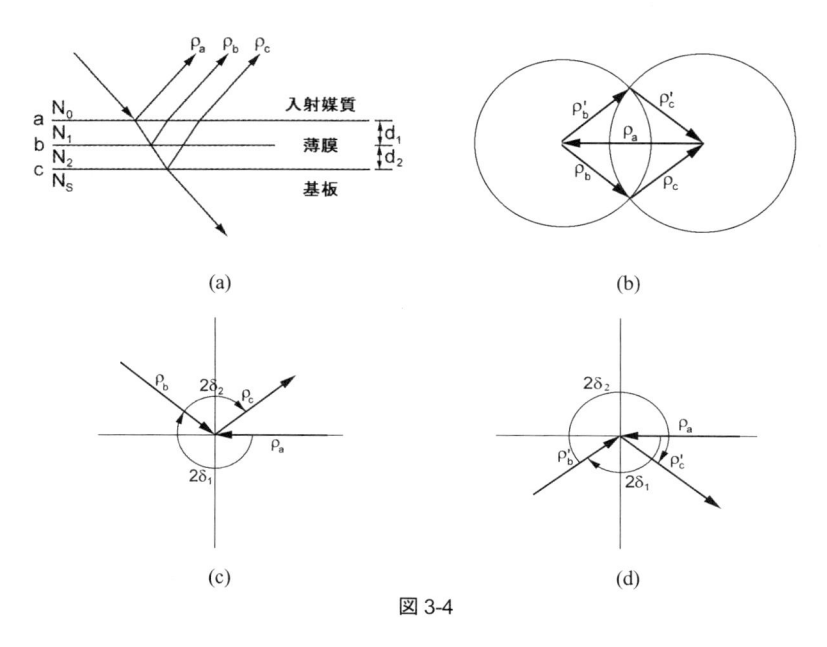

図 3-4

上記の分析は膜の屈折率N_1とN_2を与えておいてから各膜の位相厚さδ_1とδ_2を求める方法であり、この方法では図 3-4c からわかるようにδ_1とδ_2はもはや$\pi/2$に等しくないことがわかる。つまり、それらは 1/4 波長膜厚ではないことを意味する。この膜厚に対する監視制御は実際の製作上においてかなり困難である[*]。$N_1 = 1.38$, $N_2 = 2.066$ とすると、$\delta_1 = 115.6°$ 則ち $N_1 d_1 = 0.321\lambda_0$, $\delta_2 = 23.4°$ 則ち $N_2 d_2 = 0.065\lambda_0$ である。

逆に、$N_1 d_1 = N_2 d_2 = 1/4\lambda_0$ 則ち $2\delta_1 = 2\delta_2 = \pi$ が要求される場合に必要となる薄膜の屈折率を求めることはできる。この場合、図 3-4b の2つの円は1つの交点のみを有す、則ち互いに接することが条件となる。その解は $|\rho_a| = |\rho_b| + |\rho_c|$

---

[*] 1/4 波長膜厚さの膜はちょうど反射率または透過率の極値点であるため、成膜時の判別が容易で監視制御しやすい。しかし、精度を考慮すると極値点監視法は必ずしも最善の選択ではない。(第 12.2.2 節に参照)

であり、同様に最も外側の層を MgF_2 ($N_1 = 1.38$) とすると、N_2 の屈折率は次式から求められる。

$$\left|\frac{1.38 - N_2}{1.38 + N_2}\right| + \left|\frac{N_2 - 1.517}{N_2 + 1.517}\right| = \left|\frac{1 - 1.38}{1 + 1.38}\right|$$

これより、$N_2 = 1.689 \approx 1.7$ が得られる。

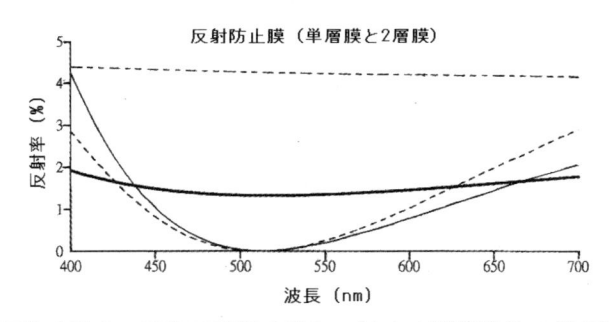

図 3-5 単層膜(太線)と 2 層膜の反射防止膜のスペクトル(実線は非 1/4 波長膜で、破線は 1/4 波長膜厚さ、2 点鎖線は成膜前の基板の反射率である。)

2 層膜で反射防止膜を作成したときの反射スペクトルは図 3-5 に示すように V 字型になるので、これを V-コートと呼んでいる。図 3-5 に上記の 3 つの設計による反射防止膜系の分光特性を示す。3 者を比較すると 2 層膜は確かに中心波長領域付近において反射率がほぼ 0 まで低下していることが分かる。ただし両端での反射率は逆に単層膜のそれより高いので、低くしたい場合にはさらに層を加える必要がある。この方法は次節においてアドミタンス軌道法の説明と一緒に述べることにする。ここではベクトル法のみを紹介し、それが反射防止膜に応用されると確かに便利であることを証明するにとどめる。

3.1.2 高屈折率基板の反射防止膜

一般的な光学ガラスは赤外線領域においては光を透過しないので、赤外線領域における基板は必ず特殊ガラスや結晶或いは半導体材料から選ぶ必要がある。半導体材料の中でも特にゲルマニウム(Ge)とシリコン(Si)の特性は良好であ

第3章　光学薄膜設計の図解法

る。しかし、これらの材料の屈折率は非常に高いので、反射防止処理を施さないと、透過損失が非常に大きくなる。損失量は式(2-30)から計算できる。

これまで述べた反射防止膜の設計方法は高屈折率材料に対しても適用される。例えば Ge の屈折率は 4 であり、それに ZnS（硫化亜鉛）単層膜を成膜すると等価屈折率が 2.2 となり、中心波長領域での反射率を 36% から 0.9% まで下げられる。しかし、ZnS 膜は湿った空気中での使用には適していないので、替わりに安定な CeO_2（酸化セリウム）や SiO 膜を成膜すると良い。SiO の屈折率は 1.9 で、Ge の反射率を 0.26% まで低下させることも可能であるし、シリコン基板（Si, 屈折率は 3.4）の反射率を 30% から 0.09% まで低下させることもできる。

中心波長での反射率は単層膜でも十分抑えることができる。従って可視光領域よりも広い赤外線領域における 2 層の反射防止膜の設計は、より広い波長範囲で有効に反射率を低下させることを念頭に置く必要がある。故に、設計の重点を中心波長 λ_0 の反射率に置くのではなく、λ_0 の両側の波長範囲の上に注目すべきである。図 3-6 には Ge を基板として、2 層薄膜の屈折率をそれぞれ 3.0 及び 0.7 とした場合、それらの膜厚は中心波長 λ_0 に対して 1/4 波長膜厚となるモデルが示されている。この膜系の光学特性は次のように分析できる。

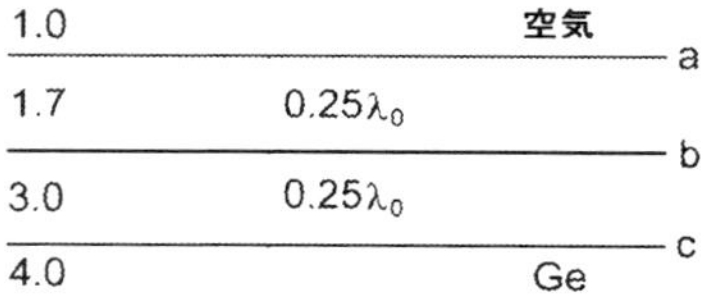

```
1.0                     空気
─────────────────────────── a
1.7          0.25λ₀
─────────────────────────── b
3.0          0.25λ₀
─────────────────────────── c
4.0                     Ge
```

図 3-6

$$\rho_a = \frac{1-1.7}{1+1.7} = -0.25 \qquad \rho_b e^{-i2\delta_1} = \frac{1.7-3.0}{1.7+3.0} e^{-i2\delta_1} = -0.28 e^{-i2\delta_1}$$

$$\rho_c e^{-i2(\delta_1+\delta_2)} = \frac{3-4}{3+4} e^{-i2(\delta_1+\delta_2)} = -0.14 e^{-i2(\delta_1+\delta_2)}$$

(i) $g = 1$, $\delta = \frac{1}{2}\pi$ のとき、図 3-7a が得られる。

第 3 章　光学薄膜設計の図解法

$$\therefore \rho = -0.25 - (-0.28) + (-0.14) \approx -0.11, \quad R = |\rho|^2 = 1.21\%$$

(ii) $g = \dfrac{3}{4}$, $\delta = \dfrac{3}{8}\pi$ のとき図 3-7b が得られ、3 つのベクトルはほぼ閉じた三角形になる。

$$\therefore \rho \approx 0, \quad R \approx 0$$

(iii) $g = \dfrac{5}{4}$, $\delta = \dfrac{5}{8}\pi$ のとき、図 3-7c が得られ、3 つのベクトルは閉じた三角形になる。

$$\therefore \rho \approx 0, \quad R \approx 0$$

(iv) $g = \dfrac{1}{2}$, $\delta = \dfrac{1}{4}\pi$ のとき、ベクトル図を描くことによって次が得られる。
$$\rho^2 \approx (0.25 - 0.14)^2 + 0.28^2 \approx 9\%$$

(v) $g = \dfrac{3}{2}$, $\delta = \dfrac{3}{4}\pi$ のとき、(iv)と同じように次が得られる。
$$R = \rho^2 \approx 9\%$$

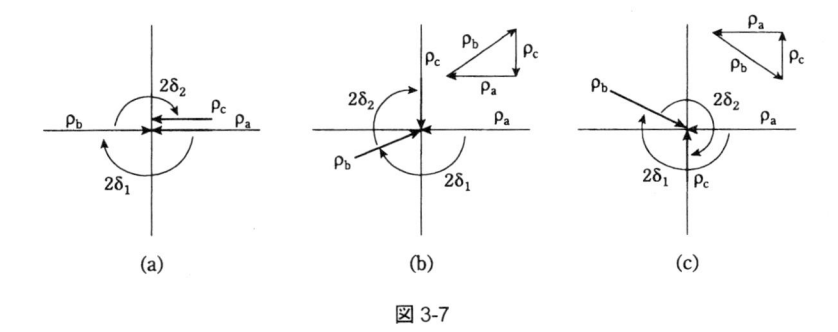

図 3-7

上記 5 つの分析を総合すると分光反射特性は図 3-8[1]のようになる。
　ベクトル法は境界面間の 2 次反射以上の反射量を無視するので近似法の 1 種である。正確な反射率は式(2-82)から計算できる。g=1 点の反射率 R の値は 1.5%で、その他の g の値の場合でも R の値はすぐに求められる。ただし、図 3-8 と

第 3 章　光学薄膜設計の図解法

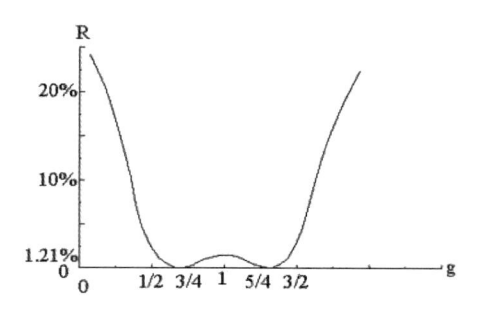

図 3-8　2 層膜の反射防止特性

比較すると次の 3 点に注意する必要がある。
(1) ベクトル法で求めた値と正確な値との間に差はあるが、違いはそれほど大きくない。
(2) ベクトル法で求めた R vs. g のグラフの特徴は、正確な値から得られるグラフのものと同じである。
(3) R vs. g グラフは g=1 の点に関して対称である。

上述の例では、R=0 の条件は 3 つのベクトルが 1 つの閉じた三角形になったときで、その時の g 値は $\frac{3}{4}$ と $\frac{5}{4}$、則ち $\Delta g = \frac{5}{4} - \frac{3}{4} = \frac{1}{2}$ である。ただしこの解は最も広い低反射領域を有する解ではない。正三角形に対して、$\delta = 60°$, $120°$ のときは、2 つの R=0 の点を $g = \frac{2}{3}$ 及び $\frac{4}{3}$ とできる。この時、$\Delta g = \frac{4}{3} - \frac{2}{3} = \frac{2}{3}$ は $\frac{1}{2}$ よりも更に大きい。このとき必要とされる 2 層薄膜の屈折率 N_1 と N_2 は正三角形の性質 $|\rho_a| = |\rho_b| = |\rho_c|$ から導くことができる。

則ち

$$\frac{N_0 - N_1}{N_0 + N_1} = \frac{N_1 - N_2}{N_1 + N_2} = \frac{N_2 - N_S}{N_2 + N_S}$$

$$\therefore \frac{N_1}{N_0} = \frac{N_2}{N_1} = \frac{N_S}{N_2}$$

従って 2 層薄膜の屈折率 N_1 と N_2 はそれぞれ次のようになる。

第 3 章 光学薄膜設計の図解法

$$N_1 = \sqrt[3]{N_0^2 N_s} \tag{3-1a}$$

$$N_2 = \sqrt[3]{N_0 N_s^2} \tag{3-1b}$$

基板が Ge の場合を考える。$N_s=4$ ，$N_0=1$、則ち空気とすると

$N_1 = 1.59$ ； $N_2 = 2.52$

が分かる。更に$(\rho_a + \rho_b + \rho_c)^2$ から中心波長を求め、g=1 のときの反射率を計算すると、R=5.2%となるので、図 3-9 の曲線 I が得られる。

上記のように、3 つのベクトルが正三角形を構成することにより、2 つのゼロ反射点を有する広い低反射防止領域が得られることに着目し、3 層膜を成膜することで各層の位相厚さが皆π/2（中心波長に対して）、則ち互いに等しい 4 つのベクトルを形成することができれば、1 つの正方形が得られるはずである。その場合 0 反射点は 3 つあり、低反射防止領域全体は更に広くなる。この例を図 3-9 の曲線 II で示す。

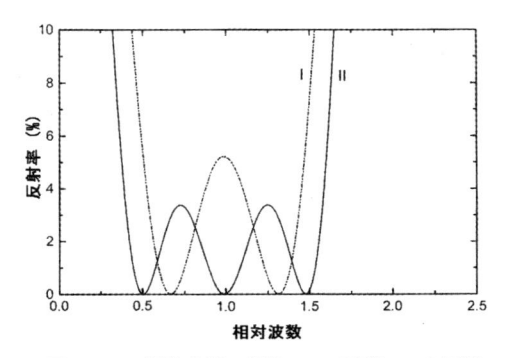

図 3-9　反射防止膜の設計：I. 2 層膜, II. 3 層膜

このときに必要となる薄膜の屈折率は次のように計算できる。

$$\therefore \rho_a = \rho_b = \rho_c = \rho_d$$

$$\therefore \frac{N_0 - N_1}{N_0 + N_1} = \frac{N_2 - N_1}{N_2 + N_1} = \frac{N_3 - N_2}{N_3 + N_2} = \frac{N_s - N_3}{N_s + N_3}$$

則ち、

$$\frac{N_1}{N_0} = \frac{N_2}{N_1} = \frac{N_3}{N_2} = \frac{N_S}{N_3}$$

$$\therefore N_1 = \sqrt[4]{N_0^3 N_S} \ ; \ N_2 = \sqrt[4]{N_0^2 N_S^2} \ ; \ N_3 = \sqrt[4]{N_0 N_S^3} \tag{3-2}$$

Ge を基板とすると $n_s=4$ なので、屈折率がそれぞれ 1.41, 2, 2.83 となる膜材料を 3 種類用意する必要がある。Si が基板の場合、膜材料の屈折率はそれぞれ 1.32, 1.73, 2.28 でなければならない。

図 3-9 から分かるように、このような簡単なベクトルから 4 層，5 層というように拡張すればより広い低反射波長域が得られることが推測できる。しかし実際には赤外線領域の膜材料は非常に限定されいることや、なるべく少ない種類の膜材料を使用すべきという設計原則からすると、反射防止膜には高低 2 種類の膜材料のみを使用する方が望ましい。この考えに基づく設計は可能であるが、ベクトル法からは容易にその解を見出せないだけである。

3.2　アドミタンス軌道法

2.3 節で述べた等価アドミタンスの概念を使うことによって、基板の上に薄膜を 1 層加えた膜系全体は新しい等価アドミタンスによって表示できることが分かった。膜設計上、この性質は非常に便利である。

第 2 章の中でアドミタンス y を当該材料中の磁場強度 H と電界強度 E の比であるとして定義した。図 3-10 に示すように媒質に近い層のアドミタンスを y_a とするとこの 2 つの媒質間の境界面で生じる反射率は次のようである。

$$R = (\frac{y_a - y}{y_a + y})^2$$

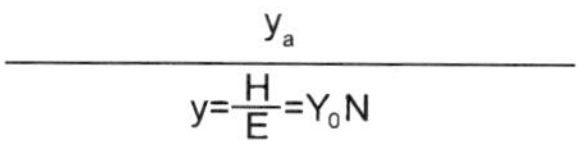

$$\begin{array}{c} y_a \\ \hline y = \dfrac{H}{E} = Y_0 N \end{array}$$

図 3-10　媒質 y_a と y が 1 つの境界面を形成する

第3章　光学薄膜設計の図解法

ここでアドミタンス y は成膜されていない基板、則ち $y=y_S$、または多層膜を成膜した後の等価アドミタンス $y=\dfrac{C}{B}$ である。（式(2-100)参照）

3.2.1　等反射率曲線

光が入射媒質 y_0 から媒質 y に入射するとし、$y=\alpha+i\beta$ とすると、光の反射率 R は次式となる。

$$R = (\frac{y_0-(\alpha+i\beta)}{y_0+(\alpha+i\beta)})^2 = (\frac{(y_0-\alpha)^2+\beta^2}{(y_0+\alpha)^2+\beta^2})$$

この式を展開すると次式が得られる。

$$\alpha^2+\beta^2-2(\frac{1+R}{1-R}y_0)\alpha+y_0^2=0 \tag{3-3}$$

ここで円の曲線

$$(\alpha-C_R)^2+\beta^2=A_R^2$$

と比較すると、R を固定値として与えるとき、等値 R の円曲線が得られる。その円の中心は $(C_R, 0)$、半径は A_R である。則ち

$$C_R = (\frac{1+R}{1-R})y_0 \tag{3-4}$$

$$A_R = \frac{2\sqrt{R}}{1-R}y_0 = \sqrt{C_R^2-y_0^2} \tag{3-5}$$

である。従って異なる R の値を与えれば複素アドミタンス平面上で別の等反射率曲線が得られる。これらの円曲線の中心はすべて実数軸上にあり、R=0 のときの円曲線は1つの点 $(y_0, 0)$ に収束する。これらの円は参考曲線に相当し、1つの膜系のアドミタンスがある円曲線上にあるとき、この膜系の反射率はこの円曲線上の R 値である。図3-11は等反射率曲線を示し、図の上の書込みは各反射率の値である。

第 3 章　光学薄膜設計の図解法

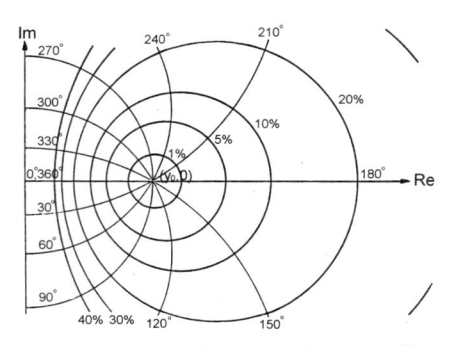

図 3-11　等反射率と等位相曲線座標図[2]

3.2.2　等位相曲線

ϕ を反射の際の位相シフトとすると、反射率は次式となる。

$$\rho = \frac{y_0 - (\alpha + i\beta)}{y_0 + (\alpha + i\beta)} = |\rho| e^{i\phi}$$

この式を展開し、両辺の実数部分同士と虚数部分同士を比較すると、次の式が得られる。

$$y_0 - \alpha = |\rho| \left[(y_0 + \alpha)\cos\phi - \beta\sin\phi \right]$$
$$-\beta = |\rho| \left[(y_0 + \alpha)\sin\phi + \beta\cos\phi \right]$$

この 2 つの式から $|\rho|$ を消去すると

$$\tan\phi = \frac{2\beta y_0}{\alpha^2 + \beta^2 - y_0^2}$$

または

$$\alpha^2 + \beta^2 - 2\beta \ y_0 \cot\phi = y_0^{\ 2}$$

が得られる。これを次の円曲線の式に変形すると

$$(\beta - C_\phi)^2 + \alpha^2 = A_\phi^{\ 2}$$

第3章　光学薄膜設計の図解法

が得られる。このとき C_ϕ 及び A_ϕ は次の式で表される。

$$C_\phi = y_0 \cot\phi \tag{3-6}$$

$$A_\phi = \left|\frac{y_0}{\sin\phi}\right| = \sqrt{y_0^2 + C_\phi^2} \tag{3-7}$$

故に、異なる ϕ 値の等値曲線（等位相曲線）が得られる。図3-11のように、円の中心は虚数軸 $(0, y_0\cot\phi)$ 上に存在し、半径は A_ϕ である。図から、次の2点が分かる。

(i). 等位相曲線は $(y_0, 0)$ 点を通過する。これは $A_\phi^2 - C_\phi^2 = y_0^2$ から証明できる。

(ii). ϕ が $0, \dfrac{\pi}{2}, \pi, \dfrac{3\pi}{2}$ の時の等位相曲線は図3-11に示すように複数座標を4つの象限に分る。(0-$\dfrac{\pi}{2}$：第1象限，$\dfrac{\pi}{2}$-π：第2象限，π-$\dfrac{3\pi}{2}$：第3象限，$\dfrac{3\pi}{2}$-0：第4象限）

3.2.3　単層膜のアドミタンス軌道

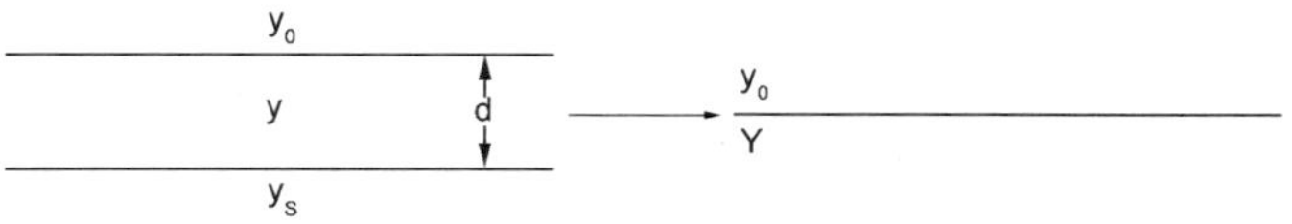

図3-12　単層膜で構成する2境界面は単一境界面と等価である

入射媒質のアドミタンスを y_0、基板を y_s としてその上に屈折率 y、厚さ d の薄膜を1層成膜すると、この単層膜の2境界面膜系は図3-12に示すように、等価アドミタンス Y の単一境界面膜系に置き換えられる。この等価アドミタンス Y は次式により求められる。

$$\begin{bmatrix} B \\ C \end{bmatrix} = \begin{bmatrix} \cos\delta & \dfrac{i}{y}\sin\delta \\ iy\sin\delta & \cos\delta \end{bmatrix} \begin{bmatrix} 1 \\ y_s \end{bmatrix}$$

$$\delta = \frac{2\pi}{\lambda} y d \cos\theta$$

第 3 章　光学薄膜設計の図解法

$$Y = \frac{C}{B} = \alpha + i\beta$$

従って

$$\alpha + i\beta = \frac{y_s \cos\delta + iy\sin\delta}{\cos\delta + i\frac{y_s}{y}\sin\delta}$$

となる。式を展開し、その実数部分同士と虚数部分同士を比較すると次式が得られる。

$$(\alpha - y_s)\cos\delta = \frac{\beta y_s}{y}\sin\delta \tag{3-8}$$

$$\beta\cos\delta = (y - \frac{y_s}{y}\alpha)\sin\delta \tag{3-9}$$

上式から位相厚さδを消去すると次が得られる。

$$\alpha^2 + \beta^2 - 2\frac{y^2 + y_s^2}{2y_s}\alpha + y^2 = 0$$

円の曲線 $(\alpha - C_f)^2 + \beta^2 = A_f^2$

と比較すると、等価アドミタンス Y の軌跡は$(C_f, 0)$を円心とし、A_fを半径とする円曲線であることが分かる。つまり、膜厚の増加にしたがって等価アドミタンス Y は、円軌跡に沿って変化する。その時の半径と中心位置はそれぞれ次のようになる。

$$C_f = \frac{y^2 + y_s^2}{2y_s} \tag{3-10}$$

$$A_f = \left|\frac{y^2 - y_s^2}{2y_s}\right| \tag{3-11}$$

　式(3-8)と(3-9)から、成膜に伴う円軌跡は時計まわりに回転することが分かり、膜厚が 0 のときは Y＝y_s、則ち軌跡の起点は$(y_s, 0)$である。膜の成長につれて、軌跡は時計まわりで円軌道に沿って走行し、膜厚が 1/4 波長膜厚のときに実数

第 3 章 光学薄膜設計の図解法

軸上の点 y^2/y_S と交わる。更に膜厚が 1/2 波長膜厚に到達すると軌跡は再び原点 $(y_S, 0)$ に戻る。従って、軌道上の任意の点は成膜中止の点として表せる。この点の座標値が膜全体の光学アドミタンス値である。図 3-11 を参照すると、膜系の反射率と反射位相は容易に求めることが出来る。

式(3-8)と(3-9)から y_S を消去すると、等位相厚さの軌道が得られる。

$$\alpha^2 + \beta^2 + 2y\cot(2\delta)\cdot\beta = y^2$$

円曲線

$$\alpha^2 + (\beta - C_d)^2 = A_d^2$$

と比較すると、等位相厚さの軌跡は $(0, C_\delta)$ を円の中心とする半径 A_δ の円であることが分かる。このとき C_δ 及び A_δ は次の式で表される。

$$C_\delta = -y\cot 2\delta \tag{3-12}$$

$$A_\delta = \left|\frac{y}{\sin 2\delta}\right| \tag{3-13}$$

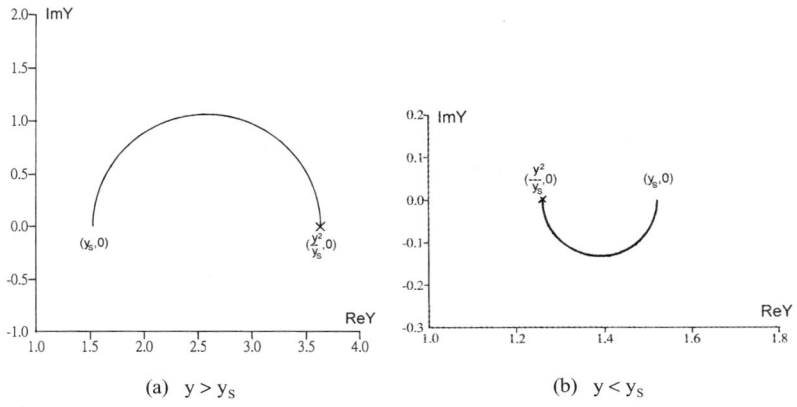

(a) $y > y_S$

(b) $y < y_S$

図 3-13 基板 y_S に膜厚が 1/4 波長の y を成膜する
    (a) 基板 y_S の上に 1/4 波長膜厚の高屈折率膜を成膜する場合
    (b) 低屈折率膜を成膜する場合（図の中に軌跡の走行方向と終点($\frac{y^2}{y_S}$, 0) を示す）

第3章　光学薄膜設計の図解法

$A_\delta^2 - C_\delta^2 = y^2$ から分かるように、等位相厚さの軌道は必ず点$(y, 0)$ を通過する。これを図 3-14 に示す。図 3-14 には基板 y_s に屈折率 y の薄膜を成膜した場合のアドミタンス軌道も一緒に示してある。AC は 1/4 波長膜厚、則ち $\delta = \dfrac{\pi}{2}$ である。B 点は $\delta = \dfrac{\pi}{4}$ における等位相厚さ軌道である。故に、AB は 1/8 波長膜厚を表すことが分かる。BC も同様である。CD と DA も 1/8 波長膜厚であり、直線 OB 及び OD と薄膜軌道円 CDAB は、OA・OC=(OB)^2 より B と D の 2 点で接することがわかる。

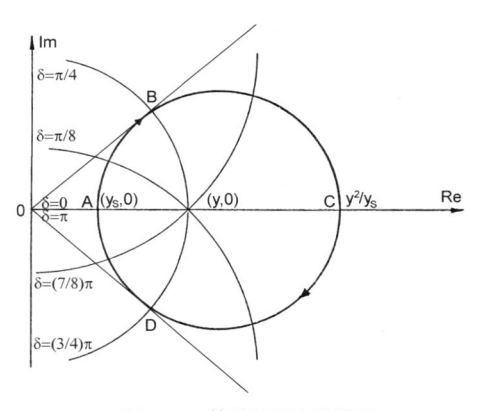

図 3-14　等位相厚さ軌道図

3.2.4　多層膜のアドミタンス軌道

多層膜に対する処理は、図 3-12 の等価アドミタンスの技法を繰り返し使用すればよい。2 層膜の場合は図 3-15 に示すように処理できる。まず等価基板 $y'_s = a + ib$ が得られ、次に膜系の最終的な等価アドミタンス Y が得られる。このように、これまで述べてきた各種アドミタンス軌道の技法はここでも適用できる。半円であれば 1/4 波長膜厚である。但し、等価基板が複素数 $a + ib$ になるため、次のような修正が必要となる。

$$C_f = \frac{y_1^2 + a^2 + b^2}{2a} \tag{3-14}$$

第 3 章　光学薄膜設計の図解法

$$A_f = \frac{\sqrt{\left(y_1^2 + a^2 + b^2\right)^2 - 4a^2 y_1^2}}{2a} \tag{3-15}$$

1/4 波長膜厚のときは $\dfrac{y_1^2}{Y}$ で止まる。

図 3-15　基板 y_S の上に 2 層の膜 y_1 と y_2 を成膜して、等価アドミタンス Y を得る

図 3-16 は基板 $y_S=1.517$ の上の 2 層の膜のアドミタンス軌道図である。膜はすべて 1/4 波長膜厚の高/低屈折率薄膜 H と L であり、$y_H=2.3$，$y_L=1.46$ である。

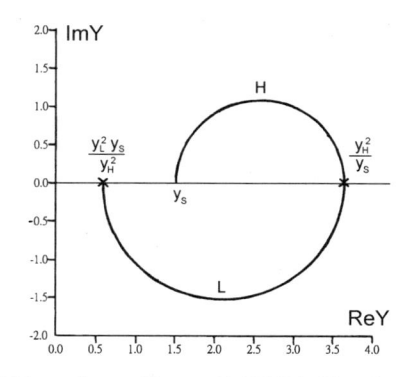

図 3-16　基板 y_S の上に 2 層の 1/4 波長膜厚の膜 H と L を成膜する

3.2.5　金属膜のアドミタンス軌道

　理想的な金属膜のアドミタンスは純虚数 $y=-iky_0$（自由空間のアドミタンス Y_0 を単位とすると、$y=-ik$）であり、吸収損失はない。その場合アドミタンス軌道も 1 つの円弧になる。分析は前節で述べたものと同様である。

第3章　光学薄膜設計の図解法

位相厚さδは、

$$\delta = \frac{2\pi}{\lambda}(-ik)d = -i\frac{2\pi}{\lambda}kd$$ で、それを $-i\gamma$ に等しいとすると

$$\gamma \equiv \frac{2\pi}{\lambda}kd$$

$$\therefore \cos\delta = \cosh\gamma \;;\; \sin\delta = -i\sinh\gamma$$

と表される。基板のアドミタンスを y_S とすると理想的な金属膜の等価アドミタンス Y は次のマトリックスにより求められる。

$$\begin{bmatrix} B \\ C \end{bmatrix} = \begin{bmatrix} \cosh\gamma & \frac{i}{k}\sinh\gamma \\ -ik\sinh\gamma & \cosh\gamma \end{bmatrix} \begin{bmatrix} 1 \\ y_S \end{bmatrix}$$

$$Y = \frac{C}{B} = \frac{y_S \cosh\gamma - ik\sinh\gamma}{\cosh\gamma + \frac{i}{k}y_S \sinh\gamma}$$ とし、且つ $\equiv \alpha + i\beta$ とすると、上式を展開し

て実数部分と虚数部分同士を比べる。すると

$$(\alpha - y_S)\cosh\gamma = \frac{\beta}{k}y_S \sinh\delta \tag{3-16}$$

$$\beta\cosh\gamma = -(k + \frac{\alpha}{k}y_S)\sinh\gamma \tag{3-17}$$

が得られる。上式からγを消去して簡略化すると、次式が得られる。

$$\alpha^2 - 2\frac{y_S^2 - k^2}{2y_S}\alpha + \beta^2 = k^2$$

これを円曲線

$$(\alpha - C_k)^2 + \beta^2 = A_k^2$$

と比較すると、理想的な金属膜の軌道は $(C_k, 0)$ を円心とする半径 A_R の円であることが分かる。このとき、C_k 及び A_k は次の式で表される。

第3章　光学薄膜設計の図解法

$$C_k = \frac{y_s^2 - k^2}{2y_s} \tag{3-18}$$

$$A_k = \frac{y_s^2 + k^2}{2y_s} \tag{3-19}$$

$$A_k^2 - C_k^2 = k^2$$

従って、円の軌道は必ず$(0, k)$と$(0, -k)$の2点を通過することが分かる。これに加えて、アドミタンスの実数部は正であるため、理想的な金属膜の軌道は図3-17に示すように$(0, k)$から始まり、$(0, -k)$で終わる円弧となる。

式(3-16)と(3-17)からy_sを消去すると、理想的な金属の等位相厚さ軌道は次式となる。

$$\alpha^2 + 2\coth(2\gamma)k\beta + \beta^2 = -k^2$$

円曲線

$$\alpha^2 + (\beta - C_\gamma)^2 = A_\gamma^2$$

と比較すると、位相厚さの軌道は$(0, C_\gamma)$を中心とする半径A_γの円である。これを図3-17aに示す。このときC_γ及びA_γは次の式で表される。

$$C_\gamma = -k\coth(2\gamma) \tag{3-20}$$

$$A_\gamma = \left| \frac{k}{\sinh(2\gamma)} \right| \tag{3-21}$$

実際の金属膜の場合、そのアドミタンスは純虚数ではないので、上述の軌道を少し修正する必要がある。"良好な"金属のk/n比(y=n－ik)は非常に高いので、図3-17aを(0, 0)を中心に反時計廻りに少し回転すると図3-17bが得られる。$(-n, k)$を起点とし、$(n, -k)$を終点とする円弧軌道が金属のアドミタンス軌道図を表す。図3-17bは波長546nmにおけるAgの場合で、y=0.055-i3.31である。

金属のk/n比が小さくなると、その金属膜のアドミタンスは理想的な金属膜の値よりも大きくずれる。劣質金属のアドミタンス軌道はらせん曲線に沿って、$(n, -k)$点上で終了する。わずかな吸収を有する誘電体膜ではその厚さが非常

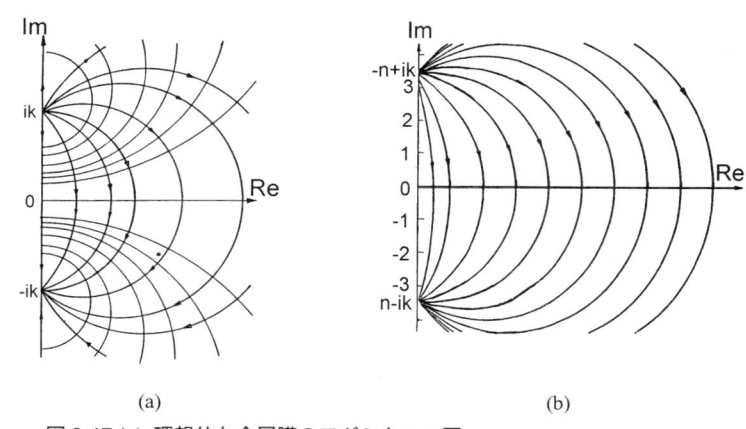

図 3-17 (a) 理想的な金属膜のアドミタンス図
(b) 実際の良好な金属膜（Ag 膜）のアドミタンス図[2]

に厚い場合、軌道はらせんに近い曲線で、(n, $-k$)点で終了する。

上述のアドミタンス軌道図法においては、光学薄膜の特性を説明する際にいかなる近似値も使っていない。従って作図が正確である限り、膜層数と各膜厚から膜系を組み上げてゆく途中の反射率や、位相などの光学特性を正確且つ迅速に知ることができる。高速コンピュータによる演算と組み合わせることによって、各種の光学薄膜の設計がより正確且つ高速に作成できる。次の数節からは各種設計を論じながらアドミタンス軌道法の使い方を説明する。

3.2.6 低屈折率基板の反射防止

アドミタンス軌道図は薄膜設計を行う際には非常に便利である。なぜなら、入射媒質 y_0, 基板 y_S, 反射率 R, 膜の軌道（等価アドミタンス Y）などがすべて図上に明記されており、相互間の関係が明確に分かるからである。反射防止膜の設計の場合、膜のアドミタンス軌道は基板 y_S から出発し、何らかの方法を用いてその軌道を最終的に入射媒質 y_0 上に終了させれば、R=0 つまり膜系全体の反射が 0 になっていることが分かってしまう。

第 3 章　光学薄膜設計の図解法

(i) 単層膜, $\frac{1}{4}\lambda_0$ 膜

図 3-13b で、基板 y_S 上に屈折率が y で 1/4 波長膜厚（軌道は半円である）膜を成膜し、その等価アドミタンスが Y_0 となる様にすると、反射率 R=0 となる。則ち

$$Y = \frac{y^2}{y_S} = Y_0$$

である。これより、単層の反射防止膜は 2 つの条件を満たす必要があることが分かる。
(1) 膜の屈折率は $y = \sqrt{y_0 y_S}$
(2) 膜の厚さは $nd = \frac{1}{4}\lambda_0$ でなければならない。

(ii) 2 層膜

ii-A) $\frac{1}{4} - \frac{1}{4}\lambda_0$ 膜系

可視光用光学ガラスの屈折率の多くは 1.8 以下である。実用上、良好な低屈折率膜材料の中で最も低い屈折率は 1.38(MgF$_2$)である。故に、単層膜の設計では R=0 となるような反射防止膜は得られない。完璧な反射防止効果を得るには基板の y_S 値を高める、つまり高屈折率膜を成膜することが必要となる。そのためにはまず、y_S 値を $\frac{y_H^2}{y_S}$ まで高める。次に図 3-16 に示すように低屈折率膜を成膜し、その終点が y_0 となるようにする。このとき系のアドミタンスは次式のようになる。

$$Y = \frac{y_L^2 y_S}{y_H^2} = y_0$$

$$\therefore y_H = y_L \sqrt{\frac{y_S}{y_0}} \tag{3-22}$$

第 3 章　光学薄膜設計の図解法

$y_0=1$, $y_S=1.517$, $y_L=1.38$ とすると、求める物質の屈折率は $y_H=1.7$ となる。MgO や CeF$_3$ あるいは SiO に酸素を導入して蒸着するか低速で蒸着するなどの技法を用いると、屈折率がほぼ 1.7 となるような薄膜を得ることができる。

ii-B)　非 $\frac{1}{4}\lambda_0$ 膜系

理論的には、膜の厚さを全て標準の 1/4 波長膜厚としても各種の反射防止膜の設計を行うことはできる。しかし実際問題として、この場合は求める屈折率に適合する薄膜材料はなかなか見つからない。そのため、場合によっては始めに材料を選定してから設計を行う。このとき、膜の厚さは必ずしも 1/4 波長膜厚になるとは限らない。例えば、与えられた成膜材料は $y_2 = 2.15$ と $y_1 = 1.38$ の 2 種類、基板は $y_S = 1.45$ であるとき、反射率 R=0 となるための膜の厚さ y_1d_1, y_2d_2 は、それぞれいくつになるだろうか？

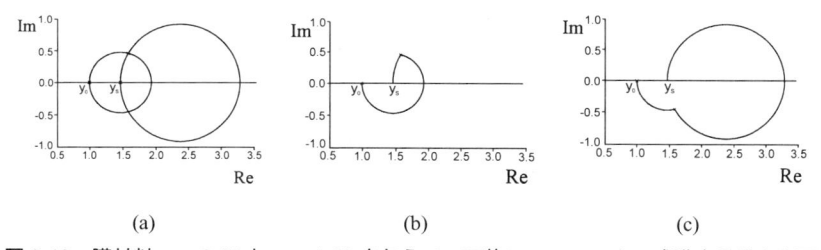

図 3-18　膜材料 $n_2 = 2.15$ と $n_1 = 1.38$ を与えて、石英($n_S = 1.45$) 上で成膜する場合必要となる成膜の厚さの解 n_2d_2 と n_1d_1 を図(b)と(c)に示す

この問題に答えるには複素アドミタンス座標上にそれぞれ点$(y_0, 0)$, $(\frac{y_1^2}{y_0}, 0)$ と$(y_S, 0)$, $(\frac{y_2^2}{y_S}, 0)$ を通過する円を描く。円の中心はすべて実数軸上にあるので、図 3-18(a)のように 2 組の R=0 となるような解が得られる。則ち図 3-18(b)と図 3-18(c)である。

図(b)の解では膜の厚さは比較的薄く、波長の変化に比較的敏感ではないので、比較的広い低反射領域が得られる。(b)及び(c)における 2 層の膜の厚さはすべて 1/4 波長膜厚ではなく、このときの膜の厚さは式(3-23)と(2-24)で与えられるものである。式の中では、アドミタンス y を屈折率 n に置き換えて表している。

第3章　光学薄膜設計の図解法

$$\frac{n_1 d_1}{\lambda_0} = \frac{1}{2\pi} \tan^{-1} \{\pm[\frac{(n_S - n_0)(n_2^2 - n_0 n_S) n_1^2}{(n_1^2 n_S - n_0 n_2^2)(n_0 n_S - n_1^2)}]^{1/2}\} \quad (3\text{-}23)$$

$$\frac{n_2 d_2}{\lambda_0} = \frac{1}{2\pi} \tan^{-1} \{\pm[\frac{(n_S - n_0)(n_0 n_S - n_1^2) n_2^2}{(n_1^2 n_S - n_0 n_2^2)(n_2^2 - n_0 n_S)}]^{1/2}\} \quad (3\text{-}24)$$

ii-C) $\frac{1}{2} - \frac{1}{4}\lambda_0$ 膜系

これまで述べてきた ii-A) $\frac{1}{4} - \frac{1}{4}\lambda_0$ 膜系と ii-B)非$\frac{1}{4}\lambda_0$ 膜系はすべて $\lambda = \lambda_0$ において、反射率が0となるものであった。その反射スペクトルはベクトル法で導出した結果と一致しており、V字型になる。図3-5を見ると分かるようにVの形をしているのでV-コートと呼ばれている。$\frac{1}{4}\lambda_0$ 膜を成膜する前に$\frac{1}{2}\lambda_0$ 膜（不在層）を成膜すると$\lambda = \lambda_0$ での反射率には影響はないが、$\lambda \neq \lambda_0$ での反射率は低下する可能性がある。このときに$\frac{1}{2}\lambda_0$ 膜として使う物質の屈折率を適切に選択すると、2つの波長で反射率がほぼ0になるような反射防止膜系が得られる。図3-19は$\frac{1}{2}\lambda_0$ 膜に様々な屈折率物質を使用したときの反射率スペクトルの様子を示している。

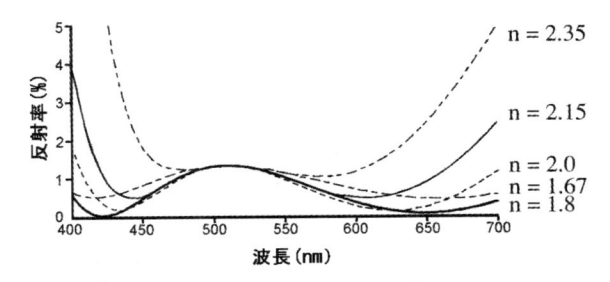

図3-19 $\frac{1}{2} - \frac{1}{4}\lambda_0$ 膜系の反射率（基板 $n_S = 1.517$，最外層 n_1 は MgF_2 である。1/2波長膜厚の膜をはじめに成膜すると比較的広い低反射領域が得られる。）

基板 $y_S = 1.517$ の場合、1/4波長膜厚の $MgF_2(y_1 = 1.38)$ を成膜する前に、1/2

第 3 章　光学薄膜設計の図解法

波長膜厚で屈折率が 1.5〜2.1 の範囲の膜を成膜することによって、かなり低反射領域を広げることが出来る。この場合、反射スペクトルの形状が W の字に似ているので、この膜系は W-コートとも呼ばれ、図 3-5 の V-コートと区別されている。

(iii) 3 層以上の膜系

低反射領域を更に広げたい場合には 3 層以上の膜系が必要である。図 3-16 の 2 つの 1/4 波長膜厚の膜の間に 1/2 波長膜厚の膜を挿入すると、そのアドミタンス軌道は図 3-20 に示すようになる。M, L はそれぞれ図 3-16 の H と L を表し、屈折率はそれぞれ n_3 と n_1 である。一方、2H は挿入される 1/2 波長膜厚の膜を表し、屈折率は n_2 である。屈折率 n_1 と n_3 に対する要求は式(3-22)と同様である。つまり

$$n_3^2 n_0 = n_1^2 n_S$$

である。ただし、n_2 は次式を満たす必要がある。

$$n_2 > \frac{n_3^2}{n_S} \tag{3-25}$$

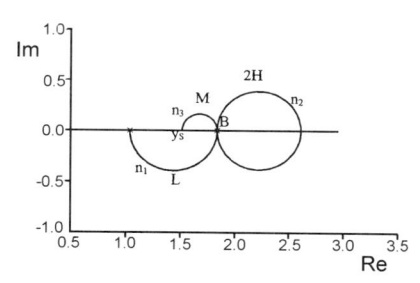

図 3-20　$\frac{1}{4} - \frac{1}{2} - \frac{1}{4} \lambda_0$ 膜系は 2 つの 1/4 波長膜厚の膜の間に 1/2 波長膜厚の膜を挿入したもの

実用上では n_3 に Al_2O_3 を、n_1 に MgF_2 を用い、n_2 には ZrO_2 または Merck 社製の Sub-2 を用いる。このようにすれば、可視光領域において反射率の平均値を

0.5%まで下げることができる。

このような平坦化の原理は図3-21で説明できる。1/2波長膜厚の膜の効果により、$\lambda > \lambda_0$ と $\lambda < \lambda_0$ の場合の積層系等価アドミタンスはすべて入射媒質 y_0 に近づく事がわかる。このために広い波長範囲で反射率が低下する事がわかる。この1/2波長膜厚の膜は λ_0 での反射率に対して影響がない（このため1/2波長膜厚の膜は不在層と呼ばれる。2.3.1節に参照）。しかし $\lambda \neq \lambda_0$ の波長では反射率は低下している。このように低反射率領域を広げるので、1/2波長膜厚の膜は平坦化層と呼ばれる。

低反射領域を広げるという1/2波長膜厚の効果は非1/4波長膜厚の膜系にも使える。例えば、図3-18(b)の中で、膜の間に $\frac{1}{2}\lambda_0$ 層(n = 2.15)を図3-22に示すように挿入する。$\frac{1}{2}\lambda_0$ がある場合とない場合との反射スペクトルの比較を図3-23に示す。その効果は著しいことが分かる。この方法の重要な点は、材料が2種類のみで済むということである。これは製作工程上非常に重要である。

(a) $\lambda_0 = 510$nm (b) $\lambda = 570$nm $> \lambda_0$ (c) $\lambda = 450$nm $< \lambda_0$

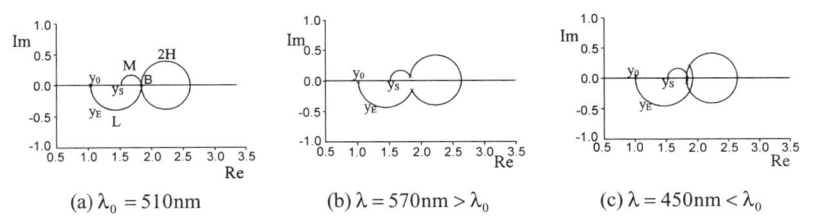

図3-21　半波長膜厚が低反射波長領域を広げる原理

(a) は $\lambda = \lambda_0$ ときの $\frac{1}{4} - \frac{1}{2} - \frac{1}{4}$ 波長膜系のアドミタンス軌道で $y_E = y_0$ である。

(b) は $\lambda = 570$nm $> \lambda_0$ ときの $\frac{1}{4} - \frac{1}{2} - \frac{1}{4}$ 波長膜系のアドミタンス軌道である。各層は開口部分（膜厚の不足部分）を残しているため、最終的に $y_E \approx y_0$ になる。

(c) は $\lambda = 450$nm $< \lambda_0$ ときの $\frac{1}{4} - \frac{1}{2} - \frac{1}{4}$ 波長膜系のアドミタンス軌道である。各層は部分的にオーバーして重なるので、最終的に $y_E \approx y_0$ となる。

3つの1/4波長膜厚の膜系を用いると、低反射率波長領域を更に広げられる。

第3章 光学薄膜設計の図解法

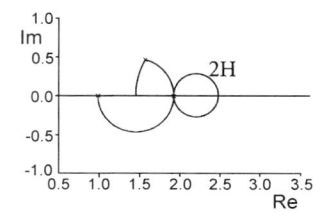

図 3-22 V-coat に 1/2 波長平坦化層 2H を加える

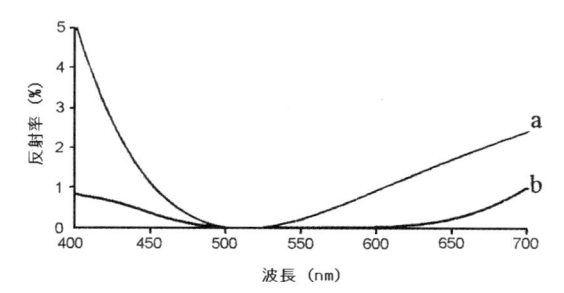

図 3-23 a：2 層膜の基本膜系（図 3-18(b)と同様である）
b：1/2 波長膜厚の平坦化層を加えたもの

それらの膜に対する屈折率の関係は次のようになる。

$$n_1 n_3 = n_2 \sqrt{n_0 n_S} \tag{3-26}$$

基板を $n_S=1.517$，入射媒質を空気 $n_0=1$、そして最外層は比較的機械的特性が良く、成膜が容易な MgF_2、則ち $n_1=1.38$ とすると、n_2 と n_3 の関係は次のようになる。

$$n_2 = 1.12 n_3 \tag{3-27}$$

例えば、 $n_3=2.05(ZrO_2)$，$n_2=2.3(TiO_2)$ が利用できる。

同じように、4つの 1/4 波長膜厚膜系を使うと、低反射率領域を更に広くできるので、平均反射率は更に低くなる。この場合、各膜の屈折率の関係は次のようになる。

$$n_S n_3^2 n_1^2 = n_0 n_4^2 n_2^2 \tag{3-28}$$

第 3 章　光学薄膜設計の図解法

　別の方法として、上述の 3 つの 1/4 波長膜厚の膜系に更に 1/2 波長膜厚の膜を 1 層加えて、$\frac{1}{2} - \frac{1}{4} - \frac{1}{4} - \frac{1}{4} \lambda_0$ 膜系とすることもできる。こうすれば非常に広い低反射率領域が得られる。

　アドミタンス軌道から分かるように、屈折率が徐々に変化する膜を成膜出来れば、非常に良い反射防止効果が得られ、その変化の仕方によって様々な反射防止効果を得ることも出来る。λ_0 が非常に短い場合、状況は 2.3.5 節で述べたことと同様に、すべての極値で $R_m = 0$、つまり全波長領域での反射防止効果が得られる。

　ガラスの表面に化学的腐蝕を施すと、上述の屈折率が徐々に変化する膜に近いものを作ることができる。実はこの腐蝕ガラス層は多孔質二酸化シリコン（SiO_2）膜であり、中から外へ行くにしたがって孔の数が徐々に増加するものである。このほか有機金属溶液を使って基板上に多孔質金属酸化膜を成膜することで、反射防止効果を得る手法もある。この種の膜は広い波長領域の反射防止効果に加えて、ハイパワーレーザーの照射に対しても損傷しないという利点がある。しかし、次のような 2 つの欠点もある。一つは短波長領域において散乱がある点であり、これは孔の大きさがほぼ波長に相当するためである。二つ目は、この種の多孔質膜は通常環境の中で使うと汚れやすく、かつ洗浄しにくいという点である。

3.2.7　高屈折率基板の反射防止

　ここでは低屈折率基板の時に用いた反射防止膜理論を適用することもできるが、基板の屈折率が大きくなると入射媒質が依然として $y_0 = 1$ で小さいことと、膜材料の屈折率が基板より大きいものがなかなか見つからないなどの理由により、設計に多少の変更を加える必要がある。

　高屈折率基板とは赤外線領域用の光学部品のことである。良く使われるものとしては Si：n=3.4, Ge: n=4, InAs: n=3.4, InSb: n=4, GaAs: n=3.58 などがある。屈折率が高すぎるため、反射防止処理を行わない場合には透過率が非常に低くなる。

第 3 章　光学薄膜設計の図解法

(i) 単層膜, $\frac{1}{4}\lambda_0$ 膜

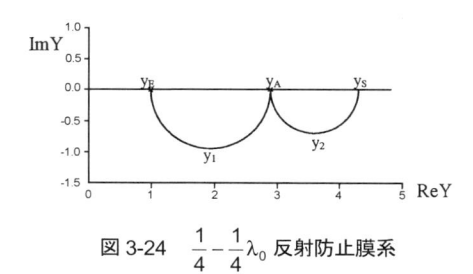

　図 3-13b の方法に習うと、必要な膜は 1/4 波長膜厚, 屈折率 $y = \sqrt{y_0 y_S}$ の膜でなければならないことが分かる。Ge 基板の場合、基板を 150℃まで加熱した後に 1/4 波長膜厚の ZnS を成膜することで反射率を 36%から 0.9%まで低減できる。Si 基板に対しては、基板を 200℃まで加熱してから SiO を高速に蒸着することで、高い反射防止効果が得られる。Ge 基板に対しては SiO 膜も使われるが波長領域が 8μm より長い場合には SiO だと強い吸収を有するので、8-14μm の波長領域（大気の第 2 の窓と称する）の反射防止膜に応用する場合、SiO は理想的な物質とはいえない。

(ii) 2 層膜

ii-A) $\frac{1}{4} - \frac{1}{4}\lambda_0$ 膜系

　図 3-24 のように、アドミタンス軌道において基板 y_S から入射媒質 y_0 に至るには、2 つの 1/4 波長膜厚の膜を経由するほうが 1 つの 1/4 波長膜厚で行うより良い方法であり、より高い反射防止効果が得られる。必要な 2 層膜の屈折率 y_2 と y_1 の関係は次の計算からもとめられる。

$$y_E = \frac{y_1^2}{y_A} = \frac{y_1^2}{y_2^2/y_S}$$

このとき $y_E = y_0$　ならば R = 0 となる。
よって ∴ $y_2 = y_1\sqrt{y_S/y_0}$ となる。　　　　　　　　　　　　　　　　(3-29)

図 3-24　$\frac{1}{4} - \frac{1}{4}\lambda_0$ 反射防止膜系

第 3 章　光学薄膜設計の図解法

ii-B) $\dfrac{1}{4} - \dfrac{1}{2}\lambda_0$ 膜系

ここでの 1/2 波長膜厚の膜が果たす役割は図 3-19 の場合と同様に、低反射率領域を広げることである。ただしこの場合に $y > y_S$ となる膜材料を見つけるのは容易ではなく、基板が Ge の場合に使えるのはおそらく PbTe(y=5.6)だけである。

ii-C) 非 $\dfrac{1}{4}\lambda_0$ 膜系

ここまでの設計で使われた膜の厚さはすべて 1/4 波長膜厚で、実際の成膜時の膜厚監視には比較的有利であるが、この場合材料の選択が難しくなる。近年の監視システムはかなり発達しているので、必ずしも 1/4 波長膜厚の膜の使用に限定して設計する必要はない。材料の屈折率はどのような条件の下で、どの程度自由に選択できるのか？

これに答えるためには、膜を表す膜マトリックス方程式を用いて分析しなければならない。2 層膜系を図 3-25 に示す。

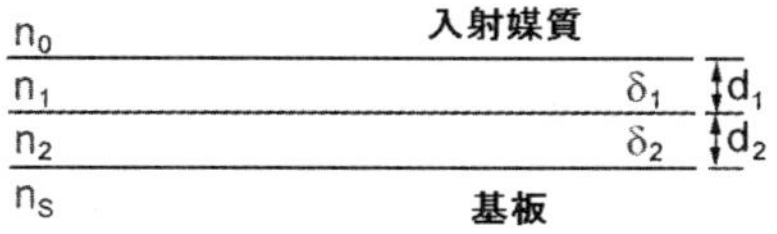

図 3-25　2 層膜系：δは位相厚さ，d は物理厚さ

任意の 1 つの膜の位相厚さをδ，屈折率を n とするとき、その膜マトリックスは次のようになる。

$$\begin{bmatrix} \cos\delta & \dfrac{i}{n}\sin\delta \\ in\sin\delta & \cos\delta \end{bmatrix}$$

2 層膜系の等価屈折率 n_E を求めるには次式から出発する。

第3章　光学薄膜設計の図解法

$$\begin{bmatrix} B \\ C \end{bmatrix} = \begin{bmatrix} \cos\delta_1 & \dfrac{i}{n_1}\sin\delta_1 \\ in_1\sin\delta_1 & \cos\delta_1 \end{bmatrix} \begin{bmatrix} \cos\delta_2 & \dfrac{i}{n_2}\sin\delta_2 \\ in_2\sin\delta_2 & \cos\delta_2 \end{bmatrix} \begin{bmatrix} 1 \\ n_s \end{bmatrix}$$

ここで $C/B = n_E = n_0$ のとき、反射率 R=0 である。この方程式を解くと次式が得られる。

$$\tan^2\delta_1 = \frac{(n_S - n_0)(n_2^2 - n_0 n_S)n_1^2}{(n_1^2 n_S - n_0 n_2^2)(n_0 n_S - n_1^2)}$$

$$\tan^2\delta_2 = \frac{(n_S - n_0)(n_0 n_S - n_1^2)n_2^2}{(n_1^2 n_S - n_0 n_2^2)(n_2^2 - n_0 n_S)}. \tag{3-30}$$

δ_1 と δ_2 は実数であるから $\tan^2\delta_1$ と $\tan^2\delta_2$ はともに正の値となる。この条件を満たすための領域を求めると、図3-26のような図が得られる。

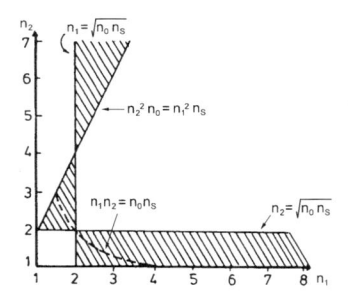

図 3-26　2層反射防止膜においてゼロ反射率条件を満たす屈折率値の範囲（斜線部分）
　基板は Ge (n_S = 4) であり、入射媒質は空気 (n_0 = 1) である。

図 3-26 で n_1 と n_2 が斜線部分にあれば、膜の厚さ（1/4 波長膜厚に限定されない）を適切に調整することでゼロ反射率の膜系が得られる。

　図の中の 2 つの直線 $n_1 = \sqrt{n_0 n_S}$ と $n_2 = \sqrt{n_0 n_S}$ は、1/4 波長膜厚の単層反射防止膜に必要な屈折率を表す。一方、図中の直線 $n_2^2 n_0 = n_1^2 n_S$ は依然として 2 層の 1/4 波長膜厚による、反射防止膜の屈折率の関係式(3-22)である。破線によって代表される関係 $n_1 n_2 = n_0 n_S$ は式(3-1)と同じで、厚さの等しい 2 層反射防止膜系に必要な屈折率の関係式である。

　図からわかるように低屈折率膜、たとえば MgF_2 などを内層 (n_2) として選び、

第 3 章　光学薄膜設計の図解法

機械的特性が良好な高屈折率材料、たとえば Ge などを最外層(n_1) とすることもできる。このようにして作成される反射防止膜系の反射分光特性及び機械的特性は要求を全て満たすが、高屈折率材料を最外層に用いて反射防止膜設計をする場合には広い低反射領域を得ることは容易ではない。

(iii) 3 層以上の膜系

前節と同様に、3 つ以上の 1/4 波長膜厚の膜系を成膜することで低反射領域を広げることができる。例えば、$\frac{1}{2}-\frac{1}{4}-\frac{1}{4}-\frac{1}{4}\lambda_0$ または $\frac{1}{4}-\frac{1}{4}-\frac{1}{2}-\frac{1}{4}\lambda_0$ である。しかし、実際には層数が多くなればなるほど、選択される材料の種類も制限される。3 層膜の場合は式(3-26)を満たさなければならない。Ge 基板の反射防止膜の場合は $n_S = 4$, $n_0 = 1$ なので、膜系は S｜P M L｜A となる。但し、L, M, P はすべて $\frac{1}{4}\lambda_0$ 厚の膜を表しており、それらの屈折率はそれぞれ、$n_L = 1.35$, $n_M = 2$, $n_P = 2.96$ である。

実際に使用できる材料の中に $n_M = 2.0$ や $n_P = 2.96$ となるようなものは存在しないが、対称な積層系組（対称等価膜）を用いることによって、これらの屈折率を作り出すことができる。対称等価膜とは2種類の材料、例えば $n_L = 1.35(MgF_2)$ と $n_H = 4(Ge)$ を用いて作った対称な構造を有する組合せの膜である。この場合組み合わされた膜は少なくとも3層から成り、その等価的な屈折率が n_M あるいは n_P に等しくなるようなものである。その結果この構造の膜は P や M の代わりをすることができる。（対称等価膜の理論は後の章節で詳しく説明する）。例えば、$(ABA)^2$ を用いて M の代わりにする。但し、A = 0.082H, B = 0.274L である。あるいは $(A' B' A')^2$ を使って P の代わりにする。但し、A' = 0.172H, B' = 0.106L である。

この場合膜系は 9 層膜となる。つまり

　　　Air　｜　L　｜　(0.082H)(0.274L)(0.164H)(0.274L)(0.254H)(0.106L)(0.344H)(0.106L)(0.172H)｜Ge

となる。この膜の反射特性は元来の 3 層反射防止膜と同等である。

第3章 光学薄膜設計の図解法

3.2.8 2つの波長領域にまたがる反射防止

　一部の光電装置に使われる光源は2つ以上の波長領域をカバーし、しかもそれらは非常に遠く離れている。例えば一つの波長領域は可視光領域にあり、もう一つの波長領域は近赤外線領域にあるという具合である。このような光電装置は近赤外線領域ではレーザを使い、同時に観測するために可視光を利用する。これは良くある例で、倍周波数レーザシステムなどがこれにあたる。

(i) 2つの波長で反射率をゼロにする

　3.1.2節の中で述べたような閉じた三角形のゼロベクトル和の理論はここでも応用できる。例えば公式(3-1)を使うと、監視波長が707nmの場合、波長が530nmと1.06μmではその反射率はほぼゼロになる。

(ii) 可視光領域と近赤外線領域での反射防止

　低屈折率膜の厚さが1/4波長の奇数倍であるときには基板の反射率は低下するので、これを利用すると最も簡単な設計は S｜3L｜A（Sは基板を表し、Aは空気を表す）と考えられる。この場合λ_0と$3\lambda_0$のところで反射率が下がる。

　低反射領域を少し広げたい場合、3Lの間に高屈折率で、厚さが1/2波長またはその倍数の平坦化層を成膜すればよい。例えば、S｜2L 6H L｜A または S｜2L 4H L｜A などである。6Hと4Hのどちらを取るかはn_Hの値と近赤外線領域における波長位置による。

　一つの可視光領域を低反射に維持したまま同時に近赤外線領域の反射率を低下させるための設計にはバッファーレイヤ(buffer layer)[3]という概念を使う。例えば図3-20において、$n_3 = 1.7$, $n_1 = 1.38$のときに、B点でのアドミタンスは1.9である。ここで膜材料の屈折率として1.9を選ぶと、B点において任意厚さの膜（バッファーレイヤ）を成膜しても、λ_0での反射率には影響がない。つまり等価アドミタンスは不変であるが、屈折率が1.9のバッファーレイヤの厚さを調節することによって近赤外線領域の反射率を変えることが出来、さらにその値を最小にまで低下させることができる。例えば、設計が S｜M B' H H B" L｜A の場合、2つのバッファーレイヤ B' と B" を使い、その厚さ h と s をそれぞれ

$0.084\lambda_0$ と $0.342\lambda_0$ にすることによって、$\lambda = 1.06\mu m$ に対して反射防止効果をもつと同時に、可視光領域においても相当低い反射率を保持している。もし反射率をさらに低くしたい場合にはバッファーレイヤに隣接する2層の間にマッチング層[4]を成膜する必要がある。

3.2.9 その他の設計範例

アドミタンス軌道法は反射防止膜系の設計に加えてその他の機能を有する膜系の設計にも使える。例えば、高反射ミラー，分離ミラー，太陽光エネルギー選択用のホットミラーなどである。さらに成膜するときの厚さ監視分析や膜中の電場変化分析などにも使うことができる（これらについては次の節で詳しく説明する）。

次に、高反射ミラー，ホットミラー，太陽光エネルギー吸収膜などの場合について、アドミタンス軌道法設計の便利性と即応性を説明する。その他の膜系及び膜系の分析については適宜章節の中で述べることにする。

(i) 高反射ミラー

図 3-11 の等反射率曲線と図 3-16 の 2 層膜のアドミタンス軌道を参照して、高/低屈折率の 2 種類の膜を交互に成膜する。その交互層の光学厚さが全て 1/4 波長膜厚のとき、等価アドミタンス y_E は膜の増加に従って上昇すると推測できる。故に、これは優れた高反射率膜設計の 1 つである。その膜系の構造は次のようである。

$$S \mid H L H L H L H \cdots H \mid A$$

S と A はそれぞれ基板と空気を表し、アドミタンスは y_S と y_0 である。

図 3-27 に示すように、11 層の膜系とする。つまり

$$S \mid (H L)^5 H \mid A$$

である。但し、$n_H = 2.3$，$n_L = 1.46$，$y_E = 331$ であるため、R=98.8%である。

図から反射位相が膜の積重ねに従って変化するのが分かる。最終的には

第3章　光学薄膜設計の図解法

φ = π である。この高反射率膜系のその他の特性については1/4波長積層系のときに数学的な詳細解析を行いながら説明する。

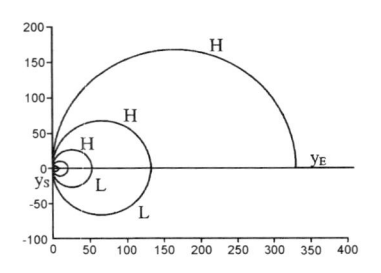

図 3-27　膜系 S | (H L)^5 H | A のアドミタンス軌道図（y_E が膜層数の増加に従って上昇することが容易に分かるので，反射率 R も膜層数の増加に従って上昇する）

(ii) ホットミラー

　地球へ到達する太陽光のスペクトルは紫外線(UV)，可視光(VIS)，赤外線(IR)をカバーしている。その最強の位置は大体 500nm にある。この内の可視光（約 400nm～700nm）は照明に使うことができる。通常、我々は可視光を取り入れて紫外線（人間の目に有害である）や赤外線（熱を発生する）をカットしたい。建築物のガラスや車の窓ガラスなどはそうである。これはアドミタンス軌道法により 3 層または 5 層の膜系を設けることによって実現できる。図 3-28 は 3 層膜系 TiO_2–Ag–TiO_2 のアドミタンス軌道図である。Ag 膜の役割は主に UV や IR をカットするので厚いほど良い。一方 2 層の TiO_2 は VIS 光の透過率を高める。Ag 膜は厚くできるので、アドミタンス軌道から第 1 層の膜(TiO_2) の屈折率が高いほど UV と IR を多くカットできる。この場合、TiO_2（ZnS を選ぶ人もいる）を選ぶ理由は TiO_2 がハード膜の中でも最も高い屈折率を有しているからである。また Ag を選ぶ理由としてはその吸収が最小だからである。最後の TiO_2 は第 1 層と第 2 層の厚さに合わせて膜系の等価アドミタンス y_E を空気アドミタンス y_0 まで誘導する。このようにして反射損失を最小に抑え、透過率を最大にする。図 3-29 はその完成図である。その膜系の構造は

n_S | H_2(30nm) Ag(15nm) H_1(37.5nm) | Air (n_S=1.52, n_2=2.44, n_1=2.16)[5]

である。

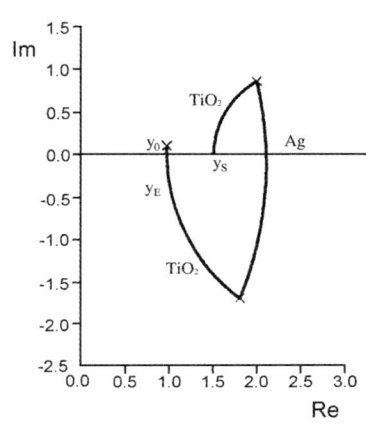

図 3-28 透明ホットミラーの設計

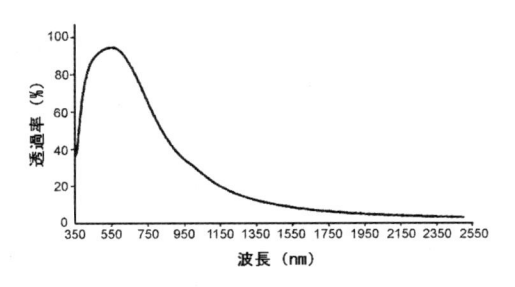

図 3-29 透明ホットミラーのスペクトル

(iii) 太陽エネルギー吸収膜の設計

　人類を含む大多数の生物は、古代より太陽エネルギーの輻射によって生存してきた。如何にして多くの太陽エネルギーを受け取り、そして保存するかということも、光学薄膜を用いて達成できる。基本原理としては、光をなるべく透過させる（則ち反射を減少させる）ことと、高熱が発生した後その熱エネルギ

第 3 章　光学薄膜設計の図解法

ーを外へ放射させないことである。つまり赤外線領域の放射（emittance）を減少させることである。地球に到達する太陽光のスペクトルを考えると、膜の設計としては、可視光から近赤外線までの領域において反射をなるべく小さくし、赤外線領域で高い反射を有するようなものでなければならない。こうすると低い放射率を保持できる。最も簡単な設計としては、金属（例えば Al または Ni などの高反射特性を有するもの）の上に半導体膜を成膜するものである。半導体膜（PbS, Ge, Si など）の役割は可視光から近赤外線までの光を吸収して赤外線を吸収しないことにある。これによって、金属の高反射特性を保持する。次に、半導体膜の上に反射防止膜を成膜することで光の透過を高める。半導体と金属の間の拡散（diffusion）を防ぐために、実際には両者の間に 2nm の SiO または Al_2O_3 を絶縁層として成膜する。従って、その構造は S｜Ni / SiO / PbS / SiO｜Air、S｜Al / SiO / Ge / SiO｜Air、または S｜Ag / Al_2O_3 / Si / ZrO_2｜Air となる。S は基板である。

　赤外線領域で高反射率を保つためには金属膜として Ag を選ぶべきである。つまり、最後の一組が最良の設計である。しかし、熱を吸収して高温が発生すると、Ag は変質して反射率が低くなってしまう。そのため Ag の上には Al_2O_3 などの保護膜を加えなければならない。反射防止膜の設計はアドミタンス軌道法を用いて誘電体多層膜を成膜し、最終的にアドミタンスの値を 1.0 にするような手法を用いる。層数を減らすため、誘電体多層膜の代わりに 1 層の金属膜を用い、最後にアドミタンスを 1.0 に近づける。この解はアドミタンス軌道図から容易に見出せる。可視光と近赤外線領域の透過に影響しない金属として Cr を選ぶ。波長が 500nm のとき Ag の屈折率は N=0.05-i2.87 で、Cr の屈折率は N=2.61-i4.45 である。一方 Al_2O_3 の屈折率は N=1.63 である。アドミタンス軌道法の設計を使うと、まず Ag の保護および拡散防止のための絶縁層として Al_2O_3 膜を成膜し、Ag のアドミタンスを横軸の上まで持ってゆく。次に、軌跡は図 3-30 に示すように Cr 膜の成膜によって横軸を越え、最後は Al_2O_3 の軌道と接続して 1.0 まで辿り着く。このように得られる多層膜は S｜Ag / Al_2O_3 / Cr / Al_2O_3 ｜Air で、Al_2O_3 の厚さは第 1 層が 70nm, 第 3 層が 60nm である。第 2 層の Cr の厚さは 7.5nm で、このフィルタのスペクトルは図 3-31 のようになる。

第 3 章 光学薄膜設計の図解法

以上、アドミタンス軌道法を用いて膜を設計する方法を説明した。膜の屈折率が異なる場合には上記の膜の厚さは多少調整する必要があるが、設計原理は変わらない。誘電体多層膜と金属膜を組み合わせる設計法も同じである。例えば、基板の上に Al を成膜した後 N_2 中で多層 AlN_x を成膜（毎層の x 値は異なる）すると、多層膜における屈折率の違いによって干渉が起き、その結果 1.1μm 以下では反射率が極めて低く、3μm から 25μm の領域では反射率が非常に高い太陽エネルギー吸収積層系が設計できる。

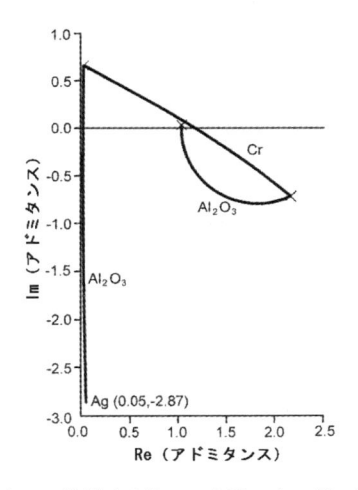

図 3-30　アドミタンス軌道法を使って太陽エネルギー吸収膜系を設計する

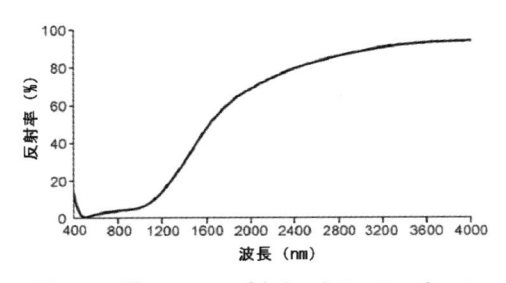

図 3-31　図 3-30 のスペクトルシミュレーション

(iv) 光ダイオードセンサの効率を増加する成膜

簡単な例として半導体上に金属膜を成膜してショットキーバリア（Shottky barrier）にする。この場合金属膜を通していかに大量の光を透過させて電子-正孔対を増やし、デプレション状態にして量子効果を増加させるかが問題の要点である。これは、金属膜に対して反射防止膜を設計することと同じである。$\lambda = 700nm$ のとき金は $N = 0.131 - i3.842$，Si は $N = 3.89 - i0.044$ である。金(Au)をシリコン(Si)上に成膜する場合、そのアドミタンス軌道は Si(3.89-i 0.044) の位置から金の厚さに従って降下する。反射防止膜として Ta_2O_5 を使う場合、屈折率は $N = 2.13$ なので、1.0 を基点とし、$N=2.13$ のアドミタンス軌道が描ける。図 3-32 に示すように、この軌道と Au 膜の軌道とは A 点で交わる。従って、Au 膜の厚さは Si から A までであり、Ta_2O_5 の膜の厚さは A から 1.0 である。この場合、それぞれ 8.5nm と 65nm である。

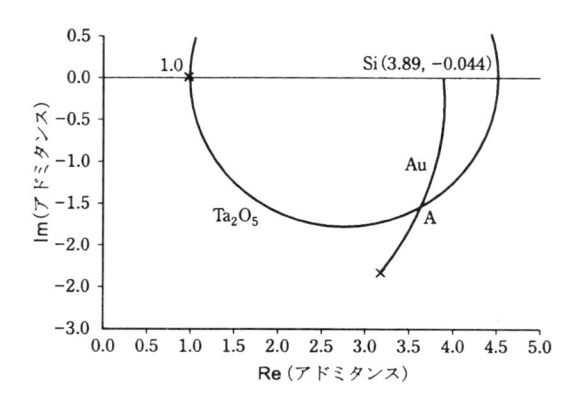

図 3-32 金属膜の上に反射防止膜を作ることで光ダイオードセンサの光吸収効率を上げる

(v) 傾斜屈折率単層反射膜

3.2.6 節の(iii)で述べたように、屈折率が徐々に減少する膜を成膜することで反射防止特性を得る技法もここでは利用できる。屈折率変化が高い値から低い値へ徐々に変化するとき、これを近似的に p 階層と見なす。従って膜全体の厚

さは $D = p\frac{\lambda_0}{4}$ であり、p をなるべく大きくすると、短波長 λ_S から長波長 λ_L の間には反射率 R の最小値が p 個存在することになる（練習問題 3.4 を参照）。但し

$$\lambda_S = (1+\frac{1}{p})\frac{\lambda_0}{2} = \frac{2D(p+1)}{p^2} \tag{3-31}$$

$$\lambda_L = (1+p)\frac{\lambda_0}{2} = \frac{2D(p+1)}{p} \tag{3-32}$$

である。2 つの蒸発源、例えば Ge と MgF_2 を用いて同時に成膜する技法を使うと、Ge 基板に対して波長領域 $2\mu m$〜$12\mu m$ の広い範囲で低反射率特性を示す[6] 反射防止膜が成膜できる。

3.2.10 電場分布

アドミタンス軌道図上に電場分布が描けるならば、各膜の中における電場の挙動を調べるうえで大きな助けとなる。例えば、薄膜の耐レーザー光損傷能力を調べる場合などである。

式(2-20)から分かるように、光が薄膜系に進入するときのエネルギー流量密度は

$$I = \frac{1}{2}\mathrm{Re}(E_a \times H_a) = \frac{1}{2}E_a E_a^* \mathrm{Re}(y) = \frac{1}{2}|E_a|^2 Y_0 n$$
$$= (1-R)I_0 \cos\theta_0$$

または

$$E_a = \left[\frac{2(1-R)I_0 \cos\theta_0}{Y_0 n}\right]^{1/2} \tag{3-33}$$

と書ける。Y_0 は自由空間のアドミタンスで、ISO 系では電場 E_a を V/m として表す。光の強さ I_0 は W/m^2 であるので、$Y_0 = 1/377$ ジーメンスである。y は薄膜系の等価アドミタンスであり、ここでは $y = Y_0 N = Y_0(n-ik)$ と表示する。

入射光強度を 1 とすると、上式は次式となる。

第3章　光学薄膜設計の図解法

$$E_a = \left[\frac{27.46\sqrt{(1-R)}}{\sqrt{n}} \right] \tag{3-34}$$

これは系の反射率 R が一定のとき、膜の任意点での電場(接線成分)がこの点での等屈折率(n)の平方根に反比例することを意味する。図 3-33 に電場とアドミタンスの関係を示したアドミタンス図を示す。

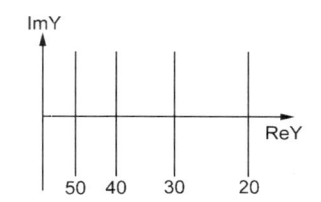

図 3-33　アドミタンス座標中の電場強度分布
　　　　　図の中の数字は入射光強度が1のときの電場強度である(V/m)

(a)

(b)

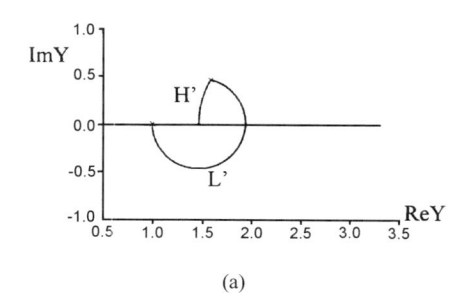

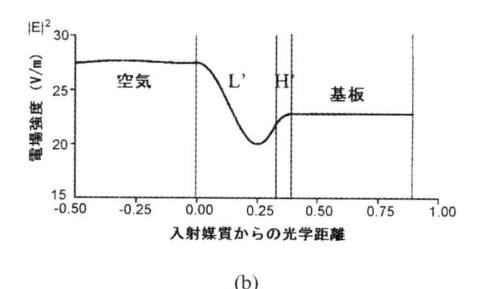

図 3-34　(a) V-コートアドミタンス軌跡図 (b) V-コート膜中の電場強度分布図

第 3 章　光学薄膜設計の図解法

(i) 反射防止膜中の電場分布

　反射防止膜のアドミタンス軌道をアドミタンス軌道図の中に描いて電界分布を求めると、一番強い電場がどの膜の上に発生するかが明らかになる。図3-34(b)は V-コートの場合の電場分布の様子である。電場が最も強い部分は空気に近い膜面部分である。ここはレーザ光による破壊が最も起きやすいところでもある。従って、膜表面に少しでも汚染層があるならば、大きな吸収を引き起こして膜がレーザ光によって破壊されてしまう。

(a)

(b)

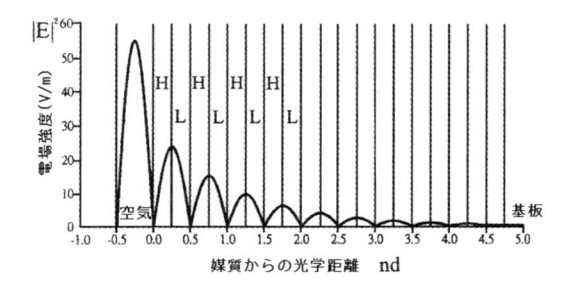

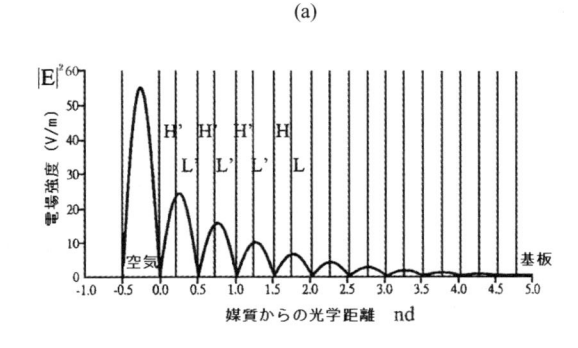

図 3-35　膜間の電場分布（膜の厚さを調節することで、多層膜をよりハイパワーのレーザに耐えられるようにする）
(a) 標準的な 1/4 波長多層膜レーザ反射ミラーにおける電場分布状況。極値は高/低屈折率膜の接触面上にある。
(b) 図 a で、外側から 6 層までの膜の厚さを微妙に調節した後の電場分布状況。極値は低屈折率の膜上に移される。

(ii) レーザミラー膜内部の電場分布

3.2.9 節の中の1/4波長多層膜 S│HLHLH····H│A は高反射ミラーとして作成され、通常であればレーザ反射ミラーとしても使える。しかし、レーザのパワーが大きい場合には膜間での電場が大きいので、薄膜は破壊されてしまう。アドミタンス軌跡法による膜中の電場分布分析を元に、膜の厚さを微妙に調節することで、膜境界面で電場極値を持たない様にしたり、強電場により耐えられる膜にしたりすることができる。図3-35(a)は標準的な1/4波長多層膜における膜間の電場分布である。強電場は最後の数層の境界面上に発生することが分かる。

図3-35(b)に示すように、一般に高屈折率膜はダメージを受けやすいので、膜の厚さを調節して電場の極値を低屈折率の膜の上[7-9]に移すとよい。

参考文献

1. 李正中, 1984 "多層膜抗反射膜", 光学工程季刊, 第十二期, P.10.
2. Macleod H. A., 1986, "Thin-Film Optical Filters", 2nd ed., Macmillan Publishing Company, N.Y., Adam Hilger Ltd., Bristol.
3. Mouchart J., 1978, "Thin film optical coatings 5: Buffer layer theory", Appl. Opt. **17**, 72.
4. Lemarguis F. and Pelletier E., 1995, "Buffer layer for the design of Broadband optical filters", Appl. Opt. **34**, 5665.
5. Lee C. C., Chen S. H. and Jaing C. C., 1996, "Optical monitoring of silver based transparent heat mirror", Appl. Opt. **35**, 5698.
6. Jacobsson R., 1975, "Inhomogeneous and co-evaporated homogeneous Filters for Optical Applications", Physics of Thin Film, Volume **8**, 51-98, Academic Press, Inc., N.Y.
7. Apfel J. H., 1977, "Optical coating design with reduced electric field intensity", Appl. Opt. **16**, 1880.
8. Arnon O. and Banmeister P. W., 1980, "Electric field distribution and the reduction of laser damage in multilayers", Appl. Opt. **19**, 1853.
9. Lee C. C. and Chu C. W., 1987, "High power CO_2 laser mirror", Appl. Opt. **26**, 2544.

練習問題

1. 可視光領域(400nm～700nm)で反射防止膜を作りたい。この時、その中心波長を幾らにすれば平均低反射領域を最も広くできるか答えなさい。
2. 問題1で1/4波長膜厚単層膜で反射防止膜を成膜する。この時、反射光を図3-3a中で2つの光の干渉として見なし、且つ $\rho_a \approx \rho_b$ としたときの反射光の干渉公式を書きなさ

第3章 光学薄膜設計の図解法

い。また、400nm～700nm の間の反射スペクトルを描きなさい。最後に、400nm～700nm の反射率と R_{min} の値を求めなさい。

3. 問題2で、膜の厚さを1/4波長膜厚の m 倍とする。この時の m の増大が R の平均値を大きくし、且つ最小 R 値間の距離が $\Delta g = \dfrac{2}{(2m+1)}$ であることを証明しなさい。

4. 膜の屈折率は基板側から徐々に減少し、全部で p 層である。この各層は$\lambda_0/4$ で p 個のゼロ反射率波長を持ち、また広い波長領域で反射防止効果があるとき、このゼロ反射率波長は最短のλ_Sから最長のλ_Lにおいてそれぞれ$(p+1)\lambda_0/2p$ と$(p+1)\lambda_0/2$ であることをベクトル法を使って示せ。(ヒント：p 個の正多角形の内角は $(1-\dfrac{2}{p})\pi$ である。)

5. BK-7 基板上で高屈折率 2.3、または低屈折率 1.45 の 1/4 波長膜厚膜を成膜すると、その反射率と反射位相はそれぞれ幾らになるか答えなさい。

6. 式(3-14)と式(3-15)を証明しなさい。

7. 式(3-23)と式(3-24)を証明しなさい。

8. 式(3-28)の膜系と $S\left|\dfrac{1}{2}-\dfrac{1}{4}-\dfrac{1}{4}-\dfrac{1}{4}\right|$ Air の例を挙げなさい。但し S は基板で、$n_S=1.52$ である。

9. 赤外線領域で使われる材料の屈折率は、どうして可視光領域で使われる材料の屈折率より高いのか答えなさい。また反射防止膜を成膜しない場合の両者の反射率の差異を比較しなさい。

10. 3.28 節を参考にして、次に示す 2 種類の膜を用いて 530nm と 1.06μm において良好な反射防止効果を有する膜系を設計しなさい。但し、基板の屈折率は $n_S=1.46$ の場合と $n_S=1.52$ の場合とする。
    1) 任意屈折率膜 2). $n_H=2.1$ と $n_L=1.45$ $n_S=1.46$ の 2 種類の材料の膜

11. 3.28 節で述べた設計を用いて、可視光領域と 1.06μm で良好な反射防止特性を有する膜系($n_S=1.52$)を設計しなさい。但し、400nm～700nm 範囲内において R<3%, 450nm～650nm 範囲内において R<1%, 1.06μm で R<0.5%とする。

12. Lithium niobate (n=2.25) に対する反射防止膜を設計しなさい。

13. GaAs 基板(n=3.58)に対する反射防止膜を設計しなさい。

14. ベクトル法とマトリックス法を用いて、S｜lM2HL｜Air について $\lambda=400nm$, 510m, 700nm での反射率を求めなさい。($n_S=1.52$, $n_1=1.45$, $n_M=1.62$, $n_H=2.05$, $n_L=1.38$ $\lambda_0=510nm$ とする。)

15. アドミタンス軌道法を用いて、S｜HLHLH｜Air と S｜HLHLHL｜Air のアドミタンス軌道図を描きなさい。また、その等価屈折率、反射率、膜内電場分布及びλ_Lとλ_0付近の位相変化図を求めなさい。($n_S=1.52$, $n_H=2.3$, $n_L=1.46$ とする。)

16. TiO_2($n_H=2.3$)と SiO_2($n_L=1.46$)を用いて BK-7 ($n_S=1.52$)の上に R=0 の V-コートを作る。$\lambda_0=633nm$ の場合には TiO_2 と SiO_2 の物理厚さはそれぞれ幾らか答えなさい。

第4章 ビームスプリッタ

　光学実験または光学システムの中では、同一光源から出た光束を2つに分ける必要性が常にある。一般的な方法はビームスプリッタを用いて一部のエネルギーを反射させ(反射率R)、残りの部分を透過させる(透過率T)方法である。その中の1つを参照光とし、残りの1つを測定光とする。実用上、この2つの光の強度比（分岐比（T/R値）ともいう。）とその分離角度(反射角θ_r)に対しては、特定の値が要求される。最も簡単な方法は1枚のガラスを傾斜させ、その傾斜角θ_rを変化させることによって異なる比率のT/R値を作る方法である。しかし最初にθ_rを決めてしまうと、ガラス板ではT/R値を任意の値に設定することはできない。この欠点は光学薄膜の技術を用いることによって解決できる。まず必要な角度を決め、次に希望のT/R値になるように膜系を設計する。最後に薄膜を基板上に成膜させてビームスプリッタを作成する。

　スペクトル特性に従って分類すると、ビームスプリッタは中性分離と2色分離の2つに分けられる。中性分離とは1つの光を同様なスペクトル成分を有する2つの光に分けることである。一方、2色分離とはスペクトルの特定部分に属する光を反射し、それ以外の光を透過させることである。また、光束の1つをS-偏光とし、別の1つをP-偏光というように入射光を偏光状態によって分けることもできる。この種のビームスプリッタは偏光ビームスプリッタ[*]といわれている。

---

[*] 反射防止膜、干渉フィルタ、コールドミラー、ヒートリフレクタなども上述の分光特性を持つがこれら膜の役割は1方向の光のみを取出して用いることにあるため、ビームスプリッタとしては分類されていない。

第4章 ビームスプリッタ

4.1 中性分離ミラー（ニュートラルビームスプリッタ）

理想的なニュートラルビームスプリッタは次の様な特性を持つ。
(1) 色分散が小さい。則ち R と T の波長による変化が非常に小さい。
(2) 入射角度変化に対する R と T の変化が非常に小さい。
(3) 偏光依存性が小さい。則ち R_S と R_P、T_S と T_P の差が小さい。
(4) 吸収が小さい。

しかしながら、材料は常に色分散や吸収などの性質も持っており、反射角 $θ_r$ が 0 でない場合には異なる偏光に対する反射率や透過率も異なってしまう。(R_S と R_P、T_S と T_P ではその強度が異なる。$θ_r$ が大きいほどこの差も大きくなる。これが不都合であれば、光学膜を無偏光ビームスプリッタとして特別に設計するしかない。[1-6])。

故に、完全なニュートラルビームスプリッタを作ることは不可能であり、有限なスペクトル範囲内や有限な角度範囲内でのみ上記要求を満たすことができる。以下の3種類はビームスプリッタを作成するための一般的な方法である。

4.1.1 金属膜ビームスプリッタ

図 4-1a に示すように、等反射率曲線参照グラフ中での金属膜のアドミタンス軌道の挙動から、膜厚増加につれて反射率は上昇することが分かる。そこで基板上に金属膜を成膜すると図 4-1b に示すように、各種 T/R 比を有するビームスプリッタが期待できる。図の中で R は反射率、N_S と N_0 はそれぞれ基板と入射媒質の屈折率、$N = n - ik$ は金属膜の屈折率、d は金属膜の物理膜厚である。

銀(Ag)の消衰係数と屈折率の比 k/n は金属膜中で最大であり、可視光領域においてはその吸収は最小なので、良好なビームスプリッタ用金属膜である。しかし銀の中性特性はやや劣るため、反射光はやや黄ばみを帯びる。しかも機械的強度や化学的安定性もよくない。よって短期間だけ使用する場合以外は、通常片方の直角プリズムの斜面に成膜した後、もう片方のプリズムを接着して使用する。Cr 膜の機械的強度と化学的安定性は良好でその中性度合いも良いの

第4章　ビームスプリッタ

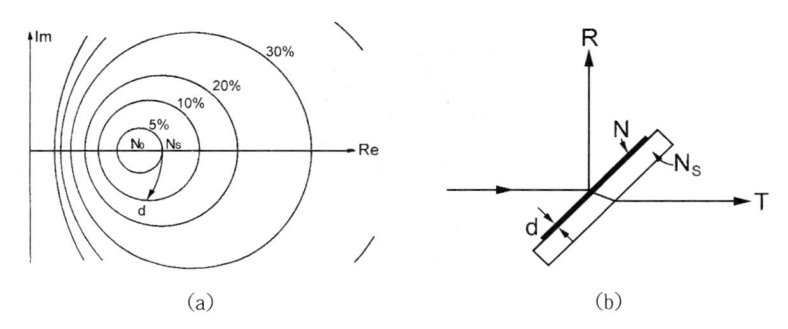

(a) (b)

図 4-1 (a) 金属膜のアドミタンス　(b) 基板上に成膜した厚さ d の金属膜
（各円は等反射率曲線を表す。）

で、ビームスプリッタとしては適している。反射光はほぼ中性の白色光であるが、しかし透過光はやや褐色を呈する。より良好な中性を求めるならニッケル・クローム合金(Ni80%-Cr20%)を選べばよい。これは 0.24μm～5μm の波長領域において非常に平坦な分光特性を有している。Ni と Cr は各々の蒸発温度が異なるため、この合金を成膜するときの温度管理は極めて重要で、温度が高すぎても低すぎても合金のパーセンテージを乱す原因となる。1600℃が合金の蒸発温度であり、同時に膜の強度を向上させるため基板の温度は 250℃以上必要で、さらに成膜後空気中で 200℃の温度で 1，2 時間のエージング処理も必要である。プラチナ(Pt)及びロジウム(Rh)で作成された金属ビームスプリッタの中性特性，機械的強度，化学的安定性は非常に良好である。

ときには膜厚の制御が容易ではなく、任意の反射角度で任意の T/R 比を得ることが非常に困難な場合がある。この場合、代わりに図 4-2 に示すようなモザイク模様によってビームスプリッタを完成させることもできる。黒い部分は不透過の高反射金属膜、則ち高反射領域であり、白い部分は高透過領域である。この白黒両領域の面積比を制御することにより、求める T/R 比が達成できる。しかも、T+R は非常に高くなる[7]。

吸収は金属ビームスプリッタの欠点であり、この種の吸収損失 A は入射媒質及び基板の等価屈折率 ($n_{eq.in} / n_{eq.s}$) に依存する。この比が小さいほど吸収も小さくなる。図 4-3 と表 4-1 の計算はこのことを示しており、図からも分かるよう

第 4 章　ビームスプリッタ

図 4-2　モザイク式ビームスプリッタ
　　　（透過領域と高反射領域の面積比を制御することで求めるT/R分岐比を得る）

構成

1　2　3　4　5　6　7

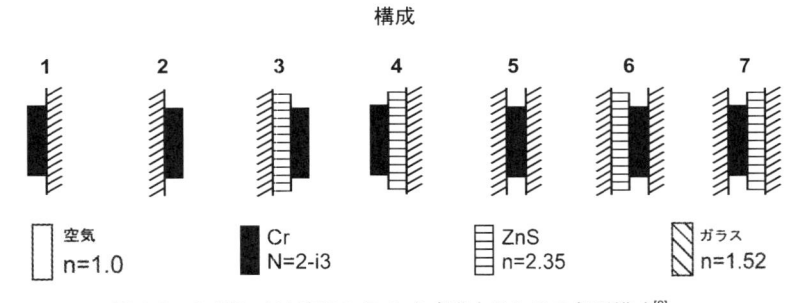

□ 空気 n=1.0　　■ Cr N=2-i3　　▤ ZnS n=2.35　　▨ ガラス n=1.52

図 4-3　Cr 膜に 1/4 波長の ZnS を成膜するための各種構成[8]

に反射率は入射方向に関係する。

　平板表面ビームスプリッタの欠点は、金属膜が傷つきやすく化学的変化も起こりやすいうえに、成膜されていないもう一面に反射防止処理を施さないと多重反射像の発生により鮮明度が悪化してしまうことである。ビームスプリッタを通過するとき、光束が横方向に位置ずれ(図 4-1(b)に示す)してしまうことも欠点の1つである。この欠点を解決する方法として、図 4-4 に示すように金属膜をプリズム斜面に成膜してから立方体として接着する方法がとられる。このような接着立方体型ビームスプリッタにはもう一つの利点がある。それは方向設定が容易で、設置するのに便利なことである。もし光の明るさが十分なら、金属膜に Cr 膜が使える。Cr 膜は製作が容易で安価だからである。このビームスプリッタから得られる反射光は中性の白色光で、透過光はやや褐色を呈する。Cr 膜によるビームスプリッタは 1/3 以上の光を吸収してしまうので、より多くの光出力を得たい場合には Ag 膜を使うと良い。この場合、反射光はやや黄色

第4章 ビームスプリッタ

を呈し、透過光はやや青色を呈する。

　金属膜を用いて入射光の強度を抑えることのみに使う場合、この種の金属膜は中性減衰フィルタ(Neutral-Density Filter)と呼ばれる。その吸光度（光学的濃度：Optical Density）は次式で定義される。

　　$D \equiv -\log_{10} T$

　常用のニッケルクロム合金膜(Ni80%-Cr20%)，Chromel(Ni90%-Cr10%)，Inconel(Ni80%-Cr14%-Fe6%)などは理想的な中性特性(1)，(2)，(3)を満たすことができる。

表 4-1　反射率 R と吸収率 A は成膜構成及び入射方向により異なり、その値は入射媒質と基板の等価屈折率比に関係する

　　$(n_{eq.in}/n_{eq.s})$ が大きいほど A は大きく、$(n_{eq.in}/n_{eq.s})$ が小さいほど、A も小さくなる。表の中の R, T, A は参考文献 9-p.150 に従う。

	1	2	3	4	5	6	7
R	0.28	0.09	0.47	0.03	0.17	0.33	0.02
T	0.32	0.32	0.32	0.32	0.34	0.42	0.42
A	0.40	0.59	0.21	0.65	0.49	0.25	0.56
N_{in}	1	1.52	1	1.52	1.52	1.52	1.52
n_S	1.52	1	1.52	1	1.52	1.52	1.52
$n_{eq.S}$	1.52	1	3.63	1	1.52	3.63	1.52
$n_{eq.in}$	1	1.52	1	3.63	1	1	3.63
$n_{eq.in}/n_{eq.s}$	0.66	1.52	0.3	3.63	0.66	0.3	2.4

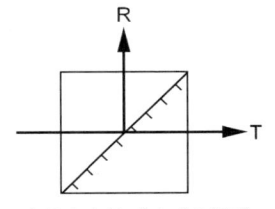

図 4-4　接着による立方体プリズム型ビームスプリッタ

4.1.2 誘電体膜ビームスプリッタ

金属チタン(Ti)膜を420℃まで加熱すると、R = 35%，T = 65%の無吸収ビームスプリッタが得られる。これは Ti が酸化されて誘電体膜 TiO_2 となったためである。TiO_2 は高屈折率膜で、替わりに ZnS を成膜しても同様の無吸収ビームスプリッタを得ることができる。

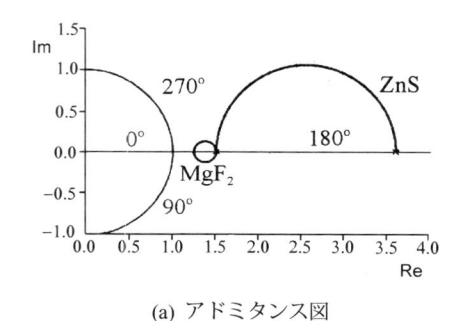

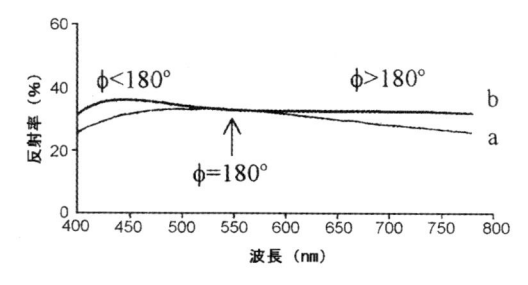

(a) アドミタンス図

(b) スペクトル図 a：G│H│A，b：G│2LH│A
（A: 空気，G: ガラス，L:MgF_2，H:ZnS）
図 4-5　誘電体膜ビームスプリッタ

誘電体膜の利点は吸収損失が小さく、分離効率が高いことである。一方で色分散が比較的大きく、偏光依存性も大きい。しかも任意の T/R 分岐比を得るには多層膜を成膜する必要がある。図 4-5 は簡単な 2 層膜ビームスプリッタで、T / R = 2：1 である。図4-5(a)の中で H は厚さ 1/4 波長の高屈折率膜、則ち ZnS を表し、L は厚さ 1/4 波長の低屈折率膜、則ち MgF_2 である。厚さ 1/2 波長の低

屈折率層は色分散を抑えるために用いている。中心波長λ_0に対して2Lは$\frac{1}{2}\lambda_0$の厚さなので、波長λ_0における反射率には影響を及ぼさない。一方$2\lambda_0$と$\frac{2}{3}\lambda_0$に対応する光に対して、2Lの厚さは$\frac{1}{4}\lambda_0$と$\frac{3}{4}\lambda_0$に相当する。反射率を増加させることによって色分散を消す役割を果している。図4-5(b)のϕは反射後の位相シフトを表す。

もしT/R比を下げて1:1に近づけたいなら、ZnSとMgF$_2$を用いて、G｜2L(HL)^2｜Aを作成すればよい。この中の2Lも色分散を少なくするのに使われている。これで理想的な中性特性条件(1)を満たせる。誘電体膜の偏光依存性はやや大きいため、理想的な中性特性条件(2)と(3)を満足するのは容易ではない。斜入射で使用する場合、P-偏光とS-偏光に対するそれぞれの反射率と透過率は異なってしまう。このときの反射率と透過率はそれぞれ、

$$R = \frac{1}{2}(R_S + R_P) \quad と \quad T = \frac{1}{2}(T_S + T_P)$$

である。HとLはそれぞれ高/低屈折率の膜を表し、その光学厚さは$nd\cos\theta = 0.25\lambda_0$である。

斜入射時には監視すべき波長はもはやλ_0ではなく、次のような波長である。

$$\lambda_H = \frac{\lambda_0}{\cos\theta_H}$$

$$\lambda_L = \frac{\lambda_0}{\cos\theta_L}$$

実際に製作するときはモニタ基板の位置と製品基板の位置が違うため、膜厚制御において物理的ばらつきがよく生じる。誤差因子をaとすると、制御波長はλ_Hとλ_Lではなく$a\lambda_H$と$a\lambda_L$を用いるべきである。このような誤差因子aは、製作後のスペクトル測定によって計量できる。斜入射使用により発生する偏光依存性も多層膜の設計を工夫することで解消できるのでP-偏光とS-偏光の強度が等しくなるようにも出来る。図4-6は45°入射の無偏光ビームスプリッタ

で、16層のTiO$_2$, MgF$_2$, Al$_2$O$_3$から構成されている。この設計方法は9.3.4節にて詳しく説明する。

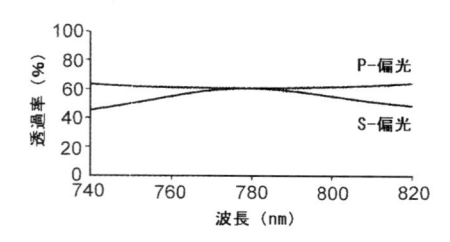

図4-6 波長780nmでの45°入射用無偏光分離ミラーの特性

4.1.3 金属-誘電体膜ビームスプリッタ

理想的な中性条件の三項目をなるべく満たすため、金属膜と誘電体膜の利点をそれぞれ利用して金属-誘電体膜をプリズム上に成膜する方法がある[9,10]。例えば、厚さを制御した銀膜に誘電体膜を成膜することで、理想的なニュートラルビームスプリッタが得られる。BK7平板上で次の様な構成のZnSとAgを成膜する。

BK7 | ZnS (80.9nm) Ag (22.9nm) ZnS (38nm) | Air

またはBK7プリズムをPとすると、構成は次のようになる。

(1) P | Ag (17nm) | CeO$_2$ ($\frac{\lambda}{4}$, λ=650nm) | P

(2) P | Ag (17nm) | MgF$_2$ ($\frac{\lambda}{4}$) SnO$_2$ ($\frac{\lambda}{4}$) | P

(3) P | ZrO$_2$ ($\frac{\lambda}{4}$) | Ag | MgF$_2$ ($\frac{\lambda}{4}$) | P

以上はAg膜の低吸収性と広い波長帯域を持つという特徴に、誘電体膜の特徴を加えたニュートラルビームスプリッタの作成方法である。例えばP|D$_1$ D$_2$ Ag D$_3$ D$_4$|Pのように左右にそれぞれ1層の誘電体膜を加えると、調節可能なパラメータが増加するので、中性分離の波長帯域とR/T比はより良好にできる。但

し D_1, D_2, D_3, D_4 は誘電体膜で、厚さは最適化設計により得られる。

4.2　ダイクロイックミラー

　光の色に関係のある機器としてはディスプレイ、プロジェクタ、スキャナ、カラーコピー機などがある。これらの機器は光の3原色（赤、緑、青）を分離して使用することがあるが、これにはダイクロイックミラーが良く使用される。赤、緑、青の順に光の波長は徐々に短くなるため、ダイクロイックミラーは長波長透過フィルタまたは短波長透過フィルタを用いて作ることができる。この設計方法については第6章で詳しく説明する。図4-7と図4-8はそれぞれ長波長透過または短波長透過フィルタを用いて3原色を分離する様子を図示したものである。図4-9に示すように、空間的配置上、緑光をバンドパスフィルタを利用して単独分離することもできる。

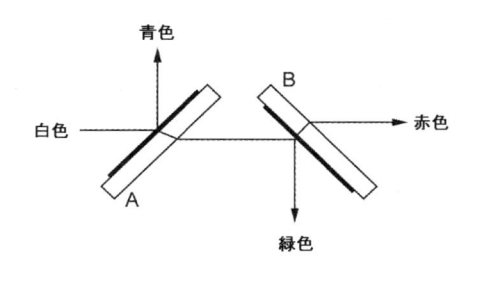

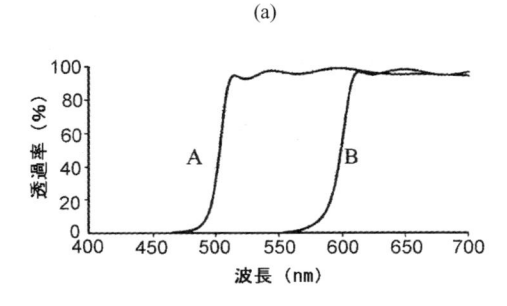

(a)

(b)

図4-7　長波長透過フィルタを用いて光の3原色を選び出す

第4章 ビームスプリッタ

(a)

(b)

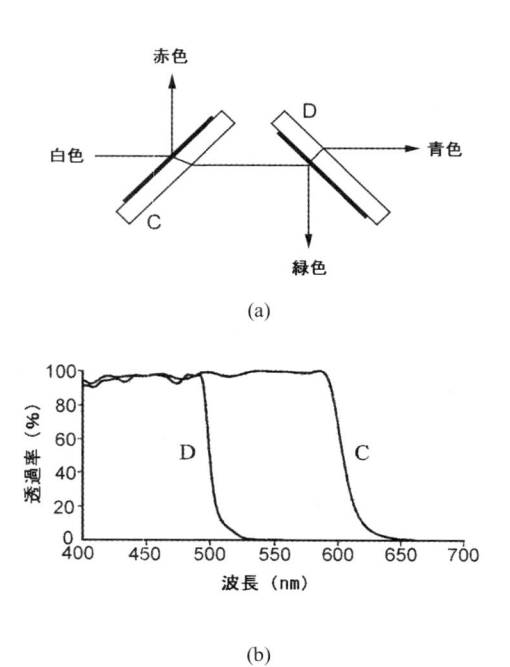

図4-8 短波長透過フィルタを用いて光の3原色を選び出す

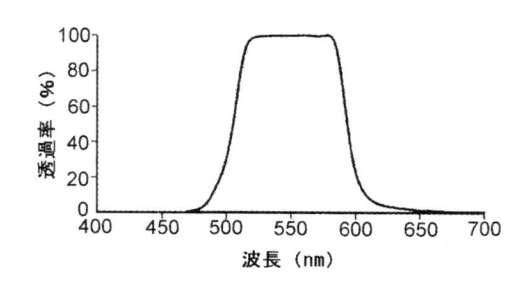

図4-9 バンドパスフィルタを用いて緑色の光を抽出する

上述の2色フィルタは通常、斜入射で使用されるため、偏光依存性が発生する。つまり、P-偏光とS-偏光それぞれに対する透過量及び反射量に差が出る。これは色彩作業に影響を及ぼす。この場合、1枚の位相板（波長板）を追加することによって透過光を2つの偏光の平均値として偏光依存性を抑制すること

第4章 ビームスプリッタ

が出来る。更に出力側にそれぞれ1枚の色彩修正板を追加することによって、この角度に適している偏光無依存のダイクロイックミラーとすることが出来る。

ダイクロイックミラーは正確に3原色（則ち、赤(R)、緑(G)、青(B)）を分離することができるので、カラー写真プリント、ディスプレイ、液晶プロジェクタなどによく使われている。図4-10はX-プリズムを利用して作成したプロジェクタにおけるダイクロイックミラーの配置を示している。図4-11はPhilipsプリズムを用いて作成したプロジェクタにおけるダイクロイックミラーの配置を示している。

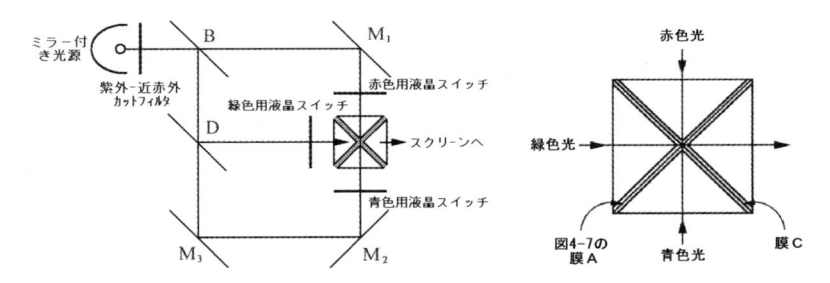

図4-10 プロジェクタで用いられるX-プリズム組
図の中のA, B, C, Dは図4-7と図4-8のA, B, C, Dと同じ意味である。但し、Mは高反射ミラーである。

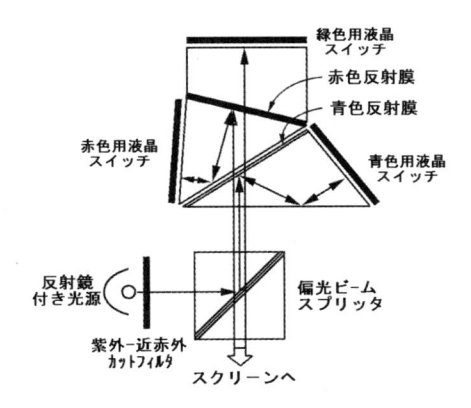

図4-11 プロジェクタ用ダイクロイックミラーのPhilips-プリズム組

4.3 偏光ビームスプリッタ

　光学材料中の任意点でのアドミタンス Y はこの点における磁場の強さ H と電場の強さ E の比であると定義した。光学材料の光学定数 N との関係は $Y = \dfrac{H}{E} = NY_0$ である。真空の光学アドミタンス Y_0 は定数（$\dfrac{1}{377}$ オーム）であるが、誘電体のアドミタンスは入射角度によって変化する。P-偏光に対するアドミタンスは $\eta_P = \dfrac{Y}{\cos\theta}$ であり、S-偏光のそれは $\eta_S = Y\cos\theta$ である。入射角 θ_0 が大きくなると、P-偏光に対する高/低屈折率比 $(\dfrac{\eta_H}{\eta_L})_P$ は徐々に小さくなる一方、S-偏光に対する高/低屈折率比 $(\dfrac{\eta_H}{\eta_L})_S$ は逆に大きくなる。このように、1/4 波長多層膜において、P-偏光に対する高反射領域はどんどん狭くなり、S-偏光に対する高反射領域はどんどん広くなる。このため、あるところでは S-偏光の R は非常に大きいが P-偏光の R は非常に小さくなる(T が非常に大きい)波長帯域が現れることになる。図 4-12 は平面型の偏光ビームスプリッタの例である。この種のビームスプリッタの膜は外部に露出しており、しかも開口径も小さく使用波長域も狭い。改善策としては接着プリズム型ビームスプリッタを利用する。

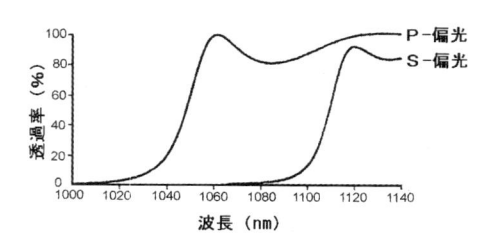

図 4-12 波長 1064nm の平面型偏光ビームスプリッタ
　　　TiO_2/SiO_2 の 27 層 1/4 波長多層膜で構成される。入射角は 45° である。

　接着プリズム型偏光ビームスプリッタの原理は、Brewster 角 θ_B で P-偏光の反射が 0 となることにある。1/4 波長多層膜では $(\eta_H)_P = (\eta_L)_P$ のときには P-偏光に対して、多層膜の各々の界面はあたかも存在しないのと同じ、つまり $R_P = 0$

である。そのため、多層膜の層数が十分多ければ高い値の R_S を保持しながら $R_P = 0$ が得られる。これにより高性能な偏光ビームスプリッタが出来る。図4-13に示すように、Brewster角の条件は次式である。

$$\eta_H = \frac{n_H}{\cos\theta_H} = \eta_L = \frac{n_L}{\cos\theta_L}$$

則ち

$$\sin^2\theta_H = \frac{n_L^2}{(n_H^2 + n_L^2)} \quad \text{または} \quad \tan\theta_H = \frac{n_L}{n_H}$$

次に Snell の法則より $n_H \sin\theta_H = n_L \sin\theta_L$ が分かる。

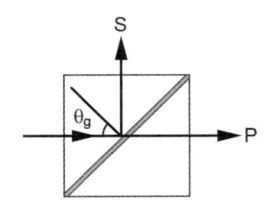

図4-13　プリズム型偏光ビームスプリッタ

(i) プリズムの入射角 θ_g を 45°に固定した場合

$$\sin\theta_H = \frac{n_g \sin 45°}{n_H} = \frac{n_g}{\sqrt{2}n_H}$$

$$\therefore n_g^2 = \frac{2n_H^2 n_L^2}{(n_H^2 + n_L^2)} \tag{4-1}$$

例1：ZnS ($n_H = 2.35$) と氷晶石($n_L = 1.35$) の組合せの場合、必要なプリズムの屈折率は $n_g = 1.66$ である。

例2：ZrO$_2$($n_H = 2.05$)と MgF$_2$($n_L = 1.38$) の組合せの場合、プリズムの屈折率は $n_g = 1.619$ となる。この場合の17層からなる多層膜のスペクトルを図4-14に示す。図から接着プリズム型偏光ビームスプリッタが偏光分離特性を

有する波長帯域は平面型偏光ビームスプリッタより広いことが分かる。

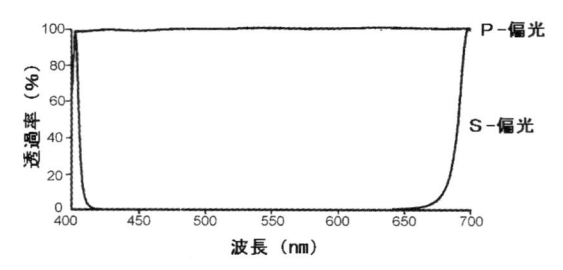

図4-14　接着プリズム型偏光ビームスプリッタ

(ii) プリズム材料を固定した場合

$$\sin^2\theta_g = \frac{n_H^2 \sin^2\theta_H}{n_g^2} = \frac{n_H^2 n_L^2}{n_g^2(n_H^2 + n_L^2)} \tag{4-2}$$

例1：$n_g = 1.517$(BK7)，$n_H = 2.35$(ZnS)，$n_L = 1.35$（氷晶石）の場合は$\theta_g = 50.5°$が得られる。

例2：$n_g = 1.52$，$n_H = 2.3$(TiO$_2$)，$n_L = 1.45$(SiO$_2$)の場合は$\theta_g = 53.8°$が得られる。

(iii) θ_g を45°に固定し、且つプリズム材料をBK7（n_g=1.517）とした場合

$$\therefore n_H^2 = \frac{1.15 n_L^2}{(n_L^2 - 1.15)} \tag{4-3}$$

例1：$n_L = 1.38$(MgF$_2$) なので、$n_H = 1.705$ となり、MgO が該当する。G |(HL)^7 H| G の場合、$T_P \cong 99\%$, $R_S \cong 98\%$ が得られる。波長幅は$\Delta\lambda = 100$ nm である。

　一部の機器においては視野角(field of view, FOV)が要求される。例えばプロジェクタ用の偏光ビームスプリッタは入射角45°±4°のときでも優れた偏光分離特性が要求される。この場合、プリズムの材料や薄膜の材料はかなり制限される上に、膜層数も大幅に増やす必要がある。

第4章　ビームスプリッタ

参考文献

1. Baumeister P., 1961, "The transmission and degree of polarization of quarter-wave stacks at non-normal incidence", Opt. Acta 8, 105-119.
2. Costich V. R., 1970, "Reduction of polarization effects in interference coatings", Appl. Opt., **9**, 866-870.
3. Thelen A., 1976, "Nonpolarizing interference films inside a glass cube", Appl. Opt. **15**, 2983-2985.
4. Knittl Z. and Houserkova H., 1982, "Equivalent layers in oblique incidence: the problem of unsplit admittance and depolarization of partial reflectors", Appl. Opt. **21**, 2055-2068.
5. De Sterke C. M., Van der Laan C. J., and Franfena H. J., 1983, "Nonpolarizing beam splitter design", Appl. Opt., **22**, 595-601.
6. Gilo M., 1992, "Design of a nonpolarization beam splitter inside a glass cube", Appl. Opt., **31**, 5345-5349.
7. 李正中, 余安華, 77年12月10日, "非色散性分光鏡", 光學工程研討會 C05, 淡江大學.
8. Macleod H. A., 1986, "Optical Thin Film Filters", 2nd ed. Macmillan Publishing Company, N.Y., Adam Hilger Ltd., Bristol.
9. 藤原史郎, 1960, "応用物理", **29**, 143.
10. 木村和夫, 赤柄定男, 1981, "半透過鏡", 公開特許公報（A）, 昭 56-43601, 特願, 昭 54-119562.

練習問題

1. 図4-2の白黒分離領域の面積は最小どれぐらいにできるか答えなさい。
2. なぜ、表4-1中の吸収は光の入射方向に関係するのか説明しなさい。
3. T/R = 1/3 の広い波長帯域を有するビームスプリッタを設計しなさい。
4. FOVが増大するとダイクロイックミラーや偏光ビームスプリッタを製作するのは困難である。その理由を述べなさい。
5. 図4-10のX-cubicプリズムは、どのように成膜し、組み合わせたらよいか答えなさい。
6. 図4-11のPhilipsプリズムは、どのように成膜し、組み合わせたらよいか答えなさい。
7. CrまたはAgを用いて立方体ビームスプリッタを成膜させる。(図4-4参照)　R/T=1の場合、CrとAg膜の厚さはそれぞれいくらになるか求めなさい。

第5章　高反射ミラー

5.1　金属膜反射ミラー

　反射光のみを取り出して利用する場合、この反射面は反射ミラーと呼ばれ、高反射ミラーや反射防止膜同様、よく使われる光学薄膜の類に分類される。一般には、広い波長帯域で高い反射率を有することが要求される。金属表面はこの要求を満たすが、塊状金属表面の研磨は容易ではなく、表面を十分滑らかにすることは難しい。そのため軽くて硬い材料を使って光学面に加工し、その上に金属膜を成膜する方法がとられる。最近、ハイパワーレーザ用の膜は高い損傷閾値が要求されるようになり、塊状金属はその優れた冷却効果ゆえに再び注目を浴びている。これらの金属面はダイアモンド加工(diamond turning)で研磨される。勿論、伝統的な真空蒸着による加工は現在でも加工方法の主流であることに変わりはない。本節の論述は成膜した金属膜に対するものである。

　金属の機械的特性は弱く化学的性質も不安定なので、日常生活で使用される高反射ミラー（車のバックミラーや化粧用鏡など）の多くは裏面鏡である。つまり、ガラスの裏面に化学的または物理的方法で銀やアルミニウムの膜を成膜したあと、保護膜(CuやNi-Cr合金など)を成膜したり紅丹を塗ったり、若しくは別のガラスの上に接着したりする。可視光領域において銀膜の反射率は極めて高いが、波長400nm以下のときにはアルミニウム膜の方が無難である。

　裏面鏡の場合、金属膜の前にガラスなどの保護材が有るので鏡の表面は損壊されにくいが、ガラス-空気界面での2次反射によって、ゴーストが発生するという問題が生じる。そのため、光学系で使う反射ミラーはほとんどが裏面鏡ではなく表面鏡である。つまり金属膜を表面に成膜し、ガラスやその他の材料は金属膜を支える基板として使うことになる。本章ではこれらの理論と製造方法について述べるが、ここで重要な点が2つある。ひとつは反射率の向上であり、もう一つは機械的、化学的安定性及び基板への付着性を高めることである。

第 5 章　高反射ミラー

5.1.1　常用金属膜

図 5-1，表 5-1 からいくつかの常用金属膜の反射率を知ることができる。大多数の光学系においてはミラーを傾けた状態で使用するので、一般には S-偏光と P-偏光の反射率は異なる。偏光性を考慮しない場合の反射率は両者の平均値（$R = \dfrac{R_P + R_S}{2}$）として計算する。図 5-2 は入射角が 45° の時の各種金属の反射率の偏光依存性を示す。次に各種金属膜の特性を述べる。

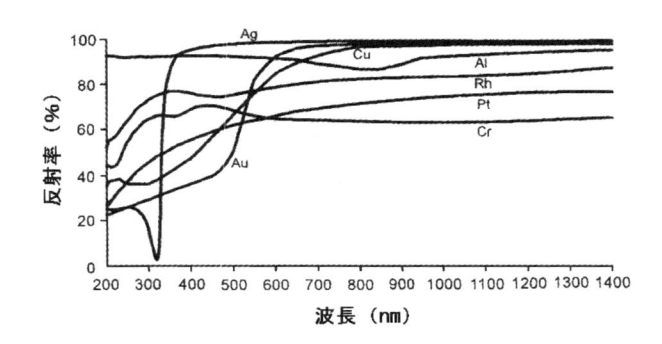

図 5-1　常用金属膜の反射率（$\theta_0 = 0°$）

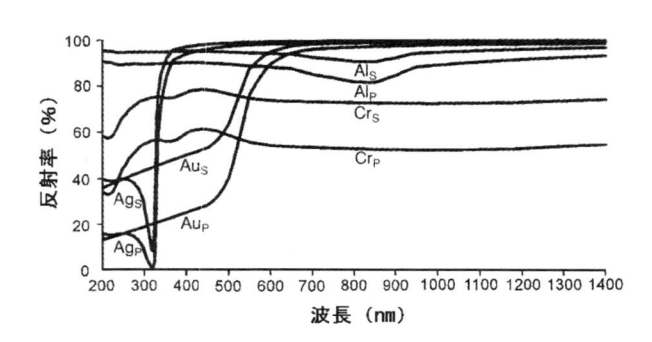

図 5-2　常用金属膜の偏光特性（$\theta_0 = 45°$）

第5章　高反射ミラー

表 5-1　常用金属膜の反射率[1]

λ(μm)	Al	Ag	Au	Cu	Rh	Pt	Cr	Ni
0.20	92.8	25.3	22.5	35.8	52.3	27.2	44.6	37.2
0.22	92.6	25.1	23.9	38.8	57.0	31.2	44.3	43.2
0.24	91.7	25.8	25.3	37.8	61.7	35.3	51.1	45.4
0.26	92.0	25.9	26.7	34.2	66.2	39.6	57.5	43.4
0.28	92.2	23.6	28.1	33.0	70.3	42.9	61.7	41.1
0.30	92.1	17.0	29.5	34.5	72.9	45.8	64.5	39.4
0.32	92.2	2.4	30.9	37.9	75.0	48.5	65.9	39.3
0.34	92.3	75.8	32.3	40.2	76.1	50.2	66.1	41.1
0.36	92.4	89.7	33.6	42.7	76.8	52.3	65.7	43.4
0.38	92.6	93.9	35.0	30.2	76.6	54.0	66.7	45.9
0.40	92.6	93.9	36.4	47.5	75.9	55.5	68.7	48.0
0.45	92.5	96.8	39.7	56.7	74.4	58.9	70.3	53.3
0.50	92.1	97.9	50.4	66.2	75.0	61.9	68.2	57.7
0.55	91.6	98.2	81.5	75.6	76.8	63.9	65.9	61.2
0.60	91.2	98.4	91.9	84.3	78.3	65.8	64.6	63.7
0.65	90.7	98.5	95.5	89.0	79.7	67.7	64.1	65.9
0.70	88.8	98.7	96.7	92.2	80.7	68.9	63.9	66.9
0.75	87.7	98.8	97.1	94.5	81.5	70.1	63.6	67.6
0.80	86.4	98.8	97.4	96.2	82.0	71.1	63.4	68.3
0.85	86.3	98.9	97.6	96.4	82.5	71.9	63.2	69.1
0.90	88.5	98.9	97.8	96.6	82.7	72.8	63.1	69.8
0.95	91.2	99.0	97.9	96.9	82.9	73.6	63.0	70.7
1.0	91.8	98.9	98.1	97.1	83.1	74.2	62.9	71.5
2.0	96.8	99.1	98.9	97.8	92.2	75.0	75.3	83.1
4.0	97.5	99.1	99.0	97.9	96.6	94.3	93.9	93.1
6.0	97.8	99.1	98.5	98.1	97.6	96.1	95.3	96.7
8.0	97.9	99.1	99.0	98.2	98.1	96.8	94.2	97.7
10.0	98.0	99.1	99.0	98.2	98.4	97.3	94.3	98.1
12.0	98.2	99.2	99.1	98.2	98.5	97.6	95.3	98.3

第 5 章　高反射ミラー

(i) 銀 Ag

　可視光から赤外線領域においては非常に高い反射率を有するが、波長が 340nm 以下の紫外線領域における反射率は急激に降下する。斜入射で使用するとき、Ag 膜の反射光の偏光依存性は金属中最小である。紫外線領域での反射特性がそれほど重要でなければ Ag 膜は全波長域で良好な反射膜である。しかし Ag 膜は空気中で硫化されやすく基板との付着性も悪い。そのため Ag 膜は短期的な利用、若しくは裏面鏡としてのみ適用可能である。どうしても表面鏡として使用する場合、付着性を増強するために、ベースとして膜厚 900Å の Al_2O_3 を蒸発速度 8 Å/秒以上で成膜するとよい。この上に蒸発速度約 100－200 Å/秒で厚さ約 800-1000Å の Ag 膜を成膜する。そして固定材として厚さ 300Å の Al_2O_3 を成膜する。但し蒸発速度は 6-8 Å/秒にして、Al_2O_3 膜の吸収を抑えるようにする。最後に厚さ 1000-2000Å の SiO_X または MgF_2 などで保護膜を成膜する。（SiO_X や MgF_2 は Ag に対しては密着性はよくないが Al_2O_3 との付着性は非常に良好である。）　基板と Ag 膜の間に Al、Cu、Cr、Ni-Cr 合金などを用いても付着性や保護作用を高めることができる。

(ii) 金 Au

　反射率は 600nm 付近から高くなり始め、赤外線領域までも高い反射率を示す。化学的安定性に優れており、機械的特性や付着性も良好である。しかもこれらの性質は時間経過とともに、より優れたものになる。製法としては、まずガラス上に透過率約 10%になるような膜厚の Cr 膜を成膜させて付着性を高める。次に金を成膜する。Cr 膜の替わりに Ni-Cr 合金も使用できる。付着性をよくする為に SiO をベースに用いる人もいる。この場合のベース厚さは約 800 Å で、Au の成膜後空気中で約 1 時間、200℃で加熱してその付着性を増加させる。HfO_2 は Au 膜の保護膜としては最適で、成膜のときイオンアシスト法(Ion Assisted Deposition, IAD)を用いると保護膜の強度をさらに高めることができる。

(iii) 銅 Cu

　Cu 膜は 700nm 以上の波長領域で高い反射率を有する。しかし実用上 Cu 膜を

第5章　高反射ミラー

反射ミラーとして使うのは稀である。一方で裏面鏡においては Ag 膜の保護膜として使用される。また表面鏡で Ag 膜のベースとして使用することにより、Ag 膜を腐食性環境から守る役割を果たす。Cu 膜に対しても Al_2O_3 をベースとして用いると付着性を高められる。

(iv) クロム Cr

Cr 膜の反射率は 60%ぐらいで鉄 Fe，ニッケル Ni，マンガン Mn，チタン Ti などの反射率と大差がなく、反射ミラーに利用すべきではない。その一方でその機械的強度に優れていて化学的安定性もよいので、ビームスプリッターや強い光に対する減衰板、または Au 膜、Ag 膜と基板との付着性を高めるベース材料としてよく使われる。サングラスにも Cr 膜は利用され、強い日差しを遮蔽する役目を果たす。この上に別の誘電体膜を成膜すると、様々な色彩が現れて色鮮やかになる。

(v) ロジウム Rh

Rh と Pt（白金）の反射率は可視光領域において 70%-80%しかないがその耐腐食性は極めて高いので、特殊な環境下において使われる。成膜の際には、まずガラスの上に厚さ約 20-25Å の Ni 膜（透過率が 92%から 80%まで降下する）を成膜し、その付着性を増す。

(vi) アルミニウム Al

Al 膜は紫外線領域から赤外線領域まで高反射率を持つ唯一の薄膜材料である。成膜が容易なため Al 膜は金属反射ミラーに最もよく使われる。大気中では、Al 膜の表面に酸化により薄い（約 20-40Å）酸化アルミニウムが形成される。酸化アルミニウム膜は非常に堅く、化学腐蝕に対する耐久性も非常に高い。ただし厚さが 20-40Å の膜は若干薄すぎるので、さらに保護膜を成膜しなければならない。天文台のほとんどが真空成膜装置を備えているのはこのためで、この装置で望遠鏡を1，2年毎に再成膜する。

紫外線領域より短い波長領域において、Al の反射率は成膜条件に依存する。

第5章　高反射ミラー

高真空中で高純度の Al（99.99%）を用い、低温基板上に高速で垂直方向に成膜すると、比較的高い反射率が得られる。一方、消衰係数 k は波長が短くなるにつれて低下するので、不透過の Al 膜を作る場合には波長が短くなるにしたがって膜厚を厚くする必要がある。たとえば、T<0.5% の Al 膜を得るためには、λ = 546nm の時には膜厚 d＝32nm、λ = 220nm のときは膜厚 d = 45nm、λ = 73.5nm のときは膜厚 d = 700nm、λ = 58.5nm のときには膜厚 d=1200nm とする。λ < 80nm 以下の波長領域では、極めて小さい吸収を有する誘電体膜になってしまい、屈折率は n < 1 となる。

　SiO と Al_2O_3 はどちらも Al ミラーの保護膜として使えるが、紫外線領域においては顕著な吸収を有するため、このときは必ず MgF_2 または LiF を使わなければならない（MgF_2 は 120nm、LiF は 100nm まで無吸収である）。その上必ず高速成膜する必要がある。MgF_2 の場合 45 Å/秒が適当な速度であり、遅すぎると膜構造が悪くなり速すぎると分解してしまう。図 5-3[2] は、Al ミラーに MgF_2 保護膜を成膜すると反射率が改善することを示している。SiO を 9×10^{-5} torr の酸素雰囲気中でゆっくり成膜（速度は 4.5 Å/秒より低い）したあと UV 光を 1-5 時間照射すると、SiO_x 保護膜が得られる。この膜の紫外線吸収は極めて低い[3]。

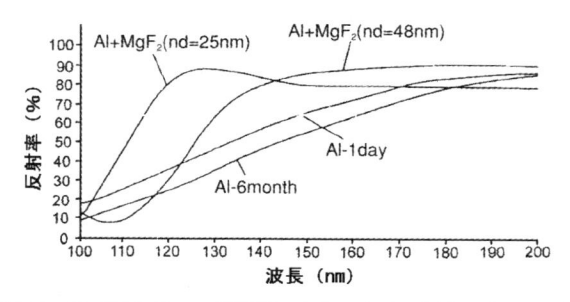

図 5-3　Al 反射ミラーの保護膜の有無による反射率の変化の様子[2]

　誘電体保護膜の充填密度はあまり高くはないので、水分を吸収して反射率を低下させることがある。この現象は波長 3μm で顕著に現れる。この原因は、λ = 2.95μm のところで水の消衰係数が非常に大きい（N=1.3-i0.3）からである。これを改善するためには、誘電体保護膜の充填密度を増加させることである。

成膜のときに基板を加熱したり、イオンアシスト法(Ion Assisted Deposition: IAD)を用いたり、或いは蒸着した後に UV 光照射をすると良い。

5.1.2　金属膜の反射率

　金属膜の反射率はその屈折率 n と消衰係数 k から求められる。空気中における垂直入射のときの反射率を式(2-59)に示す。
入射角 θ_0 が 0 でないときには S-偏光と P-偏光の反射率は異なり、それぞれ次式であらわされる。

$$R_S = \frac{a^2 + b^2 - 2a\cos\theta + \cos^2\theta}{a^2 + b^2 + 2a\cos\theta + \cos^2\theta} \tag{5-1}$$

$$R_P = R_S \frac{a^2 + b^2 - 2a\sin\theta\tan\theta + \sin^2\theta\tan^2\theta}{a^2 + b^2 + 2a\sin\theta\tan\theta + \sin^2\theta\tan^2\theta} \tag{5-2}$$

但し

$$2a^2 = [(n^2 - k^2 - \sin^2\theta)^2 + 4n^2k^2]^{1/2} + [n^2 - k^2 - \sin^2\theta]$$
$$2b^2 = [(n^2 - k^2 - \sin^2\theta)^2 + 4n^2k^2]^{1/2} - [n^2 - k^2 - \sin^2\theta]$$

　角度 θ_0 が大きくなると P-偏光の反射率 R_P は最小値 R_{pm} を持つ。これに対応する角 θ_0 を準 Brewster 角といって、$\theta_{B'}$ と記す。$n^2 + k^2 \gg 1$ のとき、R_{pm} と $\theta_{B'}$ は次式で近似できる。

$$\theta_{B'} = \cos^{-1}\left(\frac{[1 + (\frac{4}{n^2 + k^2})]^{1/2} - 1}{[1 + (\frac{4}{n^2 + k^2})]^{1/2} + 1}\right)^{1/2} \tag{5-3}$$

$$R_{Pm} = R_{Sm}(\tan\Psi)^2 \tag{5-4}$$

但し $\Psi = \tan^{-1} \dfrac{k/n}{1 + [1 + \dfrac{k^2}{n^2}]^{1/2}}$ \hfill (5-5)

　$n^2 + k^2$ が非常に大きい場合、$\theta_{B'}$ は主入射角 θ_{P1} に極めて近い。これは S-偏光と P-偏光の位相差が $90°$ になるときの入射角である。このとき $R_S \approx 100\%$ であるので、次式が得られる。

$$R_{Pm} = (\tan \Psi)^2$$

これより、$n^2 + k^2$ が大きいほど $\theta_{B'}$ が $90°$ に近づき、k/n が小さいほど R_{Pm} も小さくなることが分かる。$k = 0$ のとき金属膜は誘電体膜となり $R_{Pm} = 0$ である。これは Brewster 角での反射率である。

一般に、Al の $\theta_{B'}$ は最大で、Au の $\theta_{B'}$ は最小である。赤外線領域において各種金属の $\theta_{B'}$ は皆 $90°$ に近づく。Ag 膜の偏光依存性は最小、つまり k/n が金属中で最大なので、R_P/R_S は最大である。図 5-2 に注意してみると、高反射領域において高い反射率を持つ金属膜ほどその偏光依存性は小さくなることが分かる。

5.1.3　金属膜反射率の向上と保護膜

金属の反射率は式(2-59)により決まる。金属膜は吸収性を持っているため、反射率を高くすることができない。反射率を増加させたい場合には、その上に誘電体膜を成膜する。この場合、誘電体膜は保護膜にもなる。しかし、高反射率の波長領域は誘電体膜の干渉効果によって狭くなってしまう。

金属膜上に屈折率が n_2 と n_1 で、それぞれの厚さが $\frac{1}{4}\lambda_0$ の 2 層の誘電体膜を成膜（金属膜に近い方を n_2 とする。）するとき、その等価光学アドミタンスは次式となる。

$$y = (\frac{n_1}{n_2})^2 (n - ik)$$

従って新しい反射率は次式となる。

$$R = \left|\frac{1-y}{1+y}\right|^2 = \frac{[1-(\frac{n_1}{n_2})^2 \cdot n]^2 + (\frac{n_1}{n_2})^4 \cdot k^2}{[1+(\frac{n_1}{n_2})^2 \cdot n]^2 + (\frac{n_1}{n_2})^4 \cdot k^2} \tag{5-6}$$

もし $(\frac{n_1}{n_2}) > 1$ ならば、屈折率の低い誘電体膜と屈折率の高い誘電体膜を交互に成膜することによって金属膜の反射率を高めることが期待できる。例えば、

第5章 高反射ミラー

$\lambda_0 = 546$nm のとき、Al の屈折率は n-ik = 0.82-i5.99 なので反射率は91.6%である。Al 膜の上に厚さ $\frac{1}{4}\lambda_0$ の $MgF_2(n_2 = 1.38)$ と $CeO_2(n_1 = 2.2)$ 膜をそれぞれ成膜すると、その反射率は 96.5%まで上昇する。さらに同様の膜を成膜すると、反射率は 98.6%まで上昇する。この反射率はλ_0付近での反射率で、波長がλ_0から遠ざかると逆に低下してしまう。このことを図5-4に示す[4]。

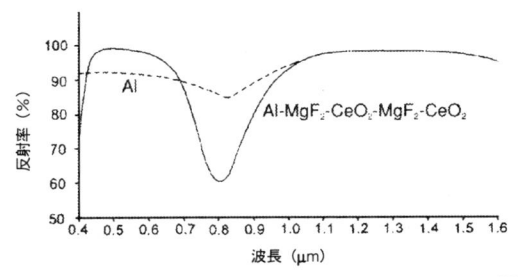

図5-4 Alミラー及び増反射膜成膜後の反射率[4]

1/4波長の厚さ以外の場合、膜厚制御が十分正確であれば第1層目の低屈折率誘電体膜の厚さは $\frac{1}{8}$ と $\frac{1}{4}\lambda_0$ の間にある。そして2層目の高屈折率誘電体膜及びそれ以降の各層の膜厚は皆 $\frac{1}{4}\lambda_0$ とすることで反射率を更に高くできる。もし1層のみの保護膜で済ませるならば、誘電体にはなるべく屈折率が低いものを選ぶべきである。この時の厚さは $\frac{1}{4}$ と $\frac{1}{2}\lambda_0$ の間で、$\frac{1}{2}\lambda_0$ に近いものである。

この様子は次のように分析できる。まずアドミタンス軌跡図を用いて、金属膜の上に誘電体膜を成膜したときの結果を探す。金属膜のアドミタンスを a-ib とし、誘電体膜のアドミタンスを y とする。誘電体膜を成膜付加した金属膜の軌跡は起点を a-ib とする円上にあり、その円の半径 A_f と円の中心 $(C_f, 0)$ はそれぞれ式(3-14)と式(3-15)から求められる。

説明をわかりやすくするために、a=6, b=4, y=2 とすると、誘電体膜の軌跡図は図5-5のようになる。

誘電体膜が点Aから始まり、実数軸上の点Eを通過した後に $\frac{y^2}{(a-ib)}$ つまり

点 C に辿り着く。原点から 2 本の直線を描いてその傾きをそれぞれ $-\dfrac{b}{a}$ と $\dfrac{b}{a}$ とすると、この 2 直線は円と A，B，C，D の 4 点で交わる。そこで角 $\theta_1 = \theta_2$ であることと $\overparen{AC} = \overparen{BD} = \dfrac{1}{4}\lambda_0$ の膜厚であることが分かる。

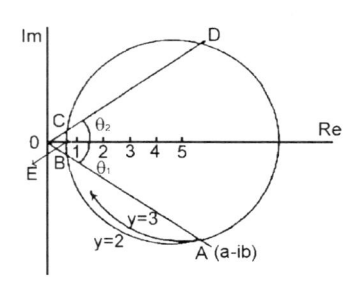

図 5-5　金属膜に誘電体膜を成膜した時のアドミタンス図

等反射率曲線組を図 5-5 に追加すると、金属膜上に誘電体膜を成膜するにつれて反射率は低下し、点 E の最低反射率にいたる様子が分かる。さらに成膜すると反射率は徐々に上昇し、点 D まで来たとき元来の点 A での反射率と同じになる。さらに成膜を重ねると反射率は再び上昇し、$\dfrac{1}{2}\lambda_0$ 厚さを通過して元の点 A に戻る。反射率もはじめの値に戻ることになる。図 5-5 は誘電体のアドミタンスが 3 の場合には、反射率が屈折率の低い誘電体膜(y=2)よりも早く低下することを示している。従って、第 1 層目の誘電体膜として低い屈折率を持つ誘電体膜を用いるべきである。

Al 膜上に誘電体膜を成膜した場合の反射率と誘電体膜厚の関係を図 5-6(b)にまとめて示す。可視光用の保護膜を成膜する場合、その膜の厚さは $\dfrac{3}{8}\lambda_0$ と $\dfrac{1}{2}\lambda_0$ の間であることが分かる。赤外光用の場合、膜の厚さは数十から百ナノメートル(nm)が適当である。もし反射率も増加させたい場合には、なるべく屈折率の小さい誘電体膜を第 1 層目に選ぶことが必要である。その際の膜厚は $\dfrac{1}{4}\lambda_0$ より小さい点、則ち E まで成膜し、次に厚さ $\dfrac{1}{4}\lambda_0$ の高屈折率誘電体膜を成膜する。

第 5 章　高反射ミラー

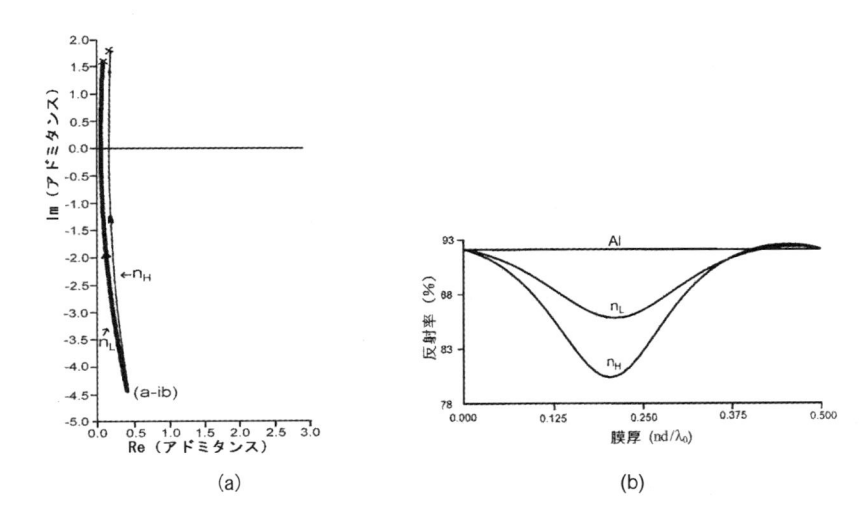

図 5-6　(a) 金属膜上に誘電体膜を成膜する場合のアドミタンス軌道
　　　　　(高屈折率 n_H, 低屈折率 n_L)
　　　　(b) 金属膜上に誘電体膜を成膜した後の反射率と誘電体膜厚の関係

このようにすると、λ_0 の波長位置での反射率は最高になり、しかも反射位相もちょうど 180 度となる。

A から E までの誘電体膜の厚さは次の方法で求められる。

$$\begin{bmatrix} B \\ C \end{bmatrix} = \begin{bmatrix} \cos\delta & \dfrac{i}{n}\sin\delta \\ in\sin\delta & \cos\delta \end{bmatrix} \begin{bmatrix} 1 \\ a-ib \end{bmatrix}$$

但し $a-ib$ は金属の屈折率であり、n は誘電体膜の屈折率である。
$\delta = \dfrac{2\pi}{\lambda}nd$ は位相厚で，nd はちょうど軌跡を点 E まで到達させる誘電体膜の光学厚さである。

点 E は実数軸上にあるので

$$Y = \frac{C}{B} = 実数 = \frac{a\cos\delta + i(n\sin\delta - b\cos\delta)}{\cos\delta + \dfrac{b}{n}\sin\delta + i\dfrac{a}{n}\sin\delta} \equiv \mu$$

となる。上の式を展開して実数部分同士，虚数部分同士が等しいとおいて整理すると、次式が得られる。

$$\mu\cos\delta + \mu\frac{b}{n}\sin\delta = a\cos\delta \tag{a}$$

$$\mu\frac{a}{n}\sin\delta = n\sin\delta - b\cos\delta \tag{b}$$

式(a), (b)からμを消去すると、次式が得られる。

$$\tan 2\delta = \frac{2nb}{n^2 - a^2 - b^2}$$

$$\therefore \frac{nd}{\lambda} = \frac{1}{4\pi}\tan^{-1}\left(\frac{2nb}{n^2 - a^2 - b^2}\right) \tag{5-7}$$

AからEまでの膜の厚さをL'と表し、それ以降の高/低屈折率誘電体の$\frac{1}{4}\lambda_0$膜厚をそれぞれH，Lで表すと、"金属膜｜L'H｜/空気"や"金属膜｜L'HLH｜/空気"はすべて反射率を上昇させる膜系となる。

ハイパワーレーザ例えばCO_2レーザ用ミラーは熱伝導による冷却が必要なので、冷却水を通すことのできる銅の基板に、反射率を増加させるL'HLHLH膜系を成膜させて反射ミラーを作る。

5.1.4 金属膜の成膜

一般に良好な金属膜を得るためには清浄な基板，高純度成膜原料，高真空環境及び適正な成膜速度が必要である。金属の性質はおのおの異なるため、それらの蒸発源や成膜条件は互いに異なる。ここでは次の各場合に分けて述べる。

(i) アルミニウム Al

アルミニウムは加熱溶解するとタングステンを濡らすので、蒸発源は複数本のタングステン線を捻ってらせん状にする。または数本のタングステンを並列にタングステンボード上に並べてもよい（図 10-2(a)参照）。この蒸発源は使用する前に10^{-4}torr以下の圧力で30-40秒間加熱して不純物や水分を除去すると良

第5章　高反射ミラー

い。その後5分間冷却してから真空槽を開けてアルミニウム片やアルミニウム棒を充填する。このようにするとAl膜の品質が維持でき、蒸発源寿命も延ばすことができる。Al膜にはスパッタやEB蒸着を用いると、より効果的である。

　高反射率のAl膜を得るには、蒸着過程において真空槽内の残留ガスによる汚染を防がねばならない。そのためには高真空と高い蒸発レートが必須となる。図5-7は2種類の真空度における蒸発レートと反射率の関係を示している。多くの金属に対して、緻密で滑らかな膜を作るためには高い蒸発レートが必要である。

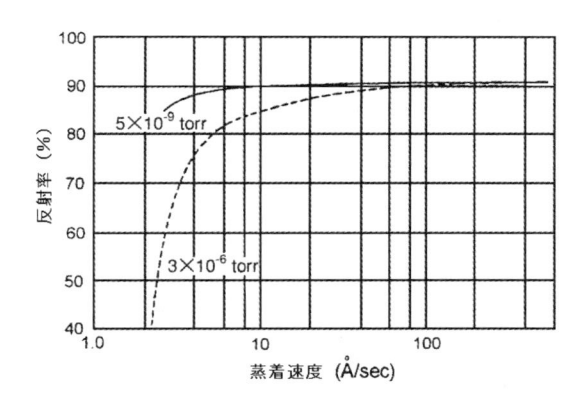

図5-7　3×10^{-6}torr及び5×10^{-9}torrにおけるAl膜の成膜レート(λ_0 = 200nm)と反射率[5]の関係

　Al膜の厚さは光が透過しないくらいがちょうどよい。厚すぎると逆に表面が粗くなり、機械的強度も弱くなる。基板の温度は非加熱時の温度（室温程度）を保持すればよく、加熱すると逆に膜の表面を粗くしてしまい散乱を引き起こし、反射率が低下する。蒸着前にグロー放電、もしくはイオン衝撃で基板をクリーニングし、主に水分を除去する。そしてクリーニング停止後、2分以内に速やかに蒸着する。グロー放電のときに注意すべき点は、真空槽内のパーティクルが基板上に飛散し、Al膜のピンホールの原因とならない様にすることである。イオン衝撃であればこの欠点は解消される。他にもピンホールの成因には基板

自身の欠陥や汚れ、または成膜プロセス中にパーティクルが基板または膜の中に付着することなどがある。

Al 膜を除去する方法は幾つかある。例えば 30%の NaOH 溶液の中にいれて 65℃まで加熱する。または $CuSO_4$ 顆粒を 10%の HCl 溶液の中にいれ、深い緑色になってから、Al 膜をこの溶液の中に浸漬する。あるいは Al 膜を H_3PO_4：HNO_3：H_2O の体積比が 20：2：5 である溶液中に投入するか、90℃、濃度 80%以上のリン酸溶液に投入する。

(ii) 銀 Ag

銀は蒸発のときタングステンを濡らしにくいため、蒸発源には舟形の W ボートや Ta ボート、または Mo ボートを使用すべきである（図 10-2(e)を参照）。いま挙げた中では Mo ボートの耐久性が最もよい。銀膜の成膜方法としては EB 蒸着や Ag ターゲットのスパッタなどが考えられる。

銀は比較的高い蒸発レートで蒸発させるのが良い。透過式の光学モニターを用いて観察すると、透過率は 40%～60%の間で膜厚の増加に従って上昇する現象が見られる。このとき Ag 膜は連続的な膜として形成されている途中である。これ以前では各 Ag 原子は小さい塊となっていて、不連続で分離した小さい島状の群となっている。この不連続な Ag の島状膜は光散乱を発生させ、透過率を低下させてしまう。膜が一葉に連結されると透過率は膜厚の増加に従って急激に低下する（図 11-4 に参照）。

高い反射率を得るには、銀の純度が十分高い(99.999%以上)ことが必要である。そして基板は加熱してはいけない。加熱してしまうと Ag 膜が荒れてしまうからである。Ag 膜の厚さは光が透過しない程度の厚さがよい。成膜する前にグロー放電またはイオン照射で基板をクリーニングする（基板上の水分を除去する）際には、パーティクルの発生を抑えなければならない。成膜するときには銀をゆっくり加熱して、ボート上の銀の粒が 1 つの液滴になるように溶かす。このとき、溶かした銀の液滴がぐるぐる回転するのが観察される。この時を見計らって徐々に大電流を流し、シャッター板を瞬時に開いて成膜を開始する。

可能であれば、成膜は基板に対して垂直に近い蒸発方式で蒸着するとよい。

蒸発角度が大きすぎると膜の表面は粗くなり、散乱しやすくなる。Ag 膜の除去には硝酸や塩酸を使う。

(iii) 金 Au

金は銀と同様にタングステンを濡らしにくいので、タングステンボートが必要となる。圧力が1×10^{-5} torr より高い場合、Mo ボードは金によって破壊されるため使わないほうが無難であろう。また金は反応して合金となってしまうので Ta もあまり使わない方がよい。金も銀もスピーディな蒸着が必要であり、膜厚も必要最低限の厚さで停止させる必要がある。膜厚が厚すぎると膜表面の粗さが増すことになる。Au 膜はスパッタ法や EB 蒸着法で作成できる。

Au 膜の除去には王水(塩酸:硝酸=3.:1)が良く使われる。しかし王水の酸性は強すぎるので、代わりにヨウ素（=I）1g とヨウ化カリウム（=KI）4g を水4c.c.で溶かした溶液、または 0.05mol/l のヨウ素溶液を使用する。Au 膜は常に Cr をベースとしてその付着性を高める必要がある。この Cr 膜の除去には 95℃に加熱した硫酸か、NaOH3g と過マンガン酸カリウム（=K_2MnO_4）3g に水 50cc.を加えた溶液を用いる。

(iv) ロジウム Rh，プラチナ Pt

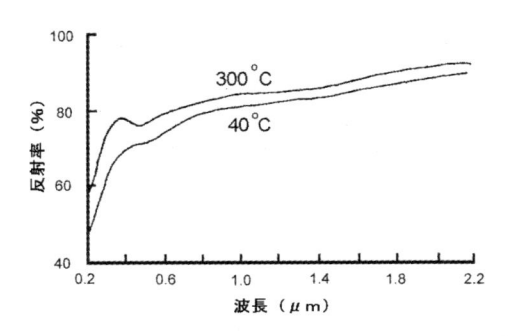

図 5-8　Rh 膜の反射率に対する基板(ガラス)温度の影響[5]

ロジウムとプラチナには EB 蒸着法を用いるのがよい。成膜条件は上述の Al や Ag または Au ほど厳しくなく、圧力が1×10^{-5} torr 以下であればよい。そのか

わりに基板温度は高くなければいけない。一般的には 300℃である。このような条件下で得られる Rh または Pt 膜の反射率は比較的高い。図 5-8 は Ts = 300℃と室温の条件で成膜したときの Rh の反射率を示している。

5.2 全誘電体膜高反射ミラー

前節で述べた金属膜反射ミラーは吸収が有るため、反射率には限界がある。レーザシステムに必要な反射ミラー、特にハイパワーレーザ用反射ミラーまたは高いフィネス(finesse)が要求されるデバイス用の高反射ミラーでは吸収は極めて小さくなければならない。こういった場合には全誘電体多層膜（積層系）を用いて作成する必要がある。

1/4 波長積層系反射ミラー

前節の図示法の中で、ベクトル法またはアドミタンス軌道法を用いると、光学ガラス基板上の高/低屈折率からなるλ/4 膜厚交互積層系が非常に高い反射率を有することは容易に証明できる。しかも同じような膜層数を用いた場合、理論的にはλ/4 膜厚積層系のほうが非λ/4 膜厚積層系よりも高い反射率を示すことが証明できる。

λ/4 膜厚積層系を S | (H L)^P H | A とする。S は基板，n_S は基板の屈折率，A は空気，H と L は厚さ $\frac{1}{4}\lambda_0$ の高/低屈折率膜で、屈折率がそれぞれ n_H, n_L, P は整数である。この積層系は全部で 2P+1 層であり、その等価アドミタンスは次式で表される。

$$y = (\frac{n_H}{n_L})^{2P} \frac{n_H^2}{n_S} \tag{5-8}$$

従って、反射率 R は次式となる。

第 5 章　高反射ミラー

$$R = \left(\frac{1 - (\frac{n_H}{n_L})^{2P} \frac{n_H^2}{n_S}}{1 + (\frac{n_H}{n_L})^{2P} \frac{n_H^2}{n_S}} \right)^2 \tag{5-9}$$

膜層数が多ければ多いほど反射率も高くなることが分かる。図 5-9 は TiO_2 と SiO_2 が BK7 基板上で交互に 3 層から 9 層まで積層されたときの反射スペクトルである。この反射スペクトルは相対波数 g=1 を中心に対称である。

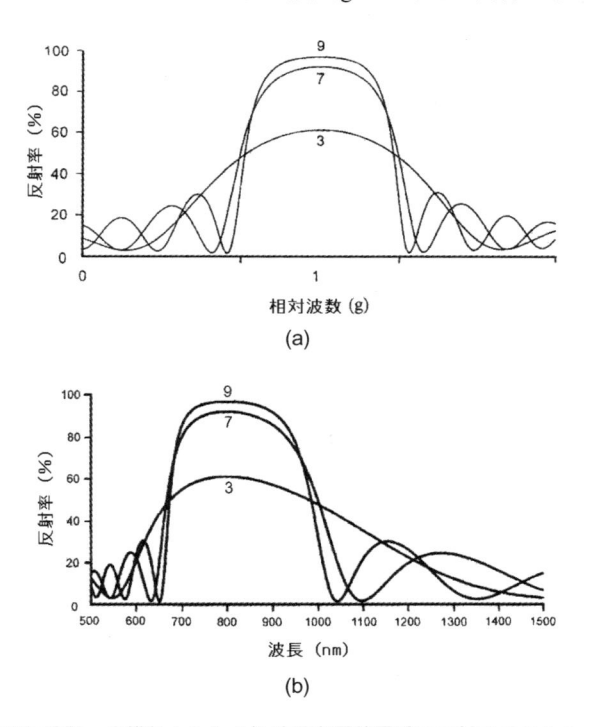

図 5-9　(a) 相対波数 g を横軸とした 1/4 波長多層積層系の反射スペクトル
　　　　(b) 波長を横軸とした時の λ_0 = 800nm での 1/4 波長多層積層系の
　　　　　 反射スペクトル

層数が非常に多いと仮定すると、式(5-8)の等価アドミタンスは非常に大きくなる。すると式(5-9)の反射率は次の式で近似できる。

第5章 高反射ミラー

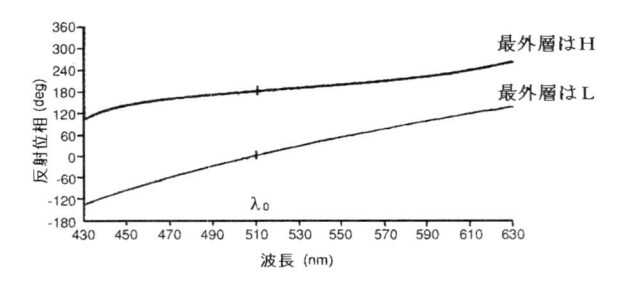

図 5-10 全誘電体 1/4 波長積層系における高反射ミラーの反射位相と波長の関係

$$R \approx 1 - 4(\frac{n_L}{n_H})^{2P} \frac{n_S}{n_H^2} \tag{5-10}$$

もし吸収や散乱損失がなければ、透過率は次のようになる。

$$T = 1 - R = 4(\frac{n_L}{n_H})^{2P} \frac{n_S}{n_H^2} \tag{5-11}$$

これは一対の低/高屈折率膜を成膜する毎に、透過率が $(\frac{n_L}{n_H})^2$ の倍率で低下してゆくことを表している。この後は反射率が継続的に上昇することと推測される。その際の障害は膜及び膜と膜の界面で起きる吸収と散乱のみである。

上述の全誘電体積層系には、層数の増加とともに2つの欠点が現れる。1つは層数が多ければ多いほど、波長に対する反射位相差変化が速くなることである。これはアドミタンス軌道図より容易に理解できる。これは反射位相と波長の関係として表現でき、図 5-10 には $\lambda_0 = 510$nm を中心波長とする 1/4 波長積層系の反射位相の変化の様子を示す。最外層が高屈折率か低屈折率かによって、$\lambda_0 = 510$nm のところでの反射位相は $180°$ または $0°$ になる。$\lambda \neq \lambda_0$ のところではそのようにならない。2番目の欠点は図 5-9 に示しているように、金属膜の場合のような非常に広い高反射領域とはならず一定の幅を有することである。層数が増加するにつれて、高反射領域の両端の透過リップルは著しくなるが、高反射領域の半値幅は広くならない。この幅は次に述べる理論に基づいて計算できる。

第5章　高反射ミラー

膜マトリックスを用いてこの膜系を表示すると次式となる。

$$[H][L][H]\cdots[H] = \left[[H][L]\right]^{P}[H]$$

$$[H][L] = \begin{bmatrix} \cos\delta_H & \dfrac{i}{n_H}\sin\delta_H \\ in_H\sin\delta_H & \cos\delta_H \end{bmatrix} \begin{bmatrix} \cos\delta_L & \dfrac{i}{n_L}\sin\delta_L \\ in_L\sin\delta_L & \cos\delta_L \end{bmatrix}$$

$$= \begin{bmatrix} \cos\delta_H\cos\delta_L - \dfrac{n_L}{n_H}\sin\delta_H\sin\delta_L & i\left(\dfrac{1}{n_L}\cos\delta_H\sin\delta_L + \dfrac{1}{n_H}\sin\delta_H\cos\delta_L\right) \\ i(n_H\sin\delta_H\cos\delta_L + n_L\sin\delta_L\cos\delta_H) & \cos\delta_H\cos\delta_L - \dfrac{n_H}{n_L}\sin\delta_H\sin\delta_L \end{bmatrix}$$

$$= \begin{bmatrix} m_{11} & m_{12} \\ m_{21} & m_{22} \end{bmatrix} = [m] \tag{5-12}$$

従って

$$\left[[H][L]\right]^{P} = \begin{bmatrix} m_{11} & m_{12} \\ m_{21} & m_{22} \end{bmatrix}^{P} = \begin{bmatrix} M_{11} & M_{12} \\ M_{21} & M_{22} \end{bmatrix} = [M]$$

と書ける。積層系の等価アドミタンスは $y = \dfrac{C}{B}$ であるため

$$\begin{bmatrix} B \\ C \end{bmatrix} = [M][H]\begin{bmatrix} 1 \\ n_S \end{bmatrix} = [M]\begin{bmatrix} 1 \\ n'_S \end{bmatrix}$$

とかくと透過率 T は次式となる。

$$T = \dfrac{4n_0 n'_S}{(n_0 B + C)(n_0 B + C)^*} = \dfrac{4n_0 n'_S}{\left|n_0 M_{11} + n'_S M_{22}\right|^2 + \left|n_0 n'_S M_{12} + M_{21}\right|^2} \tag{5-13}$$

これを次の成膜されていない基板の透過率と比較すると

$$T_0 = \dfrac{4n_0 n_S}{(n_0 + n_S)^2}$$

$\dfrac{|M_{11} + M_{22}|}{2} \geq 1$ ならば、$T < T_0$ であることが分かる。ここで $\dfrac{|m_{11} + m_{22}|}{2} > 1$ とおくと、$p \to \infty$ の場合、次の式が証明される。

第 5 章　高反射ミラー

$$\frac{|M_{11}+M_{22}|}{2} \to \infty，則ち T \to 0$$

ここで $\frac{|m_{11}+m_{22}|}{2}$ が 1 より大きいか否かは反射率が大きいかどうかを判断する条件であることが分かる。従って、この条件により求められた高反射率領域の半値幅は次式となる。

$$\frac{|m_{11}+m_{22}|}{2} = \left|\cos\delta_H \cos\delta_L - \frac{1}{2}(\frac{n_L}{n_H}+\frac{n_H}{n_L})\sin\delta_H \sin\delta_L\right| \tag{5-14}$$

高/低屈折率の位相厚さが同じなので、$\delta_H = \delta_L = \delta$ とおくと、次式が得られる。

$$\frac{m_{11}+m_{22}}{2} = \cos^2\delta - \frac{1}{2}(\frac{n_L}{n_H}+\frac{n_H}{n_L})\sin^2\delta$$

右辺の式は必ず 1 より小さいので、高反射率領域の半値幅の条件は $\delta = \delta_e$ において次式を満たすことである。

$$-1 = \cos^2\delta_e - \frac{1}{2}(\frac{n_L}{n_H}+\frac{n_H}{n_L})\sin^2\delta_e$$

$$\because \delta = \frac{2\pi}{\lambda}nd = \frac{\pi}{2}g，\quad g = \frac{\lambda_0}{\lambda}$$

$$\therefore \lambda = \lambda_0 \text{ の時 } \delta = \frac{\pi}{2}$$

一方、図 5-11 に示すように、半値幅の両端の波長λ上では、$\delta_e = \frac{\pi}{2}(1\pm\Delta g)$ である。

$$\therefore -1 = \sin^2\frac{\pi}{2}\Delta g - \frac{1}{2}(\frac{n_L}{n_H}+\frac{n_H}{n_L})\cos^2\frac{\pi}{2}\Delta g$$

上式を次式に変形すると

$$\sin^2\frac{\pi}{2}\Delta g = (\frac{n_H-n_L}{n_H+n_L})^2$$

第5章　高反射ミラー

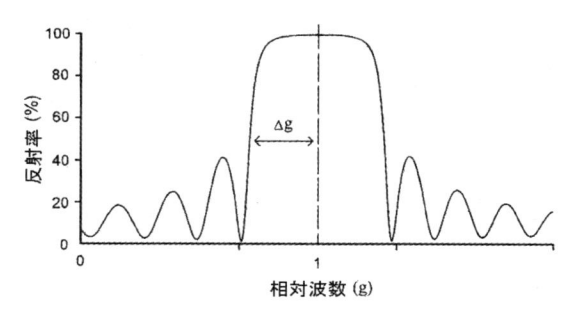

図5-11　高反射領域の半値幅 $2\Delta g$

半値幅は

$$2\Delta g = \frac{4}{\pi}\sin^{-1}(\frac{n_H - n_L}{n_H + n_L}) \tag{5-15}$$

となる。これより交互膜の高/低屈折率差が大きいほど半値幅も広くなる事がわかる。

　以上はλ/4膜厚積層系のみに対する解析である。(3H 3L)^P 3H または(5H 5L)^P 5H など、膜の厚さが1/4波長の奇数倍のものに対して、不在層 2H, 2L や 4H, 4L などがなければ、その性質は基本的に1/4波長膜厚積層系と同じである。故にλ＝λ_0 で1/4波長膜厚となる積層系はλ＝$\frac{1}{3}\lambda_0$, $\frac{1}{5}\lambda_0$, $\frac{1}{7}\lambda_0$……などの波長位置においてもその高反射特性がλ＝λ_0 の位置にあるときと同じであることが推測できる。則ち、図5-12に示しているように、g＝3, 5, 7……などの奇数

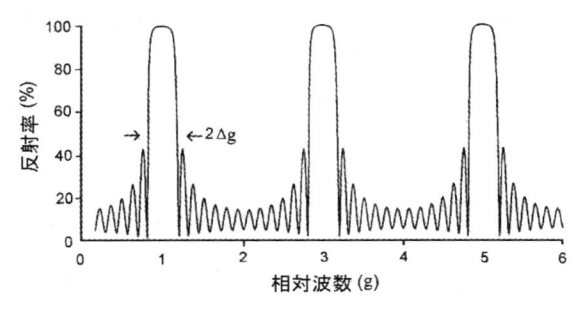

図5-12　1/4波長膜厚積層系の高次相対波数位置での反射特性は同一である

相対波数上における反射特性は g=1 のときと同様で、Δg も同じである。

横座標を波長にすると、波長表示の半値幅 $\Delta\lambda_h$ は各次数上において異なってしまう（練習問題 8 を参照）。1/4 波長膜厚積層系の $\Delta\lambda_h$ は最大なので（練習問題 9 を参照）、比較的狭い高反射領域を得たい場合、高次の積層系、つまり $\frac{3}{4}\lambda_0$ や $\frac{5}{4}\lambda_0$ などの積層系、あるいは n_H と n_L の差が比較的小さい材料を高/低屈折率の交互膜として用いれば良い。

5.3　全誘電体膜の高反射帯の広帯域化

現在利用できる成膜材料の屈折率は可視光領域では $n_H \leq 2.4$，$n_L \geq 1.35$ で、赤外線領域では $n_H \leq 5.6$ であるため、式(5-15)から赤外線領域では $\Delta g < 0.419$ または半値幅 $\Delta\lambda_h \leq 0.84\lambda_0$、可視光領域では $\Delta g < 0.18$ または半値幅 $\Delta\lambda_h \leq 0.36\lambda_0$ であることが分かる。故に、単一の $\frac{\lambda}{4}$ 膜厚積層系の高反射領域の幅には十分な広さがないときなどには、使用用途に合わない場合がある。例えばコールドミラーなどはその例である。そのためにも、高反射領域の幅を広げる為の設計が必要となる。

それを実現する方法の1つは、膜系の各層の厚さを規則的に(等比級数や等差級数的に)増加させることである。こうすればかなり広い領域内のどの波長に対しても大部分の膜が $\frac{\lambda}{4}$ 膜厚にほぼ近いものになる。しかし、このような方法で作成した高反射領域の反射率は多くの波長で低下する特性、いわゆるリップルがあるため、最適化する必要がある。2番目の方法として、図5-13に示すように、中心波長のやや短い1つの $\frac{\lambda}{4}$ 膜厚積層系を別の $\frac{\lambda}{4}$ 膜厚積層系の上に加える方法である。

9層からなる $\frac{\lambda}{4}$ 膜厚積層系の場合、その構造は S | (H$_1$ L$_1$)^4 H$_1$, (H$_2$ L$_2$)^4 H$_2$ | Air、則ち S | H$_1$ L$_1$ H$_1$ L$_1$ H$_1$ L$_1$ H$_1$ L$_1$ H$_1$ H$_2$ L$_2$ H$_2$ L$_2$ H$_2$ L$_2$ H$_2$ L$_2$ H$_2$ | Air である。

第 5 章　高反射ミラー

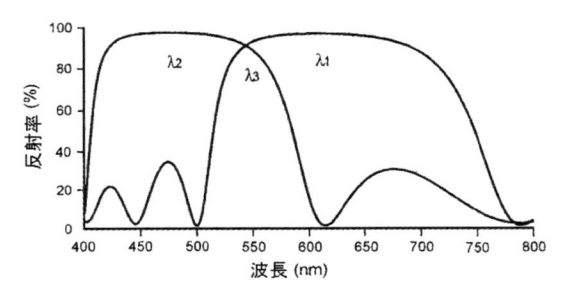

図 5-13　中心波長が λ_1 と λ_2 の 2 つの 1/4 波長膜厚積層系を重ね合わせることで高反射領域幅を広げる

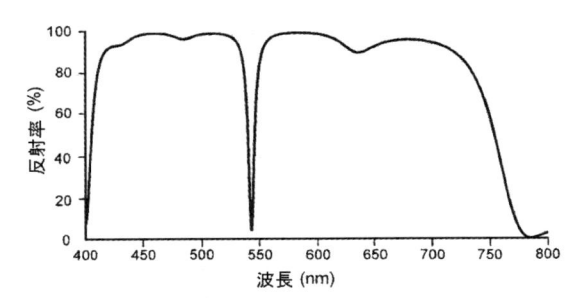

図 5-14　図 5-13 の 2 つの 1/4 膜厚積層系が重ね合わされると波長 λ_3 で 1 つの低反射谷が形成される

λ_3 に対しては $\lambda_3 = \dfrac{\lambda_1 + \lambda_2}{2}$ なので、この膜系は 1 つの不在積層系であり、そこでは高透過率となる。中央部分から計算すると、H_1 と H_2 の合計は $\dfrac{\lambda_3}{2}$，則ち $H_3 H_3$ に相当する。その外側の合計 $L_1 + L_2 = 2L_3$ の厚さも $\dfrac{\lambda_3}{2}$ である。さらにその外側の H_1 H_2 も同じである。従ってこれを順に繰り返すと λ_3 に対して、S｜$(H_1 L_1)^4 H_1 (H_2 L_2)^4 H_2$｜Air = S｜Air であることが分かる。故に図 5-14 に示すように、波長が λ_3 では反射率が低下し、1 つの低反射谷を有することが分かる。

改善の方法として、2 つの積層系の中央にもう 1 つの膜を挿入することで $\dfrac{\lambda_3}{2}$ の特性を壊すようにすることである。この挿入層はできれば最適な特性が得ら

れるようなものであることが望ましい。この場合は厚さ $\frac{\lambda_3}{4}$ の低屈折率膜である。結果的に、膜全体は S｜$(H_1 L_1)^4 H_1 L_3 (H_2 L_2)^4 H_2$｜Air となる。

　$\lambda_1 > \lambda_2$ を選択する理由であるが、λ_2 積層系だと短波長領域における高反射膜のために膜質が吸収や散乱を起こしやすいからである。この系が外側にあれば、光が吸収領域を 2 回通る必要がなくなる。この様にして、積層系全体の吸収を最小レベルまで減少させられる。

　さらに、もう 1 つの方法として中心波長が互いに異なる 2 つの対称型周期積層系 $(\frac{H}{2} L \frac{H}{2})^x$ または $(\frac{L}{2} H \frac{L}{2})^x$ を用い、それを重ね合せて新しい積層系を作ることである。

　このような構成でも高反射領域を広げることが可能で、しかも 2 つの中心波長間において低反射谷現象を生じる事はない。対称型周期積層系については次の章で詳しく説明する。本章では 2 つの対称型周期積層系が高反射領域を広げても低反射谷を有しない理由のみについて説明する。R が十分大きく、100%に近いときは任意の膜を加えて成膜してもその R 値はあまり影響されない。この場合の積層系の構造は次のようになる。

$$S \,\Big|\, (\frac{H_1}{2} L_1 \frac{H_1}{2})^P \ (\frac{H_2}{2} L_2 \frac{H_2}{2})^P \,\Big|\, \text{Air} ,$$

これは次の構造に相当する。

$$S \,\Big|\, \frac{H_1}{2} L_1 H_1 L_1 H_1 \cdots L_1 \frac{H_1}{2} \frac{H_2}{2} L_2 H_2 L_2 \cdots H_2 L_2 \frac{H_2}{2} \,\Big|\, \text{Air}$$

2 つの積層系の中間は $\frac{H_1}{2} \frac{H_2}{2}$ で、H_3 に相当する。従って前述の 1/2 波長の不在層現象は起きない。

5.4　膜損失の 1/4 波長積層系への影響

　膜に損失がない場合、式(2-103)または式(5-10)より、層数が十分多ければ 1/4

第 5 章　高反射ミラー

波長積層系によってその反射率が 1 に近い高反射ミラーが作れる。しかしこれは各膜及び膜間においていかなる光損失もない時の理論的値である。実際にはまったく損失のないレベルを達成することは非常に難しい。これらの損失(L)は 2 種類に分けられる。1 つは散乱損失(S)であり、もう一つは吸収損失(A)である。前者は膜界面間（基板表面を含む）の粗さ(σ) と膜自身の微視的な構造、例えば欠陥、ピンホール、パーティクル、微結晶、界面で発生する多くの不規則性欠陥などである。後者は膜材料内における不純物あるいは膜材料自身の組成や構造不完全、例えば、酸化膜の不完全酸化などにより発生するものである。S と A の増加/減少や発生/消滅は成膜プロセスに深く関連しているが、これについては後に説明する。ここでは損失が極めて小さいときにその損失が反射率へあたえる影響のみを分析する。簡単のために、まず散乱による損失は考慮せずに、ポテンシャル透過率の概念を使って分析する[6]。

　膜の光学定数を N=n-ik とする。ここで k が 0 でないということは膜が吸収を有することを意味する。ここで、吸収による損失が非常に小さい、則ち $k \ll n$ とする。従って位相厚さは次式となる。

$$\delta = \frac{2\pi}{\lambda}Nd = \frac{2\pi}{\lambda}nd - i\frac{2\pi}{\lambda}kd$$

$$= \alpha - i\beta,\ (\beta はとても小さい。)$$

1/4 波長積層系に対しては $\alpha = (\frac{\pi}{2}+\varepsilon)$，但し ε が非常に小さい時は

$$\cos\delta \approx -\varepsilon + i\beta$$

$$\sin\delta \approx 1$$

である。ここでポテンシャル透過率(potential transmittance) Ψ を

$$\Psi = \frac{T}{1-R} \tag{5-16}$$

と定義する。積層系の全吸収を A とすると

$$A = 1 - R - T = (1-R)(1 - \frac{T}{1-R})$$

第5章　高反射ミラー

$$= (1-R)(1-\Psi) \tag{5-17}$$

となる。誘電体膜のアドミタンスを y_e とすると、式(2-102)と比較して、次式となる。

$$\Psi = \frac{\text{Re}(y_e)}{\text{Re}(BC^*)}$$

Ψ は光が積層系に入射した後の光強度と見なせる。これは入射誘電体媒質とは無関係である。積層系が q 層であるとすると

$$\Psi = \frac{\text{Re}(y_S)}{\text{Re}(BC^*)} = \frac{\text{Re}(y_S)}{\text{Re}(B_q C_q^*)} \cdot \frac{\text{Re}(B_q C_q^*)}{\text{Re}(B_{q-1} C_{q-1}^*)} \cdot \frac{\text{Re}(B_{q-1} C_{q-1}^*)}{\text{Re}(B_{q-2} C_{q-2}^*)} \cdots \cdots \frac{\text{Re}(B_1 C_1^*)}{\text{Re}(BC^*)}$$

$$= \Psi_q \Psi_{q-1} \Psi_{q-2} \cdots \cdots \Psi_1 = \prod_{j=1}^{q} \Psi_j$$

が得られる。

故に積層系のポテンシャル透過率は単一層のポテンシャル透過率の積である。

わずかな吸収を持つ膜に対して、1 層ごとのポテンシャル透過率は次式で表せる。

$$\Psi_j = 1 - A_j$$

但し、A_j は微小量である。よって全体では

$$\therefore \Psi = \prod_{j=1}^{q} \Psi_j \approx 1 - \sum_{j=1}^{q} A_j \tag{5-18}$$

と表される。単層膜に対しては

$$\begin{bmatrix} B \\ C \end{bmatrix} = \begin{bmatrix} \cos\delta & \dfrac{i\sin\delta}{N} \\ iN\sin\delta & \cos\delta \end{bmatrix} \begin{bmatrix} 1 \\ y_e \end{bmatrix} = \begin{bmatrix} (-\varepsilon + i\beta) & i/(n-ik) \\ i(n-ik) & (-\varepsilon + i\beta) \end{bmatrix} \begin{bmatrix} 1 \\ y_e \end{bmatrix}$$

$$BC^* = [(-\varepsilon + i\beta) + \frac{iy_e}{(n-ik)}][i(n-ik) + y_e(-\varepsilon + i\beta)]^*$$

となるので、2 次以上の項を消去すると

$$\mathrm{Re}(BC^*) = (\beta n + y_e + \frac{{y_e}^2\beta}{n})$$

$$\therefore \Psi_j = \frac{y_e}{\mathrm{Re}(BC^*)} = \frac{y_e}{(\beta n + y_e + \frac{{y_e}^2\beta}{n})} = \frac{1}{1+\beta[\frac{n}{y_e} + \frac{y_e}{n}]}$$

$$\approx 1 - \beta(\frac{n}{y_e} + \frac{y_e}{n}) \qquad (5\text{-}19)$$

$$\therefore A_j = 1 - \Psi_j = \beta_j(\frac{n_j}{y_{ej}} + \frac{y_{ej}}{n_j}) \qquad (5\text{-}20)$$

が得られる。ここでは非常に高い反射率 R を考えているので、積層系全体の等価アドミタンス Y は非常に大きい。

$$\therefore R = (\frac{n_0 - Y}{n_0 + Y})^2 \approx 1 - \frac{4n_0}{Y}$$

則ち

$$1 - R \approx \frac{4n_0}{Y}$$

である。一方、積層系全体における各膜境界のアドミタンス Y_j は図 5-15 に示すようになる。

n_0 | n_H | n_L | n_H | n_L | n_H | n_L | ……

Y　Y_1　Y_2　Y_3　Y_4　Y_5　Y_6　……

$$Y_j = \begin{cases} {n_H}^2(\frac{n_H}{n_L})^{j-1}(Y)^{-1} & j：奇数 \\ (\frac{n_L}{n_H})^j Y & j：偶数 \end{cases}$$

図 5-15　1/4 波長積層系の各界面における等価アドミタンス Y_j

よって全体の吸収は

$$\therefore 吸収 \quad A = (1-R)\sum_{j=1}^{q} A_j \qquad (5\text{-}21)$$

第 5 章　高反射ミラー

$$
\begin{aligned}
&= \frac{4n_0}{Y}\left[\left(\frac{n_H}{n_H^2/Y} + \frac{n_H^2/Y}{n_H}\right)\beta_H + \left(\frac{n_L}{n_L^2 Y/n_H^2} + \frac{n_L^2 Y/n_H^2}{n_L}\right)\beta_L\right.\\
&\quad \left. + \left(\frac{n_H}{n_H^4/n_L^2 Y} + \frac{n_H^4/n_L^2 Y}{n_H}\right)\beta_H + \cdots\cdots\right]\\
&= 4n_0\left[\left(\frac{1}{n_H} + \frac{n_H}{Y^2}\right)\beta_H + \left(\frac{n_L}{n_H^2} + \frac{n_H^2}{n_L Y^2}\right)\beta_L + \left(\frac{n_L^2}{n_H^3} + \frac{n_H^3}{n_L^2 Y^2}\right)\beta_H + \cdots\cdots\right]\\
&\approx 4n_0\left[\left(\frac{1}{n_H} + \frac{n_L^2}{n_H^3} + \frac{n_L^4}{n_H^5} + \cdots\right)\beta_H + \left(\frac{n_L}{n_H^2} + \frac{n_L^3}{n_H^4} + \frac{n_L^5}{n_H^6} + \cdots\right)\beta_L\right]\\
&\approx 4n_0\left(\frac{\beta_H/n_H}{1-(n_L/n_H)^2} + \frac{n_L\beta_L/n_H^2}{1-(n_L/n_H)^2}\right)\\
&= \frac{4n_0(n_H\beta_H + n_L\beta_L)}{n_H^2 - n_L^2} = \frac{4n_0\left(\frac{2\pi}{\lambda}n_H d_H k_H + \frac{2\pi}{\lambda}n_L d_L k_L\right)}{n_H^2 - n_L^2}\\
&= \frac{2\pi n_0(k_H + k_L)}{n_H^2 - n_L^2} \tag{5-22H}
\end{aligned}
$$

となる。高反射ミラーを成膜する場合、n_H=2.4、n_L=1.48 としてその反射率 R>99.99%とすると、(k_H+k_L)は 5.6×10^{-5} 以下であることが分かる。

　以上に述べたものは最後の 1 層が高屈折率層である。積層系の最後の 1 層を低屈折率にすると反射効果が減少する、則ち吸収が増加する。同様な方法で次のような吸収に関する式

$$
A' = \frac{2\pi}{n_0}\left(\frac{n_H^2 k_L + n_L^2 k_H}{n_H^2 - n_L^2}\right) \tag{5-22L}
$$

が導かれる。一般に $\Delta T/T$ と $\Delta R/R$ は同程度なので R >> T である。ここでのΔTとΔR は、膜の吸収あるいは成膜時に膜厚がちょうど 1/4 波長にならなかったことに起因するところの透過率と反射率の微小変化量を表す。従って、透過率に対する吸収損失の影響は、反射率への影響よりずっと小さい。

　もう 1 つの損失は散乱による損失であり、その原因はいくつか考えられる。ここで考えるのは表面または界面の粗さにより発生する散乱量である。膜表面の粗さの分布をガウス分布とし、その平方根の値をσとする。それは表面に垂

第 5 章　高反射ミラー

直な方向の不規則の程度を表す。それによって反射率が R から R'まで低下する時、回折理論より次のような式で表される[7]。

$$R' = Re^{-(\frac{4\pi}{\lambda}\sigma n_0)^2} \tag{5-23}$$

則ち、表面は反射損失

$$(SSL)_r = R - R' = R[1 - e^{-(\frac{4\pi}{\lambda}\sigma n_0)^2}]$$

を有する。ここで n_0 は空気の屈折率である。表面の粗さを記述するもう 1 つのパラメータは粗さの水平方向での規則性を記述するものである。これを相関長さ ℓ と称する。これは自己相関関数の最大値が最初に 0 まで低下するときの長さである。ℓ が大きい場合には粗さのある表面がある種の規則性を持っていることを示し、逆に小さい場合には無規則性を表している。従って、ℓ 値が散乱光の角度分布に影響を与えていると言える。故に、上の式を修正する必要がある[8]。

粗さが極めて小さく、且つ $\ell \gg \lambda$ のとき、$R' \cong R[1-(\frac{4\pi}{\lambda}\sigma)^2]$ である。従って表面の粗さにより発生する散乱損失は一般的に次式で表せる。

$$S = R(\frac{4\pi}{\lambda}\sigma)^2 \tag{5-24}$$

研磨されていない基板の表面粗さを 2nm とすると、He-Ne レーザ(λ = 633nm) に対して、その散乱損失は 0.158%である。そこで 99.9%以上の反射率を有する反射ミラーを成膜したい場合、その基板の表面粗さに対する要求は厳しいものであることが分かる。

この基板上に 1/4 波長積層系 S｜(HL)^{m}H｜Air を成膜させる場合、σ が非常に小さく、且つ層ごとの界面の粗さも σ で、しかも相関がないとき、定在波の理論により m が非常に大きく（R は 1 に近い）、且つ膜のバルク散乱を考慮しないと、次式のような高反射ミラーの散乱損失が求められる[8]。

$$S \approx 8\pi^2 \frac{n_0}{n_L} T_{HL}(n_H^2 - n_L^2)^2(\frac{\sigma}{\lambda})^2 \tag{5-25}$$

第 5 章　高反射ミラー

T_{HL} は膜界面間の透過率である。

参考文献[8]でも不均一膜を利用して、強電界のところで膜界面の屈折率差を低減し、上述のように散乱損失を減らす方法を紹介している。

参考文献

1. Hass G., 1965, Applied Optics and Optical Engineering, Rudolf Kingslake, edited, Academic Press, N.Y., **III**, chap. 8, (Table I), 309-330.
2. Hass G., 1965, Applied Optics and Optical Engineering, Rudolf Kingslake, edited, Academic Press, N.Y., **III**, chap. 8, (Figure 9), 309-330.
3. Bradford and Hass G., 1965, Appl. Opt. **4**, 971.
4. Hass G., 1955, "Filmed surfaces for reflecting optics", J. Opt. Soc. Am. **45**, 945-952.
5. Hass G., 1982, "Reflectance and preparation of front surface mirror for use at various angles of incidence from UV to far IR", J. Opt. Soc. Am. **72**, 27-39.
6. Macleod H. A., 1986, "Thin Film Optical Filters", Chap. 5, 2nd ed., Macmillan Publishing Company, N.Y. Adam Hilger Ltd., Bristol.
7. Porteus J. O., 1963, "Relation between the height distribution of a rough surface and the reflectance at normal incidence", J. Opt. Soc. Am. **53**, 1394-1402.
8. Arnon O. 1977, "Loss mechanisms dielectric optical interference devices", Appl. Opt. **16**, 2147-2151.

練習問題

1. 金属膜が誘電体多層膜より広い反射領域を持つ理由を述べなさい。
2. 金属膜の偏光依存性が誘電体膜より低い理由を述べなさい。
3. 図 5-3 に示すように、極端紫外線領域（短波長領域）での金属保護膜に MgF_2 膜が使われる理由を述べなさい。また、その他のフッ化物や酸化物の誘電体膜も同条件下で使用できるかについても答えなさい。
4. 式(5-1)と(5-2)を導き、式(5-3), (5-4), (5-5)を証明しなさい。
5. 金属膜の保護膜を成膜するとき、保護膜の厚さは重要な問題である。紫外線領域，可視光領域，赤外線領域における保護膜の適正な厚さはそれぞれいくらになるか、答えなさい。
6. 式(5-7)で述べたように、このような厚さを持つ誘電体膜を成膜してから他の 1/4 波長膜を成膜すると、反射率を上げることができ中心波長での反射位相も 180°または 0°になる。蒸着するときに反射式光学モニターを用いて当該厚さの膜の成膜を監視できるか否か、またその理由を述べなさい。
7. 図 5-7 に示すように、金属膜の反射率が圧力と蒸発レートに関係する理由を述べなさい。
8. 図 5-12 に示すように、1/4 波長積層系について g=1,3,5,7,...と奇数倍の相対波数の反射

第 5 章 高反射ミラー

帯域半値幅に関して、横軸を波長とした時、その幅はどのように変化するか述べなさい。まず、数式で分析してから、R 対 g または λ のスペクトルを表示するプログラムを作りなさい。

9. $(H L)^P H$ の $\lambda = \lambda_0$ での半値幅 $\Delta\lambda_h$ が $(3H\, 3L)^P\, 3H$ のそれより 3 倍広いことを証明しなさい。まず数式で分析してから、R 対 g または λ のスペクトルを表示するプログラムを作りなさい。

10. $TiO_2(n_H = 2.3)$ と $SiO_2(n_L = 1.46)$ を用いて高/低屈折率膜とする場合、波長 400nm～700nm の間で高反射率を得るには、何個の 1/4 波長積層系が必要であるか。また各々の積層系の中心波長はいくらになるか答えなさい。最後に、この積層系の構造を書きなさい。

11. $TiO_2(n_H = 2.35)$ と $SiO_2(n_L = 1.46)$ を用いて高反射ミラーを作る。この時、損失を 100ppm 以下にするには、n_H と n_L をそれぞれ最後の一層とした場合について、$k_L = 0$ だとすると、k_H はどれぐらい小さくしなければならないか答えなさい。

12. 式(5-22L)を証明しなさい。

13. 5.1.1 節で述べた Cr の上に誘電体膜を成膜すると、綺麗な色を有するサングラスが作れる。この理由を説明しなさい。また、その色と誘電体膜の厚さとの関係を述べなさい。

14. 基板の屈折率を 1.52 とする。表面粗さは $\sigma=5Å$ であるとき、その散乱量 S はいくらか答えなさい。また $(HL)^{12} H$ 膜を成膜したときの各膜の表面粗さが $\sigma=5Å$ である場合、その散乱量はいくらか答えなさい。

第6章　エッジフィルタ

　エッジフィルタはある波長領域では透過せず、別の波長領域で透過率が急激に高くなるような光学フィルタである。エッジフィルタは長波長透過フィルタ（LPF）と短波長透過フィルタ（SPF）の2種類に分けられる。図1-3bと図4-7に示しているのはLPFで、図4-8に示しているのはSPFである。
　エッジフィルタは下記の様な仕様で記述される。
1) カット波長λ_c：通常、エッジ付近においてその透過率が5%となる波長。
2) 透過帯の波長範囲（例えば、750nm〜1200nm）。
3) 阻止帯の波長範囲（例えば、400nm〜700nm）。
4) スロープS：透過帯から阻止帯までの透過率変化の度合いを表す。
　エッジ付近において、最大透過率の80%の波長をλ_uとすると、エッジフィルタのスロープSは

$$S = \frac{\lambda_u - \lambda_c}{\lambda_c} \times 100\%$$ であらわされる。

5) 透過帯の平均透過率T_{ave}（例えば90%）。
6) 透過帯の許容最小透過率T_{min}（例えば80%）。
7) 阻止帯の平均透過率（例えば 0.1%または0.5%）。
8) 阻止帯の許容最大透過率T_{leak}（例えば1%または3%）。
9) 場合によってはある波長での透過率の上限あるいは下限が規定される場合もある。

6.1　非干渉型エッジフィルタ

　エッジフィルタの阻止帯は材料の吸収や多層膜の干渉効果などにより作られる。前者を非干渉型フィルタと呼び、紫外線をカットするような短波長カッ

第6章　エッジフィルタ

ト用の各種色ガラスフィルタはこの類であり、LPF の仲間である。一方、染料や特殊材料を混ぜ合わせて作るカラーガラスなどで近赤外線を透過させない SPF もある。例えば、デジタルカメラの高周波縞模様を除去するローパスフィルタなどが挙げられる。

　実際、全ての材料はある波長領域の光のみを透過させる。例えば大部分の誘電体材料は、中赤外線以上の波長領域の光を透過しない。よって波長以上の光をカットする SPF として利用できる。また同時に紫外線に対しては強い吸収を有するので、紫外線をカットする LPF としても利用できる。一方、半導体材料、例えば Si，Ge，PbTe などは可視光と近赤外線の波長に対して強い吸収を示すため、この波長領域より短い波長の光に対する LPF として利用できる。例えば、Si の λ_c は約 1μm で、Ge の λ_c は約 1.65μm，PbTe の λ_c は約 3.4μm である。このような吸収を利用したエッジフィルタは材料自身を用いてフィルタにするか、普通の基板の上に非常に厚く成膜して使用する。但しこの時、半導体材料の屈折率が極めて高いために反射損失が非常に大きくなるので、反射防止膜を成膜して透過帯の透過率を上げる必要がある。例えば、CaF_2 を基板とし、その上に 1/4 波長の 30 倍の膜厚の PbTe 膜を成膜し、さらに 1/4 波長膜厚の ZnS を反射防止膜として成膜する。則ち

$$CaF_2 \mid ZnS\left(\frac{\lambda_0}{4}\right) \quad PbTe\ 30\times\left(\frac{\lambda_0}{4}\right) \quad ZnS\left(\frac{\lambda_0}{4}\right) \mid 空気, \quad \lambda_0 = 3\mu m$$

のような設計となる。

　これで、4～5μm の範囲で T_{ave} が 60%以上、λ_c = 3.4μm の LPF が得られる（4μm での PbTe の屈折率は 5.6 であり、ZnS を成膜しない場合、反射損失は 65%以上になってしまう）。

　上述のような非干渉型エッジフィルタの利点は、容易に製作でき、しかも特性は入射角度変化に対してあまり敏感ではないことである。しかしこのフィルタにも 2 つの大きな欠点がある。λ_c を調節できないことと、スロープの急峻性が足りないことである。そのため、用途によっては適さないこともある。

第6章　エッジフィルタ

6.2　干渉型エッジフィルタ

前節で述べた、材料の吸収を利用して作成するフィルタがもつ2つの欠点は多層膜干渉効果を利用することによって克服できる。

6.2.1　1/4波長膜厚積層系

図5-12に示した1/4波長膜厚積層系の反射率を透過率に変えたものを図6-1に示す。図6-1に示すように、1/4波長膜厚積層系は上述の2つの欠点を持たないエッジフィルタとなることが分かる。AからCまではLPFとして、またBからDまではSPFとして利用できる。

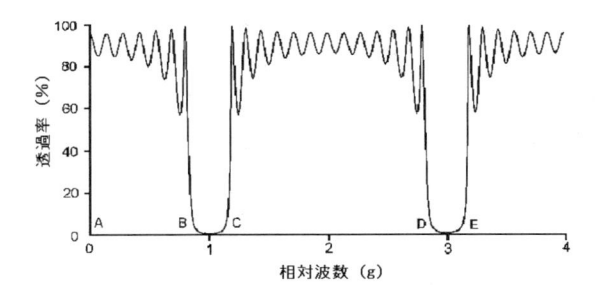

図6-1　1/4波長膜厚積層系の透過率スペクトル

図6-1から分かるように、1/4波長膜厚積層系はそのままではエッジフィルタとして使えない。なぜなら、次のような3つの欠点があるからである。1つは透過帯のリップルが多すぎるために、T_{ave}が低くなってしまうことである。2つ目は阻止帯と透過帯の広さが限られてしまうことである。3つ目は、λ_cが入射角度に対して敏感すぎることである。とりわけ最後の欠点は干渉型多層膜に共通の問題点で、要求される入射角度にあわせて特別に設計する必要がある。

1952年、Epstein[1]は対称な多層膜系は等価的に単層膜に置き換えられるという数学理論を提唱した。この理論は上述の問題を解決するのに役立つ。

6.2.2　対称な多層膜系

対称な多層膜系とは、その中心から見ると左右の膜が同じである多層積層系

第6章 エッジフィルタ

のことである。例えばＡＢＣＢＡまたはＡＢＣＤＥＤＣＢＡなどで、そのうち最も単純な対称多層積層系は3層のABAである。これを次の様に書く。

$$[M] = [A][B][A]$$

則ち

$$\begin{bmatrix} m_{11} & m_{12} \\ m_{21} & m_{22} \end{bmatrix} = \begin{bmatrix} \cos\delta_A & \frac{i}{\eta_A}\sin\delta_A \\ i\eta_A\sin\delta_A & \cos\delta_A \end{bmatrix} \begin{bmatrix} \cos\delta_B & \frac{i}{\eta_B}\sin\delta_B \\ i\eta_B\sin\delta_B & \cos\delta_B \end{bmatrix} \begin{bmatrix} \cos\delta_A & \frac{i}{\eta_A}\sin\delta_A \\ i\eta_A\sin\delta_A & \cos\delta_A \end{bmatrix}$$

と書ける。膜マトリックスの特徴の1つでもあるこの行列式は1に等しいことから

$$\det|M| = \det|A|\ \det|B|\ \det|C| = 1$$

である。2.5節の第4項(公式(2-110))によると、対称な多層膜系の主対角要素の値は同値であるので$m_{11} = m_{22}$、則ち

$$m_{11} = \cos 2\delta_A \cos\delta_B - \frac{1}{2}(\frac{\eta_B}{\eta_A} + \frac{\eta_A}{\eta_B})\sin 2\delta_A \sin\delta_B = m_{22} \tag{6-1}$$

である。一方非対角要素は

$$m_{12} = \frac{i}{\eta_A}[\sin 2\delta_A \cos\delta_B + \frac{1}{2}(\frac{\eta_B}{\eta_A} + \frac{\eta_A}{\eta_B})\cos 2\delta_A \sin\delta_B + \frac{1}{2}(\frac{\eta_A}{\eta_B} - \frac{\eta_B}{\eta_A})\sin\delta_B] \tag{6-2}$$

$$m_{21} = i\eta_A[\sin 2\delta_A \cos\delta_B + \frac{1}{2}(\frac{\eta_B}{\eta_A} + \frac{\eta_A}{\eta_B})\cos 2\delta_A \sin\delta_B - \frac{1}{2}(\frac{\eta_A}{\eta_B} - \frac{\eta_B}{\eta_A})\sin\delta_B] \tag{6-3}$$

となる。m_{12}とm_{21}は虚数であるがm_{11}とm_{22}は実数で、且つ$m_{11} = m_{22}$である。よって対称多層積層系は1つの等価な単層膜と見なせる。その屈折率（等価屈折率）は E（Herpin index）であり、位相厚さ（等価位相厚さ）はγである。つまり

$$m_{11} = \cos\gamma = m_{22} \tag{6-4}$$

第6章　エッジフィルタ

$$m_{12} = \frac{i}{E}\sin\gamma \tag{6-5}$$

$$m_{21} = iE\sin\gamma \tag{6-6}$$

$$\therefore E = \sqrt{\frac{m_{21}}{m_{12}}} \tag{6-7}$$

この対称多層積層系は次の様な性質をもっている。

1) 膜が3層以上のとき、まず中心の3層を1つの等価膜に変換する。次にこの等価膜とその左右両膜で再び1つの新しい等価膜を構成する。このようにして、最終的に1層の等価膜に置き換えられる。例えば

$$\begin{aligned}
\text{A B C D E D C B A} &= \text{A B C E}'\text{ C B A} \\
&= \text{A B E}''\text{ B A} \\
&= \text{A E}'''\text{ A} \\
&= \text{M}
\end{aligned}$$

2) 対称多層積層系が S 個の周期からなる場合、全体の等価屈折率は同じ E であり、等価位相厚さは Sγ である。則ち

$$[M]^S = \begin{bmatrix} \cos\gamma & \dfrac{i}{E}\sin\gamma \\ iE\sin\gamma & \cos\gamma \end{bmatrix}^S = \begin{bmatrix} \cos S\gamma & \dfrac{i}{E}\sin S\gamma \\ iE\sin S\gamma & \cos S\gamma \end{bmatrix} \tag{6-8}$$

と表される。

3) $|m_{11}| > 1$ の場合には E と γ は虚数である。膜層数が十分多ければ、この条件に相当する波長領域が阻止帯となり、反射率は非常に高いことを表す。逆に $|m_{11}| < 1$ のときは E と γ が実数なので、この波長領域は透過帯となる。

故に、前章の1/4波長膜厚積層系で述べたのと同様に、阻止帯と透過帯のエッジは $m_{11} = -1$ のところになる。図6-1を参考にすると、図6-2が示すように、対称な多層膜系で $g = \dfrac{\lambda_0}{\lambda}$ を横軸にとると、透過帯と阻止帯が交互に現れることが分かる。

対称な多層膜系はエッジフィルタの基本構造である。透過帯においては E と

第6章 エッジフィルタ

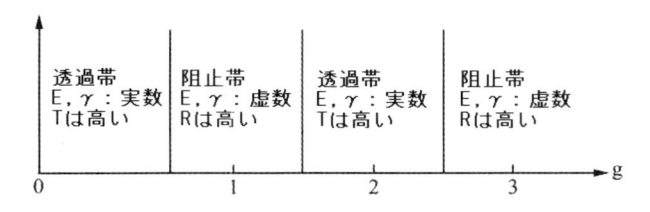

```
|透過帯      |阻止帯      |透過帯      |阻止帯
|E,γ:実数    |E,γ:虚数    |E,γ:実数    |E,γ:虚数
|Tは高い     |Rは高い     |Tは高い     |Rは高い
0           1           2           3        g
```

図6-2 対称な多層膜系では透過帯と阻止帯が交互に現れる

γは実数であり、積層系の形に帰着できればその値を計算することができる。

6.2.3 基本構造が$(\frac{H}{2}L\frac{H}{2})$と$(\frac{L}{2}H\frac{L}{2})$の、対称な多層膜系

基本となる対称多層膜系は2種類、つまり$(\frac{H}{2}L\frac{H}{2})^s$と$(\frac{L}{2}H\frac{L}{2})^s$であり、次の様な性質を持っている。

1) 展開すると1/4波長膜厚積層系の特徴がみられる。

$$(\frac{H}{2}L\frac{H}{2})^s = \frac{H}{2} \; L \; H \; L \; H \; L \; H \cdots L \; \frac{H}{2} \qquad (6\text{-}9)$$

$$(\frac{L}{2}H\frac{L}{2})^s = \frac{L}{2} \; H \; L \; H \; L \; H \; L \cdots H \; \frac{L}{2} \qquad (6\text{-}10)$$

従ってこの膜層数が十分に多い場合、阻止帯の透過率は0に近くなる。さらにこの阻止帯の帯域巾（半値）と、1/4波長膜厚積層系の高反射帯の帯域巾は同じであることが導ける。具体的な計算方法は次のようである。

$m_{11} = -1$と置いて、式(6-1)から

$$\cos^2 \delta_e - \frac{1}{2}(\frac{\eta_L}{\eta_H} + \frac{\eta_H}{\eta_L})\sin^2 \delta_e = -1$$

であることが分かる。但し、$\delta_e = \frac{\pi}{2}(1 \pm \Delta g)$である。

$$\therefore \Delta g = \frac{2}{\pi}\sin^{-1}(\frac{n_H - n_L}{n_H + n_L}) \qquad (6\text{-}11)$$

この式は式(6-9)と(6-10)にも適用できる。阻止帯の帯域巾は$2\Delta g$であり、こ

第6章　エッジフィルタ

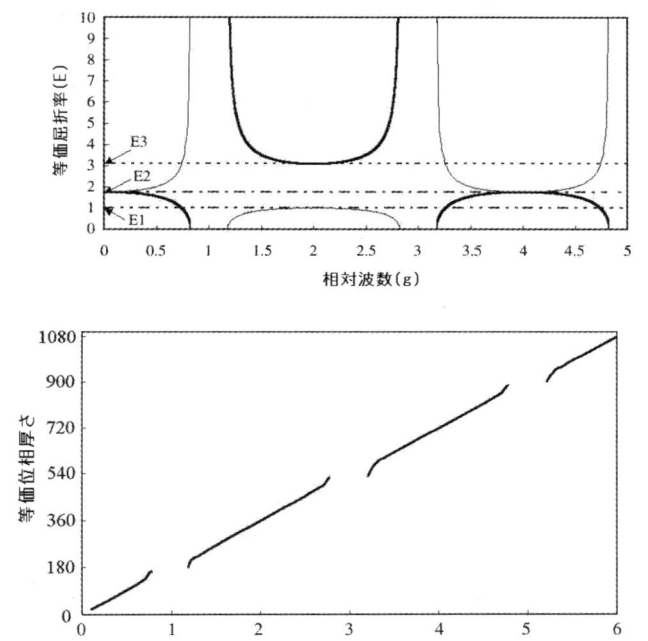

図6-3　対称な多層膜系の等価屈折率 E：$(\frac{H}{2}L\frac{H}{2})$ (太線)と $(\frac{L}{2}H\frac{L}{2})$ (細線) 及び等価位相厚さ γ ($(\frac{H}{2}L\frac{H}{2})$ と $(\frac{L}{2}H\frac{L}{2})$ は同じ)。但し $n_H = 2.35$，$n_L = 1.35$，$E_1 = n_L\sqrt{n_L/n_H}$，$E_2 = \sqrt{n_H n_L}$，$E_3 = n_H\sqrt{n_H/n_L}$ である。

れは任意の形の3層対称な多層膜系の中では最大である。

2) 等価屈折率と等価位相厚さの値

前に述べたように、透過帯では積層系の等価屈折率と等価位相厚さが実数なので、以下のように算出することができる。

$$E = \sqrt{\frac{m_{21}}{m_{12}}}, \quad \gamma = \cos^{-1} m_{11}$$

第6章　エッジフィルタ

　対称な多層膜系は1層膜に等価であるが、等価屈折率の分散は単層膜（等価膜ではない）の場合よりかなり大きい。式(6-1)から(6-3)において $n_H = 2.35$，$n_L = 1.35$ の場合に上記2式をコンピュータで計算すると図6-3になる。図6-3の中のEとγの値を知ることは、各種フィルターの設計に役立つ。

3) 式(6-7)から次が導ける。

　　a). $g \to 0$ のとき、$E \to \sqrt{n_H n_L} = E_2$　　　　　　　　　　(6-12)

　　b). $g \to 2$ のとき、$\frac{H}{2} L \frac{H}{2}$ 積層系に対して、$E \to n_H \sqrt{n_H/n_L} = E_3$ (6-13)

　　　$\frac{L}{2} H \frac{L}{2}$ のとき、$E \to n_L \sqrt{n_L/n_H} = E_1$　　　　　　　　　(6-14)

4) $g = 2$ のときは、$2\delta_H + \delta_L = 2\pi$ または $2\delta_L + \delta_H = 2\pi$ に相当する。つまり、積層系は1/2波長膜厚の不在層となる。従って、高透過率を有する透過帯になるが、詳しく計算してみると、わずかな膜厚誤差でも等価屈折率が虚数になる可能性がある。膜層数の多いSPFでは、積層系の膜厚に少しでも誤差があると、$g = 2$ の領域では高反射域を生じる。つまり透過率が急激に低下する。この現象はハーフウエーブホール(Half-wave hole) と呼ばれている。

6.2.4　光学特性

　阻止帯の透過率は、エッジフィルタの重要なパラメータの1つである。阻止帯の等価屈折率は虚数なので、阻止帯の透過率は膜マトリックスの積から直接計算しなければならない。

1) 阻止帯のエッジでの透過率：

　　　阻止帯のエッジでは $m_{11} m_{22} = 1$ であり、しかも
　　　$\det|M| = m_{11} m_{22} - m_{21} m_{12} = 1$ である場合には
　　　$m_{21} m_{12} = 0$ である。
　　　式(6-7)から
　　　$E \to 0$ では $m_{21} = 0$
　　　または、$E \to \infty$ のときは $m_{12} = 0$
　　　であることが分かる。一方 $\cos S\gamma \to \pm 1$，$\sin S\gamma \to 0$ であり、$\sin \gamma \to 0$ の

第6章 エッジフィルタ

ときは $\dfrac{\sin S\gamma}{\sin \gamma} \to S$ なので、マトリックス(6-8)は次式となる。

$$[M]^S = \begin{bmatrix} 1 & iS\sin\gamma/E \\ iES\sin\gamma & 1 \end{bmatrix} = \begin{bmatrix} 1 & Sm_{12} \\ Sm_{21} & 1 \end{bmatrix}$$

$$= \begin{bmatrix} 1 & Sm_{12} \\ 0 & 1 \end{bmatrix} \quad ; \; m_{21} = 0 \text{ のとき}$$

$$\text{または} \quad = \begin{bmatrix} 1 & 0 \\ Sm_{21} & 1 \end{bmatrix} \quad ; \; m_{12} = 0 \text{ のとき。}$$

よって入射媒質と基板のアドミタンスを η_0 と η_S とすると

$$\begin{bmatrix} B \\ C \end{bmatrix} = \begin{bmatrix} 1 & Sm_{12} \\ 0 & 1 \end{bmatrix}\begin{bmatrix} 1 \\ \eta_S \end{bmatrix} = \begin{bmatrix} 1+S\eta_S m_{12} \\ \eta_S \end{bmatrix} \quad ; \; m_{21} = 0 \text{ のとき}$$

$$\text{または} \quad = \begin{bmatrix} 1 & 0 \\ Sm_{21} & 1 \end{bmatrix}\begin{bmatrix} 1 \\ \eta_S \end{bmatrix} = \begin{bmatrix} 1 \\ Sm_{21}+\eta_S \end{bmatrix} \quad ; \; m_{12} = 0 \text{ のとき}$$

となる。従って、吸収がない場合、式(2-104)から透過率は次式となる。

$$T = \dfrac{4\eta_0\eta_S}{(\eta_0+\eta_S)^2 + (S\eta_S\eta_0 m_{12})^2} \quad ; \; m_{21} = 0 \text{ のとき} \tag{6-15}$$

$$\text{または} \quad T = \dfrac{4\eta_0\eta_S}{(\eta_0+\eta_S)^2 + (Sm_{21})^2} \quad ; \; m_{12} = 0 \text{ のとき} \tag{6-16}$$

そして、式(6-2)と式(6-3)から次式が導ける。

$$m_{21} = 0 \text{ のとき、} |m_{12}| = \left|\dfrac{1}{\eta_A}\left(\dfrac{\eta_A}{\eta_B}-\dfrac{\eta_B}{\eta_A}\right)\sin\delta_B\right| \tag{6-17}$$

$$m_{12} = 0 \text{ のとき、} |m_{21}| = \left|\eta_A\left(\dfrac{\eta_A}{\eta_B}-\dfrac{\eta_B}{\eta_A}\right)\sin\delta_B\right| \tag{6-18}$$

$2\delta_A = \delta_B = \delta$ とおくと式(6-1)から次式が得られる。

$$\sin^2\delta = \dfrac{4\eta_A\eta_B}{(\eta_A+\eta_B)^2}$$

従って、式(6-17)と(6-18)は次式となる。

第6章　エッジフィルタ

$$m_{21} = 0 \text{ のとき、則ち } E = 0 \text{ のとき、} |m_{12}|^2 = \left| \frac{4(\eta_A - \eta_B)^2}{\eta_A^3 \eta_B} \right| \tag{6-19}$$

$$m_{12} = 0 \text{ のとき、則ち } E = \infty \text{ のとき、} |m_{21}|^2 = \left| \frac{4\eta_A(\eta_A - \eta_B)^2}{\eta_B} \right| \tag{6-20}$$

上式を式(6-15)と(6-16)に代入するとエッジの透過率が求められる。周期Sが大きいほど、またA，B両層の屈折率差が大きいほどエッジでの透過率も小さくなるし、スロープも急峻となる。

2) 阻止帯中央の透過率

$(\frac{\lambda_0}{8} - \frac{\lambda_0}{4} - \frac{\lambda_0}{8})$の対称な多層膜系に対して、Sが十分大きければ

$$(\frac{\eta_H}{\eta_L})^S \gg (\frac{\eta_L}{\eta_H})^S$$

であり、マトリックスの積より、次式が得られる。

$$T = \frac{16\eta_0 \eta_S}{(\eta_H/\eta_L)^{2S} \{(\eta_0 + \eta_S)^2 + [(\eta_0 \eta_S / \eta_A) - \eta_A]^2 \}} \tag{6-21}$$

この式から分かるようにη_H，η_Lが決まるとSの取るべき値、つまり要求される透過率を達成するために必要な層数が分かるわけである。

3) 透過帯での透過率

透過帯域における透過率は高ければ高いほど良いが、リップルがあると、その波長域では透過率が低下してしまう。これは等価屈折率Eと等価位相厚さが、基板や入射媒質（例えば空気）の屈折率と不整合を起こしているためである。これを説明する前に、屈折率がη_fである単層膜の様子を見てみよう。

図6-4に示すように基板（屈折率はη_S）の反射率はgの増加とともに、次式で表されるR_MとR_Sの間を周期的に変化する。

$$R_S = (\frac{\eta_0 - \eta_S}{\eta_0 + \eta_S})^2 \tag{6-22}$$

第6章　エッジフィルタ

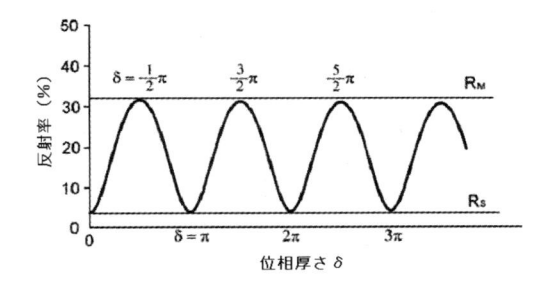

図6-4　単層膜の反射曲線

$$R_M = (\frac{\eta_0 - \eta_f^2/\eta_S}{\eta_0 + \eta_f^2/\eta_S})^2 \tag{6-23}$$

位相厚さがπの整数倍の場合、反射率はR_Sとなる。つまり膜厚が1/2波長の整数倍のところでは不在層になっている。位相厚さが$\frac{\pi}{2}$の奇数倍の場合、反射率は極値R_Mになる。これは膜厚が1/4波長の奇数倍であることを表す。

一方、対称多層積層系の等価屈折率Eは定数ではないため、次式で表されるR_Mはもはや定数ではなくなる。

$$R_M = (\frac{\eta_0 - E^2/\eta_S}{\eta_0 + E^2/\eta_S})^2 \tag{6-24}$$

つまり、反射率の包絡線は図6-4の単層膜のような1本の水平線ではなくなる。しかしながら反射率は依然としてgの増加に従ってR_SとR_Mの間を周期的に変化する。この基本的な変化は対称膜の周期数Sには依存しない。

単層膜の原理と同様に、$S\gamma$がπの整数倍のとき反射率はR_Sに戻ってしまう。$S\gamma$が$\frac{\pi}{2}$の奇数倍のとき反射率は極値R_Mになる。図6-5にSub｜$(\frac{L}{2}H\frac{L}{2})^S$｜Air、S=5の場合の反射曲線を示す。反射曲線はgに従って振動することが分かる。これは透過率を低下させる原因となる。特にEの値がη_Sより大きいとき、T=1-Rなので、透過率はもっと低くなる。

第6章　エッジフィルタ

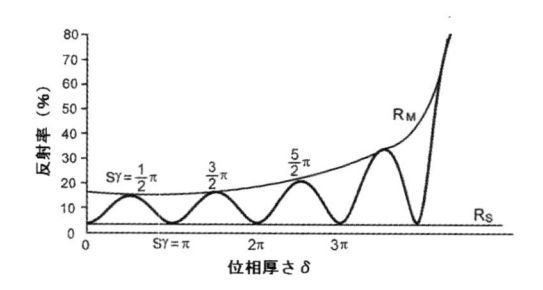

図6-5　対称多層積層系の反射曲線はEとγが実数であるときgに従って振動する

6.2.5　透過帯リップルの抑制と透過率を上げる方法

上述から、透過帯リップルが大きくなる原因はEとη_S及びη_0の値の差が大きいためであることが分かった。エッジフィルタを設計するときには、大きなリップルが生じるような設計は好ましくない。そこで、以下にいくつかの解決方法を述べる。

(i) 方法1

まず基本として、対称多層積層系の等価屈折率EがE≈$\sqrt{n_S n_0}$となるような構造を選択すること。その際n_Sとn_0の差が大きくなければ（可視光と近赤外線領域ではこの条件が成立する。）、E≈n_Sを選択するとよい。n_Hとn_Lの差$n_H - n_L$が大きいほど、阻止帯は広くなる。

例1　BK-7を基板とし(n_S=1.52)、LPFに対して$(\frac{H}{2}L\frac{H}{2})^s$を対称多層積層系として選ぶ。その理由はZnSとNa$_3$AlF$_6$を高/低屈折率膜(n_H=2.35, n_L=1.35)とすると、図6-3の中で$E_2 = \sqrt{n_H n_L}$ =1.78となり、Eはg=0で1.78なのでgの増加に従ってEは降下し始めるからである。従って長波長領域において反射率は非常に小さい、つまりリップルが非常に小さくなることが予測できる。TiO$_2$とSiO$_2$(n_H=2.3, n_L=1.45)を高/低屈折率膜とすると、機械的強度や化学的安定性はさらによくなる。E_2=1.83であるので、特性としても悪くない。周期数Sの大きさは仕様要求を検討し、式(6-21), (6-15), (6-16)から求める。図4-7のA

第 6 章　エッジフィルタ

と B のフィルタは $(\frac{H}{2} L \frac{H}{2})^s$ を基に設計したものである。

例2　BK-7を基板(n_S＝1.52)にするとき、SPF には $(\frac{L}{2} H \frac{L}{2})^s$ を対称多層積層系とするとよい。ZnS と Na_3AlF_6(n_H＝2.35, n_L＝1.35) を高/低屈折率膜とすると、$E_1 = n_L \sqrt{n_L/n_H}$ ＝1.02 となるからである。TiO_2 と SiO_2 を高/低屈折率膜層とするときは(n_H＝2.3, n_L＝1.45)，E_1＝1.15 となる。この値は空気の屈折率に近いので、基板付近の膜の厚さを少々調整すれば、特性のよい SPF を作れる。図4-8 の C, D は、$(\frac{L}{2} H \frac{L}{2})^s$ を基に設計したものである。

(ii) **方法 2**

　積層系と基板及び積層系と空気の間にそれぞれ屈折率 η_{mS} 及び η_{m0} の1/4波長膜厚の層を整合層として挿入すると、図 6-6 のようになる。これを反射防止膜として使えば、透過率が大きく上昇することが推測される。このとき整合層の屈折率は、次の反射防止膜の条件を満たさなければならない。

$$\eta_{mS} = \sqrt{\eta_S E}, \quad \eta_{m0} = \sqrt{\eta_0 E} \tag{6-25}$$

| S | η_{mS} | 対象積層系，透過屈折率は E | η_{m0} | Air |

図6-6　積層系と基板 S、積層系と空気の間にそれぞれ整合層 η_{mS} と η_{m0} を成膜して反射率を低下させる

例1　先に述べたように、$(\frac{L}{2} H \frac{L}{2})^s$ を可視光領域の SPF として用いるときには、基板に近いほうの膜の厚さを変える必要がある。これはつまり η_{mS} を作ることに相当する。この値は式(6-25)の条件を満たすべきであり、リップルが存在する波長の1/4波長膜厚である必要がある。この条件を満たす膜が見つからない場合には、基本構造が同じで厚さの異なる対称多層積層系 $a(\frac{L}{2} H \frac{L}{2})$ を利用するか、若しくは基板に近い3層膜の厚さを調節することによって、要求通りの SPF を得ることができる。例えば

第 6 章　エッジフィルタ

$$S \mid 1.18H \quad 0.634L \quad (\frac{L}{2}H\frac{L}{2})^6 \mid Air$$

但し、$n_S = 1.517$，$n_H = 2.3$，$n_L = 1.46$ である。

例2　赤外線領域ではよく Ge を基板 (n_S=4.0) に用い、Ge (n_H=4.0)と ZnS (n_L=2.2) を高/低屈折率膜として使用することがある。図 6-3 から g=0 のとき $E_2 = \sqrt{n_H n_L} = 3$ であることが分かるので、$(\frac{L}{2}H\frac{L}{2})^5$ を LPF の基本設計としたとき、基板との間の反射率が 2%、空気との間の反射率が 25%である。従って整合層 η_{m0} を空気側に成膜し、LPF の透過率を増加させる必要がある。T-g スペクトルを描けば分かるが、$(\frac{L}{2}H\frac{L}{2})^7$ の第 1 リップルは g=0.75 の付近にある。E の値は g の増加に従って上昇し、g=0.75 付近では $\sqrt{E}$ と ZnS の屈折率は非常に近いので、Ge $\mid (\frac{L}{2}H\frac{L}{2})^7 \frac{L}{0.75} \mid$ Air, $\lambda_0 = 4600$nm という設計でよい LPF が作れる。このスペクトルを図 6-7 に示す。

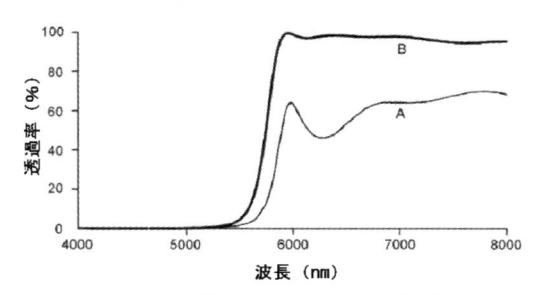

図6-7　A : Ge $\mid (\frac{L}{2}H\frac{L}{2})^7 \mid$ Air,　B : Ge $\mid (\frac{L}{2}H\frac{L}{2})^7 \frac{L}{0.75} \mid$ Air

例3　例2で述べた $(\frac{L}{2}H\frac{L}{2})^7$ は SPF の基礎としても用いられる。図6-3から分かるように、g=2のとき $E_1 = n_L\sqrt{n_L/n_H} = 1.63$ であり、基板との間の反射率は17.7%であるので、ZnS の整合層 η_{mS} を成膜する必要がある。なぜなら阻止帯に最も近い位置の1番目のリップルは $g \approx 1.26$ にあり、このときの η_{mS} の値は ZnS の屈折率に非常に近いからである。これにより、Ge $\mid \frac{L}{1.26}(\frac{L}{2}H\frac{L}{2})^7 \mid$ Air,

第6章 エッジフィルタ

$\lambda_0 = 5000$nm という設計で、非常によい SPF が作れる。このスペクトルを図6-8 に示す。

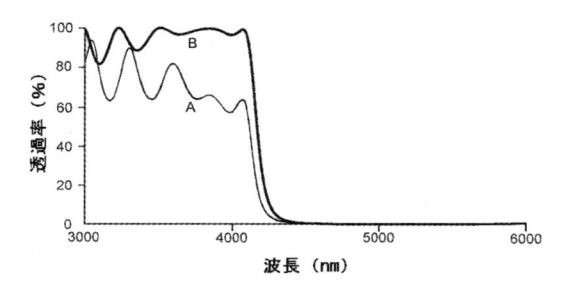

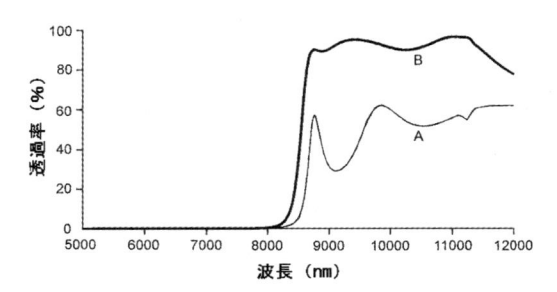

図 6-8　A：Ge｜$(\frac{L}{2}H\frac{L}{2})^7$｜Air, B：Ge｜$\frac{L}{1.26}(\frac{L}{2}H\frac{L}{2})^7$｜Air

図 6-9　A：Ge｜$(\frac{L}{2}H\frac{L}{2})^7$｜Air, B：Ge｜$\frac{H}{0.68}(\frac{L}{2}H\frac{L}{2})^7\frac{L}{0.68}$｜Air

例 4　非干渉型フィルタの説明の中で、PbTe を赤外線領域の LPF として用いる例をあげた。PbTe の屈折率（$n_H = 5.60$）は非常に高く、ZnS（$n_L = 2.2$）と組合せて設計すると、n_H と n_L の差が非常に大きいので、フィルタを作る上では有利である。そういった意味で PbTe は貴重な材料と言える。いま $(\frac{L}{2}H\frac{L}{2})^7$ を LPF とすると、図 6-3 の中で $E_2 = \sqrt{n_H n_L} = 3.51$ となる。T-g スペクトルを作図すると、第1リップルは g=0.68 付近にあることが分かる。この位置での η_{m0} は ZnS の屈折率に非常に近いので、$(\frac{L}{2}H\frac{L}{2})^7$ と空気との間に $\frac{L}{0.68}$ を整合層とし

第6章　エッジフィルタ

て成膜すれば、透過率を大幅に上げられる。基板（Ge）側の第 1 層に $\dfrac{H}{0.68}$ を整合層 η_{mS} として加えれば、透過率は更に高くなる。この場合の LPF の膜系は Ge｜$\dfrac{H}{0.68}(\dfrac{L}{2}H\dfrac{L}{2})^7\dfrac{L}{0.68}$｜Air, $\lambda_0 = 6200\text{nm}$ で、そのスペクトルは図 6-9 のようになる。

(iii) 方法 3

対称多層積層系の屈折率は分散を持っている。則ち異なる g の位置では異なる屈折率を持っていることを利用して、単層膜の替わりに整合層 η_{mS} や η_{m0} として利用するのである。屈折率がちょうど $\sqrt{En_S}$ や $\sqrt{En_0}$ となる単層膜が見つからない場合にはこの方法を用いる。このとき、$a(\dfrac{L}{2}H\dfrac{L}{2})^x$ または $b(\dfrac{L}{2}H\dfrac{L}{2})^y$ を η_{mS} や η_{m0} として使うといいだろう。式の中の a, b はリップルの存在する g の値に等価屈折率を合わせる為の値である。x と y は通常 1 である。場合によっては位相厚さが合計で $\dfrac{\pi}{2}$ の整数倍になるため、1 より大きい。注意しなければならないのは、光学膜厚が 1/4 波長膜厚であるという条件はある波長に対して当てはまるものであり、異なる g の位置では等価屈折率も違ってくる。従って単一の a または b の値だけで設計がうまく行くものではない。場合よっては整合層 1 層ごとの膜厚を $(a\,L\,b\,H\,c\,L)^x$ または $(a\,H\,b\,L\,c\,H)^y$ のように変える必要がある。

(iv) 方法 4

コンピュータソフトを用いて最適化する方法もある。現在のコンピュータの計算速度は極めて速く、仕様にしたがってスペクトル上の目標（target）を設定し、膜の厚さ d_j（j は任意の膜）か膜の屈折率 n_j または両方を変えることで設計を完成させることができる。

最適化についてだが、必ずしも全ての層を変える必要はない。まず基本設計を行い、変えるべき膜の数が最小となるようにする。こうすると実際に成膜するときに容易になる。コンピュータソフトは多くの機能を持っていて便利であ

るが、設計の基本原理を理解することはやはり重要である。図 6-7 から図 6-9 は全て干渉原理を基に設計したもので、既に非常によい初期性能を有しているが、この先さらにコンピュータを用いて最適化処理を施せば、より理想的な性能が得られる。

光学薄膜ソフトの作成方法については Liddell の"Computer-aided technique for the design of multilayer filters"[2] を参考するとよい。

6.2.6 阻止帯の拡張

阻止帯の広さは公式(6-11)によって決められているが、ときにはもっと広い阻止帯域が要求される。最も簡単な方法は、材料特有のある波長域における吸収を利用することである。例えば赤外線領域の LPF の場合、赤外線材料が持つ短波長で強い吸収を有する特性を利用し、基板や成膜材料に選べば、非常に広い短波長阻止領域が期待できる。

一般的な方法として、2 つの異なる阻止帯域を持つ対称多層積層系を、厚い基板またはウエッジ基板の両面に成膜しても可能である。この時の透過率は式(2-123)により次式であらわされる。

$$T = \frac{1}{\frac{1}{T_A} + \frac{1}{T_B} - 1}$$

T_A と T_B はそれぞれ異なる波長領域での阻止帯の透過率である。T_A と T_B を十分小さくすれば T はかなり小さくなる。2 つの波長領域で非常に小さい透過率が期待できるので、これによって阻止帯域を拡張することができる。

2 つの積層系を基板の両面に成膜することが出来ない場合には、A 積層系を B 積層系の上に重ねて成膜するとよい。この場合の透過率は公式(2-106)より

$$T = \frac{T_a T_b}{[1 - \sqrt{R_a R_b}]^2}$$

となる。低透過率を得るには R_a と R_b の差が大きいほどよい。2 つの積層系の重ね方としては、同じ波長で反射率の高い積層系を反射率の低い積層系の上

第6章 エッジフィルタ

に成膜する様にすることである。則ち 2 つの積層系は同じ $(\frac{H}{2}L\frac{H}{2})^s$ または $(\frac{L}{2}H\frac{L}{2})^s$ である。但し 2 つの積層系の λ_0 はそれぞれ異なる。図 6-10 は TiO_2 の屈折率を n_H、SiO_2 を n_L として、2 つの積層系 A：$(\frac{H}{2}L\frac{H}{2})^9$，$\lambda_0$ = 630nm と B：$(\frac{H'}{2}L'\frac{H'}{2})^9$，$\lambda_0'$ = 517nm を用いて、C のように阻止帯域を拡大したものである。図には A, B2 つの積層系のスペクトルも一緒に示しておく。このとき阻止帯は 460nm～700nm となる。さらに 400nm～460nm までの透過率を下げる積層系を重ねると、コールドミラー、則ち 400nm～700nm では阻止帯として働き、700nm 以上の長波長領域では高い透過率を有するフィルタになる。

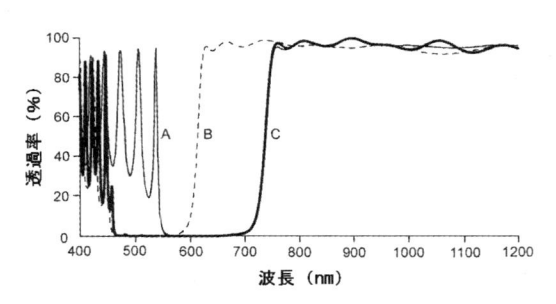

図 6-10 対称多層積層系を重ねることで阻止帯を拡張する
A：$(\frac{H}{2}L\frac{H}{2})^9$，$\lambda_0$ = 630nm；B：$(\frac{H}{2}L\frac{H}{2})^9$，$\lambda_0$ = 517nm；C：A と B を重ねると阻止帯は 460nm から 700nm まで拡張された。（n_H = TiO_2，n_L = SiO_2）

6.2.7 透過帯の拡張

LPF の透過帯域に対しては、対称多層積層系、例えば $(\frac{H}{2}L\frac{H}{2})^s$ は、膜材料または基板の吸収が始まる波長まで透過する。しかし SPF は短波長側に高次の阻止帯域が現れるので、透過帯域は有限である。しかし、それより広い透過帯が要求される場合もある。例えばホットミラーなどの場合がそうである。このことからも、如何にして透過帯を広げるかが重要な課題であり、十分検討に値す

第6章　エッジフィルタ

る。
　ある多層膜が S 個の周期を持つとする。1つの周期が M のとき、マトリックスは次のように書ける。

$$M = \begin{bmatrix} m_{11} & m_{12} \\ m_{21} & m_{22} \end{bmatrix}$$

　このとき m_{11}, m_{22} は実数，m_{12}, m_{21} は虚数である。
M が仮想誘電体媒質 η に挟まれているとき

$$\begin{bmatrix} B \\ C \end{bmatrix} = [M] \begin{bmatrix} 1 \\ \eta \end{bmatrix} = \begin{bmatrix} m_{11} + \eta m_{12} \\ m_{21} + \eta m_{22} \end{bmatrix}$$

である。式(2-81)より、この場合の透過係数は次式となる。

$$t = \frac{2\eta}{\eta B + C} = \frac{2\eta}{\eta[(m_{11} + m_{22}) + \eta m_{12} + \frac{m_{21}}{\eta}]}$$

ここで $t = |t|e^{i\phi}$ とおくと

$$\therefore \frac{1}{2}(m_{11} + m_{22}) + \frac{1}{2}(\eta m_{12} + \frac{1}{\eta}m_{21}) = \frac{\cos\phi - i\sin\phi}{|t|}$$

となる。上記式の両辺の実数部分同士を比較すると、次式が得られる。

$$\frac{1}{2}(m_{11} + m_{22}) = \frac{\cos\phi}{|t|}$$

積層系が半波長の整数倍であるとすると、ϕ は積層系の位相厚さに相当し、その値は $\phi = \ell\pi$ である。則ち $\cos\phi = \pm 1$ である。故に

　　$|t| < 1$ のとき、$\frac{1}{2}|m_{11} + m_{22}| > 1$、則ち高反射領域である。

　　$|t| = 1$ のとき、$\frac{1}{2}|m_{11} + m_{22}| = 1$、則ち高反射領域の反射率を低減できる。

従って高透過率を得たいのなら $|t| = 1$ と $\phi = \ell\pi$ を同時に満たさなければならな

第6章　エッジフィルタ

い。

　3種類の材料から構成される5層の対称基本積層系ABCBAを考える。この積層系が仮想誘電体媒質Dに挟まれている、則ちD｜ＡＢＣＢＡ｜Dであるとき、$|t|=1$の条件を考える。このときABの2層の膜系は、Dを入射媒質としたC層の反射防止膜組と考えられる[3]。つまり

$$\therefore \begin{bmatrix} B \\ C \end{bmatrix} = [A][B]\begin{bmatrix} 1 \\ y_C \end{bmatrix}, \quad Y = \frac{C}{B}, \quad R = (\frac{y_D - Y}{y_D + Y})^2 \text{ である。}$$

　AとBの膜の厚さが等しい、則ち $\delta_A = \delta_B = \delta$ のとき、屈折率が次式を満たせば、式(3-1)から2つのゼロ反射（つまり高透過）を示す波長が得られる。

$$\eta_A \eta_B = \eta_C \eta_D$$

$|t|=1$のとき R=0 であるので、これを解いて

$$\tan^2 \delta = \frac{\eta_A \eta_B - \eta_C^2}{\eta_B^2 - (\eta_A \eta_C^2 / \eta_B)} \tag{6-26}$$

をえる。式(3-1)は2つの波長 λ_1, λ_2 で R=0 が得られるので、式(6-26)は2つの解 δ_1, $\delta_2 = (\pi - \delta_1)$ を持つ。λ_1, λ_2 に対して解くと

$$\delta_1 = \frac{\pi}{1 + \lambda_1/\lambda_2} \tag{6-27}$$

を得る。これを式(6-26)に代入すると次式が得られる。

$$\tan^2(\frac{\pi}{1 + \lambda_1/\lambda_2}) = \frac{\eta_A \eta_B - \eta_C^2}{\eta_B^2 - (\eta_A \eta_C^2 / \eta_B)} \tag{6-28}$$

式(6-27)から、膜AとBの厚さは次のようになる。

$$n_A d_A = n_B d_B = \frac{\lambda_1 \lambda_2}{2(\lambda_1 + \lambda_2)} \tag{6-29}$$

一方で $\phi = \pi$ 則ち積層系が1/2波長の厚さであるので、Cの膜厚は次の条件を満たす必要がある。

第6章　エッジフィルタ

$$2(n_A d_A + n_B d_B) + n_C d_C = \frac{1}{2}\lambda_0$$

則ち、 $n_C d_C = \frac{1}{2}\lambda_0 - \frac{2\lambda_1\lambda_2}{\lambda_1 + \lambda_2}$ (6-30)

である。式(6-28)から、式(6-30)を満たす膜系を決める。材料η_Aとη_Bを決めれば、η_Cは式(6-28)より求められる。

例1 第1次または第3次の波長領域全てにおいて高透過する設計、つまり g=2 から g=3 まで高透過である設計をするには、次のようにすればよい。

$$\lambda_1 = \frac{\lambda_0}{2}, \quad \lambda_2 = \frac{\lambda_0}{3}$$

から

$$n_A d_A = n_B d_B = n_C d_C = \frac{1}{10}\lambda_0$$

が得られる。図6-11は S | A (A B C B A)^{10} | Air のスペクトルである。但し、$n_S = 1.5$, $n_A = 1.38$, $n_B = 1.9$, $n_C = 2.3$ である。

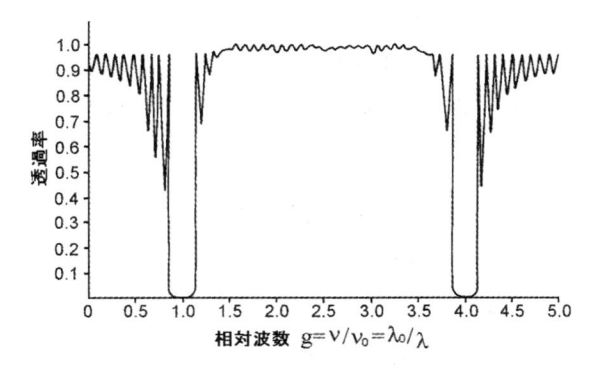

図6-11　第2次と第3次波長領域を高透過率にする設計[4]
S | A (A B C B A)^{10} | Air, $n_S = 1.5$, $n_A = 1.38$, $n_B = 1.9$, $n_C = 2.3$

例2 第2次から第4次の波長領域全てで高透過率を有する設計の場合を考える。図3-9の概念に従って、3つの波長の反射率を0にするには、もう1層成膜する必要がある。膜系の対称対ごとに上記の例より1層多くなる。則ち

(ABCDCBA)で、全体の厚さは$\frac{1}{2}\lambda_0$を満たす必要がある。Dを仮想層として見なして、$n_D d_D$が0であるとする。これは積層系の対称性を崩すことなく、しかも使用すべき材料を1種類減らすことが出来る。従って基本積層系は(AB2CBA)となる。

$\lambda_1 = \frac{1}{2}\lambda_0$, $\lambda_2 = \frac{1}{3}\lambda_0$, $\lambda_3 = \frac{1}{4}\lambda_0$とすると、$n_A d_A = n_B d_B = \frac{1}{12}\lambda_0$, $n_C d_C = \frac{1}{6}\lambda_0$であり、且つ、式(3-2)の条件$n_B = (n_A n_C)^{1/2}$から図6-12にしめす様な設計となる。

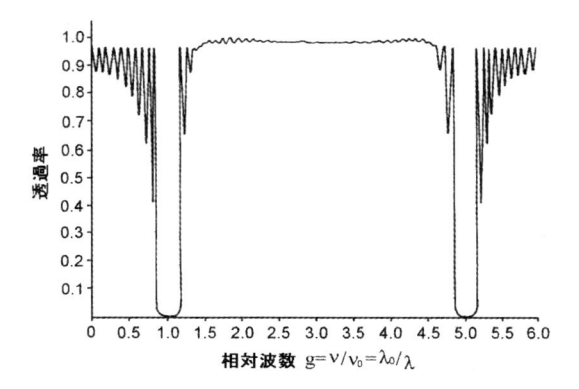

図6-12 第2次から第4次までの波長領域で高透過率を有する設計[4]
S｜A(A B 2C B A)^{10}｜Air, $n_S = 1.5$, $n_A = 1.38$, $n_B = 1.781$, $n_C = 2.3$

例3 ホットミラーは可視光領域で透過し、赤外線領域で反射するフィルタである。可視光領域400nm〜700nmで高い透過率を有し、近赤外線領域で高反射率にしたい場合、1つの対称な多層膜系$(\frac{L}{2}H\frac{L}{2})^S$では近赤外線領域での反射波長領域が十分広くないため、実現することができない。したがって、例1の設計を加え、近赤外線領域での高反射領域を伸ばす必要がある。Thelenは2種類の積層系を用い、これにリップルを減少させる整合層を加えた次のような積層系を提唱した。

S｜$\frac{L}{2}$ 0.57(L M H M L)^8 1.125 $(\frac{L}{2}H\frac{L}{2})$ $(\frac{L}{2}H\frac{L}{2})^5$ 1.1 $(\frac{L}{2}H\frac{L}{2})$｜Air

第6章 エッジフィルタ

但し、$n_S = 1.5$, $n_L = 1.38$, $n_M = 1.9$, $n_H = 2.3$, $\lambda_0 = 860nm$ である。これにより、400nm～700nm で高透過率、かつ 800nm～1300nm で高反射率を有するフィルタが設計できた。

更に広い高反射率波長領域が必要、言い換えればより多くの輻射熱を反射したいときには、例2の対称な多層膜系を加える必要がある。Thelen は次のように設計した。

$$S \mid \frac{L}{2}\ 0.642(L\ J\ 2H\ J\ L)^8\ 0.57(L\ M\ H\ M\ L)^8\ 1.125\ (\frac{L}{2}H\frac{L}{2})\ (\frac{L}{2}H\frac{L}{2})^5$$

$$1.1\ (\frac{L}{2}H\frac{L}{2}) \mid Air$$

但し屈折率 $n_J = 1.781$, $\lambda_0 = 860nm$ で、残りの項目は上記と同様である。この構成のスペクトルを図 6-13 に示す。400nm～700nm 領域で高透過率を有し、800nm～1900nm で高反射率を有している。

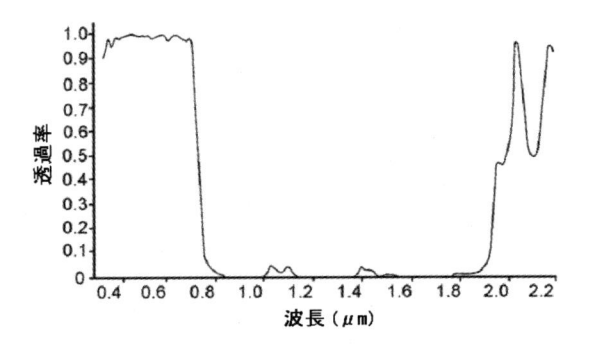

図 6-13 3種類の対称膜の積み重ねによって構成されるホットミラー

膜構成は[4]$S \mid \frac{L}{2}\ 0.642(L\ J\ 2H\ J\ L)^8\ 0.57(L\ M\ H\ M\ L)^8\ 1.125\ (\frac{L}{2}H\frac{L}{2})\ (\frac{L}{2}H\frac{L}{2})^5$

$1.1\ (\frac{L}{2}H\frac{L}{2}) \mid Air$, $n_S = 1.5$, $n_L = 1.38$, $n_J = 1.781$, $n_M = 1.9$, $n_H = 2.3$, $\lambda_0 = 860nm$

6.2.8 透過帯の圧縮

偶数次の波長（g=2）に対しては節点が膜界面上にある。このために 1/4 波長

第6章　エッジフィルタ

膜厚の積層系$(AB)^s$は、偶数次において（gが偶数であるとき）透過帯である。透過帯域を縮小するためには、ある偶数次の透過帯を高反射帯に変える必要がある。この場合にはP/Q積層系法が使える。積層系の基本周期は$(PQ)^s$となり、対称な多層膜系$(\frac{A}{2}B\frac{A}{2})^s$または$(AB)^s A$ではない。波長の節点を例えば、p=1, q=pの倍数に移動して、同時にp+qの膜厚を$\frac{1}{2}\lambda_0$の倍数として保持すると、透過帯がp+qの整数倍の位置で出現する。$(\frac{H}{2}\frac{3L}{2})^s$がその例である。1/4波長膜厚の積層系と比べると、g=2はもはや透過帯ではなくなり、はじめの透過帯はg=4で現れ、2番目の透過帯はg=8で現れる。$(\frac{L}{2}\frac{3H}{2})^s$の場合も同様である。一方、$(\frac{H}{4}\frac{7L}{4})^s$ははじめの透過帯がg=8で現れ、g=1, 2, 3, 4, 5, 6, 7はすべて高反射帯となる。$(\frac{L}{4}\frac{7H}{4})^s$も同様である。このような技法を使うと、任意の数の高反射帯を形成でき、透過帯域を縮小することができる。注意しなければならないのは、各単層膜の厚みが1/4波長膜厚からずれるほど、第1次の反射帯域も狭くなり、反射率も低くなるということである。

参考文献

1. Epstein L. I., 1952, "The design of optical filter", J. Opt. Soc. Am. **42**, 806-810.
2. Liddell H. M., 1981, "Computer-Aided Technique for the Design of Multilayer Filters", Macmillan Publishing Company, N.Y., Adam Hilger Ltd., Bristol.
3. Macleod H. A., 1986, "Thin Film Optical Filters", 2nd ed., Chap. 6, Macmillan Publishing Company, N.Y., Adam Hilger Ltd., Bristol.
4. Thelen A., 1988, "Design of Optical Interference Filter", Chap. 8, McGraw-Hill Book Company., N.Y..

練習問題

1. Geを基板としてLPFを作る場合、その透過帯の透過率を上げる方法を示しなさい。
2. 式(6-8)を証明しなさい。
3. 対称多層積層系をM=ABAとする。つまり
$$\begin{bmatrix} m_{11} & m_{12} \\ m_{21} & m_{22} \end{bmatrix} = \begin{bmatrix} a_{11} & a_{12} \\ a_{21} & a_{22} \end{bmatrix} \begin{bmatrix} b_{11} & b_{12} \\ b_{21} & b_{22} \end{bmatrix} \begin{bmatrix} a_{11} & a_{12} \\ a_{21} & a_{22} \end{bmatrix}$$
である。$i \neq j$のとき、a_{ij}, b_{ij}は純虚数

第 6 章　エッジフィルタ

であること、そして、i=j のとき、a_{ij}, b_{ij} は実数であること、しかも、$a_{11} = a_{22}$ ，$b_{11} = b_{22}$ の場合、$m_{11} = m_{22} =$ 実数，m_{12} と m_{21} は純虚数であることを証明しなさい。（ヒント：$\det|A| = \det|B| = 1$ の特性を利用すること）

4. 3 層の対称多層積層系に対して、中心層の膜厚が $\frac{\lambda_0}{4}$ で、外側層の膜厚が $\frac{\lambda_0}{8}$ のとき、Δg が最大となることを証明しなさい。
5. 式(6-12),　(6-13),　(6-14)を証明しなさい。
6. 式(6-21)を証明し、S の値を求めなさい。（但し、T が 0.1%以下であること）
7. TiO_2 と SiO_2 を利用して 530nm と 1060nm のところで 99.9%以上の反射率を有する膜系を設計しなさい。そして、プログラムを作成し、そのスペクトルを描きなさい。
8. プログラムを作成し、図 6-3 のグラフと $\frac{L}{2}H\frac{L}{2}$ を L 2H L に、$\frac{H}{2}L\frac{H}{2}$ を H 2L H に変えたときの E vs. g のグラフを描きなさい。但し、屈折率は n_H=2.3, n_L=1.46 とする。
9. プログラムを作成し、$(\frac{mH}{2}L\frac{mH}{2})$ と $(\frac{mL}{2}H\frac{mL}{2})$ について異なる g 値の時の等価屈折率 E と等価位相厚さ γ を求めなさい。そして、図 6.3 に習って E vs. g のグラフを描きなさい。但し、屈折率 n_H, n_L, m は変数とする。（m=1,2,3,4,5,6, ………. である。）

第7章　バンドストップフィルタ

　バンドストップフィルタ（マイナスフィルタともいう）とは、ある波長領域で透過を阻止するフィルタである。例をあげると、波長λ_1～λ_2は高透過率、λ_2～λ_3は極めて低い透過率、波長λ_3～λ_4は再び高透過率のフィルタである。λ_1～λ_4がここで考える波長領域となる。λ_2～λ_3は阻止帯或いは高反射帯と称する。例えばλ_1 = 400nm，λ_2 = 500nm，λ_3 = 570nm，λ_4 = 700nmは緑色の光の透過を阻止するバンドストップフィルタである。

7.1　高/低屈折率積層法

　基本的には1/4波長膜厚積層系や前章で述べた対称な積層系などの様に、高/低屈折率膜を交互に組合せた積層系は、ある波長領域で高反射となり、その両側では高透過領域となる。図6.1の中で、BからCは阻止帯である。n_H/n_Lの比または次数を調節すると、阻止帯域の巾を変えられる。あとは高透過領域のリップルが除去できればよい。前節でエッジフィルタの片側のリップルを除去する方法について述べたが、両側のリップルを同時に除去するとなると容易なことではない。前章の方法を用いると片側のリップルは除去できるが、その分他方のリップルはよりひどくなってしまう。

　1971年Thelenは対称な積層系の等価アドミタンスを、仮想誘電体媒質の中に置いて分析，設計を行った。仮想誘電体は任意の値が取れるので設計に便利である。設計の最後に仮想誘電体の厚さを、0まで減少させれば完成である。

　対称な積層系を$(\frac{A}{2}B\frac{A}{2})^s$として$2\delta_A = \delta_B = \delta = \frac{\pi}{2}\frac{\lambda_0}{\lambda} = \frac{\pi}{2}g$とすると、式(6-7)と式(6-4)から等価屈折率Eと等価位相厚さγはそれぞれ次のようになる。

第7章　バンドストップフィルタ

$$\frac{E(g)}{n_A} = \left(\frac{(\cos\frac{\pi}{2}g) - [(1-n_B/n_A)/(1+n_B/n_A)]}{(\cos\frac{\pi}{2}g) + [(1-n_B/n_A)/(1+n_B/n_A)]} \right)^{\frac{1}{2}} \tag{7-1}$$

$$\gamma = \cos^{-1}[1 - \frac{(1+n_B/n_A)^2}{2n_B/n_A}\sin^2\frac{\pi}{2}g] \tag{7-2}$$

式(7-1)から、次式が分かる。

$$E(2-g) = \frac{n_A^2}{E(g)} \tag{7-3}$$

公式(2-117)と(2-118)から分かるように、吸収のない積層系では全ての層に同時に定数を乗じても屈折率の逆数を取っても透過率（反射率も）は不変なので、gに対してリップル除去設計を行えば、2-gに相当する波長領域のリップルも同時に除去できる。ここで仮想誘電体の屈折率をn_Aとすると、残る作業としてはn_Aが入射媒質n_0と基板n_Sに対してマッチングすればよいことになる。

高反射帯に十分近づくために、ここで等価位相厚さを$\gamma = (3/4)\pi$とし、積層系は2層で位相厚さが$(3/8)\pi$である膜により構成されると仮定する。$n_A = 1.56$、$n_B = 2.34$とすると、式(7-2)から$g = 0.72$（$\gamma = (3/4)\pi$）が得られる。一方、式(7-1)から$E(g=0.72) = 2.597$であることが分かるので、マッチング層の屈折率は$n_m = \sqrt{n_A E} = \sqrt{1.56 \times 2.597} = 2.013$である。この値を式(7-1)に代入すると$n_B = 1.93$が得られる。$\gamma = (3/4)\pi$としたので、マッチング積層系は2つの周期で$S\gamma = 2 \times (3/4)\pi = 3(\pi/2)$、則ち$\pi/2$の奇数倍となることが必要である。簡単のために、ここでは入射媒質と基板に対するマッチング処理は行わない、つまり$n_S = n_0 = n_A$とすると、次の膜の構造が得られる。

$$1.56 \mid (\frac{L}{2}J\frac{L}{2})^2 \, (\frac{L}{2}H\frac{L}{2})^6 \, (\frac{L}{2}J\frac{L}{2})^2 \mid 1.56$$

但し、$n_L = n_A$、$n_H = n_B$、$n_J = 1.93$である。詳細は図7-1に示す。図7-2はこの設計法によって3次の対称な積層系を利用して、入射媒体$n_0 = 1$にマッチングを施した緑色バンドストップフィルタの設計である。具体的には

$1.52 | (\frac{3L}{2} 3J \frac{3L}{2})^2 \ (\frac{3L}{2} 3H \frac{3L}{2})^6 \ (\frac{3L}{2} 3J \frac{3L}{2})^2 \ 2J \ M \ |Air$ であり、 $n_M = 1.38$, $\lambda_0 = 530nm$ である。

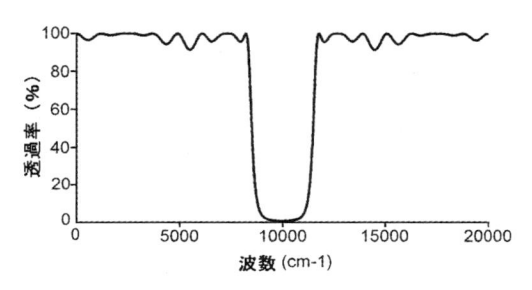

図 7-1　バンドストップフィルタ

$1.56 | (\frac{L}{2} J \frac{L}{2})^2 \ (\frac{L}{2} H \frac{L}{2})^6 \ (\frac{L}{2} J \frac{L}{2})^2 | 1.56$, $n_L = 1.56$, $n_J = 1.93$, $n_H = 2.34$ [1]

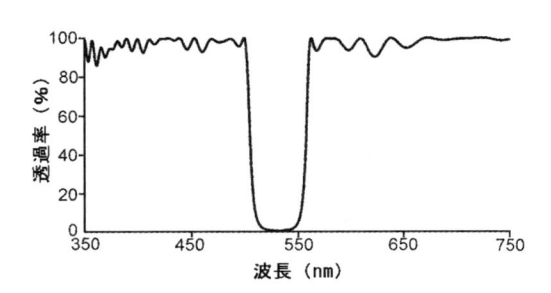

図 7-2　緑色バンドストップフィルタ

$1.52 | (\frac{3L}{2} 3J \frac{3L}{2})^2 \ (\frac{3L}{2} 3H \frac{3L}{2})^6 \ (\frac{3L}{2} 3J \frac{3L}{2})^2 \ 2J \ M | 1.0$,
$n_L = 1.56$, $n_J = 1.93$, $n_H = 2.34$, $n_M = 1.38$, $\lambda_0 = 530nm$ [1]

7.2　傾斜屈折率膜と不均一膜法

　第3章では、傾斜屈折率(Gradient-index) 膜が広い波長領域の反射防止膜として使えることを既に説明した。この種の傾斜屈折率や不均一(Inhomogeneous)膜はバンドストップフィルタの設計にも使える。

　高/低屈折率膜を使ってフィルタを作ると、高次波長領域において阻止帯が現

第7章 バンドストップフィルタ

れる。何故なら g=1 のときに 1/4 波長膜厚である膜は、g=3 または g=5 の位置でも、1/4 波長膜厚の奇数倍であるため、高反射帯となるからである。この問題を解決するために、Thelen[1] は多周期の不均一屈折率単層膜を用いた改善方法を提案した。ここで言う不均一屈折率とは、屈折率が膜の厚さに対して徐々に変化することを意味する。基板の屈折率を n_S とし、入射媒質の屈折率を n_0 とすると、その反射係数は $\rho_S=(n_0-n_S)/(n_0+n_S)$ となり、反射率は $R_S=|\rho_S|^2$ である。屈折率が n_S から n_0 まで連続に変化する薄膜を成膜する場合、その厚さが $\int n(z)dz = \lambda_0/4$ であるとき、反射スペクトルにおいて g=0, 2, 4......の場合は反射率 R=0 であるが、g=1, 3, 5......の場合は反射率が $R = (4/\pi^2)R_S$, $(4/9\pi^2)R_S$, $(4/25\pi^2)R_S$......であることがベクトル法(第3章)から証明できる(練習問題7-4 を参照すること)。このような不均一膜は g>1 の領域で、反射率が低く抑えられていることが推察できる。従って、1/4 波長積層系において高/低屈折率の変化が高から低へ、そして低から高へ、正弦関数のように変化するとすれば、g=1 のところだけは高反射率で、g>1 のところは低反射率のスペクトルを示すことが期待できる。図7-3 は上述の3種類の膜系のスペクトルと、それに対応する膜の構造を示している。図(b)と図(c)はもはや高次の反射帯を持たないことに注目されたい。図(c)では複数の材料を使うか、または特殊な成膜方法(11.2 と 11.3 を参照)で膜の屈折率を傾斜させて図(b)の設計に近づけ、図(b)の設計と同じ特性のフィルターを作る方法を示している。任意の非常に薄い膜厚 t に対して、屈折率 n の代わりに2層の極めて薄い膜を用いることが出来る[2]。それらの屈折率、膜厚をそれぞれ n_1, n_2, t_1, t_2 とすると、その関係は次式となる。

$$t_1 = (n_2^2 - n^2)t/(n_2^2 - n_1^2) \tag{7-4}$$
$$t_2 = t - t_1$$

膜系が既知のとき、その透過率 T と反射率 R のスペクトルも容易に求められるが、T と R のスペクトルから逆に膜系を求めるのは容易なことではない。つまり既知のバンドストップフィルタのスペクトルから膜系、特に傾斜屈折率膜系の設計を行うことは非常に困難である。一方、T と R を電場の表現として考え、σ と nd をフーリエ変換の2つの定義域として、その表現形式を $E(\sigma) \propto E_0 e^{-i2\pi\sigma n(z)d} e^{i\phi}$

第7章 バンドストップフィルタ

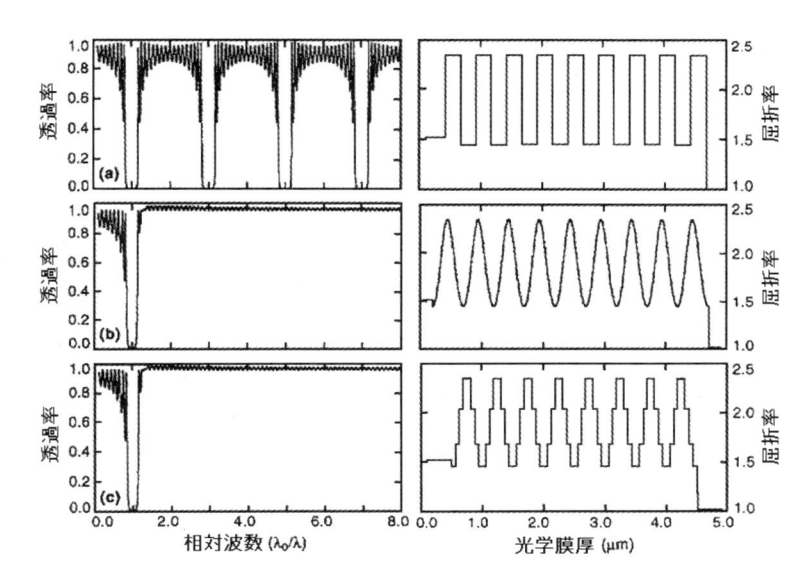

図 7-3 バンドストップフィルタの高次波長領域での阻止帯を除去する設計
(a) 17 層 1/4 波長膜厚積層系　(b) 9 周期の傾斜屈折率単層膜
(c) 複数の材料の傾斜屈折率膜で(b)の設計を行ったもので全部で 49 層である。[1]

（但し $\sigma = 1/\lambda$ は波数で、nd は膜の光学厚さである。）とすると、次の関係式が成り立つ可能性がある。

$$F(\sigma) = \int f(n(z)z)e^{-i2\pi\sigma n(z)z} dz \qquad (7\text{-}5)$$

ここで $F(\sigma)$ は T または R の関数であり、$f(n(z)z)$ は膜の傾斜屈折率を表す関数である。式(7-5)の逆フーリエ関数を求めれば、T または R から $n(z)$ が求められる。阻止帯を矩形関数 (rect-function) と見なせば、関数 $f(n(z)z)$ は正弦関数を含む sinc-function (sinc(x)=sin (πx) / πx) 関数であることが推測できる。阻止帯域が非常に狭いときに sinc 関数の周期が非常に長く伸びたとしても振幅を無視することはできない。故にこの場合、膜を厚くする必要がある。T または R は本来矩形関数ではないので、$f(n(z)z)$ を求めるために、別の形式の $F(\sigma)$ も提案されている。例えば、Sossi[3,4,5] は次の関係式から $n(z)$ を求めた。

第 7 章　バンドストップフィルタ

$$\int_{-\infty}^{\infty} \frac{dn}{dx} \frac{1}{2n} e^{i2\pi\sigma x} dx = Q(\sigma)e^{i\phi(\sigma)} = F(\sigma) \tag{7-6}$$

ここで、x は膜の光学厚さの 2 倍を表す。則ち

$$x = 2\int_0^d n(z)dz$$

である。ここで、$Q(\sigma)$ は偶関数で T と R に関係する。$\phi(\sigma)$ は奇関数で位相項である。フーリエ変換の特性から、対応する領域の中で実部は偶関数，虚部は奇関数である。式(7-6)から次式が分かる。

$$\frac{dn}{dz} \frac{1}{2n} = \int_{-\infty}^{\infty} Q(\sigma)e^{i[\phi(\sigma)-2\pi\sigma x]} d\sigma \tag{7-7}$$

$$\therefore n(z) = n_0 e^{\frac{2}{\pi}\int_0^{\infty} Q(\sigma) \frac{\sin[\phi(\sigma)-2\pi\sigma z]}{\sigma} f\sigma} \tag{7-8}$$

Sossi は $Q(\sigma)$ として次式を定義した。

$$Q(\sigma) = [\frac{1}{2}(\frac{1}{T(\sigma)} - T(\sigma))]^{\frac{1}{2}} \tag{7-9}$$

一方、Delano[6] は次式を定義した。

$$Q(\sigma) = (R/T)^{\frac{1}{2}} \tag{7-10}$$

　関数 $Q(\sigma)$ と $\phi(\sigma)$ に対する解析解はもとめるのが困難なため、Dobrowolski, Lowe[7], Southwell[8], Bovard[9,10,11], Verly[12] らはいろいろな解決方法を提案した。

　Southwell[8] は coupled-wave 理論を利用して、Maxwell の電磁方程式から屈折率の変化が正弦関数であることを導いた。その解は次式となる。図 7-4 はそのグラフを示している。

$$n(z) = n_a + \frac{n_P}{2} \sin(\frac{4\pi}{\lambda_0} n_a z + \phi) \tag{7-11}$$

第7章　バンドストップフィルタ

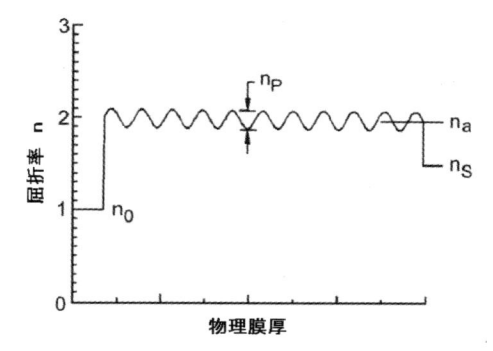

図 7-4　波形屈折率のプロファイル(Rugate index profile)
屈折率変化の周期毎の光学膜厚はバンドストップフィルタの中心波長の 1/2 [8] である。

但し n_a は平均屈折率, n_P は最高と最低屈折率の差, ϕ は基板上の位相である。この波形は S 周期を有すると仮定すると、1 周期毎の光学膜厚はバンドストップフィルタの中心波長 λ_0 の 1/2 である。このバンドストップフィルタの半値幅は次式となる。

$$\frac{\Delta\lambda_h}{\lambda_0} = \frac{n_P}{2n_a} \tag{7-12}$$

その中心波長の吸光度(Optical density, D) は次式である。

$$D = \log_{10}(\frac{1}{1-R}) = 0.6822\frac{n_P}{n_a}S - \log_{10}(\frac{4n_0}{n_S}) \tag{7-13}$$

n_P が非常に小さい場合には阻止帯域が非常に狭いバンドストップフィルタが得られることが分かる。その形状から、このようなフィルタはノッチフィルタ (Notch filter) とも呼ばれている。阻止帯での透過率をなるべく低くするためには S をかなり大きくする、つまり膜を非常に厚くする必要がある。しかし実際の成膜時に膜が厚過ぎると応力の問題が発生するので、S はあまり大きくすることはできない。つまり図 7-4 の中の正弦波は無限に延長するのではなく、矩形窓により切断されるような形になる。さらに n_a と n_S と n_0 は互いに等しくないので、阻止帯域の両側における透過帯はリップルを呈する。例えば S = 100 ,

第7章 バンドストップフィルタ

$n_a = 2$，$n_P = 0.1$，$n_S = 1.52$，$n_0 = 1$，$\lambda_0 = 550nm$ とすると、図7-5の様なバンドストップフィルタが得られる。

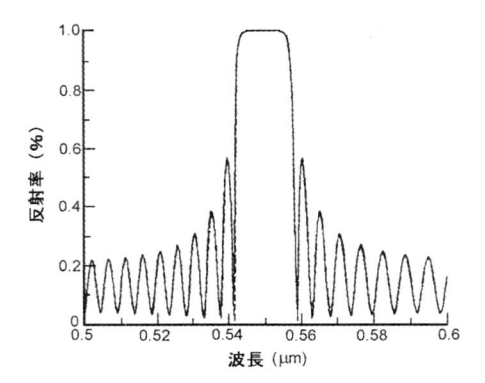

図7-5　$S = 100$，$n_a = 2$，$n_P = 0.1$，$n_S = 1.52$，$n_0 = 1$，$\lambda_0 = 550nm$ のバンドストップフィルタ[7]

透過帯のリップルを除去するために、図7-3と図7-4の不均一屈折率の両側に対してアポダイゼーション(apodization)を行う必要がある。Sが大きくないとき、その形状は小さなウェーブレット（wevelet）[13]に見える。これはガウス型である。または別の形状も使える[11]。不均一膜の両側にある基板と空気それぞれの間に再び反射防止膜を成膜すると、透過帯にリップルを有しないフィルタが得られる。反射防止膜の膜は図6-6に示したようなマッチング層η_mで、このη_mの形式は式(7-14)[14]のような5次多項式である。

$$n_m(z) = n_1 + (n_2 - n_1)(A + Bz + Cz^2 + Dz^3 + Ez^4 + Fz^5) \qquad (7\text{-}14)$$

式の中の係数は境界条件によって決められる。この不均一膜の屈折率変化は図7-6[15]に示すようになる。

傾斜屈折率膜の成膜方法は高/低屈折率を交互に成膜する伝統的な成膜方法とは異なる。この方法での重要な点は、ある波長範囲内において任意の屈折率を持つ膜を成膜しなければならないことである。高/低屈折率の2種類の材料を同時成膜(co-evaporation)する際にそれぞれの成膜速度を異なるように制御する

第7章　バンドストップフィルタ

か、単一材料を使って異なる反応気体を導入する（または同一反応気体で導入量を制御する）ことで、図7-6のような膜が得られる（第11.3節に参照）。

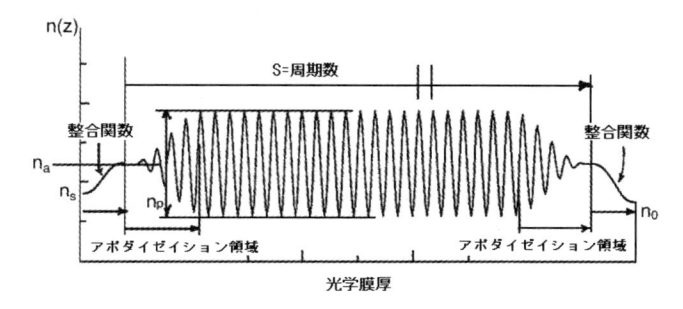

図7-6　不均一膜による、透過帯にリップルがないバンドストップフィルタの設計モデル図[15]

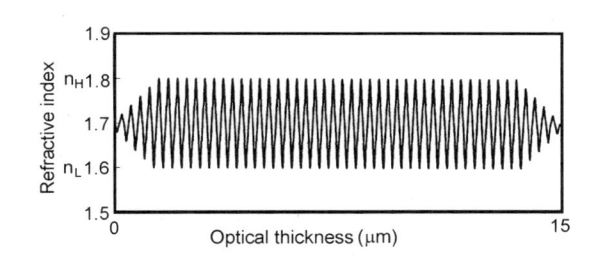

図7-7　バンドストップフィルタの膜の屈折率の変化[16]

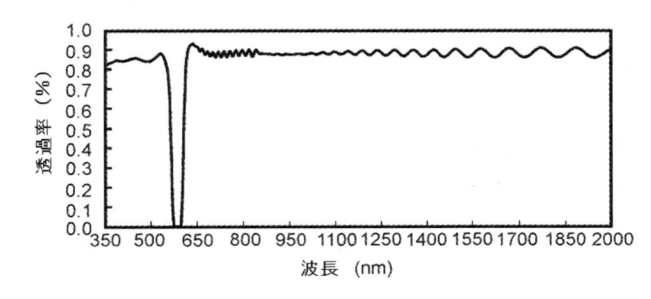

図7-8　図7-7の設計に基づき図11-36のスパッタ成膜装置で成膜したバンドストップフィルタのスペクトル[16]

第7章 バンドストップフィルタ

図 7-7 はバンドストップフィルタの設計で、屈折率は 1.81 と 1.59 の間で変化するようになっており、膜全体の厚さは 15μm である。図 7-8 は図 7-7 の設計を元に図 11-36 のスパッタ成膜装置を用い、高/低屈折率用の金属材料をスパッタ成膜のターゲットとして、2 種類の材料のスパッタ時間を制御することで作製した膜のスペクトル結果[16] である。

参考文献

1. Thelen A., 1988, "Design of Optical Interference Coatings", Chap. 7, McGraw-Hill Book Company, N.Y..
2. Southwell W. H., 1985, "Coating design using very thin high- and low- Index layer" Appl. Opt. **24**, 457-460.
3. Sossi L. and Kard P., 1968, "On the theory of the reflection and Transmission of light by a thin inhomogeneous dielectric film", Eesti. NSV Tead. Akad. Toim. Fuus. Mat. **17**, 41-48.
4. Sossi L., 1976, "On the theory of the synthesis of multilayer dielectric light filters", Eesti. NSV Tead. Akad. Toim. Fuus. Mat. **25**, 171-176.
5. Sossi L., 1974, "A method for the synthesis of multilayer dielectric interference coatings", Eesti. NSV Tead. Akad. Toim. Fuus. Mat. **23**, 229-237.
6. Delano E., 1967, "Fourier synthesis of multilayer filters", J. Opt. Soc. Am. **57**, 1529-1533.
7. Dobrowolski J. A. and Lowe D., 1978, "Optical thin film synthesis program based on the use of Fourier transforms", Appl. Opt. **17**, 3039-3050.
8. Southwell W. H., 1988, "Spectral response calculations of rugate filters using coupled-wave theory", J. Opt. Soc. Am. A. **5**, 1558-1564.
9. Bovard B. G., 1988, "Derivation of a matrix describing a rugate dielectric thin film", Appl. Opt. **27**, 1998-2005.
10. Bovard B. G., 1988, "Fourier transform technique applied to quarterwave optical coatings", Appl. Opt. **27**, 3062-3063.
11. Bovard B. G., 1990, "Rugate filter design : The modified Fourier transform technique", Appl. Opt. **29**, 24-30.
12. Verly P. G., 1995, "Fourier transform technique with frequency filtering for optical thin-film design", Appl. Opt. **34**, 688-694.
13. Southwell W. H., Hall R. L. and Gunning W. J., 1993, "Using wavelets to design gradient-index interference coatings", SPIE **2046**, 26-59.
14. Southwell W. H., 1989, "Gradient-index antireflection coatings", Opt. Lett. **8**, 584-586.
15. Southwell W. H., 1998, "Theoretical aspects of rugate filter", Opt. Soc. of Am. Technical Digest **9**, Optical Interference Coatings.
16. Tang Q., 1997, "Study on the Optical Properties Originator by the Microstructure of Thin Oxide Films", Ph.D. dissertation, Kobe Design University, Japan.

第7章 バンドストップフィルタ

練習問題

1. 式(7-1), (7-2), (7-3)を証明しなさい。
2. プログラムを作成し、BK-7 $\mid (\frac{H}{2} L \frac{H}{2})^{100} \mid$ Air のスペクトルをグラフで示しなさい。但し、n_H=1.48, n_L=1.45 である。
3. プログラムを作成し、屈折率が正弦波で変化するバンドストップフィルタのスペクトルをグラフで示しなさい。(図 7-3b, n_S=1.5, n_{max}=2.3, n_{min}=1.45)次に、マトリックス法で複数層の変化によって得られるバンドストップフィルタ(図 7-3, n_S=1.5, n_1=2.3, n_2=2.05, n_3=1.7, n_4=1.45)のスペクトルと比較しなさい。
4. 屈折率が連続的に変化する膜で、その光学膜厚が 1/4 波長であるときに、g=0,1,2,3,4,5,……. の場合の反射率は R=R_S, $4R_S/\pi^2$, 0, $4R_S/9\pi^2$, 0, $4R_S/25\pi^2$……であることを示しなさい。但し、R_S は成膜前の基板の反射率である。(図 7-9 参照)

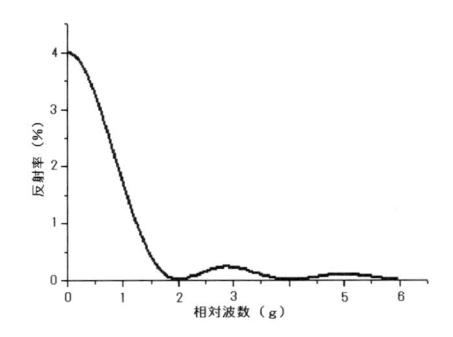

図 7-9 屈折率が連続的に変化し、膜厚が 1/4 波長である場合の反射スペクトル

5. 上述練習問題のように、膜の厚さが 1/2 波長及び波長の 5 倍のときの R 対 g (g=0,1,2,3,4,5)の関係を求めなさい。そして、そのスペクトルを求めなさい。
6. 式(7-12)と(7-13)を証明しなさい。
7. BK-7 を基板として、式(7-11)と(7-14)を用いてコンピューターで図 7-6 の波形屈折率を描きなさい。そして、そのスペクトルを描くことで透過帯におけるリップル除去の様子を観察しなさい。

第8章　バンドパスフィルタ

　バンドパスフィルタはある波長領域の透過率は非常に高いがその両側では透過率が非常に低くなるようなフィルタで、図 1-3(a)に理想なバンドパスフィルタの特性を示す。

8.1　広帯域バンドパスフィルタ

　広帯域バンドパスフィルタは狭帯域バンドパスフィルタに対して使われる言葉で、両者の間に厳密な意味での境界はない。おおよそ $\Delta\lambda_h/\lambda_0 > 15\%$ のときに広帯域バンドパスフィルタと言い、$\Delta\lambda_h/\lambda_0 < 5\%$ のときに狭帯域バンドパスフィルタという。λ_0 は透過帯の中心波長で、$\Delta\lambda_h$ は最大透過率の1/2での波長幅であり、これを半値幅という。

　基板の両側において、片面にLPF（長波長透過フィルタ）を、もう片面にSPF（短波長透過フィルタ）を成膜すると、広帯域バンドパスフィルタを容易に作成できる。要求仕様にしたがって半値幅$\Delta\lambda_h$と中心波長λ_0は決められるが、これはLPFとSPFのモニタ波長を調節することで得られる。

　成膜プロセスを考ると多くの場合、図 8-1 に示すようにSPFとLPFの両方とも基板の片面に成膜される。

$$S \mid \eta_{ms} \; (\frac{L}{2} H \frac{L}{2})^p \; \eta_m \; (\frac{H}{2} L \frac{H}{2})^q \; \eta_{m0} \mid \text{Air}$$

図 8-1　広帯域バンドパスフィルタの基本構造
　　　LPF $(\frac{H}{2} L \frac{H}{2})^q$ と SPF $(\frac{L}{2} H \frac{L}{2})^p$ のモニタ波長はそれぞれλ_Lとλ_Sである。

　η_{ms}, η_m, η_{m0} は透過帯の透過率を出来るだけ高くするための整合層である。LPFとSPFの等価屈折率が互いに等しくなるようにn_Hとn_Lの材料を選べば、

η_m 層は不要になる。例えば TiO_2 と SiO_2 を n_H と n_L の材料とすると、図6-3 を参照して λ_L が $g<1$ のところでは積層系の等価屈折率は $(n_H n_L)^{1/2}$ より小さくなり、λ_S が $g>1$ のところでは積層系の等価屈折率は $n_L(n_L/n_H)^{1/2}$ より小さくなる。従って η_m と η_{m0} が省略できるので、単に η_{ms} を加えればよい。透過帯の特性を図1-3aに示すようなものにしたい場合、p と q の値をやや大きくとり、基板や空気に近い数層の膜厚を細かく調整する必要がある。図4-9 は緑色フィルタの例で、良く使われるバンドパスフィルタの1つである。

バンドパスフィルタを設計するときには、高次波長領域で LPF と SPF の高反射帯を重畳させないように注意しなければならない。重畳させると共振が発生して、非透過領域においても高透過率の極値が現れてしまうからである。

8.2　狭帯域バンドパスフィルタ

LPF と SPF を合成して狭帯域フィルタを作るのは非常に困難な仕事である。なぜなら成膜するときに、カット波長 λ_C，中心波長 λ_0，半値幅 $\Delta\lambda_h$ を制御するのが難しいからである。このような場合、通常は Fabry-Perot（ファブリーペロー）型フィルタの概念に従って設計する。この設計原理は SPF と LPF を組み合わせて行うものとは全く違う。

8.2.1　金属と誘電体膜による Fabry-Perot 型狭帯域バンドパスフィルタ (M-D-M NBF)

最も簡単な狭帯域バンドパスフィルタは、多重光束の干渉により形成される Fabry-Perot 型膜系である。つまり平板の両面に同じ反射率の高反射金属膜を付けるか、または図8-2に示すように2つの平板上に同じ反射率の高反射金属膜を成膜し、その間にスペーサ用リングを挟む方法である。(このスペーサ用リングの替わりに間隔を調整できる装置を用いるとスペクトルスキャナが出来る。)

この種の平行板やスペーサ用リングの両面は非常に平坦でなければならないが、薄くて壊れやすいために作成は容易ではない。だからといってこれらの

第8章 バンドパスフィルタ

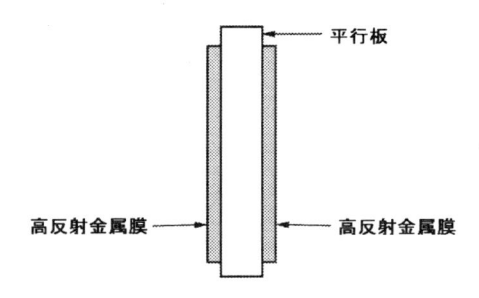

(a) 並行板をスペーサ層として用いる方法

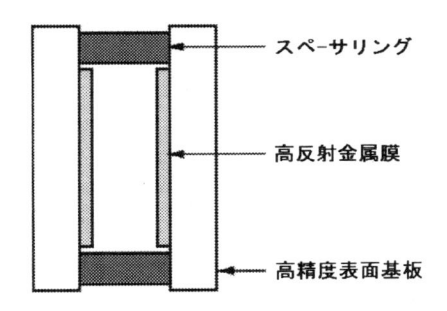

(b) スペーサ用リングを用いる方法

図 8-2 Fabry-Perot 型狭帯域バンドパスフィルタ

厚みを厚くしてしまうと透過帯は高次になり、隣接する透過帯がかなり接近してしまうため、不要な透過帯の除去が難しくなってしまう。そこで平行板の替わりに誘電体膜（スペーサ層-spacer layer）をスペーサとして使うと、基板の平坦性や平行性の要求はいくらか軽くなる。膜の均一性が十分に良ければ、膜が基板の起伏に沿って常に平行な"金属－誘電体－金属"膜系をつくり出すからである。この時、$\Delta\lambda_h$ を狭めたいならその誘電体膜をやや厚くすればよい。しかし、厚くしすぎると膜表面が粗くなり、$\Delta\lambda_h$ が広くなるとともに透過率が低下してしまう。一般に、電子銃を用いてスペーサ層を蒸着する場合、1 次あるいは 2 次の厚さまでしか成膜できないが、IAD やイオンビームスパッタリングで蒸着すればスペーサ層の厚さをさらにその 2 倍以上厚くできる。

第8章　バンドパスフィルタ

(i) 特性解析

式(2-106)から分かるように、透過帯の透過率は次式で表される。

$$T = \frac{T_a T_b}{[1-(R_a R_b)^{1/2}]^2} \cdot \left[\frac{1}{1+F\sin^2(\frac{1}{2}(\phi_a + \phi_b) - \frac{2\pi}{\lambda}nd)}\right] \quad (8\text{-}1)$$

Fはフィネス（先鋭度）であり、次のように表される。

$$F = \frac{4(R_a R_b)^{1/2}}{[1-(R_a R_b)^{1/2}]^2}$$

この式で、大括弧の前の項は最大透過率を決定し、大括弧内の正弦関数を含む項は透過可能な波長位置を決めている。一方、Fは透過波長から不透過波領域までの変化の速さを示す。これらの事柄の詳細については以下に述べる。

i-A) 中心波長

中心波長の値は大括弧の中の項が最大となる条件から求められる。つまり

$$\phi = \frac{2\pi}{\lambda_p}nd - \frac{\phi_a + \phi_b}{2} = m\pi, \quad m = 0, \ \pm 1, \ \pm 2, \ \pm 3, \cdots \quad (8\text{-}2)$$

則ち

$$\frac{1}{\lambda_p} = \frac{1}{2nd}(m + \frac{\phi_a + \phi_b}{2\pi}) \quad (8\text{-}3)$$

である。ここで、mは次数であり、$\phi_a + \phi_b$は一般的に正なので、誘電体スペーサ層の膜厚が1/2波長($\lambda = \lambda_0$)の整数倍のときには、中心波長λ_pは波長λ_0よりやや短い。ϕを横座標とするとπごとに高透過帯が現れることが分かる。図8-3(a)はその理論予測図である。

波長λを横軸とすると、短波長へ行くほど透過帯間の距離はより密になってゆく。m=1のとき、これより長波長領域で透過帯は存在しない。短波長側の透

第 8 章　バンドパスフィルタ

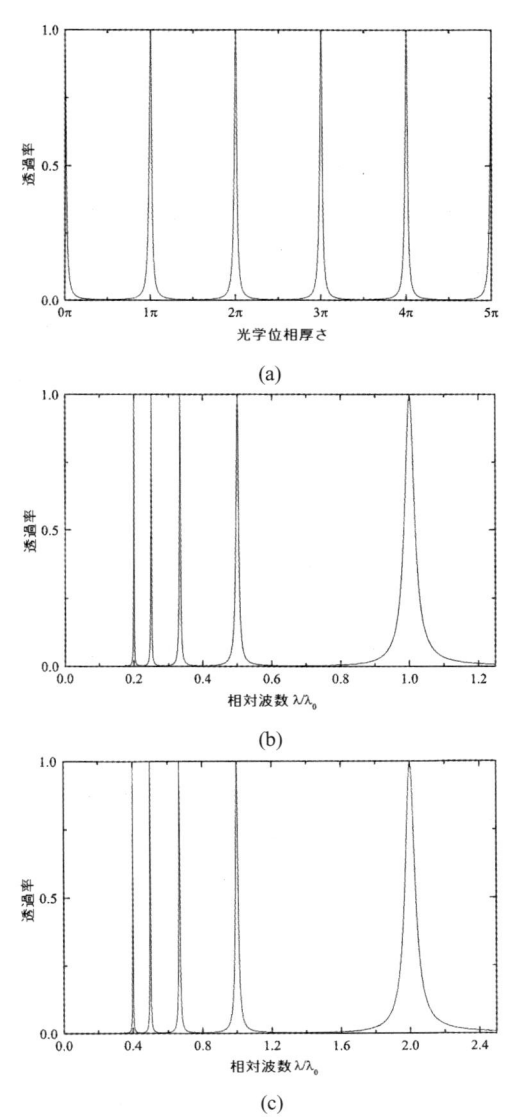

図 8-3　狭帯域バンドパスフィルタの透過帯の特性
(a) ϕ を横座標とすると、π ごとに 1 つの高透過帯が現れる。
(b) m=1 の場合　　(c) m=2 の場合

第 8 章　バンドパスフィルタ

過のピークは $\lambda = \lambda_0/m$ のところで現れる。図 8-3(b)はその理論予測図である。m=2 のとき、それより長波長領域では 1 つの透過帯が $\lambda = 2\lambda_0$ で現れる。残りの透過ピーク値は $2\lambda_0/m$ のところに現れる。図8-3(c)はその理論予測図である。

i-B) 透過帯の半値幅

　一般的に半値幅とは、$T = (1/2)T_{max}$ の 2 つの波長間の幅を指す。要求仕様によっては、半値巾の代わりに $T = 0.1T_{max}$ や $T = 0.01T_{max}$ での波長間の幅を指す場合もあるが、ここでは $T = (1/2)T_{max}$ を半値幅と表示する。狭帯域バンドパスフィルタの半値幅は非常に狭い（従って式(8-1)で F を非常に大きく、則ち反射膜の反射率を非常に高くする必要がある。）ため、正弦関数内の位相 ϕ の透過領域内での変化は非常に小さい。

　半値幅を $\phi = m\pi - \varepsilon$ から $\phi = m\pi + \varepsilon$ ，$\varepsilon \ll \phi$ とすると、

$$\therefore \frac{1}{2} = \frac{1}{1 + F\sin^2 \varepsilon} \approx \frac{1}{1 + F\varepsilon^2}$$

則ち

$$\Delta\phi_h = 2\varepsilon = \frac{2}{\sqrt{F}}$$

となる。従って、式(8-2)を微分すると

$$\Delta\lambda_h = \frac{\Delta\phi_h}{m\pi}\lambda_0 = \frac{2}{m\pi\sqrt{F}}\lambda_0 \tag{8-4}$$

が得られる。スペーサ層の両側を、対称構造を有する高反射ミラーとして $R_a = R_b = R_1$ とおけば

$$\Delta\lambda_h = \frac{(1-R_1)}{m\pi\sqrt{R_1}}\lambda_0 \tag{8-4a}$$

となる。スペーサ層の両側の反射率が異なる場合、例えば、$R_a = R_1$, $R_b = R_1 - \Delta$ の場合、半値幅は次の様に広くなる。

第 8 章　バンドパスフィルタ

$$\Delta\lambda_h \approx \frac{(1-R_1+\frac{1}{2}\Delta)}{m\pi\sqrt{R_1-\frac{1}{2}\Delta}}\lambda_0 \tag{8-4b}$$

半値幅を狭めるには次数 m を高くする（つまり誘電体膜をやや厚くする）か、高反射ミラーの反射率を高くする。

反射率がそれほど高くない場合、$\sin\varepsilon$ は ε で近似できないので

$$\Delta\phi_h = 2\varepsilon = 2\sin^{-1}\frac{1}{\sqrt{F}}$$

である。これから

$$\Delta\lambda_h = \frac{2\lambda_0}{m\pi}\sin^{-1}(\frac{1-R_1}{2\sqrt{R_1}}) \tag{8-4c}$$

が分かる。

i-C) フィネス(Finesse, $\Im$)

フィネスは 2 つのピークの距離を半値幅で割った値として定義される。測定機器において、この値は重要なパラメータの 1 つである。

$$\Im \equiv \frac{\pi}{\Delta\phi_h} = \frac{\pi}{2}(F)^{1/2} \tag{8-5}$$

i-D) 分解能

分解能とは分析機器において、隣接する 2 つの波長を狭帯域バンドパスフィルタが分別する能力をいう。

$$\therefore P_r \equiv \frac{\lambda_p}{\Delta\lambda_h} = \frac{m\pi}{\Delta\phi_h} = m\Im \tag{8-6}$$

i-E) 最大透過率

膜本体に吸収や散乱による損失がないとすると、理論上その最大透過率は 1 である。しかし、実際には損失がある。この損失の値を A とし、分析に便利なように $R_a = R_b = R_1$, $T_a = T_b = T_1$ とすると

第8章　バンドパスフィルタ

$$T_{max} = \frac{T_1^2}{(1-R_1)^2} = \frac{T_1^2}{[1-(1-T_1-A)]^2} = \frac{1}{(1+\frac{A}{T_1})^2} \tag{8-7}$$

となる。上式より、吸収があるときには透過のピーク値が低下することが分かる。

可視領域と近赤外領域で、M-D-M 狭帯域バンドパスフィルタに用いる金属膜（吸収量を考慮する）は Ag が最もよく、紫外線領域では Al が最も良い。また、誘電体膜としては使用波長領域で吸収を有しない材料を選ぶ必要がある。可視光領域では Ag と MgF_2 の組み合わせなどがよい。スペーサ層が 1 次の厚さを有する場合、$\Delta\lambda_h = 13nm$，$T_{max} = 30\%$ が得られる。スペーサ層が 2 次の厚さのときには、$\Delta\lambda_h = 7nm$，$T_{max} = 26\%$ が得られる。これ以上の高次のスペーサ層を使用すると、膜表面が粗くなり損失も大きくなるので、$\Delta\lambda_h$ を狭める目的で高次を利用するのは得策ではない。また T_{max} も急速に低下してしまう。

実際の製作時には 1 次のスペーサ層とし、LPF（吸収型は安く干渉型はやや高いが、ともに使用可能である）を付加して、短波長領域の高次透過帯を除去する。更にこの 2 つのフィルタを互いに接着して膜本体を保護し、使用寿命が延びるようにすることも必要である。

スペーサ両側の反射率 R_a と R_b が等しくない時、透過率に与える影響を考察してみる。吸収がないと仮定すると、式(8-1)の中で透過率の最大値は

$$T_{max} = \frac{T_a T_b}{[1-(R_a R_b)^{1/2}]^2}$$

である。$R_a = R_b - \Delta = R_1 - \Delta$、つまり $T_a = T_b + \Delta = T_1 + \Delta$ で、且つ $\Delta \ll R_1$ とすると、上式は次式となる。

$$T_{max} = \frac{T_1(T_1+\Delta)}{[1-(R_1(R_1-\Delta))^{1/2}]^2} = \frac{T_1(T_1+\Delta)}{\{1-R_1[1-\frac{1}{2}(\frac{\Delta}{R_1})+\cdots\cdots]\}^2}$$

第 8 章　バンドパスフィルタ

$$\approx \frac{T_1^2}{(1-R_1)^2} \frac{1+\frac{\Delta}{T_1}}{[1+\frac{1}{2}(\frac{\Delta}{T_1})]^2} \tag{8-7'}$$

これよりスペーサ層両側の反射率が等しくないときにはピーク値は低下することが分かる。

8.2.2　全誘電体狭帯域バンドパスフィルタ

M-D-M 狭帯域バンドパスフィルタに使われる金属膜には吸収があるため、T_{max}を高くすることも、$\Delta\lambda_h$を狭くすることもできない。これを改善するためには金属膜の替わりに、1/4 波長膜厚誘電体積層系からなる高反射膜を用いる。この場合基本構造は次のようになる。

S｜(HR) S_p (HR)｜Air，或は S｜(HR) S_p (HR)｜S

S は基板、S_pはスペーサ層、厚さは$\frac{1}{2}\lambda_0$の整数倍である。λ_0は透過帯の中心波長で、S_p は 2mH または 2mL、m=1,2,3,…である。S_pの両側の高反射膜(HR)は S_p に対して対称な構造で、高/低屈折率の 1/4 波長交互膜の高反射積層系である。入射側媒質が空気の場合、L 層を加えるか適当な反射防止膜を加えることによって透過帯の透過率を上げることができる。同様に、フィルタを成膜する前に、基板上に反射防止膜を成膜して透過率を上げることもできる。

(i) 特性解析

式(8-1)から導出された各種特性は、ここでも適用できる。

i-A) スペクトル図

そのスペクトルを図 8-4 に示す。

M-D-M 型と異なるのは、$\lambda<\lambda_{C1}$(短波長側カット波長)と$\lambda>\lambda_{C2}$(長波長側カット波長)の波長領域において側波帯(SB)が現れることである。これは 1/4 波長膜厚積層系は g が偶数のときに透過帯となるからである。不要な SB のうち、短

第8章 バンドパスフィルタ

波長側は LPF やカラーフィルタ(color filter)を用いて除去できる。長波長側の SB は 1 次の M-D-M 狭帯域バンドパスフィルタを使用したり、後述する誘導透過フィルタ(ともに長波長側通過帯を有しないため)を利用したり、あるいは SPF を用いるなどして除去する。従って、完璧な狭帯域バンドパスフィルタは通常上記 3 種類の膜系を接着して、外側に保護膜を加えて膜本体を保護することで完成する。従って、フィルタ全体の厚みは多少厚くなる。

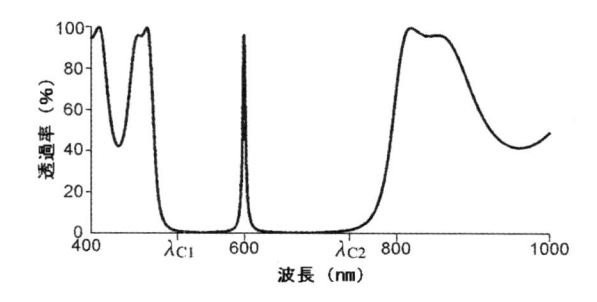

図 8-4 全誘電体狭帯域バンドパスフィルタの測定透過スペクトル

i-B) 半値幅 $\Delta\lambda_h$

吸収損失がなく、しかも S_p 両側の HR は対称であるため、$R_a = R_b = R_1$ である。狭帯域バンドパスフィルタの R_1 値は非常に大きく、ほぼ 1 に近いので、$1 - R_1 = T_1$ となる。一方

$$F = \frac{4R_1}{(1-R_1)^2} \approx \frac{4}{T_1^2} \tag{8-8}$$

である。式(8-4a) より、半値巾は

$$\Delta\lambda_h = \frac{T_1}{m\pi}\lambda_0 \tag{8-9}$$

となる。高反射積層系(HR)の中に x 個の H があると仮定すると膜系の構造は $S \mid (HL)^x \overset{\longleftarrow}{R_1} m2H \mid (LH)^x \mid S$、つまりスペーサ層が高屈折率層のとき

第 8 章　バンドパスフィルタ

$$R_1 = \left(\frac{n_H - Y}{n_H + Y}\right)^2 \approx 1 - \frac{4n_L^{2x} n_S}{n_H^{2x+1}}$$

$$\therefore T_1 \approx \frac{4n_L^{2x} n_S}{n_H^{2x+1}} \tag{8-10H}$$

である。同じように膜系が
S｜(HL)$^{x-1}$ H ＜$_{R_1}$ m 2L｜H (LH)$^{x-1}$｜S、つまりスペーサ層が低屈折率層のとき

$$T_1 \approx \frac{4n_L^{2x-1} n_S}{n_H^{2x}} \tag{8-10L}$$

である。式(8-10)を式(8-9)に代入すると次の式が得られる。

スペーサ層が高屈折率層であるとき、 $\Delta\lambda_h = \dfrac{4n_L^{2x} n_S}{m\pi n_H^{2x+1}}\lambda_0$ (8-11H)

スペーサ層が低屈折率層であるとき、 $\Delta\lambda_h = \dfrac{4n_L^{2x-1} n_S}{m\pi n_H^{2x}}\lambda_0$ (8-11L)

　上記議論の中で、高反射積層系(HR)の反射位相 ϕ_a と ϕ_b を定数として仮定し計算に入れなかったが、実際には ϕ_a と ϕ_b は図 5-10 で示される様に波長の関数である。そのため実際の $\Delta\lambda_h$ は式(8-11H)と式(8-11L)から導かれる値よりも小さいことが予測できる。それは次のように分析できる[1,2]。
　スペーサ層両側の(HR)は対称であるため、$\phi_a = \phi_b$ である。式(8-1)の中の $(\phi_a + \phi_b)/2 = \phi_a$ とすると、半値幅（T=0.5）のときは

$$F\sin^2\left(\frac{2\pi}{\lambda}nd - \phi_a\right) = 1 \tag{8-12}$$

となる。中心波長が $\lambda = \lambda_0$、則ち $g = \lambda_0/\lambda = \nu/\nu_0 = 1$ であるため、g が 1 の近くで微小変動 Δg がある場合

$$\frac{2\pi}{\lambda}nd = m\pi(1 + \Delta g)$$

$$\phi_a = \phi_{a0} + \frac{d\phi_a}{dg}\Delta g$$

第8章　バンドパスフィルタ

となる。ϕ_{a0} は 0 か π なので、式(8-12)は次のように変形できる。

$$F\sin^2(m\pi(1+\Delta g) - \frac{d\phi_a}{dg}\Delta g) \approx F(m\pi\Delta g - \frac{d\phi_a}{dg}\Delta g)^2 = 1$$

則ち

$$\Delta g = (m\pi - \frac{d\phi_a}{dg})^{-1} F^{-\frac{1}{2}}$$

従って、半値幅は

$$2\Delta g = \frac{\Delta \nu_h}{\nu_0} = \frac{\Delta \lambda_h}{\lambda_0} = 2(m\pi - \frac{d\phi_a}{dg})^{-1} F^{-\frac{1}{2}} \tag{8-13}$$

となる。$d\phi_a/dg$ を求めるために、ここでは1/4波長膜厚積層系(HR)を膜マトリックスとして展開し、解析する。半値幅は非常に狭いので、問題にしている波長領域内において全ての膜マトリックスの位相厚さは $\delta = \frac{\pi}{2} + \varepsilon$ （εは非常に小さい量）と書ける。従って任意の層の膜マトリックスは次式となる。

$$\begin{bmatrix} \cos\delta & \frac{i}{n}\sin\delta \\ in\sin\delta & \cos\delta \end{bmatrix} \approx \begin{bmatrix} -\varepsilon & \frac{i}{n} \\ in & -\varepsilon \end{bmatrix} \tag{8-14}$$

基板側に近い膜が高屈折率であり、式(8-10H)の場合、εの高次項を省略すると積層系マトリックスは次のようになる。

$$\begin{bmatrix} B \\ C \end{bmatrix} = [L][H][L]\cdots\cdots[L][H]\begin{bmatrix} 1 \\ n_S \end{bmatrix}$$

$$= \{[L][H]\}^x \begin{bmatrix} 1 \\ n_S \end{bmatrix}$$

$$= \left\{ \begin{bmatrix} -\varepsilon_L & i/n_L \\ in_L & -\varepsilon_L \end{bmatrix} \begin{bmatrix} -\varepsilon_H & i/n_H \\ in_H & -\varepsilon_H \end{bmatrix} \right\}^x \begin{bmatrix} 1 \\ n_S \end{bmatrix}$$

$$\approx \begin{bmatrix} -n_H/n_L & -i(\varepsilon_L/n_H + \varepsilon_H/n_L) \\ i(n_L\varepsilon_H + n_H\varepsilon_L) & -n_L/n_H \end{bmatrix}^x \begin{bmatrix} 1 \\ n_S \end{bmatrix}$$

第8章 バンドパスフィルタ

$$= \begin{bmatrix} M_{11} & iM_{12} \\ iM_{21} & M_{22} \end{bmatrix} \begin{bmatrix} 1 \\ n_S \end{bmatrix} = \begin{bmatrix} M_{11} + in_S M_{12} \\ n_S M_{22} + iM_{21} \end{bmatrix}$$

但し

$$\left.\begin{aligned} M_{11} &= (-1)^x (n_H/n_L)^x \\ M_{22} &= (-1)^x (n_L/n_H)^x \\ M_{12} &= \frac{(-1)^x n_H n_L (n_H/n_L)^x (\varepsilon_L/n_H + \varepsilon_H/n_L)}{(n_H^2 - n_L^2)} \\ M_{21} &= \frac{(-1)^x n_H n_L (n_H/n_L)^x (n_H \varepsilon_L + n_L \varepsilon_H)}{(n_H^2 - n_L^2)} \end{aligned}\right\} \quad (8\text{-}15)$$

である。M_{12} と M_{21} を計算するとき、ε の2次の項と $(n_L/n_H)^{2x}$ 以上の項を省略すると、反射係数 ρ と位相 ϕ_a が次式で表される。

$$\rho = \left(\frac{n_H B - C}{n_H B + C}\right) = \frac{(n_H M_{11} - n_S M_{22}) + i(n_H n_S M_{12} - M_{21})}{(n_H M_{11} + n_S M_{22}) + i(n_H n_S M_{12} + M_{21})} \quad (8\text{-}16)$$

$$\tan \phi_a = \frac{2 n_H n_S^2 M_{12} M_{22} - 2 n_H M_{11} M_{21}}{n_H^2 M_{11}^2 - n_S^2 M_{22}^2 + n_H^2 n_S^2 M_{12}^2 - M_{21}^2}$$

$$\approx \frac{-2 n_H n_L (n_H \varepsilon_L + n_L \varepsilon_H)}{n_H (n_H^2 - n_L^2)} \quad (8\text{-}17\text{H})$$

同じように、式(8-10L)の場合は次式が得られる。

$$\tan \phi_a = \frac{-2 n_L (n_H \varepsilon_H + n_L \varepsilon_L)}{(n_H^2 - n_L^2)} \quad (8\text{-}17\text{L})$$

$$\delta = \frac{2\pi n d}{\lambda} = \frac{2\pi n d}{\lambda_0} \frac{\lambda_0}{\lambda} = \frac{\pi}{2} g \text{ なので、}$$

$$\therefore \varepsilon_H = \varepsilon_L = \frac{\pi}{2} g - \frac{\pi}{2} = \frac{\pi}{2}(g-1)$$

これを式(8-17H)と(8-17L)に代入すると等しい値が得られ、次のようになる。

$$\tan \phi_a = \frac{-\pi n_L}{(n_H - n_L)}(g-1) \quad (8\text{-}17')$$

第8章　バンドパスフィルタ

ϕ_a の値は 0 または π に近いので

$$\frac{d\phi_a}{dg} = \frac{-\pi n_L}{n_H - n_L}$$

が得られる。これを式(8-13)に代入すると、次式が得られる。

$$\frac{\Delta\lambda_h}{\lambda_0} = \frac{2}{m\pi}(\frac{n_H - n_L}{n_H - n_L + n_L/m})F^{-\frac{1}{2}} \tag{8-18}$$

式(8-8)と(8-10)を上式に代入すると次式が得られる。

高屈折率スペーサ層： $\dfrac{\Delta\lambda_h}{\lambda_0} = \dfrac{4n_L^{2x} n_S}{m\pi n_H^{2x+1}} \cdot \dfrac{(n_H - n_L)}{(n_H - n_L + n_L/m)}$ (8-19H)

低屈折率スペーサ層： $\dfrac{\Delta\lambda_h}{\lambda_0} = \dfrac{4n_L^{2x-1} n_S}{m\pi n_H^{2x}} \cdot \dfrac{(n_H - n_L)}{(n_H - n_L + n_L/m)}$ (8-19L)

式(8-19)から n_H と n_L の差やスペーサ層の次数 m は小さいほど、反射位相の変化が及ぼす $\Delta\lambda_h$ の値への影響は大きくなる。

(ii) 膜に吸収があるときの影響

　バンドパスフィルタの透過帯での透過率は非常に重要である。特に一部の応用では、狭帯域バンドパスフィルタの透過率に対する要求は極めて高いものとなる。膜に吸収が有るとき、これは透過率の値に影響するので、より詳しい検討が必要である[1,3]。下記の導出は 5-4 節の解析に基づくものである。

　1 つの 1/4 波長膜(第 j 層)の吸収は式(5-20)に示すように

$$A_j = \beta_j(\frac{n_j}{y_{ej}} + \frac{y_{ej}}{n_j}) \tag{8-20}$$

$$\beta_j = \frac{2\pi}{\lambda} k_j d_j = \frac{2\pi n_j d_j}{\lambda} \frac{k_j}{n_j} = \frac{\pi}{2} \frac{k_j}{n_j} \tag{8-21}$$

である。積層系全体の吸収は式(5-21)に示すように

$$A = (1-R)\sum A_j \tag{8-22}$$

第8章　バンドパスフィルタ

である。ここではバンドパスフィルタがスペーサ層(spacer layer)を有するという点で 1/4 膜厚積層系と異なる。スペーサ層は 1/2 波長の整数倍で、その整数は則ち次数 m である。さらにスペーサ層には高屈折率層と低屈折率層の場合があり、その構造は次のように表される。

$$S \mid (HL)^x \mid m\,2H \mid (LH)^x \mid S$$

或いは　$S \mid (HL)^{x-1} H \mid m\,2L \mid H\,(LH)^{x-1} \mid S$

故に、スペーサ層は複数の同じ誘電体物質からなる 1/4 波長膜で構成されていると見なせる。よって出力光学アドミタンスは不変である。

図 5-15 に示すように各界面での出力光学アドミタンス Y_j と式(5-21)より吸収の公式が得られる。

まず(m2L)スペーサ層の時の狭帯域バンドパスフィルタを解析する。式(8-20)より

$$\sum A_j = \beta_H(\frac{n_S}{n_H}+\frac{n_H}{n_S})+\beta_L(\frac{n_H^2}{n_L n_S}+\frac{n_L n_S}{n_H^2})+\beta_H(\frac{n_L^2 n_S}{n_H^3}+\frac{n_H^3}{n_L^2 n_S})+\beta_L(\frac{n_H^4}{n_L^3 n_S}+\frac{n_L^3 n_S}{n_H^4})$$

$$+\cdots\cdots+\beta_L(\frac{n_H^{2x-2}}{n_L^{2x-3} n_S}+\frac{n_L^{2x-3} n_S}{n_H^{2x-2}})+\beta_H(\frac{n_H^{2x-1}}{n_L^{2x-2} n_S}+\frac{n_L^{2x-2} n_S}{n_H^{2x-1}})$$

$$+m\left[\beta_L(\frac{n_H^{2x}}{n_L^{2x-1} n_S}+\frac{n_L^{2x-1} n_S}{n_H^{2x}})+\beta_L(\frac{n_L^{2x-1} n_S}{n_H^{2x}}+\frac{n_H^{2x}}{n_L^{2x-1} n_S})\right]$$

$$+\beta_H(\frac{n_H^{2x-1}}{n_L^{2x-2} n_S}+\frac{n_L^{2x-2} n_S}{n_H^{2x-1}})+\beta_L(\frac{n_H^{2x-2}}{n_L^{2x-3} n_S}+\frac{n_L^{2x-3} n_S}{n_H^{2x-2}})+\cdots\cdots+\beta_H(\frac{n_H}{n_S}+\frac{n_S}{n_H})$$

$$=2\beta_H\left[1+(\frac{n_L}{n_H})^2+(\frac{n_L}{n_H})^4+\cdots\cdots+(\frac{n_L}{n_H})^{2x-2}\right]\frac{n_S}{n_H}$$

$$+2\beta_H\left[1+(\frac{n_H}{n_L})^2+(\frac{n_H}{n_L})^4+\cdots\cdots+(\frac{n_H}{n_L})^{2x-2}\right]\frac{n_H}{n_S}$$

$$+2\beta_L\left[1+(\frac{n_L}{n_H})^2+\cdots\cdots+(\frac{n_L}{n_H})^{2x-4}\right]\frac{n_L n_S}{n_H^2}$$

$$+2\beta_L\left[1+(\frac{n_H}{n_L})^2+\cdots\cdots+(\frac{n_H}{n_L})^{2x-4}\right]\frac{n_H^2}{n_L n_S}$$

第 8 章　バンドパスフィルタ

$$+2m\beta_L \left(\frac{n_H^{2x}}{n_L^{2x-1} n_S} + \frac{n_L^{2x-1} n_S}{n_H^{2x}} \right) \quad (8\text{-}23)$$

が分かる。$(\frac{n_L}{n_H}) < 1$ なので、上式は次のようになる。

$$\sum A_j = 2\beta_H \frac{n_S}{n_H} \left[\frac{1-(n_L/n_H)^{2x}}{1-(n_L/n_H)^2} \right] + 2\beta_H \frac{n_H}{n_S} (\frac{n_H}{n_L})^{2x-2} \left[\frac{1-(n_L/n_H)^{2x}}{1-(n_L/n_H)^2} \right]$$
$$+2\beta_L \frac{n_L n_S}{n_H^2} \left[\frac{1-(n_L/n_H)^{2x-2}}{1-(n_L/n_H)^2} \right] + 2\beta_L \frac{n_H^2}{n_L n_S} (\frac{n_H}{n_L})^{2x-4} \left[\frac{1-(n_L/n_H)^{2x-2}}{1-(n_L/n_H)^2} \right]$$
$$+2m\beta_L \left[\frac{n_H^{2x}}{n_L^{2x-1} n_S} + \frac{n_L^{2x-1} n_S}{n_H^{2x}} \right] \quad (8\text{-}24)$$

$(\frac{n_L}{n_H}) < 1$ で、且つ x は非常に大きいため、上式の $(n_L/n_H)^{2x}$、$(n_L/n_H)^{2x-2}$ などの項は無視できる。更に第1項と第3項及び第2項と第4項が括弧前の項の値よりも小さいため、これらも無視できる。従って、式(8-24)は次のように簡単化できる。

$$\sum A_j \approx 2\beta_H \frac{n_H^{2x-1}}{n_L^{2x-2} n_S} \frac{1}{[1-(n_L/n_H)^2]} + 2\beta_L \frac{n_H^{2x-2}}{n_L^{2x-3} n_S} \frac{1}{[1-(n_L/n_H)^2]}$$
$$+2m\beta_L \frac{n_H^{2x}}{n_L^{2x-1} n_S}$$

式(8-21)を代入して式を整理すると、次式が得られる。

$$\sum A_j = \frac{\pi}{n_S} (\frac{n_H}{n_L})^{2x} \left[\frac{n_L^2 k_H + n_L^2 k_L}{n_H^2 - n_L^2} + mk_L \right] \quad (8\text{-}25)$$

この解析で、膜の構造を S | (HL)$^{x-1}$ H | m 2L | H (LH)$^{x-1}$ | S と仮定したが、膜を基板上に成膜した後、必ずしも他の基板を接着するとは限らないので、その構造の最後の S は空気やその他のものである。この屈折率を n_0 とすると、反射率は

第 8 章 バンドパスフィルタ

$$R = (\frac{n_0 - n_S}{n_0 + n_S})^2$$

$$\therefore 1 - R = \frac{4n_0 n_S}{(n_0 + n_S)}$$

となる。式(8-22)から分かるように、膜の全吸収損失は式(8-25)を上式に乗じることで得られる。この種の反射損失は反射防止膜を加えることで解消できるので、全吸収は次の式で表せる。

低屈折率スペーサ層 m2L のとき：

$$A = \frac{\pi}{n_S}(\frac{n_H}{n_L})^{2x}(\frac{n_L^2 k_H + n_L^2 k_L}{n_H^2 - n_L^2} + mk_L) \tag{8-26L}$$

同様に、高屈折率スペーサ層 m2H のとき：

$$A = \frac{\pi}{n_S}(\frac{n_H}{n_L})^{2x}(\frac{n_L^2 k_H + n_H^2 k_L}{n_H^2 - n_L^2} + mk_H) \tag{8-26H}$$

となる。狭帯域バンドパスフィルタでは、半値幅λ_hが狭いほど吸収 A が小さくなければならない。式(8-19)を式(8-26)に代入すると両者の関係がより明確になる。則ち、低屈折率スペーサ層 m2L では

$$A = \frac{\lambda_0}{\Delta\lambda_h} \cdot \frac{4\{k_L(n_H/n_L)[m+(1-m)(n_L/n_H)^2]+(n_L/n_H)k_H\}}{(n_H + n_L)[m+(1-m)(n_L/n_H)]} \tag{8-27L}$$

で、高屈折率スペーサ層 m2H では

$$A = \frac{\lambda_0}{\Delta\lambda_h} \cdot \frac{4\{k_L + k_H[m+(1-m)(n_L/n_H)^2]\}}{(n_H + n_L)[m+(1-m)(n_L/n_H)]} \tag{8-27H}$$

である。図 8-5 は $n_H = 2.25$，$n_L = 1.45$，$\lambda_0/\Delta\lambda_h = 1000$ の場合で、このとき k_H と k_L が異なるために、スペーサ物質が異なる場合には吸収も異なることを示している。ここで横座標はスペーサ層の次数 m である。

第 8 章　バンドパスフィルタ

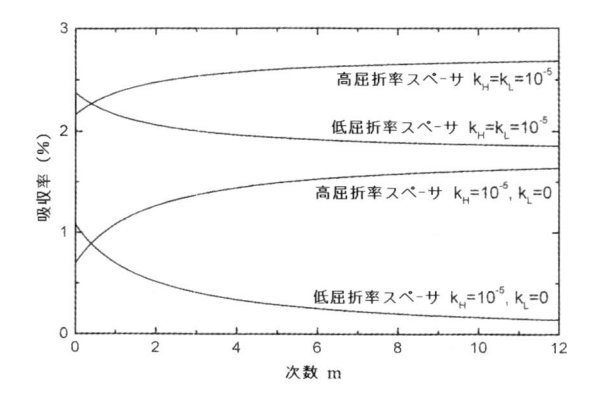

図 8-5　$\lambda_0/\Delta\lambda_h = 1000$ のときの吸収（k_H と k_L に依存する）と m の関係
但し、$n_H = 2.25$，$n_L = 1.45$

8.3　多キャビティバンドパスフィルタ

　前述は 1 つのスペーサ層を有する狭帯域バンドパスフィルタなので、1 キャビティ(Single cavity)狭帯域バンドパスフィルタと呼ばれる。スペクトル形状が、ほぼ三角形なので入射エネルギの半分は透過できずに無駄になってしまう。しかも透過帯から不透過帯間のスロープは、光通信の DWDM などに利用した場合、急峻度が足りないためクロストーク(Cross talk)が発生してしまう。スペクトル形状がほぼ三角形となる理由は次のように解析できる。
　式(8-1)から

$$T = T_{max} \frac{1}{1+F\phi^2}$$

$T = 90\% T_{max}$ のとき、$1+F\phi^2 = \dfrac{10}{9}$ で、則ち $\phi = \dfrac{1}{3}\dfrac{1}{\sqrt{F}}$ である。但し $\Delta\lambda_{90\%} = a$ である。

$T = 50\% T_{max}$ のとき、$1+F\phi^2 = 2$ で、則ち $\phi = \dfrac{1}{\sqrt{F}}$ である。式(8-4)より、$\Delta\lambda_{50\%} = 3a$ であることが分かる。

第8章　バンドパスフィルタ

$T = 10\% T_{max}$ のとき、$1 + F\phi^2 = 10$ で、則ち $\phi = \dfrac{3}{\sqrt{F}}$ であるので、$\Delta\lambda_{10\%} = 9a$ であることが分かる。

故に、1キャビティ型のスペクトル形状はほぼ三角形であることがわかる。

この問題を解決するには、T_{max} が存在する中心波長 λ_0 の狭帯域バンドパスフィルタを複数個を積み重ねた多キャビティ狭帯域バンドパスフィルタを成膜するとよい。例えば

|HR｜Sp｜HR｜L｜HR｜Sp｜HR|

これは2キャビティ(DHW)であり、

|HR｜Sp｜HR｜L｜HR｜Sp｜HR｜L｜HR｜Sp｜HR|

これは3キャビティ(THW)である。

HRは高反射積層系、Spはスペーサ層、Lはカップリング層である。図8-6はそれぞれ1キャビティ、2キャビティ、3キャビティ狭帯域バンドパスフィルタのスペクトルである。図から分かるように、キャビティ数が多いほど理想的な矩形フィルタ(図1-3a)に近づく。しかしキャビティ数が多すぎたり、適切な設計がなされてない場合には、透過帯において透過率を低下させるリップルが生じることがある。この透過帯のスペクトルは、ウサギの耳のように両側の透過率が高く、中間が低いものになってしまう。こういうときには膜系の修正が必要であるが、対称積層系の概念を用いて多キャビティ狭帯域バンドパスフィルタを設計するときにもう一度この問題を考えることにする。

図8-6に示すように、多キャビティ狭帯域バンドパスフィルタの高透過領域幅は1キャビティ狭帯域バンドパスフィルタよりも広く、低透過領域幅は逆に狭い。その原理は式(2-84a)及び第3章で述べたベクトル法で説明できる。図8-6で、1キャビティの設計は $G|[(HL)^4 H2LH(LH)^4]|G$（G：ガラス、H/L：Ta_2O_5/SiO_2）で各層の膜厚は1/4波長積層系 $|HR|Sp|HR| = (HL)^4 H \cdot 2L \cdot H(LH)^4$ である。この積層系を基板Gに成膜したときの等価屈折率をEとすると、1キャビティ狭帯域バンドパスフィルタの設計は E|G と書ける。従って、これは図8-7aに示す

第8章 バンドパスフィルタ

ように1キャビティ狭帯域バンドパスフィルタ，基板，等価界面aの合成と見なすことが出来る。

等価屈折率 E は波長の関数である。図 8-8 に示すように、中心波長領域 λ_0（1550nm）での等価屈折率は基板の屈折率 n_s なので $r_a = 0$、つまり透過率 T = $1 - |r_a|^2 = 1$ である。波長がλ_0から離れるにつれて等価屈折率の値は急激に上昇し、反射率 $|r_a|^2$ も急激に増える。（透過率 T が非常に小さくなる。）図 8-9 のS線は図8-7aの1キャビティ狭帯域バンドパスフィルタの透過率分光特性である。#反射位相は $r_a (= |r_a|e^{i\phi_a})$ の位相変化（ϕ_a）曲線である。

図 8-7b は 2 キャビティ狭帯域バンドパスフィルタの等価界面図である。図中のr_bの特性は r_a と同じなので、式(2-84a)より r_a と r_b のベクトル和ρを求め

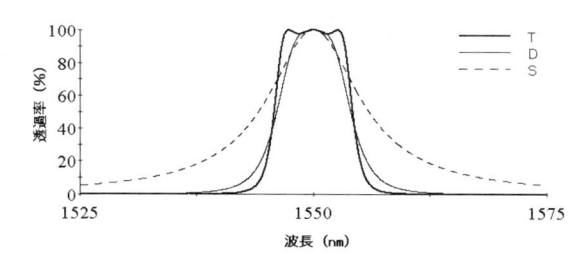

図 8-6　1 キャビティ(S)，2 キャビティ(D)，3 キャビティ(T)の
　　　　狭帯域バンドパスフィルタ

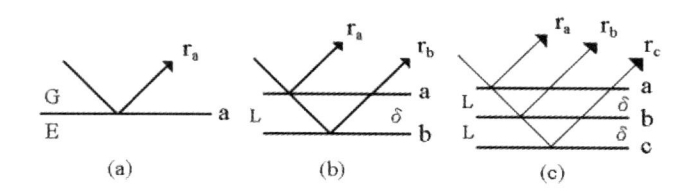

図 8-7　|HR|Sp|HR| を等価界面として見なせる
　　(a)1 キャビティ狭帯域バンドパスフィルタ：等価界面はaである。
　　(b)2 キャビティ狭帯域バンドパスフィルタ：等価界面はaとbである。
　　(c)3 キャビティ狭帯域バンドパスフィルタ：等価界面はa，b，cである。

第 8 章　バンドパスフィルタ

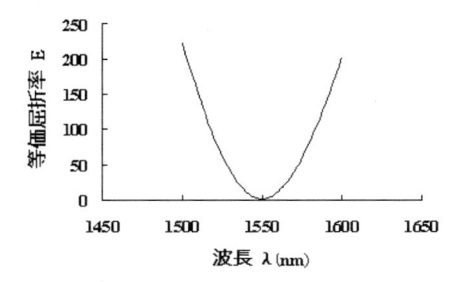

図 8-8　図 8-7a における等価屈折率 E の波長（λ）に対する変化

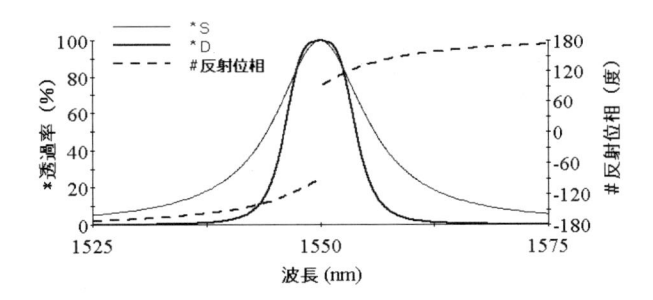

図 8-9　1 キャビティ，2 キャビティの透過率と 1 キャビティの反射位相
　　　*S：1 キャビティ BPF，*D：2 キャビティ BPF，#反射位相：1 キャビティ BPF
　　　の反射位相

ることが出来る。

$$\rho = \frac{r_a^+ + r_b^+ e^{-i2\delta}}{1 + r_b^+ r_a^+ e^{-2i\delta}}$$

$$r_a = |r_a| e^{i\phi_a}$$

$$r_b = |r_b| e^{i\phi_b}$$

$$\delta = \frac{2\pi}{\lambda} n_L d_L = \frac{\pi}{2} \frac{\lambda_0}{\lambda}$$

$$\phi = \tan^{-1}\left[\frac{\text{Im}(\rho)}{\text{Re}(\rho)}\right]$$

第 8 章　バンドパスフィルタ

波長 λ が λ_0 からそれほど離れていないときは

$$\phi \approx \phi_a + \phi_b - 2\delta$$
$$= \phi_a + \phi_b - \pi\left(\frac{\lambda_0}{\lambda}\right)$$

である。

　ベクトルの規則より、$\lambda = \lambda_0$ の時、ρ が極小値であることが分かる。この場合は $\rho = 0$ (図 8-10a) である。λ が λ_0 から離れると r_a, r_b, ϕ の値は徐々に大きくなり、そのベクトル和 ρ も徐々に大きくなるが、r_a や r_b よりは小さい。(図 8-10b, $\lambda = \lambda_0 \pm \varepsilon$) ϕ の値が r_a と r_b のベクトル和 $\rho = r_a$ (図 8-10c, $\lambda = \lambda_0 \pm a$) まで大きくなった時、1 キャビティと 2 キャビティの反射率は等しい、つまり図 8-9 に示すように (*S と*D の 2 つの分光特性曲線が交わるところ) 透過率が等しくなる。λ が λ_0 から遠く離れると $\lambda = \lambda_0 \pm b$, $b > a$, $\rho > r_a$ なので、透過率は離れるに従って低下する。ベクトル法は近似計算であるが、r_a と r_b が非常に小さい時には、ρ の値はそれほど不正確ではない。b の値が非常に大きい場合には r_a と r_b も非常に大きく、ρ もこれより更に大きい。この場合ベクトル法で求められた近似値は正確ではないが、その特徴はよくあっている。則ち、2 キャビティの反射率は 1 キャビティ狭帯域バンドパスフィルタよりも更に大きい。

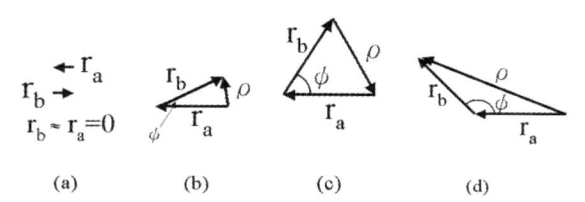

図 8-10　ベクトル法で 2 キャビティ狭帯域バンドパスフィルタの分光特性を推測する
(a) $\lambda = \lambda_0$, $\rho = 0$, (b) $\lambda = \lambda_0 \pm \varepsilon$, $\varepsilon \ll \lambda_0$, $\rho < r_a$, (c) $\lambda = \lambda_0 \pm b$, $\rho = r_a$, (d) $\lambda = \lambda_0 \pm b$, $\rho > r_a$

　3 キャビティ狭帯域バンドパスフィルタの分光特性も上記の方法に習って推測できる。図 8-7c は等価界面図で、3 つのベクトル r_a, r_b, r_c がある。第 3 章

第 8 章　バンドパスフィルタ

の第 3.1.2 節の推論から r_a, r_b, r_c が 1 つの閉じた三角形になる場合、ベクトル和は $\rho = 0$ であり、λ_0 に近隣する 2 辺の波長上では反射率が 0 となる。従って λ_0 に対しても完全な反射防止設計を行えば、3 キャビティ狭帯域バンドパスフィルタは 3 つの波長で反射率が 0、つまり透過率が 100%となる。λ が λ_0 から離れる時、3 つのベクトルの和 ρ の上昇の仕方は 2 つのベクトル和よりも更に早い。従って 3 つのベクトル和は非常に早く図 8-10 の 2 つのベクトル和に等しくなる（図 8-6 中の D と T の分光特性曲線の交差点である）。これを過ぎると r_a, r_b, r_c のベクトルは急速に上昇し、図 8-6 に示すように透過率が急速に低下する。

以上の推論をまとめると、多キャビティ狭帯域バンドパスフィルタのほうが、1 キャビティ狭帯域バンドパスフィルタよりも更に広い高透過領域幅と狭い低透過領域幅を有することが分かる。則ち透過率分光特性はより矩形に近い。キャビティ数が多すぎると透過帯域において深いリップルが発生することがあるので注意しなければならない。

8.3.1　斜入射の影響

斜入射の場合、膜の位相厚さが $\delta = 2\pi nd\cos\theta/\lambda$ なので中心波長が短波長側にシフトすることが分かる。波長シフトに関してはスペーサ層の影響が最も大きい。スペーサ層の等価屈折率を $n^{*[1,4]}$ とすると、スペーサ層両側の高反射積層系の反射位相は中心波長が $2\pi n^* d\cos\theta/\lambda = m\pi$ の位置で 0 または π となる。則ち

$$(2\pi n^* d/\lambda_0)g\cos\theta = m\pi$$
$$g\cos\theta = 1$$
$$\Delta g = (\frac{1}{\cos\theta} - 1)$$

である。空気中での入射角を θ_0 とすると $\theta = \sin^{-1}(\sin\theta_0/n^*)$ なので、小さい角度での中心波長シフトは次のようになる。

$$\Delta g = \Delta\lambda/\lambda_0 = \theta_0^2/2n^{*2} \tag{8-28}$$

以上の場合は高反射積層系の反射位相を 0 または π と仮定したが、実際にはこうとは限らない。厳密には、中心波長が次の位置で発生するだろう。

第8章 バンドパスフィルタ

$$\sin^2[(2\pi nd\cos\theta/\lambda) - \phi] = 0 \tag{8-29}$$

$\theta_0 = 0$ のとき

$$\sin^2[(2\pi nd/\lambda_0) - \phi_0] = 0 \tag{8-30}$$

であり、$\phi_0 = 0$ あるいは π であるから、式(8-30)は次式になる。

$$2\pi nd/\lambda_0 = m\pi, \quad m = 0, 1, 2 \cdots\cdots$$

従って式 (8-29) は次のように書ける。

$$\begin{aligned}
&\sin^2[(2\pi nd/\lambda_0)g\cos\theta - \phi_0 - \Delta\phi] = 0 \\
&= \sin^2[(2\pi nd/\lambda_0) - \phi_0 - m\pi\Delta g - (m\pi\theta_0^2/2n^2) - \Delta\phi] \\
&\therefore m\pi\Delta g - m\pi\theta_0^2/2n^2 - \Delta\phi = 0
\end{aligned} \tag{8-31}$$

$\Delta\phi$ は式(8-17)の1/4波長膜厚積層系の反射位相ϕ_a から得られる。ε を1/4波長膜厚からずれた微小な量とすると

$$\begin{aligned}
\frac{\pi}{2} + \varepsilon &= (2\pi nd/\lambda_0)g\cos\theta \\
&\approx (\frac{\pi}{2})(1+\Delta g)(1-\frac{\theta^2}{2}) \\
&= (\frac{\pi}{2})(1+\Delta g)(1-\frac{\theta_0^2}{2n^2}) \\
\therefore \varepsilon &\approx \frac{\pi}{2}\Delta g - \frac{\pi}{4}(\frac{\theta_0}{n})^2
\end{aligned} \tag{8-32}$$

となる。上式の n は、n_H または n_L である。

(i). 高屈折率スペーサ層の場合、式(8-17H)から次式が得られる。

$$\Delta\phi = -\frac{2n_L^2}{(n_H^2 - n_L^2)}\varepsilon_H - \frac{2n_H n_L}{(n_H^2 - n_L^2)}\varepsilon_L$$

式(8-32)を代入すると

第8章 バンドパスフィルタ

$$\Delta\phi = -\frac{n_H n_L}{(n_H - n_L)}\Delta g + \frac{\pi}{2}\frac{(n_L^2 - n_H n_L + n_H^2)}{n_H^2 n_L(n_H - n_L)}\theta_0^2 \qquad (8\text{-}33)$$

が得られる。これを式(8-31)に代入し整理すると

$$\Delta g = \frac{1}{n_H^2}\frac{[(m-1)-(m-1)(n_L/n_H)+(n_H/n_L)]}{[m-(m-1)(n_L/n_H)]}(\frac{\theta_0^2}{2})$$

が得られる。式(8-28)と比較すると、斜入射時のスペーサ層の等価屈折率は

$$n^* = n_H(\frac{m-(m-1)(n_L/n_H)}{(m-1)-(m-1)(n_L/n_H)+(n_H/n_L)})^{1/2} \qquad (8\text{-}34\text{H})$$

となる。1次、つまり m=1 の場合

$$n^* = (n_H n_L)^{1/2} \qquad (8\text{-}35\text{H})$$

と表される。

(ii) 低屈折率スペーサ層の場合

同様に、式(8-17L)から

$$n^* = n_L(\frac{m-(m-1)(n_L/n_H)}{m-m(n_L/n_H)+(n_L/n_H)^2})^{1/2} \qquad (8\text{-}34\text{L})$$

が導ける。1次、つまり m=1 の場合

$$n^* = n_L\big/[1-(n_L/n_H)+(n_L/n_H)^2]^{1/2} \qquad (8\text{-}35\text{L})$$

である。入射媒質が空気ではなく屈折率 n_0 の物質である場合、式(8-28)は次式に修正すべきである。

$$\Delta g = \Delta\lambda/\lambda_0 = \Delta\nu/\nu_0 = \frac{1}{2}(\frac{n_0\theta_0}{n^*})^2 \qquad (8\text{-}36)$$

θ_0 を角度で表すと、斜入射時の中心波長のシフトは次式となる。

$$\Delta g = \Delta\lambda/\lambda_0 = \Delta\nu/\nu_0 = 1.5\times10^{-4}(\frac{n_0}{n^*})^2\theta_0^2 \qquad (8\text{-}37)$$

第8章　バンドパスフィルタ

以上では入射光を平行光と仮定したが、実際に入射光は円錐状（集光入射または散光入射）であることが多い。これは透過帯の半値幅に影響を与えるだけでなく、透過率も低下させてしまう。この場合はλを用いるよりνまたはgを用いて解析したほうが便利である。仮に入射光を垂直入射とし、光がそれほど大きくない広がり半値角θ_{cone}を持つ場合、新しい最大透過率は

$$\nu_{peak} = \nu_0 + 0.5\Delta\nu \tag{8-38}$$

にある。ν_0は入射光の透過率のピーク値の周波数であり、$\Delta\nu$は式(8-37)のシフトである。また、この場合$\theta_{cone} = \theta_0$である。

新しいバンドパスフィルタの半値幅は$\Delta\nu_h$から$\Delta\nu'_h$へ変化する。この関係は0からθ_hまでの広がり半値角の2乗の積分の平方根より求められる。

$$\Delta{\nu'}_h^2 = \Delta\nu_h^2 + \Delta\nu^2 \tag{8-39}$$

一方、透過率はT_0からT'まで低下し

$$\frac{T'}{T_0} = \frac{\Delta\nu_h}{\Delta\nu}\tan^{-1}[\frac{\Delta\nu}{\Delta\nu_h}] \tag{8-40}$$

$\dfrac{\Delta\nu}{\Delta\nu_h}$の値は小さいので、$\dfrac{T'}{T_0} \approx 1 - \dfrac{1}{3}[\dfrac{\Delta\nu}{\Delta\nu_h}]^2$ (8-40')

と表される。次に入射光の入射角θ_0が0でなく、広がり半値角がθ_{cone}の場合を考える。この場合、正味の光の入射角は$\theta_0 - \theta_{cone}$から$\theta_0 + \theta_{cone}$である。$\theta_0 < \theta_{cone}$のとき、可視光域では広がり半値角$\theta_0 + \theta_{cone}$を有する。但し表面入射の場合のみである。故に、角度がそれほど大きくない場合、式(8-38)から(8-40)はすべて適用可能で、$\theta_0 > \theta_{cone}$の場合には3つの周波数に対する透過率を考慮する必要がある。つまり

ν_0、則ち垂直入射（入射角θ_0）の場合
ν_1、入射角が$\theta_0 - \theta_{cone}$の場合
ν_2、入射角が$\theta_0 + \theta_{cone}$の場合である。

従って、最大透過率の値は

第 8 章　バンドパスフィルタ

$$\nu_{peak} = 0.5(\nu_1 + \nu_2) \tag{8-41}$$

の位置にあり、半値幅は

$$(\Delta\nu'')^2 = \Delta\nu_h^2 + (\nu_2 - \nu_1)^2 \tag{8-42}$$

であり、最大透過率は

$$\frac{T''}{T_0} = (\frac{\Delta\nu_h}{\nu_2 - \nu_1})\tan^{-1}(\frac{\nu_2 - \nu_1}{\Delta\nu_h}) \approx 1 - \frac{1}{3}(\frac{\nu_2 - \nu_1}{\Delta\nu_h})^2 \tag{8-43}$$

である。上式の $(\nu_2 - \nu_1)$ は $\theta_0\theta_{cone}$ に比例する。則ち $(\nu_2 - \nu_1) = \dfrac{2\theta_0\theta_{cone}}{n^{*2}}\nu_0$ である。θ_0 と θ_{cone} はラジアン単位で表す。角度で表すならば

$$(\nu_2 - \nu_1) = \frac{6.09 \times 10^{-4}\theta_0\theta_{cone}}{n^{*2}}\nu_0 \tag{8-44}$$

となる。入射円錐光がそれほど広角でない、つまり θ_{cone} がそれほど大きくない場合、θ_{cone} と焦点距離/口径 F ナンバー(f/#)の関係は次式で近似できる。

$$\theta_{cone} \approx \frac{1}{2f/\#}$$

∴ 式(8-36)を f/# で表すと次式となる。

$$\Delta\nu = \frac{\nu_0}{8n^{*2}(f/\#)^2} \tag{8-45}$$

例1　フィルタの半値幅が $\Delta\lambda_h = 0.8nm$, $\lambda_0 = 1550nm$, $n^* = 1.585$, f/#=10 で垂直入射のとき、半値幅と透過率の変化を求めると、次のようになる。

$$\Delta\nu = \frac{\nu_0}{8n^{*2}(f/\#)^2} = \frac{\nu_0}{8 \times 1.585^2 \times 10^2} = 0.000498\nu_0$$

$$\Delta\nu_h = \nu_0\frac{\Delta\nu_h}{\lambda_0} = \nu_0\frac{0.8}{1550} = 0.00052\nu_0$$

$$\therefore \Delta\nu'_h = (0.00052^2 + 0.000498^2)^{1/2}\nu_0 = 0.000632\nu_0$$

第 8 章　バンドパスフィルタ

あるいは、半値幅が $\Delta\lambda'_h = 0.98$nm となり、透過率が次の値まで低下する。

$$T = T_0 \left(\frac{0.00052}{0.000498} \tan^{-1} \frac{0.000498}{0.00052}\right) = 0.798 T_0$$

例2 フィルタの等価屈折率を $n^* = 1.585$，$\Delta\lambda_h/\lambda_0 = 0.00052$ として、$T \geq 0.9 T_0$ としたい場合、例1の条件の下での入射角の大きさの限界を求めると次のようになる。

式(8-43)より

$$0.9 = \frac{\Delta\nu_h}{\nu_2 - \nu_1} \tan^{-1}\left(\frac{\nu_2 - \nu_1}{\Delta\alpha\nu_h}\right)$$

則ち $\dfrac{\nu_2 - \nu_1}{\Delta\nu_h} \approx 0.603$ である。

式(8-42)より半値幅は $\Delta\nu'' = (1 + 0.603^2)^{1/2} \Delta\nu_h = 1.168 \Delta\nu_h$、つまり半値幅は16.8%分増加したので、垂直入射時の入射円錐光の許容広がり半値角は次のようになる。

$$\theta_{cone} = \left(\frac{0.603 \times 0.00052}{1.5 \times 10^{-4}}\right)^{1/2} \times 1.585 = 2.3°$$

つまり、f/# は 12.5 より大きくする必要がある。

斜入射の場合、
$$\theta_0 \theta_{cone} = \frac{(\nu_2 - \nu_1)}{\nu_0} \frac{n^{*2}}{6.09 \times 10^{-4}}$$
$$= \frac{0.603 \times 0.00052 \times 1.585^2}{6.09 \times 10^{-4}}$$
$$= 1.29 \text{ (degree}^2\text{)}$$

従って、$\theta_{cone} = 2.3°$ のとき、入射角 θ_0 は 0.56 度より大きくなってはならない。$\theta_{cone} = 1.5°$ のとき、$\theta_0 = 0.86°$ である。

8.3.2　対称な積層系

多キャビティ狭帯域バンドパスフィルタの特性は対称な積層系を用いて解

第 8 章　バンドパスフィルタ

析できる[5,6]。3 キャビティ型の場合には次の様な構造になる。

$$
\begin{aligned}
&\mathrm{G\,|\,H\,L\,H\,2\,L\,H\,L\,H\cdot L\cdot H\,L\,H\,2\,L\,H\,L\,H\cdot L\cdot H\,L\,H\,2\,L\,H\,L\,H\,|\,G}\\
&=\mathrm{G\,|\,H\,L\,H\,L\,(L\,H\,L\,H\,L\,H\,L\,H\,L)^{2}\,L\,H\,L\,H\,|\,G}\\
&=\mathrm{G\,|\,H\,L\,H\,L\,(M)^{2}\,L\,H\,L\,H\,|\,G}
\end{aligned}
\tag{8-46}
$$

　上の構造から、このフィルタは対称膜 M=LHLHLHLHL を基本積層系とし、両側に入射媒質と出射媒質用の反射防止整合膜系を加えたものと言える。M の等価屈折率は非常に大きいか、または非常に小さいかのどちらかで反射防止の整合を行わないと、透過率が非常に低くなってしまう。狭帯域バンドパスフィルタが対称な積層系を基本構造$(M)^S$に持っていることで 1 つの利点がでてくる。積層系の周期数 S がいくら増加しても透過帯の半値幅は不変であり、しかも不透過帯は S の増加によって透過量が非常に低く抑えられ、かつ不透過帯から透過帯にいたるスロープは非常に急峻になるのである。

　M の等価屈折率とその他の特性については、次のように解析する。

　対称な積層系の基本構造の周期が全部で 2x+1 層あるとし、スペーサ層の次数を m とする。このときの基本構造は次のようになる。

$$
\mathrm{H^{m}\,L\,H\,L\,H\cdots\cdots L\,H^{m}}, \quad \text{あるいは} \quad \mathrm{L^{m}\,H\,L\,H\,L\cdots\cdots H\,L^{m}} \tag{8-47}
$$

ここで、注目したいのは、等価屈折率 η_E と狭帯域バンドパスフィルタの半値幅 $\Delta\lambda_h$ である。狭帯域であるから半値幅は $\delta = \dfrac{\pi}{2} \pm \varepsilon$ にあり、任意の 1 層は 1/4 波長膜厚である。従って式(8-14)から(8-19)を参照して、マトリックスに対して次の処理を施す。

$$
\begin{bmatrix} -\varepsilon & i/n \\ in & -\varepsilon \end{bmatrix}
\tag{8-48}
$$

ここでマトリックス中の $\varepsilon = (\pi/2)(g-1)$ は微小量であり、$g = \lambda_0/\lambda$ である。
(i) $m = 2q+1$、則ち m が奇数のとき、H^m または L^m のマトリックスは

$$
(-1)^q \begin{bmatrix} -m\varepsilon & i/n \\ in & -m\varepsilon \end{bmatrix}
$$

第8章　バンドパスフィルタ

である。2次以上の高次項を無視すると、式(8-47)のマトリックスは

$$\begin{bmatrix} M_{11} & M_{12} \\ M_{21} & M_{22} \end{bmatrix} \quad (8\text{-}49)$$

$$M_{11} = M_{22} = (-1)^{x+2q}(-\varepsilon)\left[m(\frac{n_1}{n_2})^x + (\frac{n_1}{n_2})^{x-1} + (\frac{n_1}{n_2})^{x-2} + \cdots + (\frac{n_2}{n_1})^{x-1} + m(\frac{n_2}{n_1})^x\right]$$

$$M_{12} = i(-1)^x \Big/ \left[(n_1/n_2)^x n_1\right]$$

$$M_{21} = i(-1)^x \left[(n_1/n_2)^x n_1\right]$$

となるので、等価屈折率は

$$\eta_E = \sqrt{M_{21}/M_{12}} = (\frac{n_1}{n_2})^x n_1 \quad (8\text{-}50\text{-odd})$$

となる。透過帯の半値は $\frac{1}{2}|M_{11} + M_{22}| = 1$、つまり $|M_{11}| = 1$ のところ、則ち

$$\varepsilon\left[m(\frac{n_H}{n_L})^x + (\frac{n_H}{n_L})^{x-1} + (\frac{n_H}{n_L})^{x-2} + \cdots + (\frac{n_L}{n_H})^{x-1} + m(\frac{n_L}{n_H})^x\right] = 1$$

である。上式を整理すると

$$\varepsilon\left[(m-1)(\frac{n_H}{n_L})^x + (m-1)(\frac{n_L}{n_H})^x + (\frac{n_H}{n_L})^x(\frac{1-(n_L/n_H)^{2x+1}}{1-(n_L/n_H)})\right] = 1$$

$$\approx \varepsilon(\frac{n_H}{n_L})^x\left[(m-1) + \frac{1}{1-(n_L/n_H)}\right]$$

$$\varepsilon = (\frac{n_L}{n_H})^x \frac{1-(n_L/n_H)}{[m-(m-1)(n_L/n_H)]} \quad (8\text{-}51)$$

が得られるので、半値幅は次式となる。

$$\left|\frac{\Delta\lambda_h}{\lambda_0}\right| = \left|\frac{\Delta\nu_h}{\nu_0}\right| = 2(g-1) = \frac{4}{\pi}\varepsilon = \frac{4}{m\pi}(\frac{n_L}{n_H})^x \frac{(n_H-n_L)}{(n_H-n_L+n_L/m)} \quad (8\text{-}52)$$

(ii) m=2q 則ち m が偶数のとき、H^m と L^m のマトリックスは次のようになる。

第 8 章　バンドパスフィルタ

$$(-1)^q \begin{bmatrix} 1 & im\varepsilon/n \\ im\varepsilon n & 1 \end{bmatrix}$$

同様に次式が得られる。

$$(\frac{\Delta\lambda_h}{\lambda_0}) = \frac{4}{m\pi}(\frac{n_L}{n_H})^x \frac{(n_H - n_L)}{(n_H - n_L + n_L/m)}$$

この値は式(8-52)と同じであるが、等価屈折率η_Eは異なる。H^mまたはL^mは不在層なので、次式が得られる。

$$\eta_E = (\frac{n_2}{n_1})^{x-1} n_2 \tag{8-50-even}$$

式(8-52)と式(8-19)を比較すると、あたかも式(8-19)で示した$\Delta\lambda_h$が$(\frac{n_L}{n_H})^x$倍に狭まったように見えるが、これはここでの高反射積層系(HR)が式(8-19)の半分であるからで、両者の間に矛盾はない。

式(8-50)から x が非常に大きいとき、対称積層系の等価屈折率η_Eは非常に大きいか非常に小さいかのどちらかである。従って基板と入射媒質の屈折率(n_Sとn_0) 差は大きく、そのため反射損失が非常に大きくなり、透過率も高くはない。故に、η_Eとn_S、およびη_Eとn_0の間に整合層（反射防止膜と同じである）を加える必要がある。これが式(8-46)の中で$(M)^2$の両側にＬＨＬＨの積層系が存在する理由である。これらの整合膜はすべて 1/4 波長膜厚であるが、何層にすればよいかについて、式(8-46)を例にとり、次のように説明できる。

マトリックス M の $\eta_E = \dfrac{n_L^5}{n_H^4}$ である。

その上にＬを1層成膜すると、等価屈折率は $\dfrac{n_L^2}{\eta_E} = \dfrac{n_H^4}{n_L^3} = \eta_{E1}$ となる。

更にＨを1層成膜すると、等価屈折率は $\dfrac{n_H^2}{\eta_{E1}} = \dfrac{n_L^3}{n_H^2} = \eta_{E2}$ となる。

更にＬを1層成膜すると、等価屈折率は $\dfrac{n_L^2}{\eta_{E2}} = \dfrac{n_H^2}{n_L}$ となる。

従って、あともう1層 H を成膜すれば最後の等価屈折率が n_L となる。この値は n_0 や n_S と比べて（例えば基板が BK-7、n_L と n_H がそれぞれ SiO_2 と TiO_2 の場合）それほど大きな差ではないので、高透過率の狭帯域バンドパスフィルタが得られる。則ち式(8-46)である。

Ge (n_S = 4)基板に、n_H = 4 と n_L = 2.2 を組み合わせて、対称膜を作成すると、基本構造が(HLHLHLHLH)^p の場合、その等価屈折率は $\eta_E = n_H^5/n_L^4$ となる。そのため基板側に HLHL(新たな等価屈折率は n_H となり、n_S と同じなので反射損失がない) を成膜する必要がある。一方、空気側には HLH(新たな等価屈折率は $\frac{n_L^2}{n_H}$ で、この値と n_0 との差は大きくないので、反射損失は非常に小さくなる) を成膜する必要がある。最終的な膜系は次のようになる。

$$\text{Ge} \mid \text{L H L H (H L H L H L H L H)}^p \text{H L H} \mid \text{Air} \qquad (8\text{-}53)$$

対称積層系の基本構造 M に含まれる層数が多いほど、不透過領域の透過率は低く抑えられる。一方、p が大きいほど透過帯のスペクトル形状は矩形になる。則ち透過帯と不透過帯間のスロープは急峻になる。p=1 のときは 2 キャビティ、p=2 のときは 3 キャビティである。しかし p が大き過ぎると"ウサギの耳"現象が現れる。これは等価屈折率η_E が中心波長λ_0 から離れると急激に変化してしまうため、反射防止膜の位相が合わせられなくなるからである。(mH L H L …… L H L H mH) の場合、m が 1 より大きい奇数の時（高次の時）、$\lambda \neq \lambda_0$ における等価屈折率の変化は(H L H L H …… L H L H) よりも速い。（練習問題 8-9 参照）従って、後者は前者の反射防止膜として使える。つまり中心の対称基本構造系の最も外側の 2 層を $\frac{1}{4}\lambda_0$ から $\frac{3}{4}\lambda_0$ や $\frac{5}{4}\lambda_0$ ……などに変える。則ち $\frac{1}{2}\lambda_0$ の整数倍の膜を加えるのである。しかし、中心の対称基本構造系は不変に保たれ、m=1 である。このように、$\lambda = \lambda_0$ 上のη_E はを変えずに $\lambda \neq \lambda_0$ 上の透過率を上げることで、"ウサギの耳"の欠点が解消される。この様子を図 8-11 に示す。

第 8 章　バンドパスフィルタ

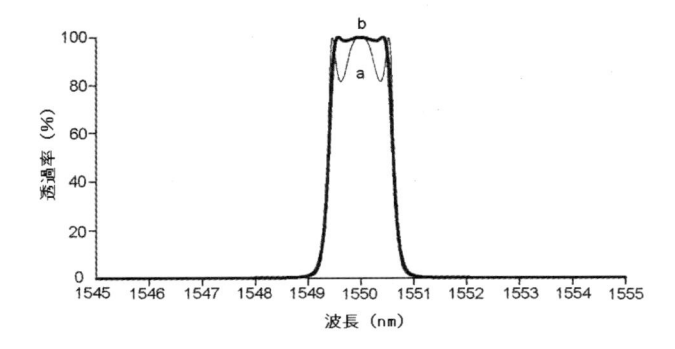

図 8-11　(a) 対称積層系の倍数 p が多すぎる(キャビティ数が多すぎる)と、透過帯が凹みウサギの耳のような形になる

(b) $\frac{1}{2}\lambda_0$ の整数倍の膜を加えて設計を改良した後のスペクトル（膜系の構造は本文の説明を参照のこと）

図 8-11a は 4 キャビティ(p=3)狭帯域バンドパスフィルタで、透過帯に著しい"ウサギの耳"がある。このフィルタの構造は次のようになっている。

S｜HLHLHLHLHLHLHL
[(L H L H L H L H L H L H L H) L (H L H L H L H L H L H L H L
L)]^3 L H L H L H L H L H L H L H｜S　　　　　　　　(8-54)

対称な基本構造積層系の最も外側の 2 層に m2H（m=1,2,3）を加えることで、"ウサギの耳"を解消できる。

図 8-11b は図 8-11a と同じ半値幅の対称積層系で、その構造は次のようである。

S｜HLHLHLHLHLHLH
[(HLHLHLHLHLHLH) L (HLHLHLHLHLHLH)
(4H HLHLHLHLHLHLH) L (HLHLHLHLHLHLH 4H)
(HLHLHLHLHLHLH) L (HLHLHLHLHLHLH)]
HLHLHLHLHLHLH｜S　　　　　　　　　(8-55)

第8章　バンドパスフィルタ

8.3.3　多キャビティ狭帯域バンドパスフィルタの吸収

対称な積層系の基本構造を $(n_1 n_2)^{x-1} n_1$ とし、さらに入射及び出射媒質との整合が完璧（反射損失がない）とし、全吸収が膜自身の吸収のみによる場合を考える。

8.2.2 節の(ii)の方法によると、対称な基本構造積層系 $(n_1 n_2)^{x-1} n_1$ による吸収は次のように表される。

$$\begin{aligned}
\sum A_j &= \beta_1 [(\frac{n_1}{n_2})^{x-1} + (\frac{n_2}{n_1})^{x-1}] + \beta_2 [(\frac{n_2}{n_1})^{x-2} + (\frac{n_1}{n_2})^{x-2}] \\
&\quad + \beta_1 [(\frac{n_1}{n_2})^{x-3} + (\frac{n_2}{n_1})^{x-3}] + \cdots\cdots + \beta_2 [(\frac{n_2}{n_1})^{x-2} + (\frac{n_1}{n_2})^{x-2}] \\
&\quad + \beta_1 [(\frac{n_1}{n_2})^{x-1} + (\frac{n_2}{n_1})^{x-1}] \\
&= \beta_1 \left\{ [(\frac{n_1}{n_2})^{x-1} + (\frac{n_1}{n_2})^{x-3} + \cdots + (\frac{n_1}{n_2})^{x-1}] + [(\frac{n_2}{n_1})^{x-1} + (\frac{n_2}{n_1})^{x-3} + \cdots + (\frac{n_2}{n_1})^{x-1}] \right\} \\
&\quad + \beta_2 \left\{ [(\frac{n_2}{n_1})^{x-2} + (\frac{n_2}{n_1})^{x-4} + \cdots + (\frac{n_2}{n_1})^{x-2}] + [(\frac{n_1}{n_2})^{x-2} + (\frac{n_1}{n_2})^{x-4} + \cdots + (\frac{n_1}{n_2})^{x-2}] \right\}
\end{aligned}$$

(8-56)

1/4 波長膜に対しては

$$\beta_1 = \frac{\pi}{2} \frac{k_1}{2}, \quad \beta_2 = \frac{\pi}{2} \frac{k_2}{2}$$

である。

(i) スペーサ層が高屈折率のとき、則ち $n_1 = n_H$, $n_2 = n_L$ のとき、これを式(8-56)に代入し、$(n_L/n_H)^x$ を無視すれば、次式が得られる。

$$\begin{aligned}
\sum A_j &= \pi (k_H/n_H)(n_H/n_L)^{x-1}/[1-(n_L/n_H)^2] \\
&\quad + \pi (k_L/n_L)(n_H/n_L)^{x-2}/[1-(n_L/n_H)^2] \\
&= \pi (\frac{n_H}{n_L})^x \frac{n_L(k_H + k_L)}{n_H^2 - n_L^2}
\end{aligned} \quad (8-57)$$

以上は単一対称な積層系の吸収である。積層系が p 周期数を有する場合で反

射損失がない場合には、次式が得られる。

$$A = \sum A_j = (p+1)\pi(\frac{n_H}{n_L})^x \frac{n_L(k_H + k_L)}{n_H^2 - n_L^2} \tag{8-58}$$

(ii) スペーサ層が低屈折率のときも、上記導出法と同じように次式が得られる。

$$A = (p+1)\pi(\frac{n_H}{n_L})^x \frac{(n_H^2 k_L + n_L^2 k_H)}{n_H(n_H^2 - n_L^2)} \tag{8-59}$$

8.4 誘導透過干渉フィルタ

　第8.2節に述べた金属-誘電体膜(M-D-M)で作られるバンドパスフィルタの長所は製造が容易で、しかもスペーサ層を1次にすると長波長側に副透過帯が現れないことであった。しかしその一方で金属による吸収があるので、透過率が高く出来ないという欠点があった。透過率が低い原因としてはもうひとつ、基板及び入射媒質に対して膜系全体のアドミタンス整合がうまくとれていないことも挙げれらる。ある厚さの金属膜に対して、最大どれくらいの透過率が得られるかについて、Berning と Turner [7] は 1957 年にポテンシャル透過率(Potential transmittance) の概念を導入し、金属膜の透過率が金属膜の光学定数だけに関係するのではなく、金属膜と隣接する誘電体の光学定数にも関係することを見出した。この膜の間に適当なアドミタンス整合層を施せば、最大透過率が得られる。これはいわゆる誘導透過フィルタ(Induced transmission filter)という設計で、金属と誘電体膜で構成されるフィルタの透過帯の透過率を最大にすることを可能にした。

　第 5.4 節で言及したように、単層膜または積層系のポテンシャル透過率Ψを出力光強度と入射光強度の比として定義する。まず、単一金属膜 M を考える。その厚さを d, 光学定数を n − ik, 出力光学アドミタンスを Ye とすると、

$$\Psi = \frac{T}{1-R} = \frac{\text{Re}(Y_e)}{\text{Re}(B_j C_j^*)} \tag{8-60}$$

が得られる。$Y_e = x + iz$ とすると

$$\therefore \begin{bmatrix} B_j \\ C_j \end{bmatrix} = \begin{bmatrix} \cos\delta & \dfrac{i}{n-ik}\sin\delta \\ i(n-ik)\sin\delta & \cos\delta \end{bmatrix} \begin{bmatrix} 1 \\ x+iz \end{bmatrix} \quad (8\text{-}61)$$

である。但し

$$\delta = \frac{2\pi}{\lambda}(n-ik)d = \alpha - i\beta \quad (8\text{-}62)$$

$$\alpha = \frac{2\pi}{\lambda}nd \;\; ; \;\; \beta = \frac{2\pi}{\lambda}kd$$

$$\therefore \cos\delta = \cos\alpha\cosh\beta + i\sin\alpha\sinh\beta$$

$$\sin\delta = \sin\alpha\cosh\beta - i\cos\alpha\sinh\beta$$

である。マトリックスを展開すると

$$(B_j C_j^*) = [\cos\delta + i\sin\delta\{(x+iz)/(n-ik)\}] \; [-i(n-ik)^*\sin\delta^* + \cos\delta^*(x-iz)]$$

$$= -i(n+ik)\cos\delta\sin\delta^* + \sin\delta\sin\delta^*(n+ik)(x+iz)/(n-ik)$$

$$+ \cos\delta\cos\delta^*(x-iz) + i\sin\delta\cos\delta^*(x^2+z^2)/(n-ik) \quad (8\text{-}63)$$

となる。この実数部分を取ることによって

$$\Psi = \frac{x}{\mathrm{Re}(B_j C_j^*)} = \left[\frac{(n^2-k^2)-2nk(z/x)}{(n^2+k^2)}(\sin^2\alpha\cosh^2\beta + \cos^2\alpha\sinh^2\beta) \right.$$

$$+ (\cos^2\alpha\cosh^2\beta + \sin^2\alpha\sinh^2\beta) + \frac{1}{x}(n\sinh\beta\cosh\beta + k\cos\alpha\sin\alpha)$$

$$\left. + \frac{x^2+z^2}{x(n^2+k^2)}(n\sinh\beta\cosh\beta - k\cos\alpha\sin\alpha) \right]^{-1} \quad (8\text{-}64)$$

が得られる。金属の種類と厚さを決めると、Ψ の大きさは Y_e、則ち x と z によって決定される。故に x と z に対して偏微分演算を施せば、Ψ を最大にする x と z の値を求めることが出来る。式(8-64)において、Ψ の分母部分は非常に複雑である。しかし Ψ は正の値で、且つ1階微分の不連続点は存在しないので、Ψ^{-1} と Ψ に対して微分演算を施せば、同じように x と z の極値を求めることができ

第8章 バンドパスフィルタ

る。則ち

$$\frac{\partial}{\partial x}(\frac{1}{\Psi}) = 0 \quad \text{と} \quad \frac{\partial}{\partial z}(\frac{1}{\Psi}) = 0 \quad \text{とおけば、次の式が得られる。}$$

$$x = \left[\frac{(n^2 + k^2)(n\sinh\beta\cosh\beta + k\sin\alpha\cos\alpha)}{(n\sinh\beta\cosh\beta - k\sin\alpha\cos\alpha)} - \frac{n^2 k^2 (\sin^2\alpha\cosh^2\beta + \cos^2\alpha\sinh^2\beta)^2}{(n\sinh\beta\cosh\beta - k\sin\alpha\cos\alpha)^2}\right]^{1/2} \quad (8\text{-}65)$$

$$z = \frac{nk(\sin^2\alpha\cosh^2\beta + \cos^2\alpha\sinh^2\beta)}{(n\sinh\beta\cosh\beta - k\sin\alpha\cos\alpha)} \quad (8\text{-}66)$$

　この膜を、光学定数が $N_S = n_S - ik_S$ である基板の上に成膜して見よう。この値は上式の (x+iz) と等しくないので、N_S と上式の (x+iz) との間にあらかじめ整合層を成膜しておく必要がある。図8-12(a)に示すように、アドミタンスの

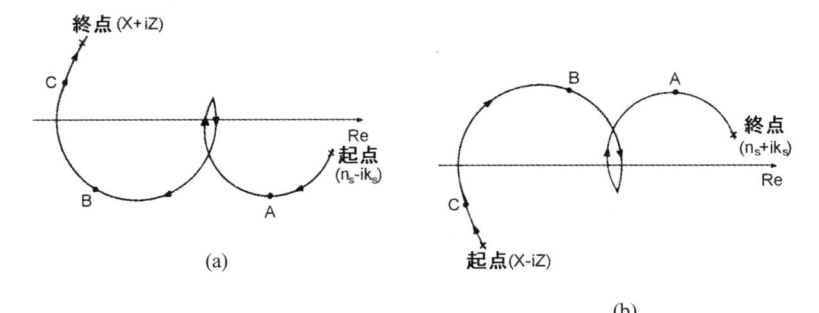

図 8-12　基板が $n_S - ik_S$ で、Ψを最大にするようなアドミタンス(x−iz)間に整合膜を作る方法
(a) ABC 膜の成膜で、アドミタンス軌跡は $n_S - ik_S$ から x+iz になる。
(b) CBA 膜の成膜でアドミタンス軌跡は x−iz から $n_S + ik_S$ になる。

値が x+iz となるよう N_S に ABC 膜を成膜する。図 8-12(b)に示すように、このアドミタンス軌跡を実数軸(x 軸)を対称軸にして反転すると、分析に比較的便利になると同時に、整合積層系が得られる。軌跡は x−iz (則ち $(x+iz)^*$)から始まり、CBA 積層系が成膜されて、$N_S^* = n_S + ik_S$ 上に終わる。一般的には吸収

第8章 バンドパスフィルタ

のない基板を選択するので $k_S = 0$ である。軌跡の終点は $(n_S, 0)$ となる。つまり、実数軸上で最良な整合層を得ることができる。

x－iz から n_S への軌跡の解として、いくつかの可能性がある。最も簡単な方法は、最初に x－iz に誘電体膜を成膜して、アドミタンス値が実数軸上に落ちるようにする。次に 1/4 波長積層系を重ねることで n_S に近づける。第1層の膜の厚さは $n_1 d_1$、則ち $\delta_1 = \frac{2\pi}{\lambda} n_1 d_1$ である。但し、次式を満たす必要がある。

$$\begin{bmatrix} B \\ C \end{bmatrix} = \begin{bmatrix} \cos\delta_1 & \frac{i}{n_1}\sin\delta_1 \\ in_1\sin\delta_1 & \cos\delta_1 \end{bmatrix} \begin{bmatrix} 1 \\ x-iz \end{bmatrix} \tag{8-67}$$

解は式(5-7)である。則ち

$$\frac{n_1 d_1}{\lambda} = \frac{1}{4\pi}\tan^{-1}\left[\frac{2zn_1}{(n_1^2 - x^2 - z^2)}\right] \tag{8-68}$$

である。1層の $n_1 d_1$ を成膜することによって x－iz を実数軸上 $(\mu, 0)$ にシフトできる。このとき μ の値は次の式を満たす。

$$\mu = \frac{2xn_1^2}{(x^2 + z^2 + n_1^2) + [(x^2 + z^2 + n_1^2)^2 - 4x^2 n_1^2]^{1/2}} \tag{8-69}$$

n_1 は高/低屈折率膜のどちらでもよいが、μ は n_S よりはるかに小さいので、アドミタンスを μ から n_S に変化させるためには、第1層は必ず L でなければならない。続いて H, L, H, …… のように成膜するので、n_1 を低屈折率膜 L'とすると膜系は図 8-13 のようになる。

入射媒質が基板と同じ n_S ならば、図 8-13 の左側は右側の鏡像となるので、誘導フィルタの構造は次のようになる。

n_S | H L H …… L H L L' | M | L' L H L …… H L H | n_S

金属が Ag の場合、膜の厚さは d=70nm, $\lambda = 550$nm のとき $N_{Ag} = 0.055 - i3.22$ である。高/低屈折率膜は $n_H = 2.3$ (TiO$_2$), $n_L = 1.38$ (MgF$_2$) で基板は $n_S = 1.52$ のとき、式(8-65)と(8-66)から

第 8 章　バンドパスフィルタ

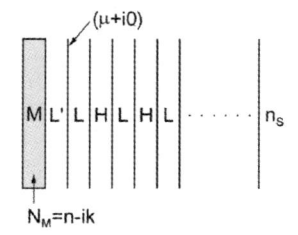

図 8-13　金属膜 n-ik 上に L'を成膜してそのアドミタンスを μ としてから、続けて L, H, L, …… の膜層を成膜してアドミタンス値を n_S に近づける

$$x = 0.4572 \; , \quad z = 3.4693$$

が得られる。これらを式(8-64)に代入すると、$\Psi = 80.50\%$ が得られる。
　L'を低屈折率膜 $n_l = 1.38$ として式(8-68)と(8-69)に代入すると

$$n_l d_l = 0.1905\lambda$$

$$\mu = 0.06186$$

が得られる。アドミタンスは整合層 LHLH…… の増加に従って、次のように変化する。

$$Y = \frac{n_L^2}{\mu} \rightarrow \frac{n_H^2 \mu}{n_L^2} \rightarrow \frac{n_L^4}{n_H^2 \mu} \rightarrow \frac{n_H^4 \mu}{n_L^4} \rightarrow \cdots\cdots$$

アドミタンス値が 1.52 に近づくまで上記の変換を続けると、最も 1.52 に近い Y は

$$\frac{n_H^6 \mu}{n_L^6} = 1.326$$

である。これは基板の屈折率 1.52 と多少異なるが、その反射損失は 0.465% だけであり、これに基づく膜系は次にようになる。

$$|\,Ag\,|\,L'LHLHLH\,|\,S = |\,Ag\,|\,L''HLHLH\,|\,S \tag{8-70}$$

$$L'' = L' + L = (0.1905 + 0.25)\lambda = 0.4405\lambda$$

第 8 章　バンドパスフィルタ

金属の入射光側も対称な積層系であり、完成された誘導透過フィルタの構成は次のようになる。

$$S \mid H L H L H L'' \mid Ag \mid L'' H L H L H \mid S \qquad (8\text{-}71)$$

一方、高屈折率膜を金属膜に近い第 1 層目に選ぶ時、つまり $n_1 = 2.3$ の場合でも計算方法は同じであり、次の値が得られる。

$$n_1 d_1 = 0.1571\lambda$$
$$\mu = 0.140$$

従って $\mid Ag \mid H' L H L H \mid S$ のように成膜するとき $Y = n_H{}^4 \mu / n_L{}^4 = 1.080$ が得られ、2.9%の反射損失がある。

しかし、$\mid Ag \mid H' L H L H \mid S$ のように成膜すれば $Y = n_L{}^6 / n_H{}^4 \mu = 1.763$ が得られ、わずか 0.55%の損失で収まる。

図 8-14 は式(8-71)のスペクトルである。長波長側の透過率は非常に低いことが分かる。これは可視光と赤外線領域で Ag の k 値が波長に従って増大し、また k/λ がほぼ定数に近いために、β もほぼ定数(α値は無視できる)となり、Ag の金属特性を保持しているからである。しかし、一般的な金属の k の波長に伴う増大はそれほど速くなく、長波長領域での金属特性は弱くなってしまうため、透過率が上昇してしまう。例えば紫外線用の常用金属膜である Al でフィルタを作ると、長波長領域の透過率は Ag ほど低くならない。故に、長波長領域の透過漏れはかなり処理し難いことになる[8]。

図 8-14 を拡大して観察すると、透過帯以外の透過率はまだ十分に低くなっていない事がわかる。特に 800nm〜900nm の間では平均 0.14%の透過率を有している。透過率をより低くしたい場合には、もう 1 層 Ag 膜を加える必要がある。x−iz の x 軸に対する共役対称関係を利用すると、その整合層も L'、つまり式(8-71)より L'AgL'だけ多くなる。最終的な膜系は次のようになる。

$$S \mid H L H L H L L' \mid Ag \mid L' L' \mid Ag \mid L' L H L H L H \mid S$$
$$= S \mid H L H L H L'' \, Ag \, L^* \, Ag \, L'' H L H L H \mid S \qquad (8\text{-}72)$$

L^* の膜の厚さ　$nd = (2 \times 0.1905)\lambda = 0.381\lambda$

第 8 章　バンドパスフィルタ

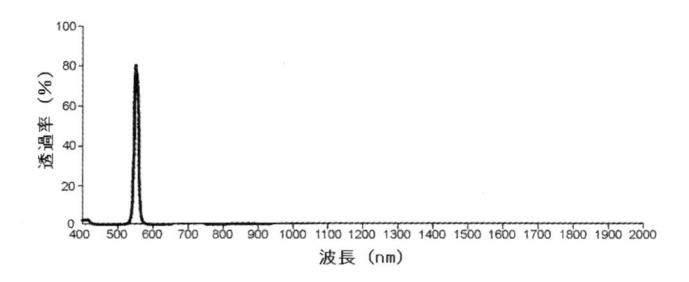

図 8-14　式(8-71)の設計のスペクトルシミュレーション値

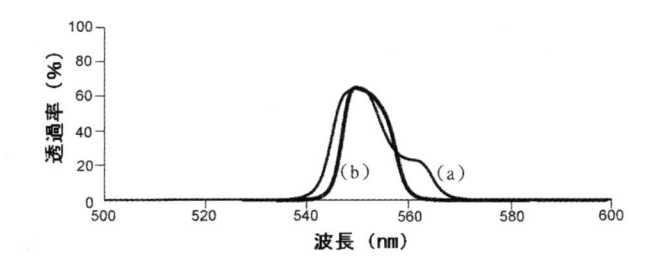

図 8-15　式(8-72)の設計のスペクトルシミュレーション
(a)L^*の光学膜厚=0.381λ　(b)L^*の光学膜厚=1.381λ

Ag 膜厚は変わらず 70nm である。このときのポテンシャル透過率は $\Psi_2 = (\Psi)^2 = (0.805)^2 = 64.8\%$ である。

このときのスペクトルを図 8-15(a)に示す。このフィルタのスペクトルは片側に落ち込みができるという欠点がある。式(8-72)の中の L^* に半波長または 1 波長分の厚さを加えることで改善できる。図 8-15(b)の中の L^* の光学膜厚は 1.381λ で、落ち込みの現象はだいぶ改善されている。

参考文献

1. Macleod H. A., 1986, "Thin-Film Optical Filters", 2nd ed., Chap. 7, Adam Hilger Ltd., Bristol.
2. Seeley J. S., 1964, "Resolving power of multi-layer filter", J. Opt. Soc. Am., **54**, 342-346.
3. Hemingway D. J. and Lissberger P. H., 1973, "Properties of weakly absorption multi-layer systems in term of the concept of potential transmittance", Opt. Acta., **20**, 85-96.
4. Pidgeon C. R. and Smith S. D., 1964, "Resolving power of multi-layer filters in Non-parallel Light", J. Opt. Soc. Am., **54**, 1459-1466.

5. Thelen A., 1966, "Equivalent layers in multi-layer filters", J. Opt. Soc. Am. A., **56**, 1533-1538.
6. Thelen A., 1988, "Design of Optical Interference Coatings", Chap. 10, Mc Graw-Hill Book Company, N.Y..
7. Berning P. H. and Turner A. F., 1957, "Induced transmission in absorbing films applied to band pass filter design", J. Opt. Soc. Am., **47**, 230-239.
8. Baumeister P. W., Costich V. R., and Piper S. C., 1965, "Band-pass filters for the ultraviolet", Appl. Opt., **4**, 911-913.

練習問題

1. M-D-M 狭帯域バンドパスフィルタのアドミタンス軌道図を描きなさい。また、この軌跡図を使い、透過率が蒸着膜の成膜に従って変化する曲線を描きなさい。
2. M-D-M 狭帯域フィルタに対して、損失 A=0 のとき、$T_{max} = T_0$ である。$T_1 = 2\%$ として A=1%, 4%のとき、T_{max} の値を求めなさい。また、このときの相対半値幅 $\Delta\lambda_h/\lambda_p$ は幾らになるか答えなさい。
3. 式(8-1)から、$R_a = R_b$ で最大透過率が得られることが分かる。$T_b = T_a + \Delta$ として、吸収がない条件下でΔの T_{max} に対する影響を求めなさい。次に、Δ/T_a が 75% の時の T_{max} の許容範囲を求めなさい。
4. $S \mid (H\,L)^7\,H\,2L\,(H\,L)^7\,H \mid S$ のとき、図 8-4 の中のλ_{c1}からλ_{c2}までの広さを分析しなさい。また、$n_S = 1.52$, $n_H = 2.3$, $n_L = 1.46$ の場合、その値は幾らになるか答えなさい。
5. $N_H = 2.15 - i0.0001$, $N_L = 1.46 - i0.00001$, $N_S = 1.6$ とする。このとき
    $S \mid (H\,L)^5\,H\,4L\,(H\,L)^5\,H \mid Air$
    の吸収損失を求めなさい。
6. 成膜材料は練習問題 5 と同じ条件で、
    $S \mid (H\,L)^4\,H\,4L\,H\,(L\,H)^4\,L\,(H\,L)^4\,H\,6L\,H\,(L\,H)^4\,H\,4L\,H\,(L\,H)^4\,L \mid Air$
    の吸収損失を求めなさい。
7. 式(8-26H)を導きなさい。
8. 式(8-39)と式(8-40)を導きなさい。
9. プログラムを作成し、次の対称な積層系の相対波数 g に対する等価屈折率 E のグラフを描きなさい。
    (a) 2mH[(HL)^{x}H]2mH, x=7
    (b) H2mL[(LH)^{x}L]2mLH, x=6
    但し、m=0,1,2,3, n_H=2.3, n_L=1.46, g=0.98~1.02 とする。
10. 式(8-42)と式(8-43)を導きなさい。
11. 式(8-58L)を導きなさい。
12. 式(8-70)と式(8-71)のアドミタンス軌道図を描き、その図より反射損失が小さいことを証明しなさい。
13. 金属膜の n, k, d を与えれば式(8-65), (8-66), (8-64)を求めることが出来て、更に式(8-64)に代入すれば最大のΨが求められるようなプログラムを作成しなさい。

第8章 バンドパスフィルタ

14. n_H=2.07, n_L=1.46 のとき、3 キャビティから 5 キャビティの狭帯域バンドパスフィルタを設計しなさい。但し λ_0=1550.92nm で $\Delta\lambda_h$=0.8nm, T=0.1%のところで $\Delta\lambda_{0.1} \leq 1.2$nm, T=90%で $\Delta\lambda_{90} \geq 0.5$nm であり、透過率の最大損失は≤6％、リップルの最大値と最小値の差が≤5％となるようにする。

第9章　斜入射のときの薄膜

　入射光が斜入射のとき、前述の各種フィルタの中心波長が短波長方向へシフトしたり、透過帯の形状が変化したり、エッジの立ち上がりが緩やかになったりする。入射角θ_0がそれほど大きくないときには、薄膜の光学膜厚がNdからNdcosθになる、つまり積層系の光学特性が短波長方向へシフトするだけである。θ_0がやや大きいときには膜の屈折率を式(2-32)と(2-37)に従って修正する必要がある。薄膜のS-偏光とP-偏光に対する光学特性はそれぞれ異なるので、フィルタ全体のスペクトル形状は変形してしまう。本章ではこれについて述べる。

9.1　斜入射における薄膜の屈折率の修正

　垂直入射時における薄膜の屈折率を$N = n - ik$、或いはそのアドミタンスを$y = (n - ik)y_0$とする。y_0は真空の光学アドミタンスである。$\theta_0 \neq 0$のとき、膜の位相厚さと屈折率を式(2-57)と(2-58)により次のように修正する。

$$\delta = 2\pi d(n^2 - k^2 - n_0^2 \sin^2\theta_0 - i2nk)^{1/2}/\lambda \tag{9-1}$$

$$\eta_S = (n^2 - k^2 - n_0^2 \sin^2\theta_0 - i2nk)^{1/2} \tag{9-2}$$

この解は第IV象限にあり、次式のようになる。

$$\eta_P = N^2/\eta_S \tag{9-3}$$

9.1.1　誘電体膜

　膜が誘電体のとき、上式は次のように変形できる。

$$\delta = 2\pi nd\cos\theta/\lambda \tag{9-4}$$

$$\eta_S = n\cos\theta \tag{9-5}$$

$$\eta_P = n/\cos\theta \tag{9-6}$$

第9章　斜入射のときの薄膜

一方、入射媒質の屈折率 n_0 と基板の屈折率 n_S も、式(9-5)と(9-6)に従って修正する必要がある。

9.1.2　金属膜

良好な金属膜の場合は $k \gg n$ なので、$\eta_S \approx \eta_P \approx n - ik$、つまり垂直入射の場合と同様である。しかし入射媒質と基板の屈折率は、式(9-5)と(9-6)に従って修正しなければならない。S-偏光と P-偏光に対する反射率は次式で表される。

$$R_S = \frac{(n_0 \cos\theta_0 - n)^2 + k^2}{(n_0 \cos\theta_0 + n)^2 + k^2} \tag{9-7}$$

$$R_P = \frac{(n_0/\cos\theta_0 - n)^2 + k^2}{(n_0/\cos\theta_0 + n)^2 + k^2} \tag{9-8}$$

解析に便利なように、入射媒質の屈折率は垂直入射のときの屈折率に等しいと仮定する。つまり S-偏光か P-偏光かに関わらずその屈折率が n_0 であるとすると、アドミタンス図の中の等反射率曲線と等位相曲線は変更しなくて済む。但し、このときには式(9-2), (9-5), (9-6)を次のように修正する必要がある。(式(2-117)と(2-118)から、積層系の各層は 1 つの定数を乗じても割ってもその光学特性は変わらない。)

$$\eta_S = (n^2 - k^2 - n_0^2 \sin^2\theta_0 - i2nk)^{1/2}/\cos\theta_0 \tag{9-9}$$

誘電体に対しては

$$\eta_S = n\cos\theta/\cos\theta_0 \tag{9-10}$$

$$\eta_P = n\cos\theta_0/\cos\theta \tag{9-11}$$

となる。上述の結論を整理すると表 9-1 となる。

表 9-1　修正後の斜入射時の屈折率（または光学アドミタンス）

$\theta_0 = 0$	$\theta_0 \neq 0$, 純誘電体		$\theta_0 \neq 0$, 良好な金属	
	S-偏光	P-偏光	S-偏光	P-偏光
入射面 n_0	n_0	n_0	n_0	n_0
膜 n	$n\cos\theta/\cos\theta_0$	$n\cos\theta_0/\cos\theta$	$(n-ik)/\cos\theta_0$	$(n-ik)\cos\theta_0$
基板 n_S	$n_S \cos\theta_S/\cos\theta_0$	$n_S \cos\theta_0/\cos\theta_S$	$n_S \cos\theta_S/\cos\theta_0$	$n_S \cos\theta_0/\cos\theta_S$

9.2 斜入射時における光学アドミタンスの修正

9.2.1 入射媒質が低屈折率の場合

入射媒質を空気とすると $n_0 = 1$ なので、表 9-1 より光学アドミタンス（または屈折率）の角度変化に対するグラフが描ける。それを図 9-1 に示す。図から、次の 3 つの特性が分かる。

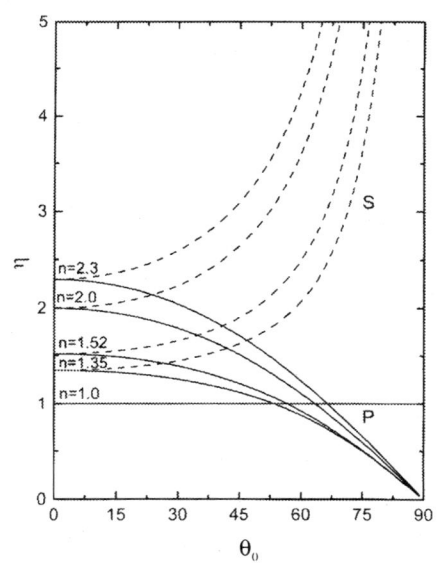

図 9-1 $n_0 = 1$ の場合の修正後の S と P-偏光の光学アドミタンス（屈折率）
実線は η_P、破線は η_S [1] である。

1) 図 9-1 から、S-偏光と P-偏光の光学アドミタンスは入射角度変化に従って増減することが分かる。S-偏光の反射率は角度が大きくなると増加する。P-偏光の反射率は角度が大きくなると逆に減少し、やがて $n_0 = 1$ と交わる。このときが $R_P = 0$、即ち $\theta_0 = \theta_B$（Brewster 角）である。$\theta_0 > \theta_B$ の条件で反射防止膜（光学膜厚は 1/4 波長で、$n = \sqrt{n_0 n_S}$ である）を作製する場合、膜の屈折率は基板より大きいもの、つまり $n > n_S$ となるものを選ばなければならない。

2) 図 9-1 から、S-偏光の場合 (n_H/n_L) の値は入射角が大きくなると増加し、P-偏光の場合 (n_H/n_L) の値は逆に減少することが分かる。式(5-15)より、S-偏光の場合には 1/4 波長積層系の高反射領域は広くなるが、P-偏光では狭くなることが分かる。これが平板偏光子の原理（図 4-12）である。図 4-12 においては P-偏光に対する透過率を更に上げるためには、1/4 波長積層系の基板に近い膜と、空気に近い膜の両方に対してマッチング層を成膜すればよい。
3) η_P と η_S はともに θ_0 が大きくなると増加するが、互いに差があるため、両偏光に対する反射位相は異なる。これを利用すると位相遅延子(Phase retarders)を作ることができる。

9.2.2　入射媒質が高屈折率の場合

　入射媒質の屈折率が $n_0 = 1.52$ の場合、表 9-1 に従って図 9-2 のような光学アドミタンス（または屈折率）の角度依存性を描くと次のことが分かる。
1) 膜の屈折率が $n < 1.52$ のときは臨界角 (θ_C) が存在する。このとき、S-偏光に対する屈折率（光学アドミタンス）は 0 であり、P-偏光に対する屈折率は無限大になる。両者の反射率はともに 100%である。
2) P-偏光に対して $\eta_P > 1.52$ の場合、θ_0 が大きくなるとアドミタンスは減少し、$\eta_P < 1.52$ の場合には θ_0 が大きくなると増加する。どの場合にもやがて横軸 $n_0 = 1.52$ と交わる。これは反射率が 0 となるところ、つまり Brewster 角 $(\theta_0 = \theta_B)$ で起きる。S-偏光に対してはこの様な現象は起きない。
3) P-偏光に対して、ある角度で $\eta_H = \eta_L$ となるところがある。2 つの高/低屈折率膜を 1/4 波長積層系として構成すると、P-偏光に対する反射率はそれほど大きくならず、$\theta_0 = \theta_B$ のとき 0 になる。一方、S-偏光に対しては η_H/η_L が非常に大きいので、反射率は非常に高くなる。この特性を利用すると、プリズム型偏光ビームスプリッタ（MacNeille 偏光ビームスプリッタ、図 4-13 参照）が作れる。この種の偏光ビームスプリッタは平板偏光ビームスプリッタに比べて使用できる波長領域がかなり広くなるが、視野(Field of view, FOV)はそれほど広くない。FOV を広げたい場合には、更なる最適化が必要となる。

第 9 章　斜入射のときの薄膜

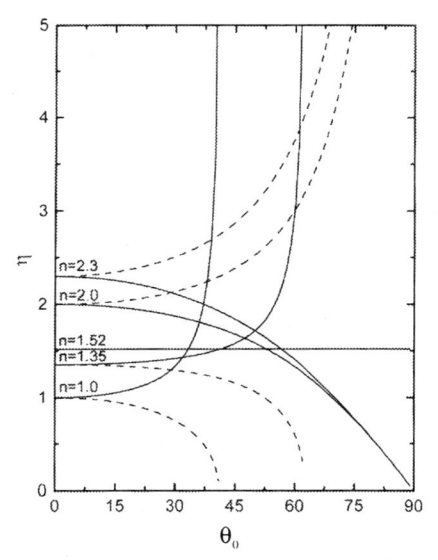

図9-2　$n_0 = 1.52$ の場合の修正後の S と P-偏光に対する光学アドミタンス（屈折率）
実線はη_Pで、破線はη_S[1] である。

4) 金属膜の挙動はアドミタンス軌道を用いて説明できる。表9-1 に示すように S-偏光に対しては、入射角が大きくなると複素アドミタンスは中心から外に向かって大きくなり、P-偏光に対しては中心に向かって小さくなる。このために、反射位相差φには非常に大きな変化がある。銀の場合、$\theta_0 = 0$ のときはφは第Ⅱ象限にある。$\theta_0 > 70°$ のときはη_Pが原点に近づくのでϕ_Pは第Ⅰ象限に入る。η_Sは原点から遠ざかるので、ϕ_S は 180° に近づく。θ_0 が大きくなると R_S は急激に高くなる。一方、R_P は最初は小さいがその後大きくなり、その間で極小値になる。このときが 5.1 節で述べたθ_0 であり、準 Brewster 角と同じものである。

5) 金属膜の上に誘電体膜を保護膜として成膜する場合、アドミタンス軌跡に関して、P-偏光の軌跡は n_0 から遠ざかって行くので、R_P は少し高くなる。一方、S-偏光の軌跡は n_0 に近づくので、R_S は低くなる。図 9-3 に示すように、

第9章 斜入射のときの薄膜

ある角度では R_S が 0 に近づくこともある。この特性を利用すると、反射式の偏光ミラーを作ることができる[2]。

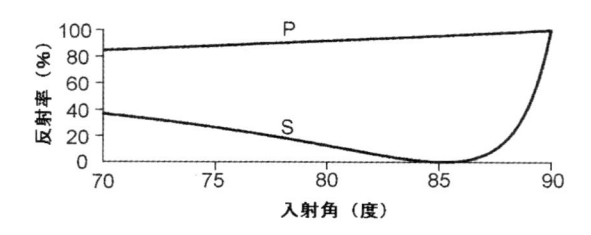

図 9-3 金属膜上に薄い誘電体膜を成膜することで反射式偏光ミラーができる
G｜Al/TiO$_2$ (46.5nm)｜Air

6) $\theta_0 > \theta_C$ のとき、$k = 0$ と $n_0 \sin\theta_0 > n$ であることを考慮して、式(9-9)を次のように書き換える。

$$\eta_S = -i(n_0^2 \sin^2\theta_0 - n^2)^{1/2}/\cos\theta_0 = -iS \quad \text{第IV象限の解} \tag{9-12}$$

$$\eta_P = n^2/\eta_S = +iP \tag{9-13}$$

つまり、η_S は θ_0 が大きくなるにつれて増加し、やがて原点に移る。図9-4 に示すように θ_0 が θ_C を越えたあと、原点を通過して虚数軸に沿って負の方向へ移動する。η_P は θ_0 が大きくなると原点から遠ざかる。$\theta_0 = \theta_B$、$\eta_P = n_0$ のときは $R_P = 0$ であり、$\theta_0 > \theta_C$ になると η_P は実数軸から虚数軸の正（上）方向に向って移動し、次に負の方向へ移動して原点に辿り着く。図9-4で反射位相差 ϕ が 0°から 180°（$\theta_C > \theta_0 \geq \theta_B$）まで変化し、且つ $\theta_0 > \theta_C$ のとき、ϕ が先に第III、第IV象限を通って 0°に近づく。一方、S-偏光の反射位相は、0°から第I、第II象限を通って 180°に近づく。

以上は入射光がプリズムの内部にあり、基板が空気である状況を思い浮かべればよい（プリズムの屈折率は $n_0 = 1.52$ である）。プリズムの斜面に誘電体膜を成膜すると、膜の軌跡は虚数軸上を移動する。1/2 波長膜厚まで成膜すると、その軌跡は原点に戻る。一方、金属膜を成膜すると図3-17 の原理に従って、P-偏光の軌跡は虚数軸から離れる。金属膜の厚さ d と θ_0 が適切であれば、アドミ

第 9 章　斜入射のときの薄膜

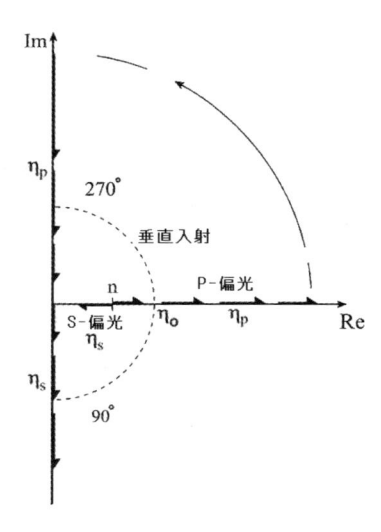

図 9-4　入射角 θ_0 の変化に伴う S と P-偏光の光学アドミタンス（屈折率 n）の軌跡と反射位相差 ϕ のグラフ（但し、$\theta_0 = 0$ の時、$n < n_0 = 1.52$ [1] である）

タンス軌跡は n_0 上に止まる。つまり反射率 R が全反射の 100%から 0%まで低下する。これを全反射減衰(Attenuated Total Reflection, ATR)という。

　この反射率が 0 まで低下する現象は、金属面に垂直な P-偏光の電場が金属表面の電子を励起し、これが共鳴することによって表面プラズマ波(Surface plasma wave) になると解釈できる。故に R は d 及び θ_0 の変化に対して非常に敏感で、反射率の低下は急に起きる。虚数軸上の微小な変化は、実数軸方向での大きな軌跡変化をもたらすため、金属膜上に少しでも汚れのようなものがあると、R の値と R が最小値となる入射角度が著しく変化するのが観察される。金属膜上に薄膜を作製して R の形と R の最小値を示すときの入射角度の変化を測定することで、作製した薄膜の光学定数と厚さを計算することができる。図 9-5 はこの説明図である。低下する曲線の半値幅と反射率の最小値を示す角度は金属の k/n の関数で、最小反射率の大きさは膜の厚さ d の関数である。

第9章　斜入射のときの薄膜

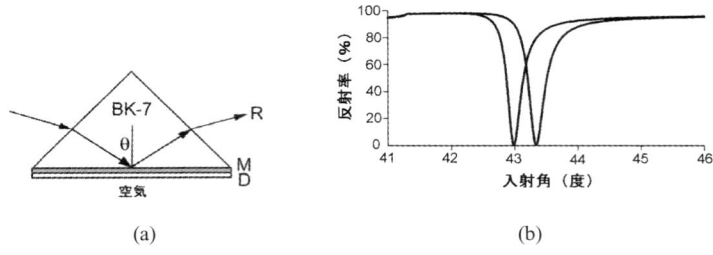

(a)　　　　　　　　　　　(b)

図 9-5　表面プラズマ波を用いて薄膜の光学定数を測定したり金属膜上の不純物の有無を検査する
(a) Kretschmann 型モデル。M は Ag で、その厚さは 53nm。D は誘電体膜または不純物である。
(b) 反射率の変化。左の曲線は厚さ 53nm の Ag 膜のみの場合で、右の線は Ag 膜の表面、つまり空気（基板）の上に厚さ 4nm の SiO_2 膜を成膜した場合である。

9.3　非偏光膜

前の二節で述べたように、入射角 $\theta_0 \neq 0$ のとき、S-偏光と P-偏光に対する薄膜の光学的挙動は異なる。しかし場合によっては $\theta_0 \neq 0$ のときにも偏光による特性差がないようなフィルタが望まれる。例えばカットフィルタの場合 S-偏光及び P-偏光に対して等しいカット位置を持つことが要求される。反射防止膜には S-偏光と P-偏光に対して反射率が等しく低いことが要求される。その他にも、例えば高反射ミラーやビームスプリッタなども同様である。以下は理論を利用した非偏光膜構造の導出法である。これを設計の第一段階とし、最終的にはコンピュータを用いて膜系を最適化し、許容波長領域や角度を更に広げるようにする。

9.3.1　非偏光カットフィルタ

膜を修正しない場合、図 9-6 に示すように斜入射時のカットフィルタ（LPF）のカット位置は短波長側へシフトし、そのスロープは急峻にならない。太線は $\frac{1}{2}(T_P + T_S)$ で T_P と T_S が同一曲線とならず、立上りも緩やかになる。

第 9 章 斜入射のときの薄膜

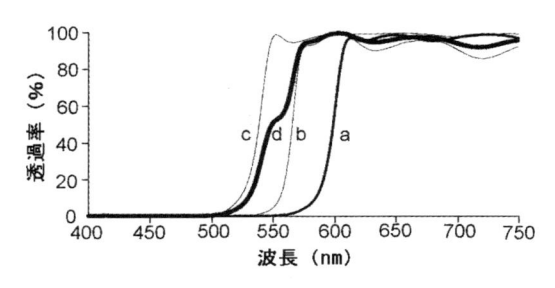

図 9-6 斜入射時におけるカットフィルタの特性変化
a：$\theta_0 = 0$，b：$\theta_0 = 45°$ のときの S-偏光 T_S、
c：$\theta_0 = 45°$ のときの P-偏光 T_P，d：$0.5(T_P + T_S)$

(i) バンドパスフィルタを利用してスペーサ層の厚さを調節する

バンドパスフィルタの透過中心波長は、式(8-1)の正弦関数中の角度がπの整数倍という条件を満たす必要がある。しかし斜入射時の平均透過率$0.5(\phi_a + \phi_b)$はπの整数倍ではないので、スペーサ層(Spacer)の厚さも適切に調整する必要がある。しかしこの調整も、S-偏光とP-偏光に対して透過帯のエッジのどちらか一方には合わせられるが、もう一方のエッジに合わせることは出来ない。このマッチングには数回の調節が必要である。そして、最後に整合層を加えて透過率を上げ、非偏光フィルタの完成となる。図 9-7 は LPF を示し、図 9-8 は SPF フィルタを示す。それらの膜の構造を対称積層系形式で表すと次のようである。

$$[(fL) H L H L H L H (fL)] \tag{9-14}$$

図の中にそれぞれ示すように、透過帯域の高反射率積層系は通常 1/4 波長膜厚積層系で構成される。もし 1/2 または 1/4 波長積層系、例えば

(……H H L H H L H H L……) または (……L L H L L H L L H……)

などを利用する場合、高反射帯の中心は g = 1, 3, 5……ではなく g = 2/3, 4/3, 8/3, 12/3……に存在する。6.2.8 節で述べたように、こうすれば阻止帯域の波長領域を広げられる。g = 2/3 を中心波長にする場合、仮に中心を 0.6 とすると積層系は次のようになる。

第 9 章　斜入射のときの薄膜

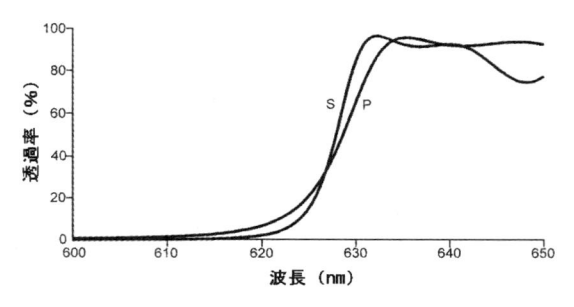

図 9-7　非偏光 LPF：
1.52 ｜ H L H 0.8L (0.8L H L H L H L H 0.8L)⁴ 0.8L H ｜ 1.0。
入射角は 45°、$n_H = 2.3$，$n_L = 1.46$ [3] である。

1.2H 0.6L 1.2H……　または　1.2L 0.6H 1.2L……

P-偏光及び S-偏光のカット位置を一致させる様に複数回のスペーサ層（Spacers）調整を行うと、図 9-9 に示すような対称な積層系

$$Z = (1.3H)\ 0.6L\ 1.2H\ 0.6L\ 1.2H\ 0.6L\ (1.3H) \tag{9-15}$$

となるような SPF が得られる。この図を図 9-8 と比較すると、より広い透過帯を有していることが分かる。

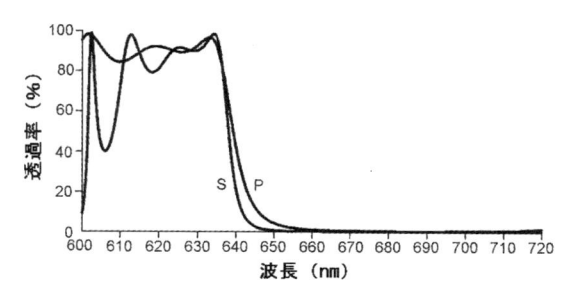

図 9-8　非偏光 SPF
1.52 ｜ H L H 1.2L (1.2L H L H L H L H 1.2L)⁴ 1.2L H ｜ 1.0
入射角は 45°で、$n_H = 2.3$，$n_L = 1.46$ [3] である。

第9章 斜入射のときの薄膜

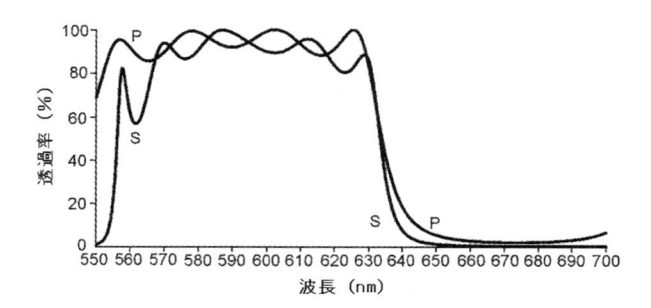

図9-9 非偏光 SPF
1.52 | H L H Z⁴ 1.02Z H | 1.0,
入射角は 45°で、$n_H = 2.3$, $n_L = 1.46$ [3] である。

(ii) 解析法

次に示すような対称積層系を考える。この積層系はバンドパスフィルタである。

n_0 | η_{m1} (対称な積層系)^q η_{m2} | S

透過帯域両端のエッジの波長のうち、片方の波長位置が S-偏光及び P-偏光に対して同一波長にあれば、これは非偏光カットフィルタになる。この対称積層系は等価膜を用いて表すことができる。つまり

$$\begin{bmatrix} N_{11} & iN_{12} \\ iN_{21} & N_{22} \end{bmatrix} \tag{9-16}$$

である。透過帯のエッジは $N_{11} = N_{22} = \pm 1$ 及び N_{21}, N_{12} が 0 になるときなので、設計上では S-偏光及び P-偏光が同時にこの条件を満たす必要がある。

式(9-14)を参考すると、この対称積層系は 2x+1 層の 1/4 波長膜厚積層系に 2 層の非 1/4 積層系 fB を加えて構成されていると考えられる。

f B A B A B……A f B = f B M f B

ここで、f の値は $N_{11} = N_{22} = \pm 1$ を満たすための調節用パラメータである。故に、積層系のマトリックス式(9-16)は次のように変形できる。

第9章　斜入射のときの薄膜

$$\begin{bmatrix} \cos\alpha & i\sin\alpha/\eta_B \\ i\eta_B\sin\alpha & \cos\alpha \end{bmatrix} \begin{bmatrix} M_{11} & iM_{12} \\ iM_{21} & M_{11} \end{bmatrix} \begin{bmatrix} \cos\alpha & i\sin\alpha/\eta_B \\ i\eta_B\sin\alpha & \cos\alpha \end{bmatrix}$$

上式を展開すると、次式が得られる。

$$N_{11} = N_{22} = M_{11}\cos 2\alpha - 0.5(M_{12}\eta_B + M_{21}/\eta_B)\sin 2\alpha = \pm 1 \tag{9-17}$$

阻止領域と透過帯のエッジが存在する波長は 1/4 波長となる波長 λ_0（中心波長）からそれほど離れていないので

$$\varepsilon = (\pi/2)(1-g), \quad g = \lambda_0/\lambda \tag{9-18}$$

とする。更に

$$\alpha = (\pi/2)(\lambda_R/\lambda) = (\pi/2)(\lambda_R/\lambda_0)g = (\pi/2)fg \tag{9-19}$$

とすると、次式が得られる。

$$M_{11} = \frac{(-1)^x(-\varepsilon)(\eta_H/\eta_L)^x}{1-(\eta_L/\eta_H)} = (-1)^x(-\varepsilon)P$$

但し

$$0.5(M_{12}\eta_B + M_{21}/\eta_B) = 0.5(-1)^x[(\eta_B/\eta_A)^{x+1} + (\eta_A/\eta_B)^{x+1}] = (-1)^x Q$$

であり、式中の P 及び Q は

$$P = (\eta_H/\eta_L)^x/(1-\eta_L/\eta_H)$$
$$Q \approx 0.5[(\eta_H/\eta_L)^{x+1} + (\eta_L/\eta_H)^{x+1}]$$

である。故に、式(9-17)から P-偏光及び S-偏光の方程式を次のように表すことが出来る。

$$\varepsilon P_P \cos 2\alpha + Q_P \sin 2\alpha = \pm 1$$
$$\varepsilon P_S \cos 2\alpha + Q_S \sin 2\alpha = \pm 1 \tag{9-20}$$

則ち
$$\sin 2\alpha = \pm\frac{P_S - P_P}{(P_S Q_P - P_P Q_S)} \tag{9-21}$$

第9章　斜入射のときの薄膜

$$\varepsilon = \frac{\pm 1 - Q_P \sin 2\alpha}{P_P \cos 2\alpha} \qquad (9\text{-}22)$$

である。但し

$$f = \alpha/(\pi g/2) = \alpha/(\pi/2 - \varepsilon) \qquad (9\text{-}23)$$

である。このf値は2つの解を持ち、通常は値の大きい方がSPFに対応し、小さい方がLPFに対応する。

例：45°入射で偏光による差異のないLPFを設計する。$n_H = 2.3$，$n_L = 1.46$，$n_S = 1.52$，$n_0 = 1.0$ である。

対称積層系 fL (H L H L H L H) fL で、x = 3 の場合を考える。

表9-1の屈折率修正式により、次のようになる。

$$\begin{aligned}
&\eta_{HS} = 3.0952 \quad \eta_{LS} = 1.8065 \quad \eta_{SubS} = 1.9028 \quad \eta_{0S} = 1.0 \\
&\eta_{HP} = 1.7091 \quad \eta_{LP} = 1.180 \quad \eta_{SubP} = 1.2142 \quad \eta_{0P} = 1.0 \\
&\therefore P_S = 12.0812 \quad Q_S = 4.5415 \\
&\quad P_P = 9.8149 \quad Q_P = 2.6550
\end{aligned} \qquad (9\text{-}24)$$

上記の式より $\sin 2\alpha = 0.1813$ が得られる。この値は 1/4 波長中心からそれほど離れていない、つまり 2α は π に近いので、その解は次式となる。

$$\begin{aligned}
&2\alpha = \pi \pm 0.1823 \text{、則ち} \cos 2\alpha = -0.9834 \\
&\therefore \varepsilon = \pm(1 + 2.655 \times 0.1813)/(-0.9834 \times 9.8149) = \pm(-0.1535) \\
&\therefore f = (\pi/2 + 0.0912)/(\pi/2 - 0.1535) = 1.1727 \\
&\quad g = 1 - (2/\pi)(0.1535) = 0.9023
\end{aligned}$$

または

$$\begin{aligned}
&\therefore f = (\pi/2 - 0.0912)/(\pi/2 + 0.1535) = 0.858 \\
&\quad g = 1 + (2/\pi)(0.1535) = 1.0977
\end{aligned}$$

上式の小さい方のf値(則ちLPF)でq = 4 の場合、次のような設計が得られる。

$$S \mid \eta_{m1} [0.85L (H L)^3 H 0.85L]^q \eta_{m2} \mid Air = S \mid \eta_{m1} E^q \eta_{m2} \mid Air$$

第 9 章　斜入射のときの薄膜

　上式の H，L は 45°入射角度に対応した 1/4 波長膜厚さであり、η_{m1}，η_{m2} はそれぞれ基板 S と空気($n_0 = 1$)に対する整合層である。$g = 1.0977$ でのη_E の値を計算すると、η_{m1} とη_{m2} はそれぞれ$(HL)^2$ と $(LH)^2$ の値で良いことが分かる。$g = 1.0977$ での整合を行うので、整合層の厚さを 1.0977 で割る必要がある。従って、膜の構造は次のようになる。

　　　Glass｜$0.91(H\,L)^2\,[0.85L\,(H\,L)^3\,H\,0.85L]^4\,0.91(L\,H)^2$｜1.0

そのスペクトルを図 9-10 に示す。

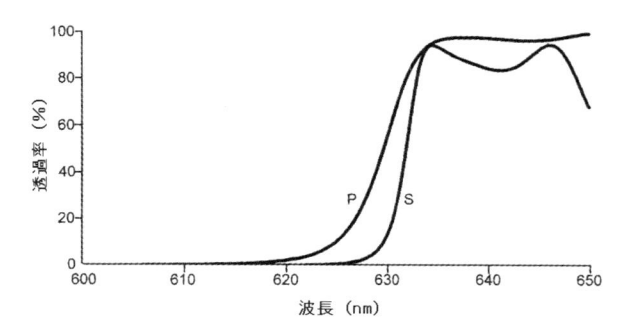

図 9-10　非偏光 LPF
1.52｜$0.91(H\,L)^2\,[0.85L\,(H\,L)^3\,H\,0.85L]^4\,0.91(L\,H)^2$｜1.0
入射角 45°，$n_H = 2.3$，$n_L = 1.46$ [1] である。

9.3.2　非偏光高反射ミラー

　n_H/n_L が非常に大きい 1/4 波長膜厚積層系を使わないと、入射角が大きい場合に R_P が低下してしまう。よって、赤外線領域において非偏光高反射ミラーを作成することは比較的容易である。なぜなら、n_H 値の非常に大きな材料を見つけることはそれほど難しくないからである。このような物質としては PbTe, Te, Ge などがある。n_L がそれほど大きくない材料としては ThF_4, LiF, Na_3AlF_4, polystyrene[4] などがある。これに対して、可視光領域で非偏光高反射ミラーを作成することは容易ではないが、次に述べる解析を基にすれば、良好な非偏光反射ミラーを作成することができる。ただしこの場合、膜の層数が多くなり、

第9章　斜入射のときの薄膜

また高反射領域がやや狭いのが欠点である。

1/4波長膜厚積層系を修正した後、奇数層の等価アドミタンスは次式となる。

$$Y = \frac{\eta_1^2 \eta_3^2 \eta_5^2 \cdots}{\eta_2^2 \eta_4^2 \eta_6^2 \cdots \eta_{Sub}} \tag{9-25}$$

偶数層の場合はη_{Sub}が分子にあるので、反射率は次式となる。

$$R = (\frac{n_0 - Y}{n_0 + Y})^2$$

斜入射の場合P-偏光の等価アドミタンスは低下するので、R_Pも低下してしまう。$R_P = R_S$となるためには$Y_P = Y_S$にしなければならない。i が第 i 層を示すとき、$\Delta i = (\eta \eta_{iP}/\eta_{iS})$と表すと、$Y_P = Y_S$は次式を意味する。

$$\frac{\Delta_1^2 \Delta_3^2 \Delta_5^2 \cdots}{\Delta_2^2 \Delta_4^2 \Delta_6^2 \cdots \Delta_S} = 1 \tag{9-26}$$

高/低の2種類の屈折率の材料 H, L を使用すると、明らかに式(9-26)を満たさないので、別の中間屈折率を持つ材料 M を加えて次式を満たすようにする。

$$\Delta_H \Delta_L = \Delta_M^2 \tag{9-27}$$

そして、このときの積層系の構造は次のようである。

……H M L M H M L M H M L M……

この場合、膜の層数が十分であれば、下記の等価アドミタンスは必要な反射率を満たすことができる。

$$Y = \frac{\eta_H^2 \eta_L^2 \eta_H^2 \cdots}{\eta_M^2 \eta_M^2 \eta_M^2 \cdots} \tag{9-28}$$

上式では説明をしやすくするためη_{Sub}は取り除いてある。入射角度を45°とし$n_H = 2.3$, $n_L = 1.46$とすると

$\eta_{LP} = 1.18$, $\eta_{LS} = 1.8065$, $\eta_{HP} = 1.7091$, $\eta_{HS} = 3.0956$

第 9 章　斜入射のときの薄膜

であるので

$$\Delta_L = 0.532, \quad \Delta_H = 0.5522$$

である。これより

$$\Delta_M = 0.60058$$

が得られる。$n_M = 1.73$ とすると

$$\Delta_L \Delta_H / (\Delta_M)^2 = 1.00097$$

が得られるので、積層系が$(HMLM)^q$の場合

$q = 1$ のとき、$Y_P = \eta_H^2 \eta_L^2 / \eta_M^4 = 1.26$
$q = 12$ のとき、$Y_P = 16.014$, $R_P = 78\%$
$q = 16$ のとき、$Y_P = 40.386$, $R_P = 90\% \approx R_S$ である。

図 9-11 は $q = 16$ の場合のスペクトルである。

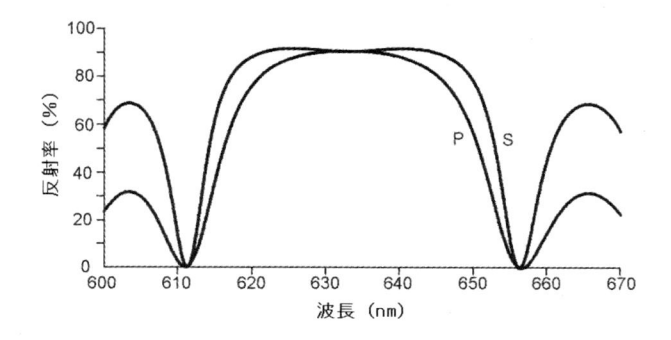

図 9-11　非偏光高反射ミラー
$1.0 \mid (HMLM)^{16} \mid 1.0$, 入射角は 45°, $n_H = 2.3$, $n_L = 1.46$, $n_M = 1.73$

9.3.3　非偏光反射防止膜の成膜

　図 9-1 から分かるように、入射角が Brewster 角より大きい場合の膜の設計において、P-偏光に対しては膜の屈折率が基板（仮に BK-7 とする）より大きい

必要がある。膜の屈折率が十分大きくない場合、低屈折率の膜を先に成膜してから高屈折率の膜を成膜する。つまり S｜L H｜Air である。逆に S-偏光に対しては、十分に低い屈折率を持つ材料は探しにくいという問題がある。そのため、先に高屈折率の膜を成膜し、等価アドミタンスを高めてから、低屈折率の膜、例えば S｜H L｜Air の様にする。それでも低屈折率の材料が見つからない場合には、先に L'を成膜してから H を成膜することでアドミタンスをさらに高め、そして L を成膜する。つまり S｜L' H L｜Air である。

もし同時に P-偏光と S-偏光が低反射であるとするなら、前節を参考にすると次式のようになる。

$$\frac{\Delta_1^2 \Delta_3^2 \Delta_5^2 \cdots \Delta_{Sub}}{\Delta_2^2 \Delta_4^2 \Delta_6^2 \cdots} = 1 \tag{9-29}$$

$$Y_S = \frac{\eta_{1S}^2 \eta_{3S}^2 \eta_{5S}^2 \cdots \eta_{Sub\,S}}{\eta_{2S}^2 \eta_{4S}^2 \eta_{6S}^2 \cdots} = 1 \tag{9-30}$$

式(9-29)と(9-30)を合わせれば $Y_P = 1$ を求めるのと同じであるが、同時にこの2式を満たすのは容易ではない。まず、使えそうな材料の屈折率を出してから、それぞれの η_S と Δ の値を出す。その後、試行錯誤を繰り返して積層系が徐々に式(9-29)と(9-30)を満たすようにする。このとき、複数種の材料を使う必要があるかもしれない。Macleod[1] の設計例は入射角が 60°であり、$n_S = 1.5$ と $n_S = 1.52$ に対しそれぞれ 4, 5 種類の材料を使用している。つまり、次のようである。

$$1.5\,|\,1.066H\,(1.1407B\,1.3409L)^2\,1.2727A\,1.3409L\,|\,1.0$$
$$n_H = 2.5,\quad n_L = 1.3,\quad n_A = 1.4,\quad n_B = 1.8$$

と

$$1.52\,|\,(1.1235C\,1.0722H)^2\,1.1407B\,(1.3036L\,1.1748A)^2\,1.3036L\,|\,1.0$$
$$n_C = 1.9,\quad n_H = 2.4,\quad n_L = 1.35,\quad n_A = 1.65,\quad n_B = 1.8$$

前節の高反射率積層系と同様で、非偏光状態でカバーできる波長領域はそれほど広くなく、許容入射角変化量もそれほど大きくないので、光学系の設計の

ほうで工夫をする必要がある。なるべく薄膜に対して大きな入射角にならないような設計にすれば、光学特性はよりよくなる。

9.3.4 無偏光ビームスプリッタ

9.3.2 節で述べた理論を使い、q 値を調節することで、種々の T/R 比を有する無偏光ビームスプリッタを設計することができる。例えば q = 8 のとき Y_p = 6.353 なので、T/R ≈ 1 の無偏光ビームスプリッタが得られる。これを TiO_2, MgF_2, Al_2O_3 系に応用した場合、さらに最適化を行えば T/R = 3/2 の図 4-6 に示すような無偏光ビームスプリッタを作ることが出来る。

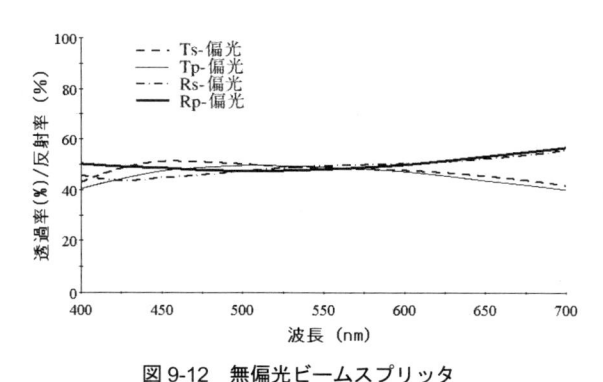

図 9-12 無偏光ビームスプリッタ
BK-7 ｜ ZnS(28nm) Ag(24nm) ZnS(66nm) ｜ BK-7[5]

誘電体膜を用いた無偏光膜設計での共通の欠点として、許容波長範囲が狭いこと、入射角の変化に非常に敏感であることの2つが挙げられる。金属膜に誘電体膜を組み合わせると、この点を改善することができる。図 9-12 は ZnS と Ag をプリズムに成膜して接着した例である[5]。図の中に示した厚さは物理膜厚である。平面ビームスプリッタ型を用いても可能であるが、この場合コンピュータで最適化を行う必要があり、複数の異なる屈折率の誘電体膜が必要である。参考文献[5] の中にも 6 種類の異なる屈折率を持つ誘電体膜と銀を利用して、T/R ≈ 1 となるような 45°入射角の広帯域平板無偏光ビームスプリッタが示されている。その構造は次のようである。

第9章　斜入射のときの薄膜

BK-7 ｜ n_1 (110.6nm) n_2(183.5nm) n_3(44.3nm) Ag(250nm)
n_4(133.1nm) n_5(57.1nm) n_6(41.6nm) ｜ 1.0

但し $n_1 = 1.82$, $n_2 = 1.42$, $n_3 = 2.3$, $n_4 = 2.23$, $n_5 = 1.75$, $n_6 = 1.58$ である。

9.3.5　非偏光バンドパスフィルタ

第8章に述べたように、バンドパスフィルタは、基本的に高反射ミラーの間に膜厚が透過波長の1/2の倍数となるスペーサ層系を挿入する形で構成されている。透過帯の半値幅$\Delta\lambda_h$は高反射ミラーのR値に関係し、この反射率が高いほど$\Delta\lambda_h$が狭くなる。よって斜入射の場合は $R_S > R_P$ となるので、S-偏光の$\Delta\lambda_h$のほうがP-偏光の$\Delta\lambda_h$よりも狭くなる。

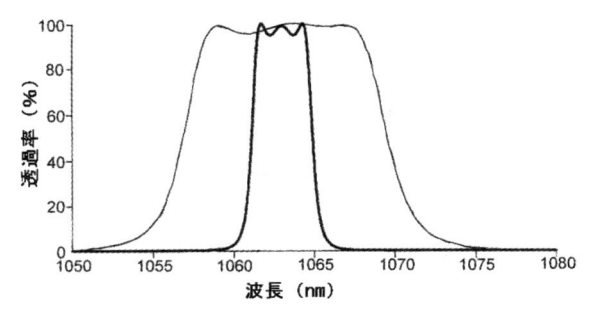

図 9-13　45度角入射のバンドパスフィルタ
　　構造はG｜[(HL)^4 2H (LH)^4 L]^2 (HL)^4 2H (LH)^4 0.3H 1.4L｜Air，である。
　　太線はS-偏光，細線はP-偏光である。

図9-13は下記の3キャビティバンドパスフィルタの設計G｜[(HL)^4 2H (LH)^4 L]^2 (HL)^4 2H (LH)^4 0.3H 1.4L｜Airが45°傾斜したときのスペクトルで、Gは基板 BK-7, H, L はそれぞれ TiO$_2$, SiO$_2$, 膜厚は45°入射角のときに中心波長で1/4波長となる膜厚である。中心波長は1063nmで、S-偏光とP-偏光に対する透過帯域幅は明らかに異なっている。

この偏光依存性を解決するため、Baumeister[6]は高反射積層系を設計して$R_S = R_P$となるようにして、しかも透過帯域に等リップル設計(Equal ripple design[3])を行い、図9-14に示すような45°非偏光バンドパスフィルタを設計し

第9章 斜入射のときの薄膜

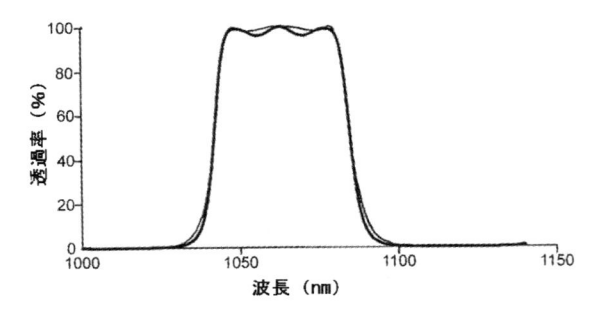

図 9-14 非偏光バンドパスフィルタ
構造は2つの45°プリズムの間に膜を挟む形である。
Prism | (MLMH)^2 2L (H$_1$M$_1$LM$_1$)^4 2L (M$_2$L$_2$M$_2$H)^5 2L (H$_2$M$_2$LM$_2$)^5 2L (M$_1$LM$_1$H$_1$)^4 2L (HMLM)^2 | Prism[6]

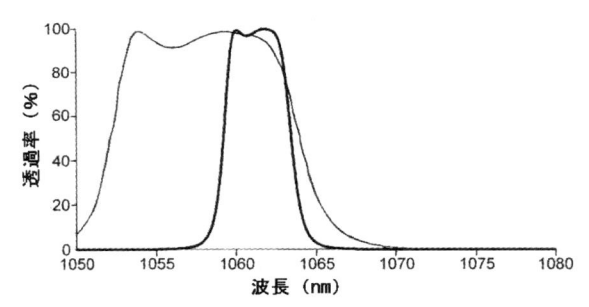

図9-15 高屈折率スペーサ層の隣の層に1/2波長膜厚不在層を挿入することでS-偏光(太線)とP-偏光(細線)の互いが長波長側のエッジ波長に近づく
膜の構造は本文に示す通りである。入射角度は45°で、監視波長は1147nmである[7]。

た。この構造は Prism | (MLMH)^2 2L (H$_1$M$_1$LM$_1$)^4 2L (M$_2$L$_2$M$_2$H)^5 2L (H$_2$M$_2$LM$_2$)^5 2L (M$_1$LM$_1$H$_1$)^4 2L (HMLM)^2 | Prism である。Prism は二等辺45°プリズム(二等辺直角プリズム)である。この屈折率は1.63で、膜の厚さ L, M, M$_1$, M$_2$, H, H$_1$, H$_2$ は入射角45°のときに中心波長で1/4波長膜厚となる膜厚であり、屈折率はそれぞれ1.35, 1.507, 1.562, 1.561, 2.26, 2.38, 2.366である。

図 9-14 は理想的な非偏光バンドパスフィルタであるが、実際に製造するのは容易ではない。垂直入射で設計したバンドパスフィルタ S | [(HL)^4 2H (LH)^4

第 9 章　斜入射のときの薄膜

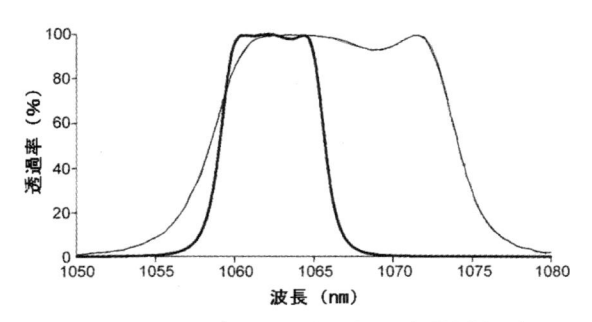

図9-16　低屈折率スペーサ層の隣の層に1/2波長膜厚不在層を挿入することでS-偏光（太線）とP-偏光（細線）が互いに短波長側のエッジ波長に近づく
　　　　膜の構造は本文に示す通りである。入射角度は45°で、監視波長は1181nmである[7]。

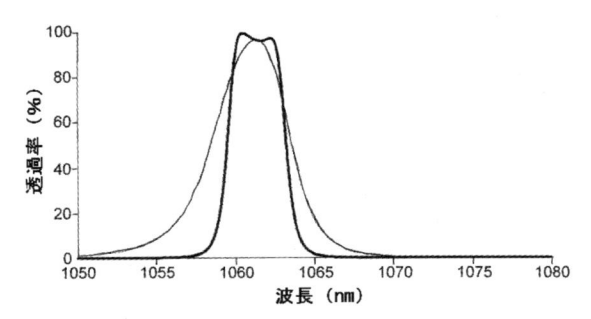

図9-17　非偏光バンドパスフィルタは図3-15と図3-16の構造の直列接続である
　　　　太線はS-偏光，細線はP-偏光で、使用した材料はTiO$_2$とSiO$_2$の2種である[7]。

L]^2 (HL)^4 2H (LH)^4 0.3H 1.3L | Air を45°傾斜させると、中心波長は短波長方向へシフトしてS-偏光とP偏光に対する中心波長もシフトしてしまう。Cushing [7]はスペーサ層(Spacer layer)の隣に1/2波長膜厚の不在層を挿入することで、S-偏光の透過帯の長波長側エッジをP-偏光の長波長側へ近づけた。これを図9-15に示す。この方式は図9-16に示すように、S-偏光の透過帯域の短波長側をP-偏光の短波長側に近づけることもできる。この後、図9-17に示すように、2つのフィルタを直列につなげば、非偏光バンドパスフィルタが得られる。図9-15と図9-16の膜構造はそれぞれ S | [(HL)^3 2L 4H 2L 4H (LH)^3 L]^2 (HL)^3 2L 4H 2L 4H (LH)^3 0.3H 1.3L | Air と S | [H L 3H L 3H 4L 2H 4L (HL)^3]^2 H L 3H L 3H 4L 2H

4L (HL)^2 0.72H 0.8L｜Air である。図 9-17 は図 9-14 ほど完璧ではないが製造は容易で、使用する材料もよく使われる TiO$_2$ と SiO$_2$ である。

9.4　斜入射特性の応用

　式(2-90)から分かるように、斜入射のとき光学位相厚さは短波長方向へシフトする。この種の性質はフィルタの波長位置調節に使えるが、ただし小さい範囲での調整のみである。ある範囲を超えるとスペクトル形状が変形してしまうからである。この種の変化は、可視光範囲において干渉フィルタの色が角度とともに変化することで、簡単に確認できる。この現象は自然界においても多くみられ、アワビの貝殻，蝶の羽，石鹸泡などが挙げられる。図 4-9 に示すような誘電体多層膜干渉フィルタを、正面から見ると緑色に見え、斜めにして見ると青になる。こういった現象は、例えば紙幣や有価証券の偽造防止に使える[8-11]。この種のフィルタも、金属-誘電体膜の組合せにより作ることが出来る[12]。層数は 3 層か 5 層程度で良好な効果があらわれる。例えば金属膜（Al）の高反射性と（Cr）の中程度の反射を利用して、両者の間に表示したい色の 1/2 波長の整数倍にした SiO$_2$ または ZrO$_2$ などの誘電体膜を成膜すると、入射角に対する色の変化をより鮮やかにすることができる。これは干渉効果なので、印刷機でコピーするとこの効果が失われてしまう。これを利用して偽札や偽造有価証券を防ぐことができる。図 9-18 は 100nm の Al，420nm の SiO$_2$，6nm の Cr からなる 3 層膜（金属-誘電体-金属）を基板上に成膜した例で、0°（破線）のときと 45°（実線）のときではかなり異なる色が観察される。

　斜方向と垂直方向で見るとそれぞれ異なる色を呈するような効果は、装飾上や色彩表示設計上においても非常に役立つ。例えばフォト社が 1996 年 3 月に上述の金属-誘電体-金属膜に類似する薄膜の小さな破片を塗料の中に混ぜて、Ford Mustang 車に塗装したものを発表したが、これは色が見る角度によって変化するので、若者の人気を集めたデザインとなった。

第9章 斜入射のときの薄膜

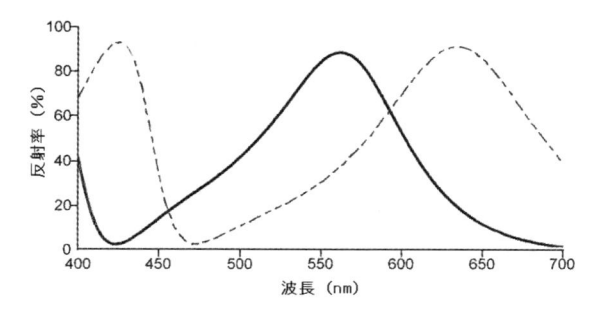

図 9-18 偽札，偽造有価証券防止用の干渉フィルタ
基板｜Al(100nm) SiO$_2$(420nm) Cr(6nm)｜空気。破線（垂直での観察）と実線(45°角度での観察)の場合、両者の色は著しく異り、コピーでは再現できない。

参考文献

1. Macleod H. A. 1986, "Thin-Film Optical Filter", 2nd ed., Chap. 8, Macmillan Publishing Company, N.Y., Adam Hilger Ltd., Bristol.
2. Ruiz-Urbieta M., Sparrow E. M., and Parikh P. D., 1975, "Two-film reflection polarizer: Theory and application", Appl. Opt. **14**, 486-492.
3. Thelen A. T., 1988, "Optical Interference Coatings", Chap. 9, McGraw-Hill Book Company, N.Y..
4. Wallace John, 1999, "Mirror Reflects All Angles with Low Loss", Laser Focus, **35**, 16-18.
5. 林永昌, 盧維強, 1990, 光學薄膜原理, p.275, 國防工業出版社, 北京。
6. Baumeister P., 1992, "Bandpass Design - Application to Non-normal Incidence", Appl. Opt. 31, 504-512.
7. Cushing D., 1998, "Bandpass Filter for 45° Angle with low polarization properties", OSA 1998 Technical Digest Series Vol.9, Optical Interference Coatings, 226-228.
8. Dobrowolski J. A., Ho F. C. and Waldorf A., 1989, "Research on thin film anticounterfeiting coating at NRCC", Appl. Opt. **28**, 2702-2717.
9. Rolfe J., 1990, "Optical variable devices for use on bank note", SPIE **1210**, 14-19.
10. 賀方涓, 1990, "光學干涉鍍膜與偽鈔預防", 光訊 **24**, 1-4.
11. Phillips R. W. and Bleikolm F., 1996, "Optical coatings for document security", Appl. Opt. **35**, 5529-5534.
12. 蔡榮源, 李啓華, 賀方涓, 魏朝滄, 蕭森崇, 1997, "金屬-介電質膜系之光學變色多層膜及色料", 光學工程季刊 **59**, 5-17.

第10章　光学薄膜の作製方法

　近年、光学薄膜作製技術は他の科学技術と同様、目覚しい発展を遂げて来た。1817年Fraunhoferが酸腐食法を用いてレンズの透過率をあげるための反射防止膜の製造に成功して以来、今日においてはイオンビームスパッタリング技術によるスーパーミラーの製造など、宇宙の重力波を測定するまでに発展してきた。基板治具の製作技術も初期の一枚ずつの製造からはじまり、今日では大きさの違うものをまとめて1度に複数枚、連続搬送による生産も可能になった。一方、成膜時の膜厚モニターも時間や色の変化で判断する単純制御から、精密且つ高速な自動制御光学システムにまで発展してきた。この間の生産技術の変化は極めて大きいが、新技術というものが従来の技術を基に発展してきたことを考えると、本章ではまず従来の作製技術の概略的な紹介を行い、その中でも特に今日の技術に重大な影響のあるものを詳細に紹介する。その他、読者が参考にするときのために、その要旨のみを述べる。

　薄膜作製技術は多種存在するが、ウェット成膜とドライ成膜の2種類に大別される。前者の多くは化学変化に関係し、後者の一部は化学的作用を利用するものもあるが多くは物理的作用を利用する。これらを次に分けて述べる。

10.1　ウエット（液相）成膜法

　ウェット成膜法とは液体自身または液体を媒体として、化学反応もしくは電気化学作用を利用して成膜する方法や、液体を基板と接触させることにより薄膜を生成させることをいう。次にいくつかの例をあげる。

(i)　酸腐蝕法

　珪酸塩ガラスを酸の稀釈溶液の中に浸漬するとガラスの表面には不安定な

第 10 章　光学薄膜の作製方法

珪酸(H_2SiO_3) が生成され、加熱脱水によって SiO_2 になる。その後さらに加熱するとガラス表面に二酸化ケイ素が生成する。

応用例：反射防止膜

利点：　　設備は簡単であり、任意形状の光学部品に施せる。

欠点：　　非珪酸塩ガラスには適用できない。

　　　　　　膜の屈折率が基板より低くなるため、反射防止膜としてのみ利用できる。膜の均一性は制御しにくいが、良く制御された場合には広い波長帯域を有する反射防止膜として利用でき、しかもハイパワーレーザの照射にも耐えられる。

　　　　　　多層膜干渉フィルタには適さない。

(ii)　溶液沈殿法

　金属化合物中の一部は還元剤の作用により金属イオンとして析出し、ガラスの表面やその他の材料表面に金属膜として沈殿する。たとえば化学銀メッキ，銅メッキ，金メッキ，ニッケルメッキ，コバルトメッキなどがある。

応用例：　　高反射ミラー(例：　$AgNO_3$ 50g に水 2ℓ，KOH 90g に水 2ℓ，糖 80g に水 0.8ℓ，そして HNO_3 3.5 mℓ に水 100 mℓ をそれぞれ加えて、これらを 16:8:1 の比率で混合する。その後、$AgNO_3$ と KOH 溶液に NH_4OH を加え、沈殿物のない溶液にしてから再び HNO_3 を入れ、低温反応で銀の反射ミラーを成膜する。)

利点：　　任意形状の光学部品、特にパイプの内壁に適用できる。

欠点：　　膜が弱く、密着性が低い(銀の場合は硫化防止のため、銅メッキ層または保護膜を塗布すると、裏面鏡として使用できる)。

(iii)　メッキ

　メッキ材料を陽極とし、メッキされる基板を陰極として、両者を適当な電解質溶液(electrolyte) の中に浸して電流を流すと、メッキ物質（Ag, Ni, Au など）が陰極の基板上に析出する。

応用例：　　高反射ミラー，下地層など。

第 10 章　光学薄膜の作製方法

利点：　大面積成膜が可能で低コスト。
欠点：　毒性が高く、工業汚染がひどい。

(iv)　陽極酸化法

　メッキされるものを陽極として電解質溶液の中に置き、その表面に電流を通すことで表面に酸化膜が形成される。アルミ鏡の酸化アルミニウム(Al_2O_3) 保護膜はこの一例で、この場合陽極を Al 膜、陰極を純 Al として 5%濃度の$(NH_4)_2HPO_3$ 溶液中に通電電解すると、酸化アルミニウム膜が生成される。この方法で Ta_2O_5，TiO_2，ZrO_2，Nb_2O_5，HfO_2，WO_3 などの膜も作製できる。
応用例：　保護膜の作製，装飾被膜の着色

(v)　ゾルゲル法（sol-gel）

　ディッピング（dip coating）法またはスピンコーティング法(spin coating)を用いて、金属の有機溶液をペースト状にしたものを基板に塗布し、加熱をすると透明な薄膜が生成する。例えば、SiO_2，TiO_2，TiO_2 と SiO_2 の混合膜，Al_2O_3，ZrO_2，HfO_2，Y_2O_3，ITO，Ta_2O_5，CrO_x，Fe_2O_3 などが使われる。
応用例：　反射防止膜，ビームスプリッタ，多層干渉膜，保護膜，CRT 表面の ITO や SiO_2 など。これらは反射防止，電磁波放射防止，静電気防止などの効果を持っている。
　　　　　以下は TiO_2 と SiO_2 の場合の大まかな化学反応式である。

$$Ti(OC_2H_5)_4 + 4H_2O \rightarrow H_4Ti_4 + 4C_2H_2OH \uparrow$$
$$H_4TiO_4 \xrightarrow{加熱} TiO_2 + 2H_2O$$
$$Si(OC_2H_5)_4 + 4H_2O \rightarrow H_4SO_4 + 4C_2H_5OH \uparrow$$
$$H_4SiO_4 \xrightarrow{加熱} SiO_2 + 2H_2O \uparrow$$

(vi)　ラングミュア法（LB 法）

　一部の有機高分子材料は水に溶解せず、水面上に浮いて単分子層を形成する。その一端が親水性(hydrophilic polar-例えば COOH 基)、もう一端が疎水性

(hydrophobic-例えば CH_3 基)の時、その性質を利用して図 10-1 に示すような垂直ピストン方式を使い、上下運動しながら有機高分子材料を個体基板の上に移植し、単層または多層膜を形成させる。

応用例：　集積回路，太陽エネルギー変換部品，発光部品，非直線形状部品など。

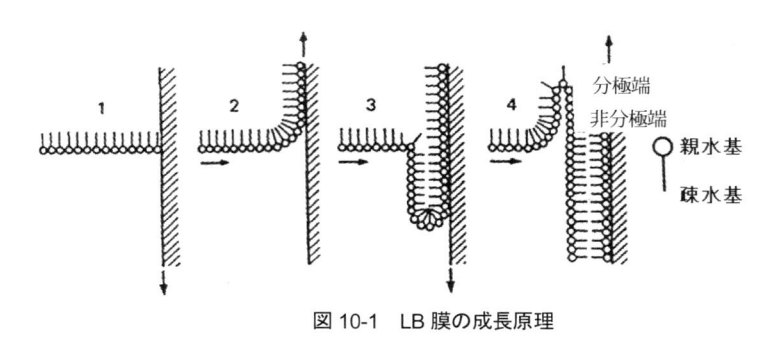

図 10-1　LB 膜の成長原理

(vii)　液相エピタキシャル法

溶質を溶剤の中に入れ、ある温度下で均一な溶液にした後に、結晶体基板の上で徐々に冷却する。溶液が飽和点を超えたとき、基板の上にエピタキシャル薄膜が形成される。

応用例：　半導体レーザ，光電材料薄膜（例：GaAs /$Al_xGa_{1-x}As$, $InP/In_{1-x}Ga_xAs_yP_{1-y}$ など）

10.2　ドライ（気相）成膜法

ドライプロセスは膜の構成成分を気体にして基板上に凝集させる方法で、物理気相成長法 PVD(Physical Vapor Deposition: PVD) と化学気相成長法 CVD(Chemical Vapor Deposition: CVD)がある。

10.2.1 化学気相成長法（CVD）

化学気相成長法とは、膜材料の化合物気体を高温または電磁放射により熱分解や化学反応を起こし、基板上で膜の固体物質を生成させる方法である。

揮発性の金属塩化物や金属有機化合物などと、水素，酸素，窒素などの気体を混合した後に高温基板上を通過させ、熱生成，熱分解，還元，酸化，加水分解または重合で膜を生成する。

熱生成	$Ti \xrightarrow{加熱(空気中)} TiO_2$
熱分解	$SiH_4 \xrightarrow{加熱} Si\downarrow + 2H_2$
還元	$SiCl_4 + 2H_2 \longrightarrow Si\downarrow + 4HCL$
	$2MoCl_5 + 5H_2 \longrightarrow 2Mo\downarrow + 10HCl$
酸化	$SiH_4 + O_2 \xrightarrow{加熱} SiO_2 + 2H_2$
	$Al_2(CH_3)_6 + 12O_2 \longrightarrow Al_2O_3 + 6CO_2 + 9H_2O$

成膜速度を増加させたり、特殊膜を作る場合など、CVD には以下のような数種類の方法がある。

(i) PECVD(plasma enhance CVD)

低温　　　$3SiH_4 + 4N^* \longrightarrow Si_3N_4 + 6H_2$

$SiH_4 + 2O^* \longrightarrow SiO_2 + 2H_2$

PECVD は高周波（RF）によって発生するプラズマで CVD の効果を高める方法で、多層膜を成膜することができる。$TiO/SiO/TiO_2/SiO_2/……..$ などがある。

(ii) MOCVD(metal-organic CVD)

金属有機化合物を金属無機化合物や結晶膜にするもので具体的には以下のようなものである。

$Zn(CH_3)_2 + H_2Se \longrightarrow ZnSe + 2CH_4$

MOCVD で使用される基板の多くは結晶基板なので、特定準位を有する発光

部品の製造に適している。

(iii) LCVD(Laser CVD)

これはレーザを利用したもので以下のようなものである。

$$W(CO)_6, Cr(CO)_6, Fe(CO)_5 \xrightarrow{h\nu} W, Cr, Fe$$

(iv) Photochemical CVD

これは光化学反応を利用したもので以下のようなものである。

$$SiH_4 + O_2 \xrightarrow{h\nu} SiO_2 + 2H_2$$

(v) ECRCVD(electron cyclotron resonance CVD)

2.45GHz のマイクロ波による電子サイクロトロン共鳴（ECR）を用いてプラズマを発生させ、SiO_2，ダイアモンド膜，a-Si:H，SiN_x，などを生成する。

(vi) Synchrotron Radiation CVD

シンクロトロン軌道放射を用いて気体合成物を分解・凝集して膜を生成する。

10.2.2 物理気相成長法(PVD)

この方法は物理成膜法と呼ばれ、成膜過程は三つのステップに分けられる。この過程では化学変化や物理衝撃（ボンバード）が可能で、これらは膜の特性、純度，均一性などに影響を及ぼす。このステップは以下のようになる。
1) 膜材料は固体から気体へ昇華する。
2) 薄膜の気体原子・分子またはイオンが真空空間を通って基板へ到達する。
3) 薄膜材料が基板上に凝集して薄膜を生成する。上に述べた薄膜の材料は固体から気体へ変化させて基板上に凝集させる方法で、次の3種類がある。
   i) 熱蒸着法(Thermal Evaporation Deposition)
   ii) プラズマスパッタ法(Plasma Sputtering Deposition)
   iii) イオンビームスパッタリング法(Ion Beam Sputtering Deposition, IBSD)

第 10 章　光学薄膜の作製方法

上述 2)で気体となった薄膜材料が真空中を移動し、基板に到達しなければならないのは以下の 3 つの理由による。

(1) 薄膜材料の純度を維持し、他の物質と衝突・結合あるいは化学的変化などを起こさないためである。（反応性成膜の場合は例外で、これについては次の章で詳しく述べることにする。）
(2) 成膜材料の気体原子・分子は運動エネルギーを持って飛来し、力強く基板へ付着することで薄膜－基板間の結合力を増す。
(3) 薄膜材料の原子や分子が基板上で積層される過程において他の気体の混入がないので密度が高く、また硬度も大きいので屈折率の安定な膜を成膜できる。

真空中では蒸発源は高温となるが、このとき気体と反応して寿命が短くなることはない。従って、スパッタリング法でのプラズマやイオンビームも真空中で有効に持続できる。

では、どの程度の圧力が適しているのだろうか。薄膜の気体原子・分子が真空中を基板へ向かって飛んでいく過程の中で残留ガス分子と衝突するという現象を議論するには、平均自由行程 L を用いる。自由行程とは気体原子・分子が他の粒子と衝突するまでの飛行距離である。基本的に、圧力は気体原子・分子の衝突距離が L より大きくなる程度に十分低くければ良い。気体原子・分子ごとの速度はある種の分布に従う。飛行方向も異なるので、気体原子・分子ごとの自由行程は異なるがそれほど大きな差ではない。この平均値を取って、平均自由行程と定義する。その値は $L = \dfrac{kT}{\pi\sqrt{2}D^2 P}$ である。k はボルツマン（Boltzmann）定数であり D は分子の直径, T は絶対温度, P は気体圧力である。空気の場合、室温(300K)であれば L と排気後の真空槽内の圧力 P(Pa で表し、1Pa ≈ 7.5×10^{-3} torr である)との関係は次式であらわされる。

$$L \approx 6.6 \times 10^{-1} / P \quad 単位：cm \tag{10-1}$$

蒸発源から基板までの距離は 30〜50cm 以上あるので、P の値は 10^{-2} Pa より小さくしなければならない。従って、物理気相成長法(PVD)には良好な真空排

第 10 章　光学薄膜の作製方法

気系が必要であり、圧力が 10^{-2} Pa より低い真空中で薄膜を作製できるようにする必要がある。真空排気系は少なくとも 10^{-1} Pa まで排気できるような機械式ポンプと、10^{-4} Pa 以下まで排気できるような油拡散ポンプ，クライオポンプまたはその他のポンプなどで構成する。場合によって水分（膜質に対して悪い影響を与える）を排除するために Polycold(<-140℃, LT type：-160℃に達する）または液体窒素(-196℃)で Meissner coil 吸着板を冷却する必要がある。

次に薄膜材料を固体から気体に変える 3 種類の方法を挙げて逐次詳しく説明する。

(i) 熱蒸発蒸着法(Thermal Evaporation Deposition)

この方法は薄膜材料の温度を上げ、溶かしてから気化、もしくは直接固体から気体に昇華させる方法で、薄膜材料原子・分子気体は高温加熱後の運動エネルギーを持って基板へ移動し、凝集して固体薄膜になる。加熱方法によりいくつかに分けられる。

i-A)　抵抗加熱法(Resistive Heating)

原理：　電流 I が抵抗 R を流れるときに発生する熱エネルギーを利用するもので、パワーP は I^2R に比例する。

方法：　高融点材料を抵抗体（蒸発源）に選ぶ。成膜したい材料をその上に置き、電圧を抵抗体の両端に加えて大電流を流す。抵抗材料としては通常化学的性質が安定で、高融点(T_M) の W (T_M=3380 ℃)，Ta (T_M=2980 ℃)，Mo(T_M=2630 ℃)，C (T_M=3730 ℃)などを選ぶ。

蒸発源の形状

フィラメント：

一本または複数本のらせん形状（図 10-2a)である。成膜したい材料をフィラメントに掛ける。Al ワイヤの場合、高温において Al がフィラメント（通常は W である。）と合金になって W フィラメントを断線してしまう。このとき複数本をよじってフィラメントを作製すれば使用寿命も伸びる。量産型では $BN-TiB_2-AlN$ 複合電気伝導材料を用いて Al を成膜する。その形状を図 $10-2f_5$

第10章 光学薄膜の作製方法

に示す。

バスケット状(図10-2b)：

　成膜したい材料がブロック状昇華性材料の場合、これをバスケットの中に入れる。

渦巻状(図10-2d)：

　成膜材料の多くは昇華材料であり、材料がフィラメントと反応する場合には材料とフィラメントの間にセラミックスライナを置く。(図10-2c参照)

舟状：

　通常はボート(boat)といい膜材料を乗せることが出来る。

小さい窪状(図10-2e)：

　Au，Agなどで少量の成膜材料を載せる場合に使用する。

槽状(図10-2f)：

　大量の成膜材料、例えば、ZnS，MgF_2，Na_3AlF_6，SiO，Geを載せることが出来、連続的にAl線を送ることが出来る。材料が加熱時に熱抵抗ボートと化学反応を起こす場合には間にセラミックスのベースを入れる（図10-2gに参照）。材料が熱によって跳ねるようであれば、穴つき蓋をつけてもよい(図10-2hに参照)。

フラッシュ法(flash evaporation)

　この方法は2種類以上の異なる蒸発温度の混合材料を蒸発するために設計された。まず蒸発源を事前に高温まで加熱する。次に混合材料を少量ずつ蒸発源に投入する。材料が蒸発源に触れた瞬間直ちに蒸発し、基板上に成膜される。

　抵抗加熱蒸発法の利点は手軽で、電源設備も簡単で安価だという点である。蒸発源の形状も需要に応じて容易に作れるが、次のような欠点もある。

1. 抵抗を加熱し薄膜材料に熱を伝える必要がある以上、材料は抵抗と多少反応をして、不純物を生じる。(図10-2c，図10-2gに示すように、特性の安定なセラミックス層を加えることができるが、電気消費量は非常に大きくなる。)
2. 抵抗で加熱できる温度には限界があり、高融点の酸化物に対しては多くの場合抵抗が溶断して成膜できない。
3. 成膜の速度には限界がある。

4. 材料が化合物であれば、分解の可能性がある(フラッシュ法は一部のこのような材料を成膜できる)。
5. 成膜した膜の膜質が硬くなく、密度も高くない。

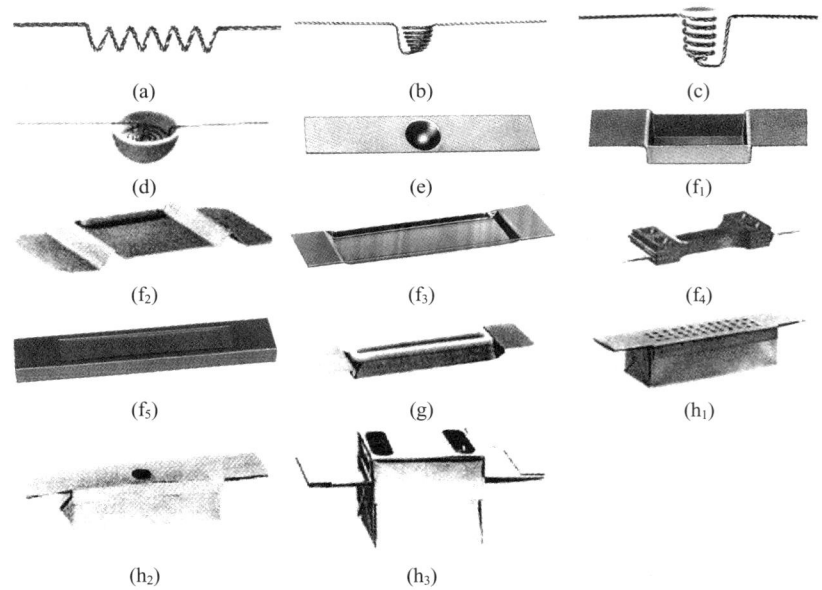

図 10-2　抵抗加熱法で用いられる各種の蒸発源(f_4はグラファイト)

i-B) 電子ビーム蒸着法（EB 法）(Electron Beam Gun Evaporation)

原理：A.電子ビームの発生

a) 熱電子放出(thermionic emission)：高融点金属（フィラメント）が高温まで加熱される場合、その表面の電子の運動エネルギーが拘束エネルギーより大きいため熱電子放出が起きる。その電流密度はRichardson方程式を用いて表せる。

$$J = AT^2 \exp(-ef/kT) \tag{10-2}$$

但し、Tは金属の絶対温度，eは電子の電荷，fは仕事関数，kは

ボルツマン定数, A は Richardson 定数である。

大電流の場合は正負電極間距離 d と電圧 V の制約で Langmuir-Child の方程式に従う。

$$J = BV^{3/2}/d^2 \tag{10-3}$$

但し、B は定数で 2.335×10^{-6} A/unit area に等しい。

  b) プラズマ電子(plasma electron)：グロー放電プラズマから電子を取り出す方式で、陰極の相違によりコールドホローカソード（Cold hollow cathode gun）とホットホローカソード（Hot hollow cathode gun）に分けられる。熱電子照射は効率的で手軽なために良く使われており、W がフィラメント用の高融点材料としてよく使われている。W は $A = 75$ A/cm^2℃で、$f = 4.5$ eV である。

B. 電子ビームの加速

電子は電荷を持っているので、電場によって加速できる。電位差が V の場合、電子ビームが持つ運動エネルギーは $1/2\, m_e v^2 = eV$ である。m_e は電子質量であり、V は通常 5KV 〜 15KV である。V を 10KV とすると、電子の速度は 6×10^4 km/s にまで達する。このような高速電子が膜材料に衝突すると熱が発生し、その温度は数千度にまで達する。（n を電子密度とすると総エネルギーは W=neV で、単位時間内に発生する熱量は Q=0.24W カロリーである。）そのため膜材料は気体になって蒸発する。その動作原理を図 10-3 に示す。

方法：電子ビームは加速された後に直接膜材料に衝突して膜材料を蒸発させるが、この蒸発原子・分子が電子源を汚染するため、図 10-3 に示すように、膜材料を置くハースの下に電子源を隠し、強力な磁場を用いて電子ビームを 180°または 270°に曲げて使う。

利点：電子ビームは直接膜材料を加熱し、しかも膜材料を入れるライナがあるハースは水冷されているので、抵抗加熱法よりも汚染が少なく、膜の品質が比較的高い。電子ビームは非常に高いエネルギーにまで加速できるので、抵抗加熱法では成膜できない特性の良好な酸化膜の成膜が可能で

第 10 章　光学薄膜の作製方法

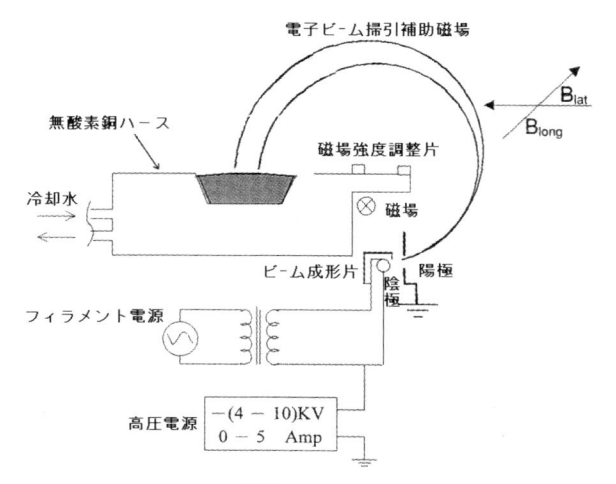

図 10-3　蒸着用電子銃の動作原理

ある。複数のライナーに異なる膜材料を入れて円形に並べ、成膜するとき該当するライナーの位置に電子ビームをあわせて照射することも出来る。この方法は多層膜を成膜するには非常に便利である。図 10-4 には複数のライナーを取り付けられるハースの例を示す。膜層数が多くて多量の材料が必要な場合、図 10-4g に示すような大きい径のライナー、または自己支持型（円柱状の材料自身が上昇する）の材料による設計が採用されている。図 10-4f は 2 種類以上の多量な材料を入れられるハースである。電子ビームの掃引（スイープ）範囲を拡大すれば、つまり蒸発源の面積を広げれば、成膜の膜厚分布の均一性をあげることができる。（参考 12 章）。

欠点：
1. 電子ビーム密度やエミッション電流は不適切な制御を行うと、材料の分解や電離を引き起こすことがある。前者は吸収を起こし、後者は基板がチャージアップして、放電による膜の損傷がおきる。
2. 異なる材料に対しては電子ビーム径の大きさやスイープ方式も違うので、成膜過程中に違う成膜材料を使用する場合、電子ビーム条件もそれに従って変更しなければならない。

第 10 章　光学薄膜の作製方法

3. SiO_2 のような昇華したり、融解とともにすぐ蒸発する材料の蒸発レートや蒸発分布は不安定で、これは膜厚の均一性に大きな影響を及ぼす。SiO_2 を粉状から塊状に変え、そして電子ビームのスイープ形状もよく調節すれば、比較的安定な分布が得られる。

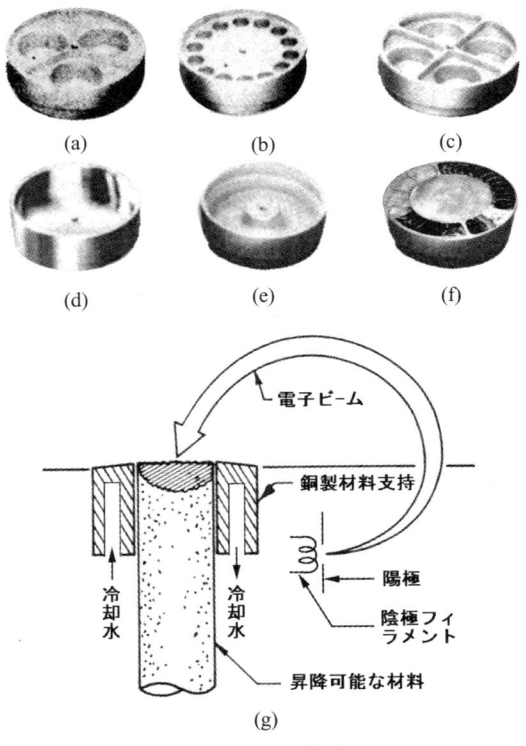

(a)　(b)　(c)

(d)　(e)　(f)

(g)

図 10-4　電子銃用の各種ハース

i-C) レーザ蒸着法(Laser Deposition)

原理：A. 熱効果

膜材料が連続発振レーザ光(CW)エネルギーを吸収して高温になり融解して蒸発するもので、CW-CO_2 laser や Nd-YAG laser などが使われる。

B. 光解離効果

超短パルス発振レーザ光エネルギーが膜材料表面の数原子層内にある原子または分子の結合を切ることにより、一層ずつ剥離蒸発されるものである。例えば、パルスエキシマレーザ（pluse excimer laser）は波長が紫外線領域にあり、原子または分子の結合をきるのに十分なエネルギーを持っている。パルス発振であるために膜材料の表面のみで発熱し、膜材料（大半はホットプレスした材料）の原子または分子成分を保持できる。これは非平衡気化であるため、化合物に対しても組成成分の分解無しに蒸着が出来る。

C. 以上2つの効果の合成。

利点：A. 真空槽内に電気設備や熱源がないので、清潔なプロセスと言える。膜は比較的純度が高く、チャージアップがないので、膜の損傷も生じない。

B. レーザ光は非常に小さい位置にフォーカスが可能であるのみならず電場や磁場の影響も受けにくいため、回転可能な複数ターゲットを選べば多層膜も成膜できる。また複数本のレーザ光を用いることで、多元素の合成膜も可能である。

C. 蒸着速度が速く、しかもレーザ光は拡散しにくいので、材料を汚染されにくい遠い場所に置ける。

欠点：A. 設備が高価である。

B. 一部の材料はレーザに対する吸収効果が良くない。

C. 蒸着速度が速すぎるので非常に薄い膜の膜厚制御は困難である。

D. レーザ光の入射窓は汚染されてはいけない。

i-D) アーク放電

膜材料自身を電極として利用し、大電流を流すことでアーク放電が発生して蒸発する。

利点： 設備は簡単で、蒸発レートが大きい。

欠点： 膜厚が制御しにくく、多層膜は成膜しにくい。

第10章 光学薄膜の作製方法

i-E) 高周波加熱(RF-Heating)

　高周波により金属材料に渦電流が発生し、高温になって蒸発する。

i-F) 分子線エピタクシャル成長法(Molecular Beam Epitaxy ,MBE)

　複数個の k-セル (Knudsen cell)にそれぞれ異なる材料を入れて、超高真空で結晶基板上の一定の成長方向に単結晶を成長させることで単結晶膜を成膜する方法である。成長する膜厚と膜質を制御するため、このシステムには低速電子線回折装置(LEED)、オージェ電子分光装置(AES)、反射型高速電子線回折装置(RHEED)、二次イオン質量分析装置(SIMS)などが装備される。

(ii) プラズマスパッタリング法(Sputtering Deposition in Plasma Environment)

　通常低真空（一般にはアルゴン Ar ガスを導入する）で高電圧印加によるグロー放電によってプラズマを形成する。その中の正イオン(Ar^+) が陰極へ飛んで行き、陰極にあたる膜材料(ターゲットと称する)の表面に衝突し、膜材料の原子・分子を飛び出させて基板上に凝集させる。前述の熱蒸発蒸着法と異なるのはこの方法では熱蒸発によらないことで、正イオンの衝突で原子または原子団をターゲットから叩き出して、それが基板へ飛んで行って、最後に膜として凝集する。この場合、基板へ飛んで行くエネルギーは熱蒸発蒸着より大きいため、膜の付着性も非常に良い。

ii-A) 平板型二極スパッタリング(Planar Diode Sputtering Deposition) または
　　　直流スパッタリング(DC Sputtering Deposition)

　ターゲットを陰極、基板を陽極とし、10^{-3} Pa 以下まで排気してから不活性ガス（Ar または Xe）を導入し、圧力が数 Pa 以下のとき、数百または数千ボルトの高電圧を加えるとグロー放電が発生して、プラズマが形成される（その時プラズマと陰極の電位差は数百ボルトある）。図 10-5a に示すように、プラズマ中の正イオンはターゲット(陰極)へ向かって加速し、衝突時に運動量の交換によりターゲットの原子を叩き出して、最後に陽極の基板上に凝集させる。

第 10 章 光学薄膜の作製方法

図 10-5a

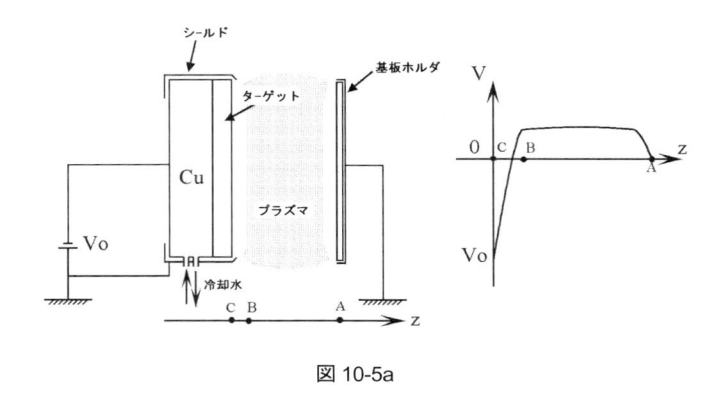

ii-B) 高周波スパッタリング(RF Sputtering Deposition)

　直流スパッタリングの場合、正電荷が誘電体材料のターゲットの上に蓄積し、ターゲットに衝突する正イオンを阻止する。そのため誘電体材料はスパッタリングできなくなる。極端な場合には放電（arcing）を起こしてターゲットを損傷してしまうこともある。誘電体ターゲットの裏に金属の電極を加えてしかも高周波電源(工業用 13.56MHz)を利用すると、電子は正イオンよりも早く移動できるため、高周波の正の半周期でターゲットへ飛んでいき負の半周期で累積した正電荷を中和してしまう。周波数は高いので正イオンは常にプラズマ中に停留して、ターゲットに対して高い正電位になっている。従って、スパッタリングが連続的に行える(図 10-5b)。多数の大きな基板に成膜するには図 10-6 の方法が用いられている。ここで、S はシャッターで、成膜したい材料を選択したり、基板汚染を防ぐ役割を果たす。

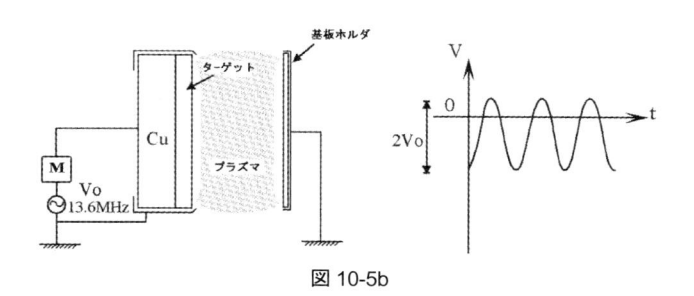

図 10-5b

288

第 10 章　光学薄膜の作製方法

　二極平板スパッタリング若しくは高周波スパッタリングに磁場を加え、電子を回転させながら前進させることで分子と衝突する機会を増やすことが出来る。故に、比較的低い圧力の下で放電状態が維持でき、その結果スパッタリングの速度も増大する。通常これはマグネトロンスパッタリング(Magnetron Sputtering) と呼ばれる。(ii-D)節を参照。

ii-C) ダブルカソードスパッタリング(Dual Cathodes Sputtering Deposition)

　上述の高周波スパッタ成膜法の成膜レートは誘電体のターゲットに対してそれほど速くないため、成膜レートを上げるためにパルス式直流（pulsed-DC）またはダブルカソードスパッタ成膜が使われる。図 10-5c に示すように、2つのターゲットの間に中ぐらいの周波数（その周波数は 40KHz である。）をかけて正負極性を交換する。この周波数がターゲット上の電荷を中和できるまで上昇すれば、ターゲット上に正電荷が蓄積されないので、正イオンの衝撃には支障がなくなる。しかし、40KHz という周波数はそれほど高くはないので、2つのターゲットが基板（陽極）に対して常に負の電位を維持するようにして、スパッタ成膜が継続的に進行するようにする。このスパッタ成膜プロセス全体は直流スパッタ成膜と同等である。

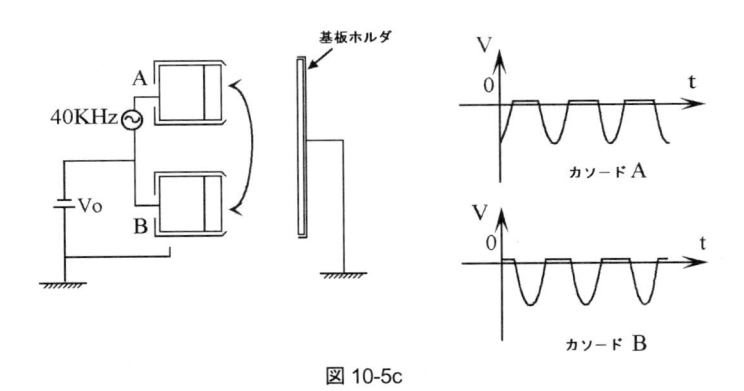

図 10-5c

図 10-5d

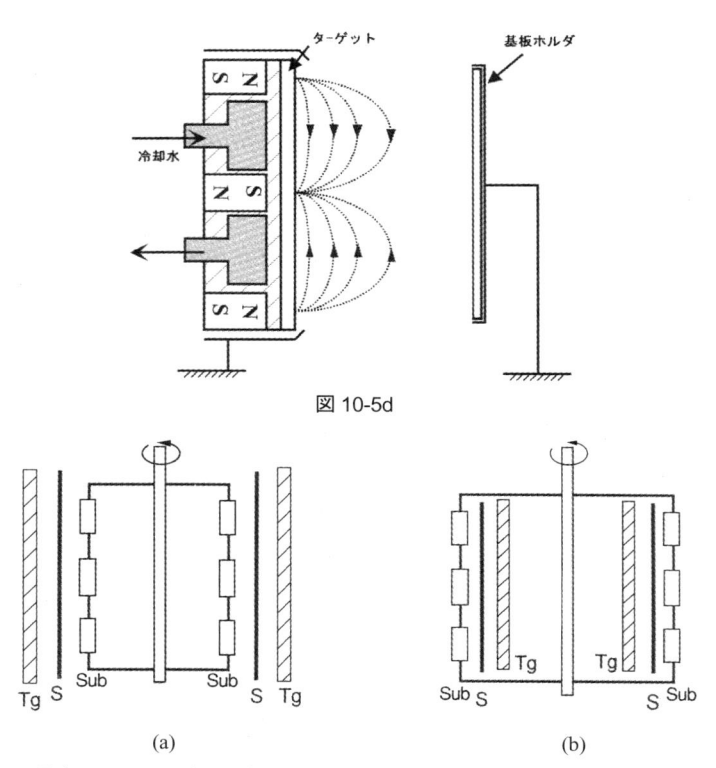

(a)　　　　　　　　　　(b)

図 10-6　量産用の RF スパッタ装置
　　　Tg はスパッタリングターゲットで、RF 電源と連結する。Sub は基板の支持治具で多数の大面積基板を成膜できる。S はシャッターである。

ii-D)　マグネトロンスパッタリング(Magnetron Sputtering Deposition)

　前述のスパッタリング法でスパッタリングレートが低いのは、放電過程の中で、気体分子のイオン化率が非常に低いためである。電子をらせん状に運動させるための磁場を加えると、電子と気体分子が衝突する機会が増える。この説明図を図 10-5d に示す。これによって、イオン化率を上げてスパッタリングレートを上昇させる。マグネトロンスパッタリングは比較的低い圧力の下で行うことが出来るので、薄膜の品質も磁場なしのスパッタリング膜より良い。前述の 3 種類のターゲットに磁場を加え、マグネトロンスパッタリングにして膜質

第 10 章　光学薄膜の作製方法

を改善することも出来る。その方法は DC Magnetron Sputtering, RF Magnetron Sputtering, Dual Cathodes Magnetron Sputtering などと呼ばれる。磁場によって電子は基板から隔離されるので、基板温度もそれほど高くならない。故にマグネトロンスパッタリングは高温に弱い基板への成膜に使える。

　マグネトロンスパッタリングのもう一つの利点として、1 つの連続スパッタリングシステムを構成できることである。基板はロードロック室に入り、スパッタリング室を通って、アンロードロック室へ出て、そして大気へ出る。成膜を完成するまでの間、スパッタリング室を開ける必要がない構成は、24 時間連続運転することができるので生産効率が上がる。ターゲット面は下向き、上向きまたは横向きが可能で、図 10-7 は片面成膜の連続式マグネトロンスパッタリングシステムを示している。このシステムのターゲットは下向きで、基板は上向きである。最近では基板面にごみが落下するのを防止するため、基板とターゲットをともに側面に置く構成が多くなって来た。

　しかし、マグネトロンスパッタリングはターゲットが強磁性体材料の場合は放電しにくく、しかもターゲット面内の磁場が強いところがよくスパッタされ、均一にならないので、ターゲット材料の利用効率が低いだけではなく、膜質と膜厚の均一性に対しても悪影響がある。磁石の位置調整や電磁石の電流調整により磁場分布は改善できる。

平面マグネトロンスパッタ源

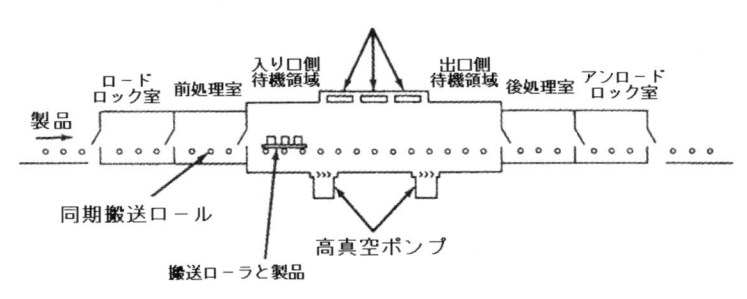

図 10-7　量産型連続式マグネトロンスパッタリングシステム[1]

第10章 光学薄膜の作製方法

　量産を考慮すると、連続成膜は時間が大いに節約できる上に生産量も増やすことができるので、EB 蒸着装置も図 10-8 に示すような連続蒸着システムに改造することもある。A は搬入チャンバで、C は搬出チャンバである。基板搬送部だけでの A, C 槽の空間は非常に小さく作られているので排気速度は非常に速くなる。B 槽はメインプロセスチャンバであり、材料の補充またはチャンバの掃除まで開ける必要がない。膜材料の量を増加させるには回転台を作りその上に複数個の膜材料が入るライナーを置けばよい。

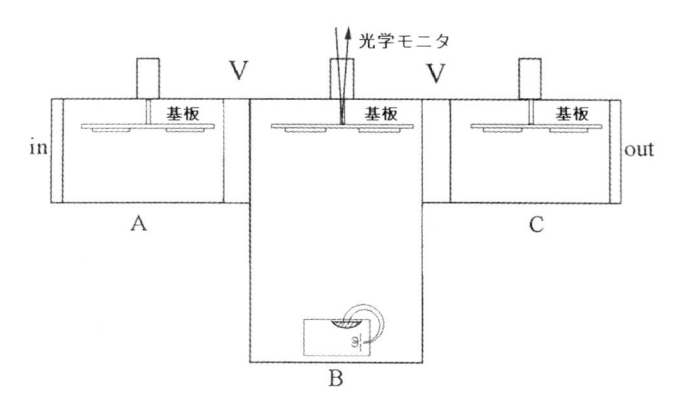

図 10-8　連続式蒸着システム，V は高真空バルブ

　プラズマスパッタリングの利点は混合材料(ITO)を含む各種材料を大面積の基板に高速で成膜できるところにある。欠点は膜成長させる圧力が高いので膜質がよくないことである。このため柱状構造になったり不純物を含む心配がある。1996 年 OCA(Optical Corporation of America) の Scoby らは高速真空排気システムを利用するように提案した。これにより成膜装置の基板付近の圧力が 1×10^{-2} Pa 以下に維持でき、そしてイオンアシスト（IAD：第 11 章参照，米国特許 55251991)を加えることで膜質は良好になり、光通信用の DWDM 素子の製造できるようになった。

　図 10-5 のスパッタリング装置では、ターゲット材 T_g が金属や半導体(Ta, Nb, Si など)であれば DC 電源も使用できる。この場合基板を高速に回転させ、

第 10 章　光学薄膜の作製方法

ごく薄い Ta, Nb, Si などを成膜した後、酸素プラズマまたは RF イオン源から引き出した酸素イオンによるイオンアシストなどで直ぐに Ta_2O_5, Nb_2O_5, SiO_2 などを酸化することが出来る。このようにして高速で大量の多層膜、例えばダイクロイックフィルタやエッジフィルタなどを成膜できる。図 10-5a のターゲットを円環状に作製すると、任意形状の 3 次元立体基板に成膜できる。基板にバイアスを加えることで、膜の付着性を高めることも出来る。例えば Ti をターゲット材料として窒素を導入すると、立体形状の硬い歯車に成膜できる。一方 Al または Si をターゲット材料として、それぞれ異なる流量の酸素と窒素を導入することで、交互に各種の屈折率を有する多層膜干渉フィルタを成膜できる。例えば円柱型のガラス管の上に広帯域反射防止膜または熱絶縁用多層膜フィルタを成膜できる。図 11-42 を参照のこと。

(iii) **イオンビームスパッタリング**（Ion Beam Sputtering Deposition , IBSD)

図 10-9 に示すように、高真空で独立したイオン源からイオンを発射してターゲットをスパッタし、ターゲット原子を叩き出して基板上に凝集させる薄膜の

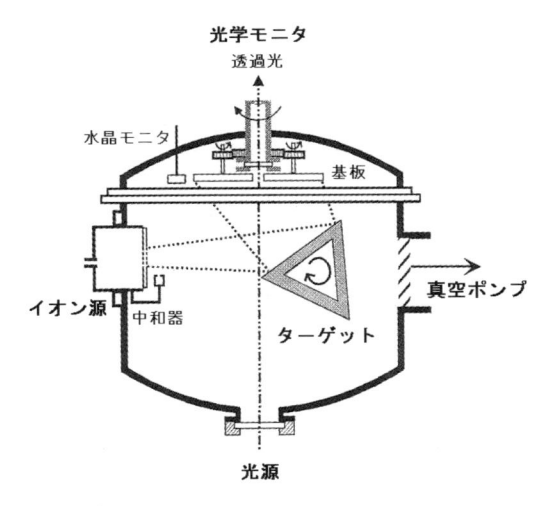

図 10-9　イオンビームスパッタリング

成膜方法の 1 つである。この方法で成膜された膜はアモルファス構造(Amorphous)で密度は高く散乱も非常に小さいので、低損失レーザジャイロコンパス用レーザミラーや重力波干渉装置のレーザミラーなどの高級ミラーに使える。

イオン源の種類は多く、ペニング型（Penning source），ホローカソード型（Hollow cathode），デュオプラズマトロン型（duoplasmatrons）などがある。現在ではカウフマン（Kaufman）型ワイドイオン源またはその改良型が最も普遍的である。以下に詳しく述べる。

1. 構造

このイオン源は（図 10-10 にその断面図を示す）フィラメントを熱陰極としグリッドを有する、ビーム幅の広いイオン源である。図から分かるように陰極(cathode)，陽極(anode)，スクリーン電極(screen)，加速電極(accelerator)，中和器(neutralizer)，陽極の外側を取り巻く数本の棒状磁石などからなる。スクリーン電極と加速電極は多孔グリットで、穴位置は一致している。その動作原理を図 10-11 と図 10-12 に示す。図の中のアースは蒸着システムと連結していて、陰極，陽極，スクリーン電極がグロー放電チャンバを形成し、この中でプラズマが発生する。放電チャンバ内では通常 Ar を放電気体(1)(少量の Kr または Xe を加える)に用いる。場合によっては活性化反応蒸着(参考第 11.1.1) のため、少量の酸素，窒素、その他のガスを導入することがある。陰極には W や Ta のフィラメントを用い、加熱されたフィラメントからは熱電子(2)が放出され、気体分子(3)中に入る。外側に取りつけられた磁石によって電子はらせん前進運動をするので気体分子と衝突する確率が増える。

これによって低圧力の下でもグロー放電を維持し、チャンバ内においてプラズマを維持することが期待できる。正イオン(Ar^+ など)はスクリーン電極の小穴(6)を通過し加速電極に吸引され、高速で放電チャンバ(7)の外へ飛び出す。中和器は W フィラメントから熱電子(8)を放出して正イオンを中和する。このようにして高エネルギーの中性粒子ビームが成膜に利用される。加速電極の負の電圧は電子が放電チャンバー内に入り込み、プラズマの安定性を乱すことを防いでくれる。但し、正イオンが飛び出すときに加速電極と衝突するのを防ぐ

第 10 章　光学薄膜の作製方法

図 10-10　広幅イオン源の断面図[2]

図 10-11　広幅イオン源と電源供給[2]

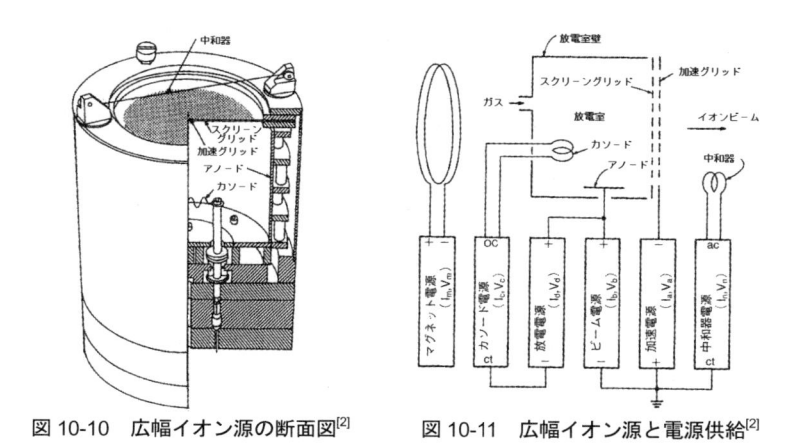

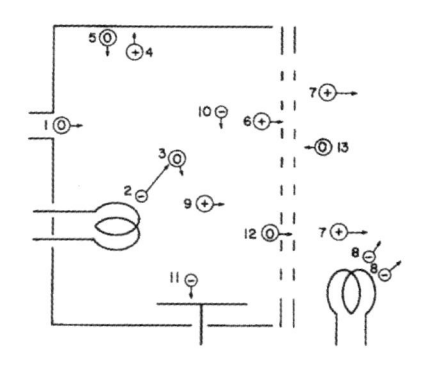

図 10-12　広幅イオン源のプラズマ発生とイオンの発射[2]

ために、スクリーン電極と加速電極面上にあけた多くの小穴の位置は互いに正確に合わせられなければならない。

2. グロー放電

イオン源の放電電流 I_d(discharge current) と導入気体(Ar)の圧力 P とは関係がある。圧力が低すぎると放電しなくなるので、最小圧力 P_{min} 以上に保つ必要がある。P が大きいほど I_d も大きくなるが、圧力がある一定値に達すると I_d はそれ以上上昇しなくなる。このときの P を最適動作圧力 P_{opt} という。一方で陰極フィラメントの電流 I_c の大小も I_d へ影響を及ぼす。I_c が大きいほど I_d も大きく

第 10 章　光学薄膜の作製方法

なるが、低圧力、低放電電圧(discharge voltage V_d) の場合には、陰極の回りには空間電荷(space charge)ができて、フィラメントからの電子放出を抑制するため、I_d の値も低くなる。このときの I_c を空間電荷限界(space-charge limit)下の動作陰極電流と称する。これはフィラメントの種類（通常は W か Ta）と線直径に関係する。一般的に、I_d の大きさは出力イオン電流(ion beam current) I_b の 10～20 倍である。加速された出力イオン電流 I_b の最大値は Child の法則により次のようになる。

$$I_b = (4\varepsilon/9)A_b\sqrt{2e/m}V_t^{3/2}/d^2 \tag{10-4}$$

但し、ε は空間の誘電率，A_b はイオンビームの断面積，e/m は加速イオンの電荷と質量の比である。$V_t = V_a + V_b$ で V_b はイオンビームの電圧，V_a は加速電極の電圧，d はスクリーン電極と加速電極間の距離であり、I_b が V_t と d に関係しているのが分かる。

放電電圧(discharge voltage) V_d は通常導入ガス(例えば Ar)の 1 次イオン化エネルギーと 2 次イオン化エネルギーの和より小さくしなければならない。Ar の場合、その 1 次と 2 次のイオン化電圧はそれぞれ 15.8eV と 27.6eV であり、その和は 43.4eV なので、V_d は 43V より小さい必要がある。通常は 35V～40V の間である。電圧が低すぎるとグロー放電を維持しにくく、逆に電圧が高すぎると 2 次電離を引き起こして膜成長へ悪影響を及ぼす。大型イオン源に対しては放電チャンバは極めて大きいため、V_d は 50V まで上げて初めてプラズマの安定性が保てる。

3. イオン光学(ion optics)

広幅イオン源の多孔グリッドで構成したイオン光学系は、イオンビーム出力の大きさ、方向、形状などに影響を及ぼす。よく用いられるものとしては、(i) 単極光学系、(ii) 平面二極光学系(flat two-grid ion optics)、(iii) 皿型二極光学系 (dished two-grid ion optics)、(iv)皿型三極光学系の 4 種類がある。単極光学系では、イオンビームが放電チャンバのプラズマから直接引き出されるため、式 (10-4)の d の値（プラズマシース(Plasma sheath)の大きさ）は非常に小さい。このような構造を持つイオン源のイオン電流密度 J_b は 1～2mA/cm^2 までで、V_b は

第 10 章　光学薄膜の作製方法

100-200V 以下である。このイオン源の拡散角は非常に大きく、イオンアシスト成膜(第 11 章に参照)には適しているが、スパッタリングには適してない。

　平面グリッド電極光学系は広幅イオン源として最も早く利用された。その電極材料は、熱伝導の良好なグラファイト(pyrolytic graphite) で作られている。その膨張率とスパッタリング率は低いので、イオン光学系として最適である。しかし、グラファイトの強度は大きくはないので、大面積イオン源として利用できない。その直径は通常 15cm 以下である。グリッド電極間の距離 d は I_b の大きさに影響を与えるのみならず、イオンビームの発散角にも影響を及ぼす。この種のイオン源の電位分布を図 10-13 に示す。プラズマと陽極は同じ電位で、アース電位(0 電位)とは V_b の電位差がある。スクリーン電極は大よそ陰極と同電位なので、プラズマより V_d （図中に示していない）だけ電位が低い。そのため正イオンを吸引する。加速電極の電位はアース電位(0 電位)より V_a だけ低いため、プラズマ中の正イオンを引出す。高速の正イオンがターゲットに向って飛び出す一方、低速の正イオンは加速電極に吸引されて、加速電極電流 I_a になる。そして、中和電子とイオンビームの衝突の対象(例えばターゲットや基板)は、おおよそゼロ電位にあるので、正イオンがターゲット材に衝突するエネルギーは eV_b である。

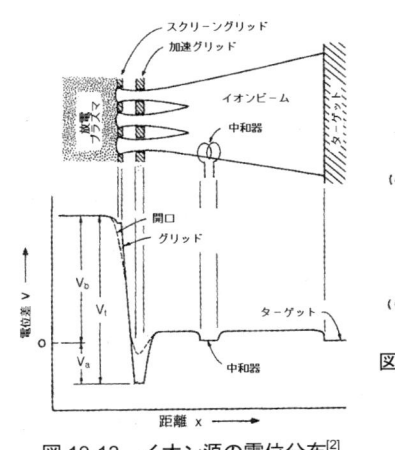

図 10-13　イオン源の電位分布[2]

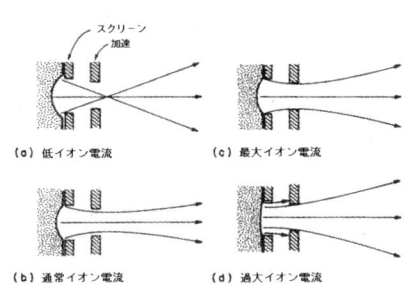

図 10-14　正確なイオンビームの電流と電極との関係[2]

第 10 章　光学薄膜の作製方法

　イオン電流 I_b は式(10-4)に制限されるが、加速電流、2 つの極間の距離、穴の径などにも影響されるので、よく調整する必要がある。図 10-14 は I_b の値とビームとの関係を正確に示しており、電流は大きすぎても小さすぎても適当ではない。互いに、2 つの電極の穴が一致していないと、程度が軽い場合には、イオンビームの偏向や発散で済むが、程度がひどい場合には、イオンビームが加速電極に衝突して損傷を与える。

　皿型二極光学系のスクリーン電極と加速電極は、皿形状で互いに平行に位置する電極であるが、集束か発散かによって、外側に突出たり内部へ凹むような形になったりする。普通、Mo を用いて作製する。Mo の膨張係数とスパッタリング率は共に低く、強度がグラファイトより大きいので大口径のイオン源を作製することができる。

　皿型三極光学系と皿型二極光学系の形状は同じで、最も外側の電極はアースに繋がっており、時には電圧を加えることもある。このようにすると、イオンビームの分布調節が可能で、跳ね返った成膜物質からイオン源を保護することにも役立つ。もし跳ね返ってくる成膜物質が電気的絶縁膜(例えば酸化膜)だと、加速電極やスクリーン電極に付着したとき、断続的な放電（ハンチング）を引き起こすばかりでなく、引出されるイオンの数も少なくなり、不安定になる。

　図 10-12 では、1 本のフィラメントで中和器を構成している。このような配置は問題がある。つまり、フィラメントがイオン衝撃を受け、その材料がターゲットや基板に飛来して膜に不純物をもたらすことになる。そのような場合には、プラズマブリッジ式中和器(Plasma bridge neutralizer , PBN) を用いることがある。イオン源の出口に、もう 1 つの小さな中空のプラズマチャンバを設けて、その上に小さい孔を開け、正イオンがプラズマチャンバの小穴を通過するときに電子が引出され、正イオンを中和するものである。実際には、中和に用いる電子の数は正イオン数より 10%程度多い。

　Kaufman 型イオン源の陰極は、1 本のフィラメントなので寿命が限られている。特に酸素などの活性ガスを用いて反応性成膜する場合には、フィラメントはすぐに消耗して断線する。しかもプラズマチャンバ内も汚染されやすいため、代わりに高周波イオン源やマイクロ波イオン源を用いる。

10 章　光学薄膜の作製方法

高周波イオン源(RF Ion Source)

　このイオン源は 13.56MHz の高周波を石英チャンバ外側に巻かれた銅のコイル(高温を避けるため銅のコイルは水冷される。)に加えることで、高周波のエネルギーを石英チャンバ内部に入れ、その中でプラズマを発生させる。このイオン源は Kaufman 型イオン源のように熱フィラメントを利用していないので、反応性気体を使う場合でも熱フィラメント寿命を考慮する必要がない。チャンバ内部は汚染されにくく、維持は容易である。使用時間を長くしたい場合、プラズマブリッジ型中和器 PBN の替わりに高周波中和器を利用する。

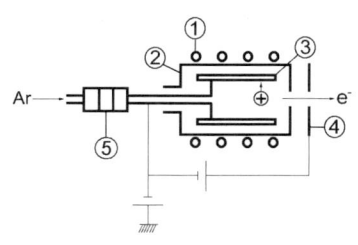

図 10-15　高周波中和器

　高周波中和器の構造は図 10-15 に示す。①は銅のコイルでこのコイルに 13.56MHz の高周波を加えることで、電磁波のエネルギーをセラミックスチャンバ②の中に導きそこでプラズマを発生させる。③はイオンコレクタ(collector)であり、チャンバ②に近接している。このコレクタは中間に 1 本の長いスリットがあり、コイルから導入された電磁波がプラズマ生成チャンバに入れるようにしてあり、マイナスのバイアスを加えることで正イオンを吸収する。④は電子引き出し電極(Keeper)で、プラスのバイアスを加えて電子を引出す。⑤は電気エネルギーの漏洩を防ぐ隔離部で、放電用ガス(通常 Ar である)がここから導入される。

マイクロ波イオン源(Microwave Ion Source)

　このイオン源は 2.45GHz のマイクロ波でプラズマを発生させ、強磁場(875Gauss)でサイクロトロン共鳴(electron cyclotron resonance ECR)させることによりイオン化率をあげ、低圧力下でも高密度プラズマを発生できるようにし

第 10 章　光学薄膜の作製方法

たものである。

　このようなイオン源には電子軌道を曲げる強大な磁場が必要となるので、小さくはならない。現在は最小 75mm 程度までできている。

　以上述べたイオン源のイオンビーム電圧(Beam Voltage)は約 100V～1500V であり、スパッタリング(Ion Beam Sputter Deposition) やドライエッチング(dry etching) に用いられる。両グリッド電極間の距離や電圧を調節することで、イオン分布を変化させて IAD としても利用できる。

10.3　増エネルギー、アシストその他の方法

　成膜方法は膜質に対する要求や新技術の開発により大きく進歩している。それは特別な意味を持つので第 11 章で詳しく述べることにする。

参考文献

1. Hill R. J. ed., 1986, "Physical Vapor Deposition", 2nd ed., P150, Temescal Inc., Berkley CA.
2. Kaufman H. R. and Robinson R. S., 1987, "Operation of Broad-beam Sources", Commonwealth Scientific Co., Alexandria, Virginia.

第11章　光学薄膜の特性と作製技術の進歩

　光学多層薄膜は、真空中で物理気相成長法（PVD）を用いると比較的簡単に作ることことができる。本章に述べられる事柄はすべて、真空中においてPVDを用いて作られる薄膜の特性やその改善方法に関するものである。

　理想的な薄膜とは、光学特性的には等方，膜質が一様，屈折率が一定でしかも外部環境に左右されず、吸収や散乱がないものである。また機械的特性としては付着性が強く，硬くて磨耗に強いこと，化学的特性としては安定で変質しない、などである。干渉フィルタなどの各種多層膜の設計を行うときも、このようなことが前提となっている。

　しかし現実にはそうでない場合が多く、たとえば薄膜の屈折率は膜の成長方向に変化していることがある。膜の成長方向に沿って屈折率が大きくなるものもわずかにあるが、多くの場合には屈折率は低くなる。また、縦方向と横方向の屈折率も異なる。さらに吸収（不純物を含む場合や酸化物の酸素成分欠乏のような構成物の化学量論比が合わない時などの場合に起こる。）や散乱もある。完成した薄膜製品には欠陥があるため、膜の機械的強度や化学的安定性などは一般にバルク材料より劣る。例えば、光学特性は環境により変化する。最も困るのは狭帯域バンドパスフィルタの中心波長位置のシフトである。膜に吸収があると高出力レーザの照射には耐えられないし、散乱が有ると超高反射用レーザミラーに用いることが出来なくなる。

　膜質に影響を与える要因は数多く存在する。蒸着する前の基板の処理や洗浄以外には、蒸着パラメータの影響が大きい。Ritter[1]はかって膜質に影響を及ぼすパラメータを表11-1のように示した。しかし、表11-1に従って最適な条件で蒸着しても、膜質は依然として前に述べた欠点を持っている。それは、薄膜が微視的構造(microstructure)を持ち、緻密且つ平らで滑らかな連続的な薄膜

第 11 章　光学薄膜の特性と作製技術の進歩

表 11-1　蒸着パラメータの膜質への影響*[1]

	基板材料	基板清浄度	開始材料	グロー放電効果	蒸着方法	蒸着速度	圧力	蒸発角度	基板温度
屈折率			●	●	×	●●	●●	●●	●●
透過率	×	×	●	●		○	○	×	○
散乱	●●	●	○		●	●	●●	●●	●●
物理膜厚さ		●			●	×	●	●	●
応力	●●	○	●●			●	×	●	●
付着性	●	●●		●●	●	●	●	●	●
硬度	●				●	×	●	●	●
温度安定性	●					×	●	●	●
不溶解度	○	●	●		●	●	●	●	●
レーザ耐力	○	●	●		●	●	×	×	●
構造欠陥	●●	●	●		●●	●	○	×	●

ではないからである。Movchan と Demchishim、さらにその後 Thronton らはスパッタ膜に対して一連の研究を行い、薄膜が柱状構造であって、圧力が高いほど構造も粗く且つ緻密ではないことを発見した。膜の中にはガスがあるので、温度が高いほど膜質が密になる。図 11-1 はスパッタ膜の構造モデルであり[2]、図 11-2 はスパッタ膜を電子顕微鏡で観察した際の断面写真である[3]。これらを見ると膜の構造が良くわかる。一般にスパッタリングのときは、グロー放電が維持できる限り圧力は低いほどよい。圧力が低いと膜の内部にはガスが含まれなくなるからである。また高温になるとガスは膜の内部から排出され、飛来凝集する原子・分子の運動エネルギーは増加して膜物質の結合はさらに緊密になり、結晶（結晶方向が異なる多結晶）に至る。これはスパッタ膜に対しても熱蒸発蒸着に対してもいえることである。図 11-3 は熱蒸発蒸着による膜の電子

---

* 表の中のグロー放電はかって基板クリーニングに使われたが、現在ではイオン源のイオンビーム衝撃が代わりに使われる。表の中の○は関係がありそうなことを表し、●は関係が有ることを、●●は非常に関係がありそうなことを表す。そして、×は原著者が関係ないものであると考えたが、筆者が最近の蒸着法を考慮した結果関係すると判断したものである。

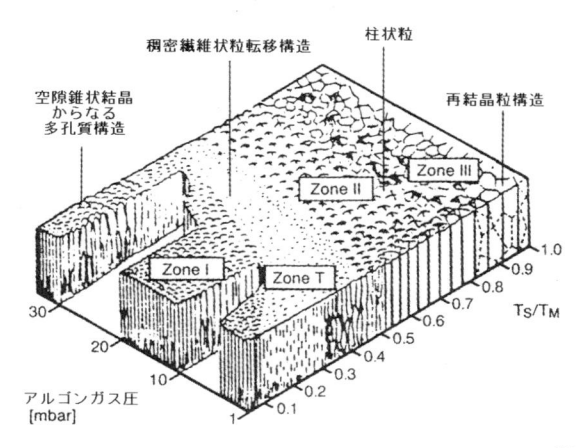

第 11 章 光学薄膜の特性と作製技術の進歩

図 11-1 圧力及び温度と薄膜成長との関係を示すモデル図[2]

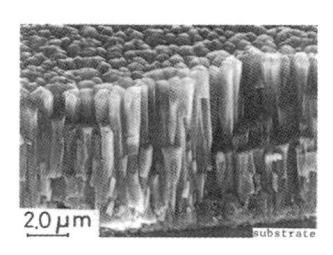

図 11-2 ガラス基板のＩＴＯ膜上に RF スパッタで成長させた ZnS:Mn 膜の SEM 写真[3]

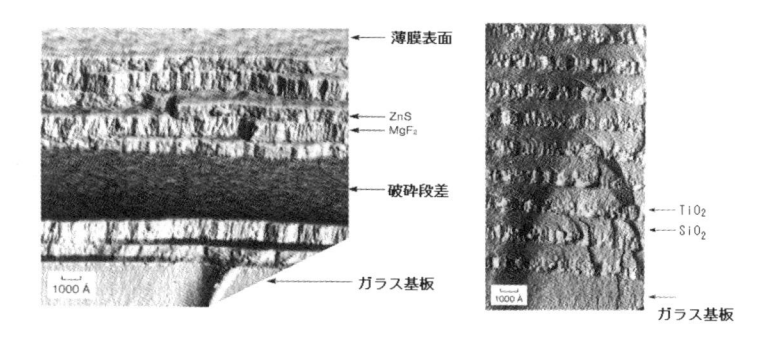

図 11-3 熱蒸発蒸着で作製した多層膜 ZnS/MgF$_2$ と TiO$_2$/SiO$_2$ の TEM 写真[4]

第 11 章　光学薄膜の特性と作製技術の進歩

顕微鏡断面写真である[4]。膜はすべて柱状構造となっていることがよく分かる。膜の中には隙間があるので、空気中では水分吸収によって薄膜の屈折率が変化し、光学特性は不安定になる。薄膜は滑らかでなく、不連続で微視的構造を有するため、入射光は散乱されてしまうことになる。

　何故このようになるのか？これは以下のように説明できる。成膜においては気相吸着から固体相凝集までの間に一定の過程がある。基板の表面は界面があるために 1 つの力場を形成している。その方向は基板内部に向いているため、気相の原子や分子が基板へ飛んできたとき、力場の影響を受けて、基板の表面に吸着されて吸着熱が放出される。これは物理的吸着力で、ファンデルワールス力（van der Waals Force）という。

　原子・分子と基板との間で電子交換があれば受ける吸着力はさらに強くなり、化学吸着力となる。これは価電子力に属す。その作用範囲は 0.1～0.3nm で、ファンデルワールス力の作用範囲 0.2～0.4nm よりも短く、放出される吸着熱も一桁以上多い。

　一般に、化学吸着は吸着される第一層目の原子と基板の間で発生する。価電子と基板原子が相互拡散したときだけ、化学吸着の影響が多層原子層にまで及ぶ。これは気相の原子・分子の運動エネルギーが十分大きいことを示している。

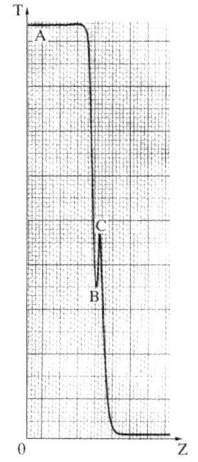

図 11-4　透過によって Ag 膜の成長をモニタする
T は透過率で、Z は膜の厚さである。

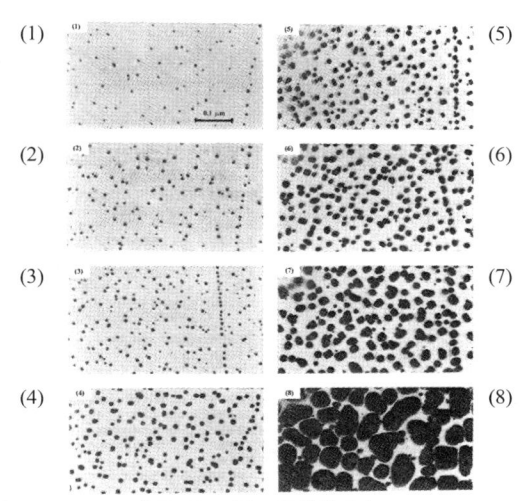

第 11 章　光学薄膜の特性と作製技術の進歩

図 11-5　塩結晶上での Ag 成長過程の電子顕微鏡写真
　　　　Ag 原子は図(1)から図(4)で示されるように少しずつ凝集するが、
　　　　図(8)では既に大きな島状になり網のように連結している。[5]

　膜材料の原子・分子が蒸発して気体になり、基板に向かって飛んで来るときの運動エネルギーは小さく、且つ基板上の各場所の特性も少しずつ異なる。よって原子・分子は基板上の各点で、均等なファンデルワールス力や化学吸着力を持たず、最初は基板上の異なる場所で少しずつ分布・凝集する。その後、各点が膜成長中心となり、1 つの小さな島にまで拡大する。それらの小さな島が互いに再連結することにより網状の板となり、最後に網状の目が埋められて 1 枚の連続板状薄膜となる。この過程は Ag 膜成長の例を見ると最も分かりやすい。Ag 原子群内部の結合力は非常に強いため、島状になる状態がはっきりとわかる。Ag 膜を蒸着する時に透過光で観察すると図 11-4 に示すように、成膜の初期は銀が光を吸収するため光の透過率は低く、島状の銀も光を散乱するので透過率はさらに低くなる。膜が徐々に成長して島状になり、さらに網状に連結して行く間に膜の隙間が徐々に埋められることではじめて光の散乱がなくなり、透過率は一転して上昇する。Ag 膜は A 点で核が形成され、更に島状になっていき、B-C 区域までくると島が連結されて網状となり、最後に連続膜となっていく。その間、光の散乱が減少するため、透過率も上昇していく。しかし、C

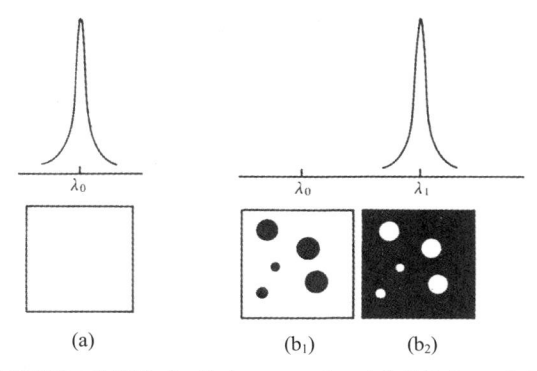

第11章　光学薄膜の特性と作製技術の進歩

図11-6　(a) 作製直後の狭帯域バンドパスフィルタの中心波長はλ_0にある
　　　　(b) 水分吸収後に中心波長はλ_1 ($\lambda_1 > \lambda_0$) までシフトした
　　　　(b_1)吸水部分（黒）でλ_0は透過しない。(b_2)吸水部分（白）ではλ_1は透過する。

点を超すとAg膜厚の増加により、光の透過率は急速に低下する。図11-5はナトリウム結晶体（塩晶体）上で銀が成長する様子を電子顕微鏡で観察したものである。

　薄膜が横方向に成長して行くあいだ、沈着した原子・分子は縦方向にも成長してゆく。結果的に基板まで先に到着した原子・分子が後に到着するものを遮蔽する。後から到着する原子・分子は先着した原子・分子に衝突してもこれを移動させるほどに十分大きな運動エネルギーを持たないため、原子・分子が次々と累積して柱状構造になる。これを自己遮蔽効果（Self-shadowing effects）という。このような累積過程で作られた薄膜は所々に空洞があるため、機械的強度が弱いばかりでなく、光学的安定性も悪い。毛細管現象により、空洞には水分が吸収され充満するので、薄膜の屈折率は大きくなる（空洞の屈折率が1であるのに対して水の屈折率は1.33である）。従ってスペクトルが長波長側へシフトしてしまう。この影響が最も顕著にあらわれるのが狭帯域バンドパスフィルタの中心波長のシフトと、スペクトル波形のくずれである。筆者はかつて、これらについて系統的な研究を行った。図11-6 (a) に示すように、作製されたばかりのM-D-M型狭帯域バンドパスフィルタの中心波長は、λ_0においてその透過率が最も高い。図11-6 (b) においては水分が吸収された場所で、最大透過率がλ_0からλ_1 ($\lambda_1 > \lambda_0$) へシフトしていることを示している。故に、波長λ_0とλ_0

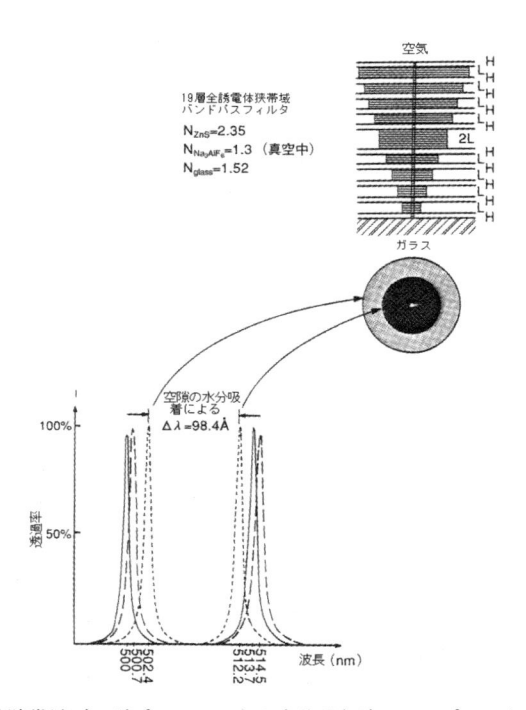

第 11 章 光学薄膜の特性と作製技術の進歩

図 11-7 誘電体狭帯域バンドパスフィルタの水分吸収時のコンピュータシミュレション

と λ_1 の光を用いてフィルタを照射すると、光の透過区域と非透過区域が観察される。つまり、吸収された水分が充満したフィルタに波長 λ_0 の光を照射するとフィルタ全体は不透過となり、波長 λ_1 の光を照射するとフィルタ全体は透過になる。

　水分が薄膜に浸透する過程は漸進的、つまり表面から奥へ、空洞の中心から周囲へ浸透していく。誘電体多層膜の場合には、水分が奥または周囲へ拡散するので円形縞状パターンが観察される。各々の縞は異なる中心波長においてそれぞれ異なる透過を示す。それらを図 11-7 に示す。図 11-8 は測定機器で、1 は分光器である。調節により各種の異なる波長 λ でフィルタが観測できる。2 は光フィルタを置く部分で、その中は相対湿度が制御できるようになっている。

第 11 章　光学薄膜の特性と作製技術の進歩

図 11-8　薄膜に対する水分の影響を観測する装置

(a)

(b)

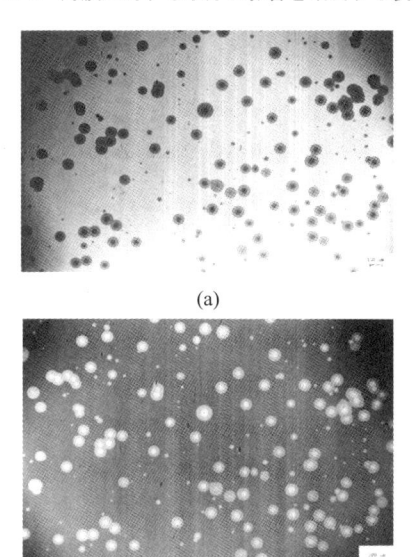

図 11-9　6 日間放置後の狭帯域バンドパスフィルタにおける水分吸収
観測波長(a)λ＝484nm (b)λ＝507nm

第 11 章　光学薄膜の特性と作製技術の進歩

(a)

(b)

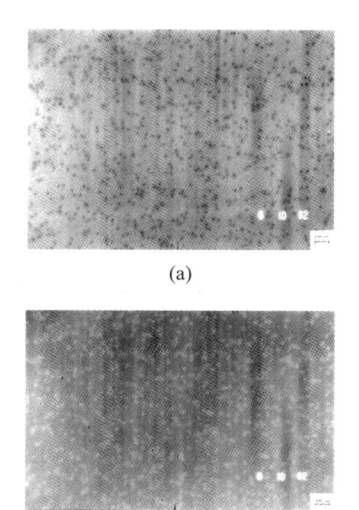

図 11-10　作製直後のフィルタにおける水分吸収観測波長：(a)λ＝543nm (b)λ＝553nm

4 は撮像カメラである。　図 11-9 は ZnS/Na_3AlF_6 で作られた狭帯域バンドパスフィルタの場合で、水分が奥と周囲へ浸透して形成された縞状パターンを示す。(a) はλ=484nm で(b) はλ =507nm で観察したものである。その明暗変化の様子は図 11-6 に示すモデルで説明できる。図 11-10 は ZrO_2/SiO_2 で作られた狭帯域バンドパスフィルタに水が浸透して変化する様子を示している。これより2 組の材料の隙間、則ち微視的構造が異なっていることは分かるが、その円形縞模様の輪郭は図 11-9 ほど明瞭ではないため、不完全な柱状構造であると思われる。もし原子・分子が傾き角αで堆積して薄膜を作る場合、柱状構造の傾きはβの角度となる。一部の蒸着材料のαとβの間には $\tan \alpha =2\tan \beta$ という近似関係が成立つ。図 11-11 は斜方向に蒸着したときの 2 層膜の膜構造のコンピュータシミューレションを示す。図から分かるように、一定方向の斜方柱状構造となっている。もし図 11-8 の装置で正面から観測すると、このように斜方向に蒸着された狭帯域バンドパスフィルタの水分吸収パターンは、投影の関係で円形ではなく楕円形になる。図 11-12 は傾き角 38 度で蒸着された膜を正面から観察した時の実験結果である。λ_0 は観測波長である。このような膜構造を改善する方法

第 11 章　光学薄膜の特性と作製技術の進歩

としては、凝集する原子・分子の運動エネルギーを増加させることである。前に述べたように基板を加熱することも改善方法のひとつである。その他に、蒸着基板に負のバイアス電圧を加えることも基板へ向かって飛んでくる原子・分子（この一部は電離している）の運動エネルギーを増加させるひとつの方法である。この技法は熱蒸発蒸着にも使える。蒸着原子（分子）が部分電荷さえ持っていれば、基板にバイアス電圧を加えることによって、基板に飛んでゆく原子・分子の速度を加速出来る。蒸着方法の改善としては、イオンや電子を用いて凝集した（あるいは凝集している）原子・分子に衝撃を与えたり、紫外線（UV）を照射したりする。あるいは超音波振動を用いて原子の運動エネルギーを増加することで、膜の密度を高める方法もある。

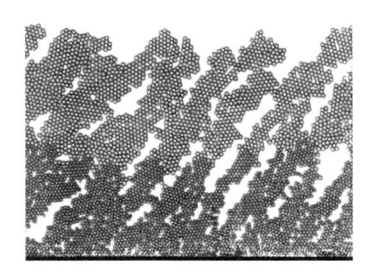

図 11-11　斜め方向に蒸着する 2 層膜の膜構造のコンピュータシミュレーション[Liao]

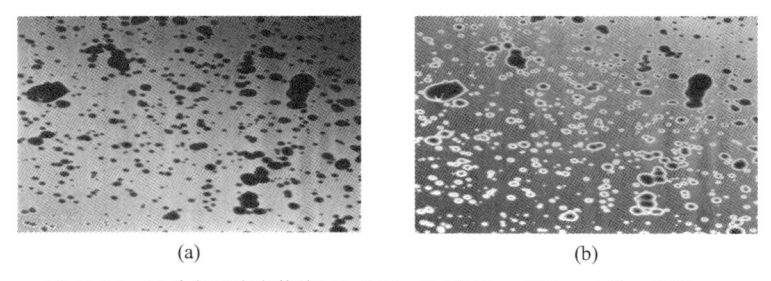

(a)　(b)

図 11-12　38 度斜め方向蒸着によるフィルタ (a)λ_0＝553nm (b)λ_0＝560nm

第 11 章　光学薄膜の特性と作製技術の進歩

11.1　膜質改善のための各種成膜方法

11.1.1　活性化反応蒸着法

図11-13(a)はグロー放電により発生した酸素イオンを、成長中の膜と反応させる方法を示している。これは活性化反応蒸着（Activated Reactive Evaporation，ARE）と呼ばれている。一方、図 11-13(b)はいろいろな酸素導入法を用いて蒸着したときの TiO_2 膜の吸収低下の様子を比較したものである。これによると、酸素イオンを使う場合には酸素分子を使うよりもより完全な TiO_2 膜ができることが分かる。

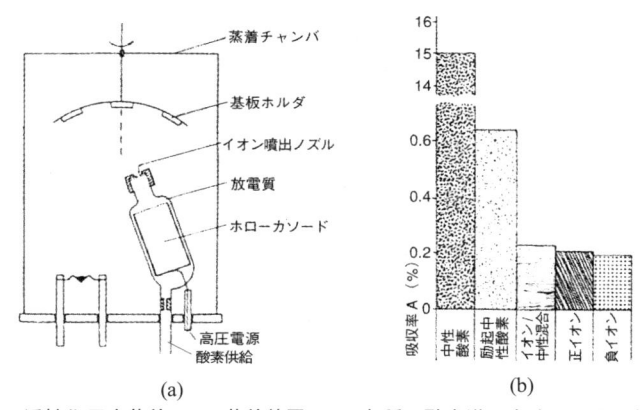

図 11-13　活性化反応蒸着　(a) 蒸着装置　(b) 各種の酸素導入方式による吸収の様子[6]

11.1.2　バイアス印加蒸着法

電場は荷電粒子を加速し、その運動エネルギーを増加させるので、この電場印加によって膜をさらに強固で緻密に成長させることが出来る。図 11-14 はその一例で、熱蒸発源上におかれたフィラメントからは電子が放射され、蒸発原子を帯電させる。基板の手前に加えられた正の高電圧によって、帯電した蒸発原子の運動エネルギーは増加し、力強く基板の上に凝集する。このような方法で成長した Al 膜の表面はかなり緻密で滑らかであるため、散乱が減少し反射率が増加する[7]。特殊な場合、例えば電子銃で蒸発させた原子蒸気などは電荷

を持っているので、この場合は放射電子を加えなくても基板の手前でバイアスを加えるだけで膜質の改善が出来る。

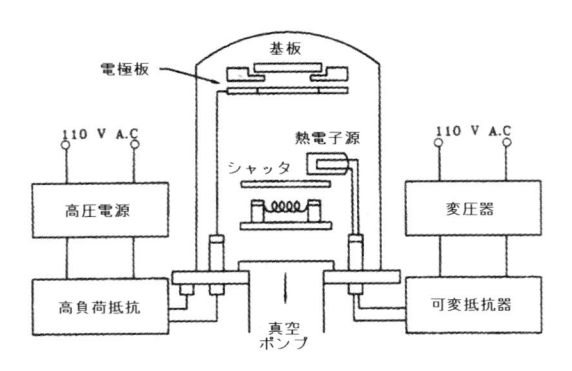

図 11-14　バイアス印加蒸着装置で膜質を改善するモデル図[7]

11.1.3　クラスタイオンビーム法(Ion Cluster Deposition)

図 11-15 に示すように、熱蒸発原子は高熱と高圧で小孔から噴出した後に断熱膨張のため多数の小さなクラスタになる。その傍で電子を放射してクラスタをイオン化し、基板に負の高圧を加えると、強い力で膜材料のクラスタイオ

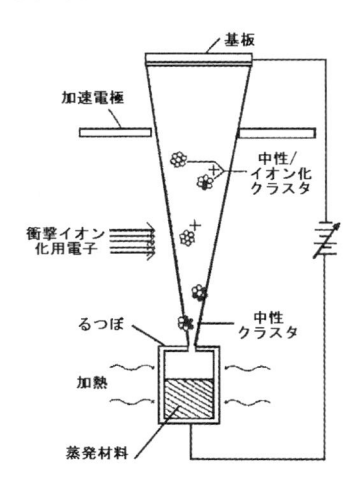

図 11-15　クラスタイオンビーム蒸着法モデル図[8]

第 11 章　光学薄膜の特性と作製技術の進歩

ンは吸引されて基板の上に付着する。運動エネルギーが非常に大きいので、この方法では良好な膜質を持つ薄膜を成膜できる。この蒸着法はクラスタイオンビーム蒸着法と呼ばれている。[8]

11.1.4　プラズマアシスト法

図 11-16 に示すように、蒸発源と基板の間に Ar ガスを導入して高電圧（数 KV）を加え局部グロー放電により Ar イオンを発生させると、一部の蒸発原子・分子がプラズマ領域を通過するときにイオン化されるので、強電場吸引の過程で大きい運動エネルギーを持ち、力強く基板の上に凝集する。これは熱蒸着にスパッタを加えた方法に似ている。基板が誘電体材料（ガラスまたはプラスチック）の場合には正電荷がチャージアップして斥力が発生する。この場合には図 11-17 に示すように高周波を用いたグロー放電を利用すると良い。

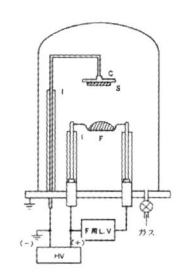

図 11-16　プラズマアシスト蒸着
（直流電源）(Mattox)
C:陰極, F:陽極（蒸発源）, I:絶縁管,
S:基板, LV:加熱用低電圧電源, HV:プラズマ発生用高電圧電源

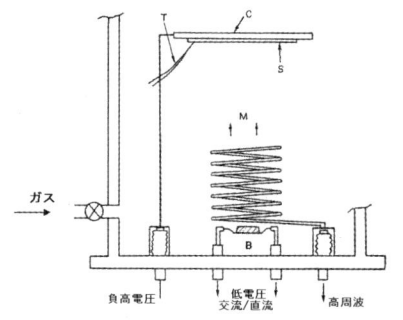

図 11-17　プラズマアシスト蒸着（ＲＦ電源）
C:陰極, S:基板, B:蒸発源, M:金属蒸気, T:熱電対

11.1.5　イオンプレーティング法(Ion Plating Deposition)

図 11-18 は低電圧高電流で発生したプラズマを利用して化学反応（酸化，窒化）を起こし、膜密度を増加させるモデル図である。これは Reactive Low-Voltage Ion Plating、または単にイオンプレーティング（Ion Plating）[9] と呼ばれてい

第 11 章　光学薄膜の特性と作製技術の進歩

る。Arガスをプラズマ銃の中に導入して、プラズマ銃（陰極）と絶縁された電子銃るつぼ（陽極）の間にプラズマを形成する。蒸着材料、例えば Ti または Ta などの蒸発原子・分子はライナーの上方でプラズマによってイオン化されるので、加速されて自己バイアス（プラズマ中の電子はイオンより軽いため先に基板へ飛んでいく。基板の自己バイアス電圧は-10〜-20V程度である。）のかかった基板に飛んでいき、酸素と十分結合して TiO_2 または Ta_2O_5 になる。この方法で作製した膜の密度は非常に高く、膜表面の粗さも低い。（屈折率は一般の蒸着方法で作製したものよりも大きい。）　表 11-2 はこの方法による膜の実験データである[9]。比較のためにバルク材料の屈折率も表の中に示してある。表

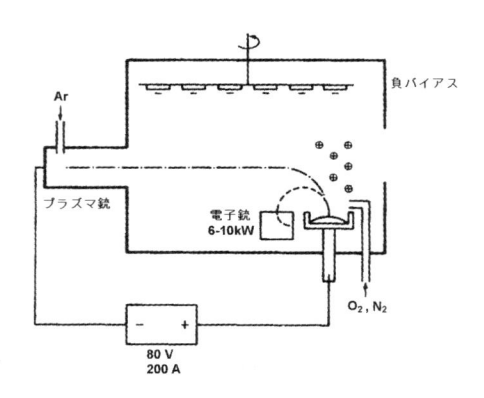

図 11-18　イオンプレーティングのモデル図[9]

表 11-2　2種類の異なる蒸着方法で得られる種々の酸化膜の屈折率(λ=550nm)[8]

	SiO_2	Al_2O_3	ZrO_2	Ta_2O_5	TiO_2
一般電子銃蒸着 $T_S \cong 300°C$	1.46	1.62	1.96	2.10	2.35-2.45
イオンプレーティング蒸着 T_S~50-100°C	1.485	1.66	2.18	2.24	2.48-2.55
バルク材料	1.458 (fused silica) 1.544 (quartz mineral)	1.755-1.772 (Corundum)	2.17-2.20 (Baddeleyite)	-	2.605~2.901 (rutile) 2.488~2.561 (anatase)

第 11 章　光学薄膜の特性と作製技術の進歩

から、イオンプレーティング法で作製する薄膜の屈折率は電子銃で作製する通常膜より高く、バルク材料の屈折率に匹敵する。つまり膜の密度は極めて高いことが分かる。この方法の欠点は、蒸発の出発材料(starting material)が必ず金属か導体でなければならず、誘電体材料は使えないことである。この欠点を改善するために、Toki らは電子ビームを使ってプラズマを発生し、蒸発原子・分子を 1％以上電離することでイオンプレーティング効果(Ion plating)[10] を実現した。その動作モデル図は図 11-19 に示す。使われる電子ビームの電圧は約 70 ～150V で、電流は 30A である。Ta_2O_5(99.9％)と SiO_2(99.95％)を出発材料として使う場合、それぞれ 2.21 と 1.47 の屈折率が得られる。作製したフィルタを 85℃/85％の相対湿度環境下においてもそのスペクトルシフト量は 1nm 以下である。

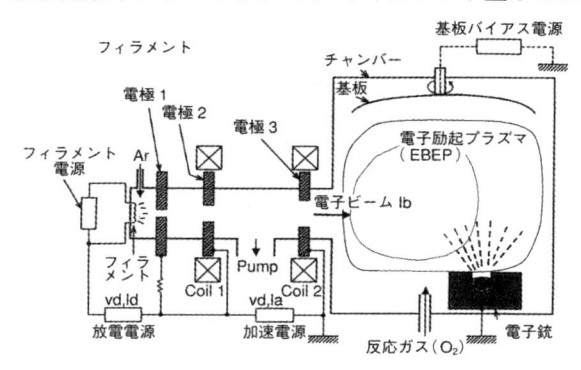

図 11-19　電子ビーム衝撃を用いてプラズマを発生させ、蒸発原子を電離することでイオンプレーティング効果を得る動作のモデル図[10]

11.1.6　プラズマイオンアシスト法(Plasma Ion Assisted Deposition)

　グラファイトから間接加熱される大面積 LaB_6 陰極と、外側を強力な磁場で囲まれたパイプ状の陽極から構成される装置に Ar ガスを導入して、グロー放電でプラズマを発生させる。電子は強力な磁場作用の下でらせん回転し、イオンもそれに連れて基板へ吸引される。図 11-20 はこのような効果を利用するプラズマイオンアシスト蒸着装置のモデル図で、Leybold 社の APS(Advanced Plasma Source)という製品である。反応ガス（例えば酸素）を陽極付近に導入す

第 11 章　光学薄膜の特性と作製技術の進歩

るとイオン化されるため、酸化膜としての完全な結合が促進される。原子・分子は基板上で凝集すると同時にイオンの衝撃を受けるため、出来た膜は非常に強固である。この部分はイオンアシスト（Ion Assisted Deposition, IAD）である。

　蒸発原子が金属の場合はイオン化率がさらに高いので基板の自己バイアスによって膜材料は力強く基板上に凝集する。このためイオンアシスト（IAD）とイオンプレーティング（Ion Plating,IP）の 2 重効果がある。図 11-21(b)はこのような状況下で成膜した膜の電子顕微鏡写真である。図 11-21(a)は一般的な電子銃で作製した膜である。図からわかるように両者の膜質には非常に大きな差[11]がある。APS で作った膜は非常に緻密なので、光学特性も極めて安定である。そのため環境や温度から受ける影響は小さい。図 11-22 と図 11-23 はこの 2

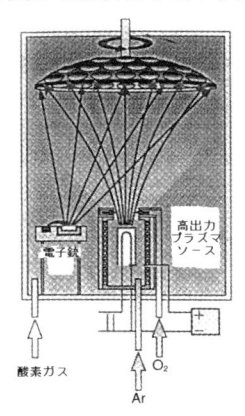

図 11-20　プラズマイオンアシスト装置[11]

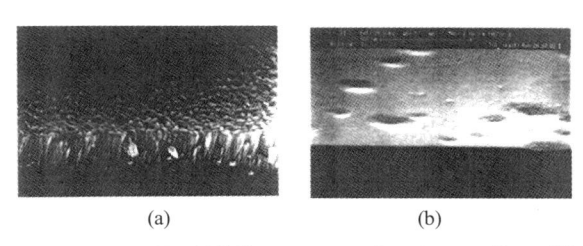

図 11-21　(a)　電子銃蒸着による TiO_2 膜の電子顕微鏡写真[11]
　　　　　(b)　プラズマイオンアシストによる TiO_2 膜の電子顕微鏡写真[11]

第 11 章　光学薄膜の特性と作製技術の進歩

種類の膜の水分及び温度の影響[11] を示している。図 11-22 で、電子銃で作製した薄膜は空気中における水分吸収で屈折率増加が起きるため反射率が上昇して長波長方向へシフトすることが分かる。一方、イオンアシスト法による薄膜はほとんど影響されていない。一方、図 11-23 は電子銃で作製した薄膜の水分吸収後の加熱による様子を示したものである。一部の水分を排出すると同時に膜の密度も増加するので膜が薄くなり、その結果、波長は短波長方向へシフト

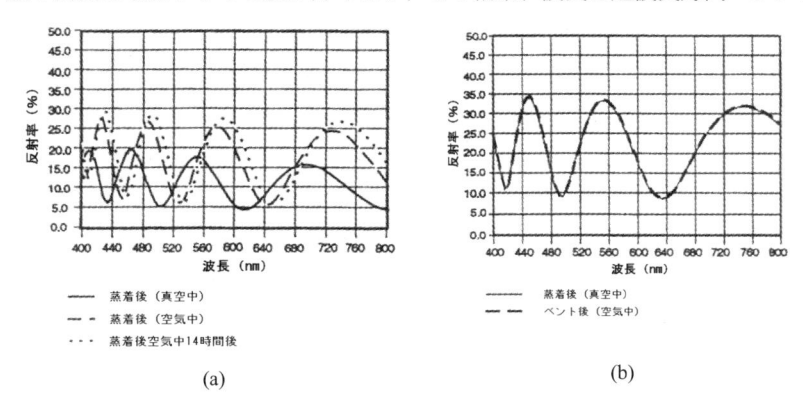

図 11-22　TiO_2 作製後、空気中に置いたときの変化　(a) 電子銃による通常蒸着の場合
　　　　　(b) はプラズマイオンアシストの場合[11]

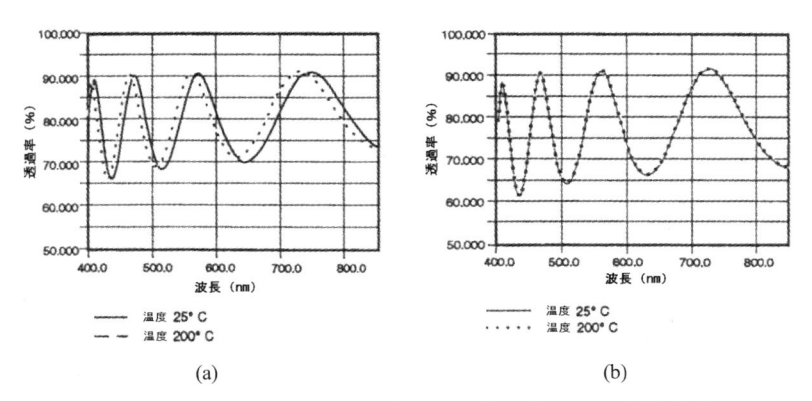

図 11-23　TiO_2 膜の空気中放置－加熱後の変化　(a) 電子銃による通常蒸着膜
　　　　　(b) プラズマイオンアシストによる膜[11]

して屈折率もやや低下する。しかしイオンアシストによる薄膜は加熱の影響をほとんど受けない。

11.1.7 イオンビームアシスト法(Ion-beam Assisted Deposition , IAD)

　蒸発原子・分子のエネルギーを増加する方法としては加熱，超音波振動，UV光照射，レーザ光照射，バイアス印加，電子衝撃，イオンプレーティング，プラズマイオンアシストなどがある。この中でもプラズマイオンアシストの効果は最も著しいことが証明された。イオンの質量は大きいので、運動エネルギーも必然的に大きくなるからである。しかしながらこの方法は蒸着時の圧力が高すぎるので（イオン帯電による放電ダメージの可能性も含めて）膜の中にガス不純物が含まれ、膜表面の質が悪くなる。これは図 11-21(b)に示してある。

　プラズマ発生のための別チャンバを設け、プラズマからイオンを引き出し、放射された電子と中和させてから、凝集膜を衝撃しながら成膜すると基板上への成膜は高真空中で行うことが出来る。この方法には次の 4 つの利点がある。
(1) 大きい質量を持ち、大きい運動エネルギーを有するイオンを用いてアシスト蒸着ができる。
(2) 電子の中和により放電損傷が避けられる。
(3) 蒸着は高真空中で行われるため、膜の純度は高い。
(4) イオンの電圧，電流，衝撃角度，イオンの拡散角度等が互いに独立に操作できる。

　これはイオンビーム(ion beam)を用いたイオンアシスト蒸着(ion assisted deposition) である。プラズマイオンアシスト蒸着（11.1.6）と区別するため、一般的にこれをイオンビームアシスト蒸着(ion-beam assisted deposition)、または単にイオンアシスト蒸着（IAD）と呼ばれる。

　IADで最も重要なことは蒸発源またはスパッタ源の傍に別の独立したイオン源（ion source）を設けることである。蒸発源は熱抵抗蒸発源，電子銃蒸発源，その他の蒸発源などである。スパッタ源はマグネトロンスパッタまたはイオンビームスパッタである。イオン源は独立で、アシストの役割を果たすだけなので設置は簡単である。そのモデル図を図 11-24 に示す。図では Kaufman 型イオ

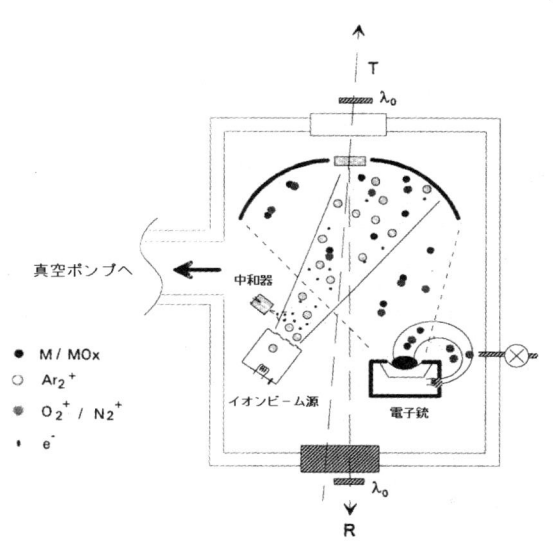

第 11 章　光学薄膜の特性と作製技術の進歩

図 11-24　イオンアシスト装置のモデル図

ン源と PBN 中和器を設けている。このイオン源と中和器はすべて W フィラメントを用いてプラズマを発生させている。通常の光学膜蒸着では、酸化膜を作製する場合には酸素を導入しなければならないので、W フィラメントは酸化され寿命が短くなってしまう。現在ではその替わりに高周波イオン源と高周波中和器を用いる。つまり W フィラメントからの電子放射によるプラズマ生成法を使わず、13.56MHz の高周波でガス（Ar，O_2，N_2 またはそれらの混合ガス）を励起してプラズマを発生させている。このプラズマは内部に W フィラメントや酸化されやすい材料を含まない石英またはセラミックス製のチャンバ内で生成され、その使用寿命は 100 時間以上に及ぶ。

図 11-24 に示されているイオン源は、図 10-10 に示したグリッド電極を有するもので、グリッド電極の形状や電極間の距離によりイオンビームの拡散角を制御でき、かつエネルギーの調節も可能である。IAD 用イオン源のイオン電圧は高くする必要がないので、エンドホール型イオン源（End Hall Ion Source）にとっては都合が良い。図 11-25a に示すように、エンドホール型イオン源はグリッ

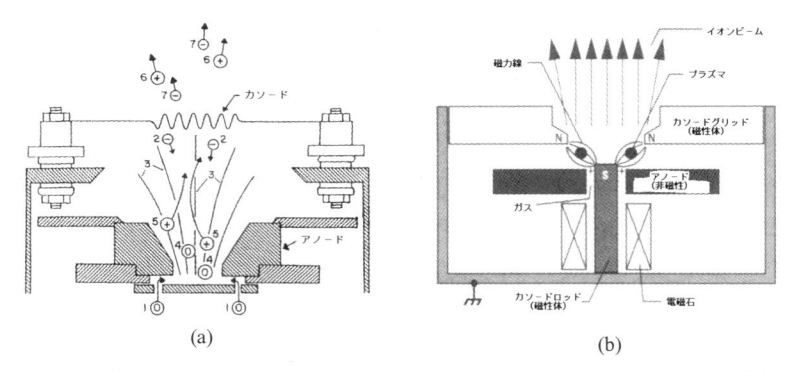

第11章　光学薄膜の特性と作製技術の進歩

図 11-25　グリッド電極なしのイオン源の動作モデル図　(a) 磁場は縦向きである[12]
　　　　　(b) 磁場は集中かつ斜め向きまたは横向きである(Advanced Energy のグリッド電極イオン源)

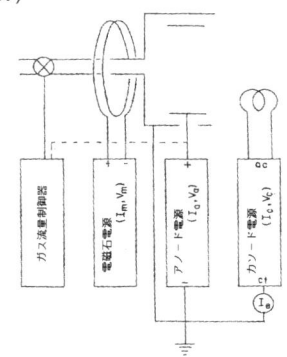

図 11-26　グリッド電極なしのイオン源の電源系[12]

ド電極の無いイオン源であり、図 11-26 に各部分の電源系 [12] を示す。熱電子は錐形の陽極の上方にある陰極から放射され、磁場に拘束されてガス分子（Arガス）と衝突し、プラズマを発生させる。正イオンは陰極と陽極間の電位差によって引き出される。このイオン源のイオンエネルギーは非常に低いが（50-150eV）、イオン電流密度が非常に高く発散角度が大きく、また保守もしやすい。ただし大量の導入ガスが必要となるため、真空装置の排気速度を大きくしなければならない。このイオン源はグリッド電極を有するイオン源（図10-10）よりは安く、イオンアシスト蒸着用には適している。図で陰極はWフィラメントであり、電子放出に用いられるが、使用時間とともに細くなりやがて

第 11 章　光学薄膜の特性と作製技術の進歩

切れてしまうでだけでなく、W 原子が膜の中に紛れ込んで吸収を引起す。これを改善するため独立した中空陰極（hollow cathode）を用いることがある。この方法は効率が比較的高くしかも W フィラメント汚染の心配もない。図 11-25a で磁場は上下方向であるが、図 11-25b の磁場は集中かつ斜め向きまたは横向きなので、電離効果も比較的集中し、それによりイオンエネルギーとイオン流量をより大きくできる。

イオンアシストの効果：

　図 11-24 は電子銃蒸発によるイオンアシスト（IAD）のモデル図で、イオン源で使用されるガスは Ar ガス以外にも反応ガス（酸素や窒素）が混合される。

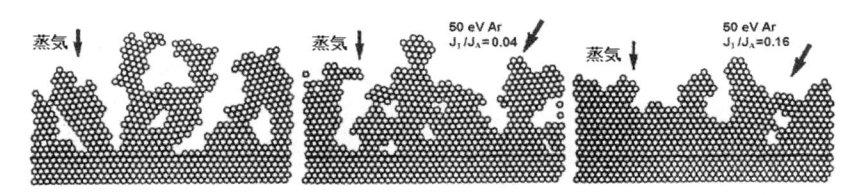

図 11-27　イオンアシスト蒸着のコンピュータシミュレーションモデル図[13]

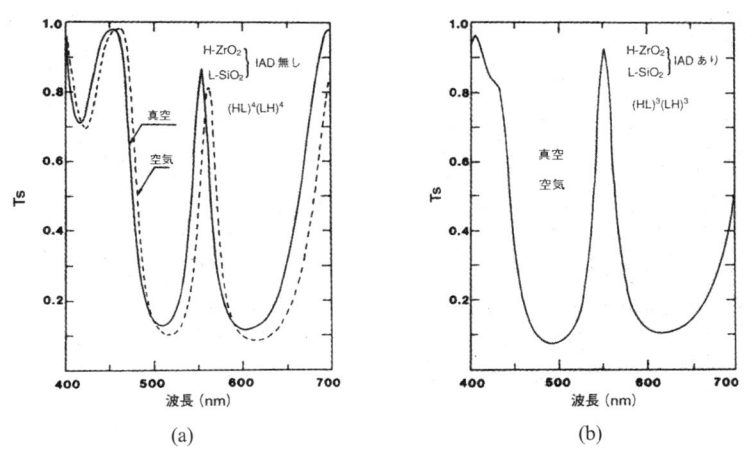

図 11-28　作成した 15 層の薄膜フィルタ$(HL)^4(LH)^4$（H：ZrO_2，L：SiO_2）を空気中に放置したときのスペクトルシフト[14]　(a) イオンアシストなし　(b) イオンアシストあり

第11章 光学薄膜の特性と作製技術の進歩

IADの作用原理は図11-27[13]のコンピュータシミュレーションに示す通りである。イオン電流密度 $J_I=0$ のとき膜は隙間が大きいが、イオン電流密度と膜原子流密度 J_A の比が大きくなると膜密度も徐々に大きくなる。電圧や電流の大きさは、膜質改良に影響する。成長している膜原子に対する衝撃が膜質の改善、例えば、薄膜のスペクトル安定性（図11-28[14]）、吸水性の低下（図11-29[15]）、屈折率の向上（図11-30[16]）、表面粗さの改善（図11-31[17]）などには極めて重要である。イオンアシストで作製した膜は充填密度（packing density）が上がり、より緻密になるので水の吸収量が減少し、スペクトル特性のシフトもなくなり屈折率も高くなって安定になる。これにより屈折率の一様性がよくなることが予測できる。図11-32はイオンアシストで作製した ZrO_2 膜の屈折率の不均一性とその改善[18]を示す。しかし、イオン源のエネルギー（電圧及び電流）は大きくしすぎてはいけない。大きくしすぎるとガスイオン（例えばArガス）は膜を強く衝撃した際、膜の中に嵌め込まれてしまうからである。図11-32[18]に示すように膜の屈折率は逆に低下し、均一性も悪くなる。イオンアシスト蒸着に必要な条件はイオン電圧，イオン電流，膜材料種，膜の成長速度（電子銃の電流またはスパッタの効率，電圧，電流などに依存する），基板温度，導入ガスの種類などである。これらのパラメータは実験によって決めることが出来る。

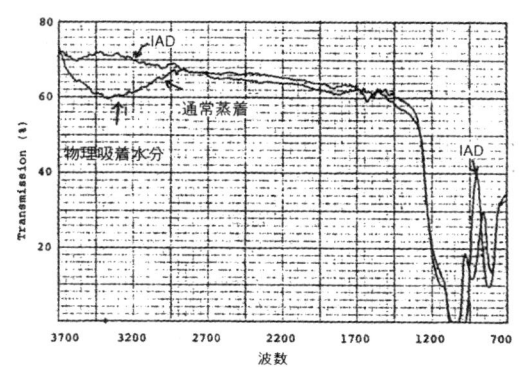

図11-29　赤外線スペクトルを見ると、電子銃蒸着による酸素イオンアシストで作製した SiO_2 膜は水分吸収はないが、通常蒸着法で作製した膜は[15]吸収を有する

第 11 章　光学薄膜の特性と作製技術の進歩

　イオンアシストは基板加熱をしなくても、緻密で硬い膜質を作ることが出来るので、プラスチック基板などに対する多くの膜設計に基づくコーティングが容易に出来るようになった。また大面積の基板に対しては、加熱を必要としないので加熱や冷却の待ち時間が減少し生産効率が上がる。

図 11-30　酸素イオンアシスト蒸着の場合とそうでない場合の ZrO_2 膜のスペクトルと屈折率変化[16]

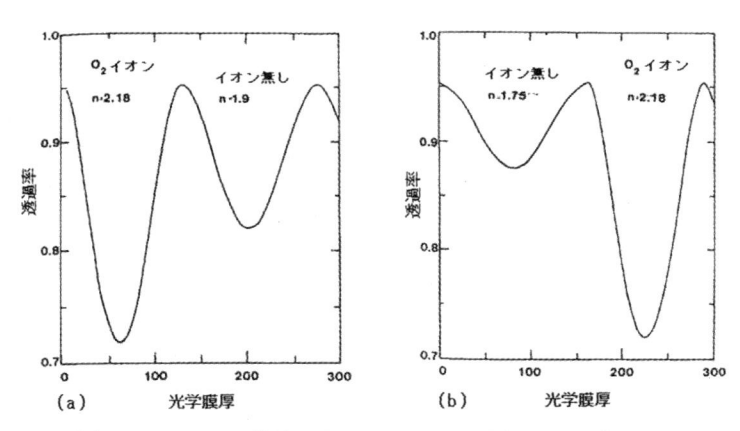

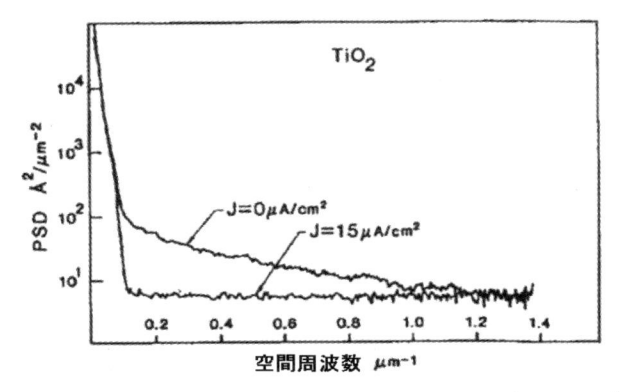

図 11-31　酸素イオンアシストによる TiO_2 薄膜の表面粗さの改善[17]

第 11 章　光学薄膜の特性と作製技術の進歩

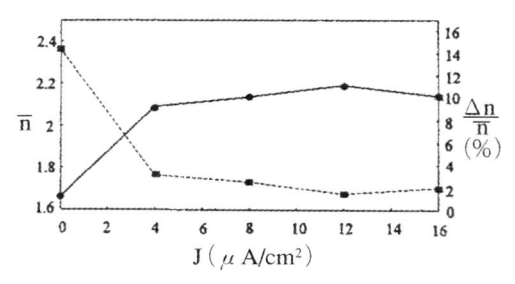

図 11-32　イオンアシストによる ZrO$_2$ 膜の屈折率不均一性の改善[18]

11.1.8　イオンビームスパッタリング（Ion Beam Sputtering Deposition, IBSD）

図 10-9 に示すように、イオンビームスパッタ IBSD とはイオン源から引き出されたイオンが 800V〜1500V で膜材料をスパッタリングし、運動量の伝達により膜材料の原子を叩き出し、力強く基板上に凝集させる方法である。この膜材料をターゲットと称する。これらの過程の全ては高真空中で行われるので、作製した膜は理想的な膜に近いことが予測できる。これはアモルファス膜なので、レーザジャイロスコープ[19] 用低散乱レーザミラーの作製に使うことができる。現在、IBSD で作製したレーザミラーの損失は 10ppm より低い値が実現されており、1ppm 以下の目標に向かって努力がなされている。レーザジャイロスコープと重力波検出干渉計に用いられる反射ミラーは、今のところこの方法以外には実現できていない。図 11-33 は中央大学光学薄膜実験室が Ta$_2$O$_5$ と SiO$_2$ の 2 種類の材料を用いて、自ら設計した IBSD 蒸着装置を利用して作り出したレーザミラーについて、Ring down cavity loss meter で測った損失測定曲線を示している。散乱，吸収，透過を含む場合の損失はわずか 77ppm である。透過率損 67.5ppm を除けば正味の損失（散乱と吸収による損失）はわずか 9.5ppm である。一方反射率は 99.993%にまで達している。原子間力顕微鏡でその表面の粗さを測定したところ、わずか 0.095nm であることが分かった。図 11-34a はその結果である。TiO$_2$/SiO$_2$ でも IBSD 法を用いるとこのような低損失のレーザミラーを作ることができる。この場合、TiO$_2$ の表面粗さもわずか 0.096nm（図 11-34b）であった。ここまで低い損失を得る為には次の 3 点に注意する必要がある。

第 11 章　光学薄膜の特性と作製技術の進歩

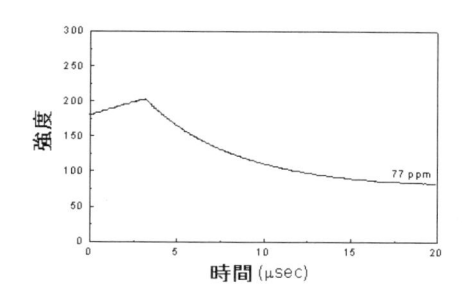

図 11-33　IBSD で作成したレーザミラーを ring down cavity loss meter で測った損失図
損失は 77ppm（散乱，吸収と透過率を含む）で透過率の分（67.5ppm）を除くと全損失はわずか 9.5ppm である。[21]

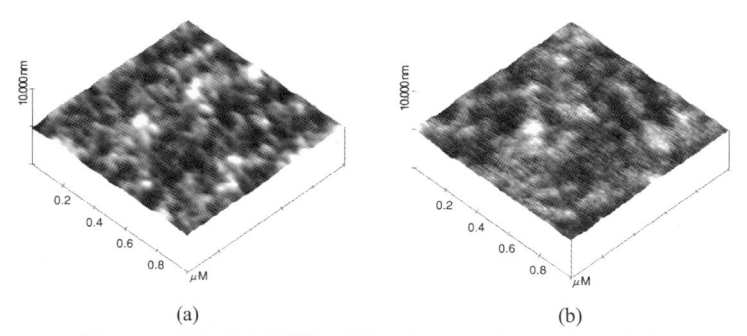

(a)　　　　　　　　　　(b)

図 11-34　原子間力顕微鏡で測定した Ta_2O_5 と TiO_2 表面の粗さ
(a) Ta_2O_5 薄膜表面の粗さ=0.095nm，　(b) TiO_2 薄膜表面の粗さ=0.096nm [22]

(i) 薄膜への不純物（固体と気体不純物など）の混入
(ii) 高エネルギー原子の過度衝撃による薄膜構造の欠陥発生
(iii) 酸化の不完全。

以下に場合を分けて詳しく説明する。

(i) 不純物

　膜に含まれる不純物が Cr, Ni, Fe, Al などの場合、発生原因はターゲット自身，サポート，真空チャンバ内壁，基板のサポートなどが考えられる。不純物がCの場合、スクリーングリッド電極または加速グリッド電極から来ている。加速グリッド電極は熱伝導の良いグラファイトで作られ，2 つのグリッド電極

第 11 章　光学薄膜の特性と作製技術の進歩

の穴位置を合わせるため、2 つのグリッド電極は一緒に工作する必要がある。穴位置が合わないとイオンの衝撃を受けやすくなるし、イオンも平行に発射されにくくなる。このグリッド電極を Ti 材料に変えると TiO_2 膜にたいしては改善が見られるが、SiO_2 膜に対してはあまり変わらない。SiO_2 膜の中に不純物 Ti がある場合、その原因としては、TiO_2 を蒸着したときに Ti が基板以外のところに回り込み、SiO_2 膜の成長中に再びスパッタされて入り込んでしまうことが考えられる。イオン源を使うときには常に不純物を排除する為の注意をはらわなければならない。イオン源加速電圧 V_b が低すぎても高すぎても、或いはイオン流 I_b が大きすぎても、これらは全てイオンビームを加速グリッド電極に衝突させる（加速電流 I_a がこれにより上昇する）原因、則ち C 不純物を発生させる元となる。また、適切でないイオンビーム加速電圧 V_a とイオン流 I_b はイオンビーム発散の増大につながり、イオンビームがターゲットのサポートや内壁を衝撃するときに Cr, Ni, Fe, Al などの不純物が混入してしまう。イオンビーム電圧 V_b が低すぎる場合、一部の低エネルギーイオンは逆に加速グリッド電極に衝突して痕跡を残す。V_b が低い場合イオンはターゲットに弾性衝突するが、ターゲット原子をたたき出すことができずにターゲットの温度を上げてしまい、後に来るイオンが反跳を起して膜質の不良原因となる。逆に V_b が高すぎる場合、イオンがターゲット内に入り込んで連続衝撃を引き起こし、ターゲットのエロージョンに悪い影響を及ぼし、場合によっては凹みを作ってしまう。V_b は低すぎても高すぎても適切ではない。通常 Ti と Ta ターゲットを衝撃する V_b は 1100V〜1250V，石英ターゲットを衝撃する V_b は 900V〜1100V である。一方、ターゲットをなるべくイオン源に近づかせることもイオンビームにターゲット以外の部分を衝撃させない為の方法である。イオンビームを引き出す前にイオン銃を予め加熱しておくことは、出射イオンビームの安定に役立つ。スパッタ後は銃内の Ta_2O_5 や TiO_2 あるいは SiO_2 膜を除去してイオン源をクリーニングしておくと、次回に使用するときに異常放電や不純物の発生を抑えることが出来る。銃の洗浄には少なめのガス量を使い、少ない放電電流 I_d で比較的高い放電電圧 V_d の下で行う。それ以外にもクリーン化の徹底管理も不純物を避ける為の基本条件である。作業員が防塵服，作業マスク，作業手袋を着用す

るだけでなく、使用する器具も洗浄し、交換用のイオン源のフィラメントも徹底洗浄しなければならない。こうすれば不純物が減少するのみならず、使用寿命も延ばすことが出来る。随時、酸素導入配管の内壁に不純物ガスが付着していないかを検査する必要もある。とにかくクリーン管理を徹底すべきである。

(ii) **薄膜構造の欠陥**

薄膜構造の欠陥による損失は、成長中の薄膜に過量のエネルギーが加えられたことと関係する。1つの原子のエネルギー（EPA：energy per atom）は高すぎない方が望ましい[20]。この値はプラズマ生成ガスの種類に依存する。ガスは通常はArガスである。Xeガスを導入すればEPAをやや低くできる。酸化の程度を促進するためには酸素イオンを使用するが、酸素を使ってプラズマを発生させるときにはEPAが高すぎると膜に大きな損失が生じる。Scheuerら[20]は、金属ターゲットを使うと酸化物ターゲットに比べてEPAの値が低くなり、損失も減少することを発見した。

(iii) **不完全酸化**

不完全な酸化による損失は主に、蒸着過程の中における酸素導入不足に原因がある。膜の中にTiO_X (X<2)，TaO_X (X<2.5)，SiO_X (X<2) などが含まれると大きな損失が生じるので適切な量の酸素導入をすることは非常に重要である。イオン化した酸素を導入すると膜をより完全に酸化できる。しかし、多すぎる酸素ガスは金属ターゲット（Ti，Ta，Siなど）の表面を部分酸化してEPA値を増加させてしまい、損失が増加するとともに膜成長速度も遅くなる。一方、酸素が少なすぎると不完全酸化になり、吸収損失をきたしてしまう。実験によると作製後のアニールは損失の減少に役立つことが分かっている。酸素をイオン源に導入しクライオポンプで排気する場合、過量の活性化イオン（酸素・オゾン）がチャージされてしまうとクライオポンプの活性炭が剥離を起し、クライオポンプの寿命を縮めてしまうことに注意する。酸素をイオン源に導入するのであれば、ポンプ再生までの時間を短縮（より頻繁に再生する）しなければならない。

イオンビームスパッタ（IBSD）技術は未来の光学膜作製の発展において重要な位置を占めるだろう。膜質はアモルファスであるため、表面散乱の少ない低

第 11 章　光学薄膜の特性と作製技術の進歩

損失レーザミラーの作製が可能であるし，散乱に敏感な紫外線や X-Ray 用の高反射ミラーを作製することも可能である。その充填密度（packing density）は 1 に近く，膜に隙間がないので，波長シフトのない各種干渉フィルタが可能である。例えば，光通信用の DWDM 合分波デバイス用フィルタ，狭帯域バンドパスフィルタやバンドストップフィルタ，シャープなエッジフィルタ，特殊環境下使用のフィルタなどが作成できるだろう。

11.2　併用式改善法

　膜質のさらなる向上，蒸着速度の増加，成長中の膜質や膜厚分布の改良を行うために，前述の方法を併用することもある。図 11-35 に示すようなデュアルイオンビームスパッタなどがこの例である。図 10-9 と比べると，もう 1 本イオンアシストが増えている。これは成膜前の基板クリーニング用装置として使えるばかりでなく，蒸着過程での膜質改善や膜厚分布を調節する装置にも使えるようになっている。その効果のほどは利用するイオン源のイオンビーム電圧

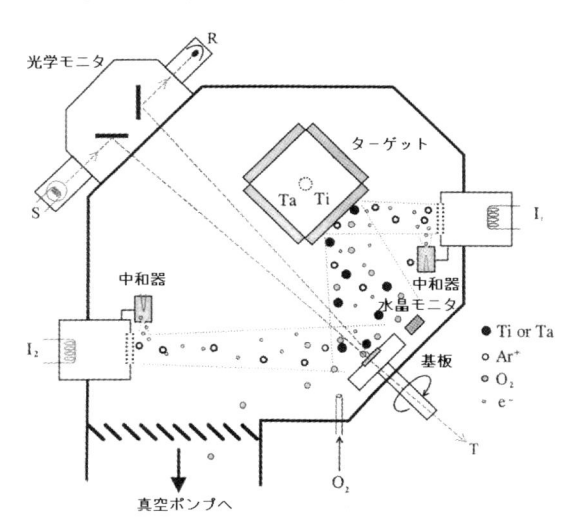

図 11-35　デュアルイオンビームスパッタ蒸着装置

第 11 章　光学薄膜の特性と作製技術の進歩

V_b, イオンビーム流 I_b 及びグリッド電極の枚数と形状などに対する設計に依存する。

　電荷がターゲットと基板上に蓄積するのを防ぐには、高速回転の直立式基板支持治具が利用される。始めにマグネトロンスパッタで極めて薄い膜を作製し、次に酸素イオンアシストで膜を酸化する。次に再び極めて薄い膜をスッパタして、酸素イオンアシストで膜を酸化する。この工程を繰返して膜を完成する方法は OCLI(Optical Coating Lab. Inc.)が 1989 年に提案したもので Metamode と呼ばれている。この方法は蒸着過程中の温度上昇がそれほど大きくないため、プラスチック基板上への薄膜作製にも適用できる。この概念に類似したもので図 11-36 のような装置を Shincron 社が提案した。ダブルターゲット交流スパッタを利用してスパッタリングの速度を上げ、イオンアシストを用いて膜を完全酸化して膜質の向上を図る。このようにすると、電荷がターゲット上に蓄積しないのでターゲット表面の放電損傷を防止できる。第 7 章の図 7-8 はこのようなスパッタ蒸着装置で作製したものである。

　図 11-37 は高速マグネトロンスパッタにイオンアシストを加えた装置である。成膜空間を高真空状態にするための真空排気系の配置方法は OCA (Optical Corporation of America) 社が 1986 年に Microplasma と呼ばれる特許として発表しており、各種の多層膜干渉フィルタ作成が可能である[23]。

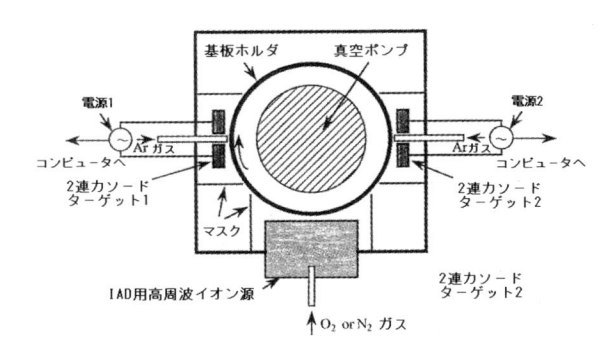

図 11-36　メタモードスパッタ装置

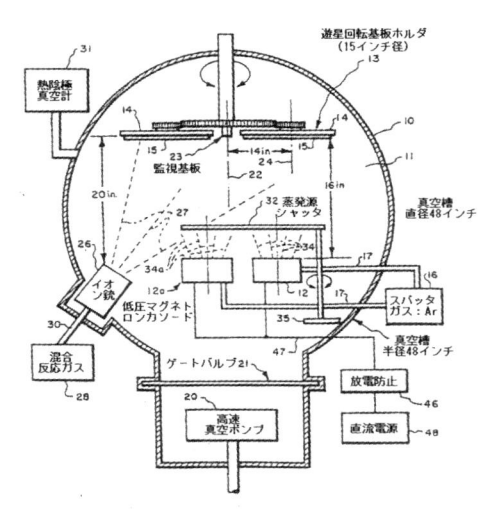

第 11 章　光学薄膜の特性と作製技術の進歩

図 11-37　イオンアシストを加えた高速マグネトロンスパッタ装置[23]

　以上の3種類の方法はすべてイオンアシスト蒸着用のイオン源を追加したものである。イオンアシスト蒸着用イオン源には汎用性があり、非常に便利である。しかも、それほど熱も発生しないので、プラスチック基板にも成膜できる。巻取式プラスチックフィルム成膜（web coating）にイオンアシストを利用すると、膜質の緻密性や付着性に加えて硬度もあげることが出来る。図 11-38 に示す装置は反射防止膜，ビームスプリッタ，偽造防止膜，電磁放射防止兼反射防止膜など[24,25]を高速で作成できる。広い面積に成膜したい場合には複数台の蒸発源を用いると良い。蒸発源は電子銃，ボード，細長形スパッタターゲットなどである。イオン源も細長形のイオンビームを採用すると良い。

　近年、光通信の需要により光ファイバー端面の反射防止膜の需要が非常に増加している。1 回の蒸着で複数本を作製するには幾つかの方法がある。中でもDonald は光ファイバーの終端を回転する円筒の中に集め、蒸着したい光ファイバーの端面を円筒の外部に露出させ、マグネトロンスパッタとマイクロ波励起プラズマによる酸化反応を用いて蒸着する方法を提唱した。この方法はMicroDyn reactive sputtering と呼ばれている。図 11-39a に示すように、この方法

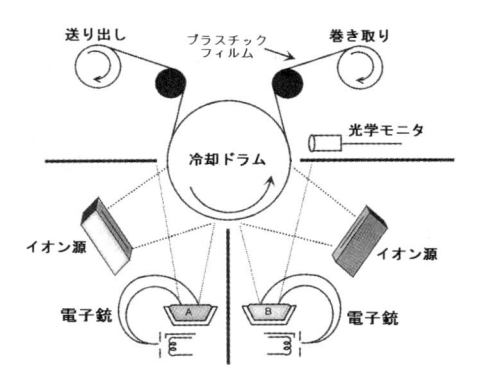

第 11 章　光学薄膜の特性と作製技術の進歩

図 11-38　イオンアシスト巻取り装置

材料 A：高屈折率材料または ITO，材料 B：低屈折率膜材料。A および B の 2 種類の材料を電子ビームで蒸着する。マグネトロンスパッタまたはその他の方法も適用できる。

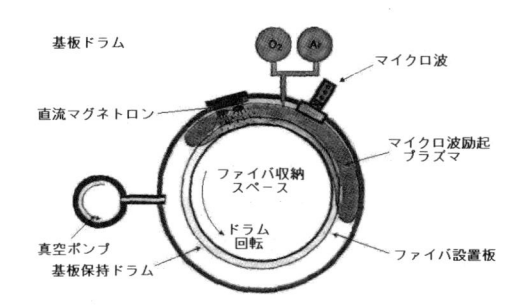

図 11-39a　大量の光ファイバー端面を作製する MicroDyn 反応式スパッタ

は高真空の中で 1 度に大量の反射防止膜付き光ファイバー端面の作製が可能である。

　図 11-39b のように光ファイバーを用いて入射光源を導入すれば光ファイバーの端面の反射防止成膜のみならず、各種多層膜も作製できる。しかも、入射光がモニタ基板に非常に近いため、信号の捕捉は容易で、ノイズも比較的小さい。

　Sullivan らは図 11-36 の装置に変更を加え、さらに光学モニタ装置を加えるこ

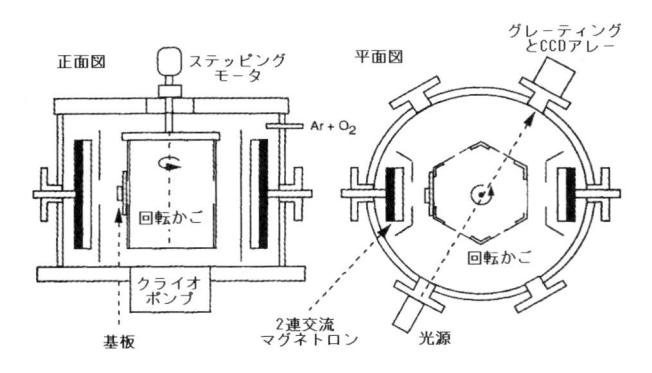

第 11 章　光学薄膜の特性と作製技術の進歩

図 11-39b　高速自動スパッタ装置及びモニタのモデル図[26]

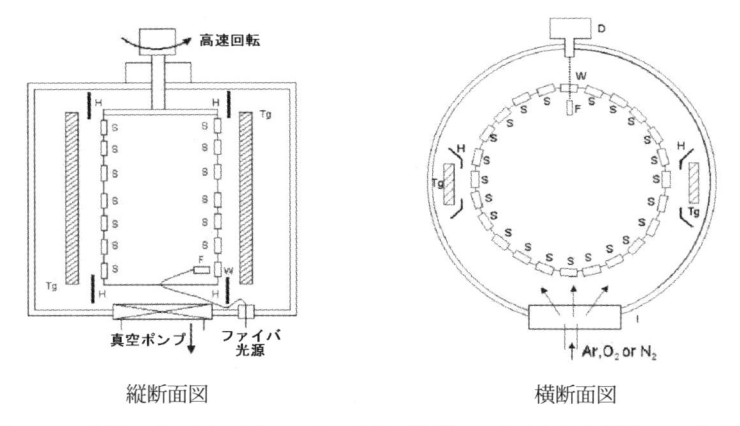

図 11-40　高速スパッタにイオンアシスト及び光学モニタを加えた装置のモデル図
　　　Tg：ダブル交流マグネトロンスパッタターゲット(Dual AC (40KHz) Magnetron)
　　　I：イオンアシストイオン源(IAD)，S：光ファイバー端面または基板
　　　H：シャッタ，W：モニタ基板，F：光ファイバー集光ヘッド，D：受光検出器

とで高速の多層膜作製を実現している。詳細は図 11-40 に示している[26]。注目すべきはマグネトロンスパッタターゲットがダブルターゲット式であり、40KHz の交流電圧印加により 2 つのターゲットは常に極性を交換するためターゲット面のチャージアップが防げるところである。この方式によってスパッタ速度が早くなる効果に加えて異常放電による成膜過程の不安定も避けられるようになった。

第 11 章　光学薄膜の特性と作製技術の進歩

　被蒸着基板が立体物のとき、薄膜を立体の全ての面上に均等に蒸着するためには物体自身が回転をして各面をターゲット面に向ける必要がある。しかし、ターゲット（陰極）を円柱状にして、図 11-41[27] のように内部に向けると、物体を回転させずに各面上に均等に蒸着できる。例えば Ti をターゲット材料にして N_2 を導入して TiN を作製したり、Al をターゲットにしてそれぞれ N_2 と O_2 を交互に導入することで、AlN と Al_2O_3 の多層膜による各種の光学フィルタや反射防止膜を作ることが出来る。

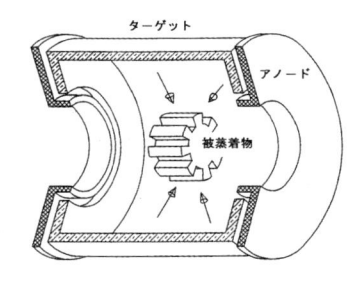

図 11-41　Ion Tech Inc. 社の円柱状逆マグネトロスパッタ装置のモデル図[27]

11.3　単一材料による多層膜作製

　薄膜フィルタ設計の立場からいうと 2 種類、つまり一方は高屈折率 n_H の材料で、もう一方は低屈折率 n_L の材料を使用するのが原則である。ときには第 6, 7, 9 章で挙げた例などのように 3 種類若しくは 4 種類、場合によっては 5 種類もの材料を使用しなければ製品仕様を達成することができない場合もある。このときの問題点は、所定の屈折率を有する材料がなかなか見つからないことにある。解決方法の 1 つとして、設計の際に 2 層または 3 層の対称等価膜を代わりに用いる方法がある。もう 1 つの方法は製造上において高低屈折率の 2 種類の材料(n_H, n_L) を用いて、同時蒸着または同時スパッタをする（co-evaporation or co-sputtering）ことである。材料 n_H と n_L の成膜速度を制御する、つまり n_H と n_L の含有量の比を調節することによって必要な屈折率を作り出すことが出来

第 11 章　光学薄膜の特性と作製技術の進歩

る。

　その他、第 7.2 節で述べたように、屈折率を徐々に変化させることによってバンドストップフィルタを作製する方法もある。この方法は co-evaporation または co-sputtering 方法を用いるか、高/低屈折率の 2 つのターゲットを用いて極めて薄い膜を高速に交互成膜し、高/低膜（極薄）の厚さの比を制御することで等価的に屈折率を徐々に変化させ、一定の屈折率を持つ膜を作製する方法を用いる。図 11-36 と図 11-37 のような設計に基づく蒸着装置は上記のようなことができる。しかし、この種の蒸着装置（co-evaporation, co-sputtering など）の設計は非常に複雑で製造コストが高く、また保守作業も容易ではない。もし 1 種類の材料のみを使い、導入ガスの流量を変えることでその屈折率を調節できれば、上記のような特殊な屈折率膜や屈折率が徐々に変化する屈折率傾斜膜を作製できる。このタイプの成膜装置の構造は簡単で、成膜の再現性もよい。装置のモデル図を図 11-42 に示す。図 11-40 の高速回転蒸着装置もこういった場合に適用できる。金属や半導体などの成膜材料に N_2, O_2 またはその他のガス

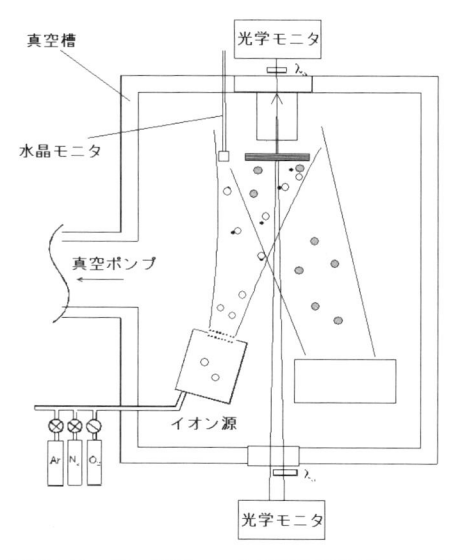

図 11-42　単一材料での多層膜作製装置モデル図

第 11 章　光学薄膜の特性と作製技術の進歩

を導入し、N_2 と O_2 の流量を調節することにより、ある範囲内において任意の屈折率を有する膜を得る。

　Si が蒸着材料である場合を考える。Si は電子銃で蒸着可能であると同時に DC マグネトロンスパッタ、RF マグネトロスパッタ、RF イオンビームスパッタなどでも可能である。まずイオン源に N_2 を放電ガス(working gas) として導入してプラズマを発生させる。グリッド電極を利用して N イオンを引き出して Si と結合させて SiN_x を生成する。イオンの流量 J_{N_2} を制御すれば、異なる X 値が得られる。これにより屈折率が 1.72〜3.43（波長 1550nm）の薄膜が作製できる。このようにして Si ウェハの反射防止膜ができる(図 11-43)。さらに(図 11-44)のバンドパスフィルタ[28]や、屈折率が正弦関数のように変化するバンドストップフィルタも作成できる。O_2 をイオン源の中に導入すると同時に成膜室の中にも導入すれば、屈折率が 1.46〜3.43 の異なる x 値の SiO_x 膜を作製できる。SiO_x は SiN_x と同様に上記のような各種干渉フィルタを作るのに用いられる。この場合 n_H と n_L の比（3.43:1.46）はかなり高いので、1/4 波長膜厚積層系も可能である。高反射ミラーや 1/4 波長膜厚積層系から作られる干渉フィルタ、例えば狭帯域バンドパスフィルタやカットフィルタなどを作る場合、比較的少ない層数で作ることが出来る。例えば、Si/SiO_2 と Ta_2O_5/SiO_2 などの組み合わせで狭帯域バンドパスフィルタを作る場合を比較すると、必要な層数は前者の場合は後者の半分であるにも関わらず、より狭いバンドパスフィルタが得られる。積層系 $(H L)^x H 4L H (L H)^x$ の場合、Si と SiO_2 の屈折率をそれぞれ n_H と n_L として、x=3（全部で 15 層）とすると半値幅 0.4nm が得られる。もし、Ta_2O_5 と SiO_2 の場合、

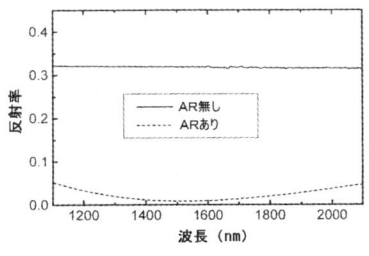

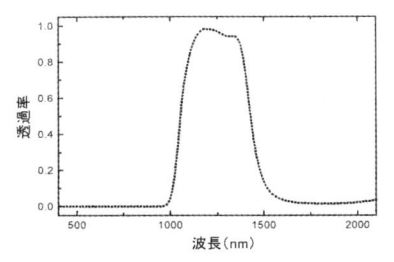

図 11-43　単一材料で反射膜を作製する[28]　図 11-44　単一材料でバンドパスフィルタを作製する[28]

屈折率を n_H と n_L とすると、x=7（全部で31層）にしても半値幅が0.8nmなので、1種類の材料Siを使って交互にSiとSiO_2を成膜することにより層数を大幅に減少できてしかも好結果が得られることが分かる。

屈折率に配慮するばかりでなく、別の波長領域における吸収や非光学的特性であるところの応力、硬度、付着性なども合わせて考慮する必要がある。

同時に N_2 と O_2 をイオン源に導入すると SiO_xN_y 膜が得られる。N_2 と O_2 の流量を調節することで異なる x, y 値の SiO_xN_y 膜が得られる。つまり異なる屈折率の膜も得られる。SiO_x と SiN_x 膜と同様に SiO_xN_y 膜も反射防止膜やその他の各種干渉フィルタに応用できる。単一材料を用いて多層膜を作製する場合は成膜のメカニズムが明確で制御もしやすい上に作製に必要な時間も短縮できる。蒸着装置の設計も簡単で、保守も容易であり、各種のフィルタも作製でき、その再現性も高い。

11.4　膜の微視的構造と複屈折性

前述の膜の微視的構造が柱状になれば複屈折性を持つようになる。光の入射方向によって膜は3種類の屈折率を持つようになる。
1. 柱に垂直な P-偏光に対する屈折率 n_1
2. S-偏光に対する屈折率 n_2
3. 柱に平行な屈折率 n_3

つまり、膜は異方性(anisotropic)となる。この種の現象は斜め方向に成膜したときに著しい。例えば、表11-3はZrO_2を30°と65°、TiO_2を30°の入射角で蒸着した時に得られる柱状構造膜の屈折率[29]である。

この種の複屈折現象は、膜系としての光学特性には好ましいものではない。

表 11-3　斜め方向蒸着で柱状構造が現れる時の屈折率異方性[29]

材料	α	β	n_1	n_2	n_3
ZrO_2	30°	16.1°	1.948	1.969	2.033
ZrO_2	65°	47.0°	1.502	1.575	1.788
TiO_2	30°	16.1°	2.437	2.452	2.552

第 11 章　光学薄膜の特性と作製技術の進歩

特に狭帯域バンドパスフィルタは非常に敏感である。図 11-45 は熱蒸着による 1 キャビティの狭帯域バンドパスフィルタである。無偏光を用いて垂直入射で測定すると通常は 1 つのピークしかないが、複屈折により 2 つのピーク値[30] が現れる。狭帯域バンドパスフィルタの帯域が狭くなればなるほど、この現象は問題となるので、決して発生させてはいけない。光通信の DWDM で使う狭帯域バンドパスフィルタはその一例である。この問題を解決するには上述のような方法を用いて膜構造がアモルファスでしかも等方的(isotropic)な膜を作製することである。

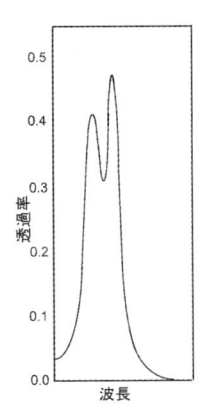

図 11-45　膜の複屈折性により狭帯域バンドパスフィルタのピークが 2 つになる[30]

膜の柱状構造によって P-偏光と S-偏光に対して透過位相差が生じるので、この性質を利用して位相遅延子(phase retarder)を作ることができる。Hodgkinson らは故意に断続式に基板の向きを変えることで複屈折効果を発生させて、TiO_2 で $\Delta n = n_s - n_p \approx 0.16$ の膜を作製した。ZrO_2 を用いると $\Delta n \approx 0.11$ [31] の膜ができる。基板の角度を交互に変えることで同一材料（TiO_2 または ZrO_2）でも S｜(PS)^x P｜Air のような多層膜構成の偏光ビームスプリッタが作製できる。P は柱状で P-偏光の膜，S は柱状で S-偏光の膜[32] と非等方的反射防止膜(anisotropic antireflection (AAR))[33] である。柱状の方向を常時調節して複屈折率が 1 層の中で一周するような膜となれば非偏光のバンドストップフィルタ[34] が作成可能

第 11 章　光学薄膜の特性と作製技術の進歩

である。

参考文献

1. Ritter E., 1981, "Properties of optical film materials", Appl. Opt. **20**, 21-25.
2. Thornton J. A., 1974, "Influence of apparatus geometry and deposition conditions on the structure and topography of thick sputtered coatings", J. Vac. Sci. Technol. **11**, 666-670.
3. Kawakami Y., Taguchi T. and Hiraki A., 1986, Surf. Sci. **168**, 571-575.
4. Pulker H. K., 1984, "Coating on Glass", Elsevier Science Publishers B.V., P.326.
5. 日本学術振興会薄膜第 131 委員会, 1983, "薄膜ハンドブック", P.67.
6. Kuster K. and Ebert J., 1980, "Activated reactive evaporation of TiO2 layers and their absorption indexes", Thin Solid Film 70, 43-47; Ebert J., 1982, "Activated reactive evaporation", SPIE **325**, 29-38.
7. Lee C. C., Lee C. H. and Chao S., 1993, "Effect of an electric field on the growth of Al film", Appl. Opt. **32**, 5575-5578.
8. Takagi T., 1986, "Ionized cluster beam technique", Vacuum **36**, 27-31.
9. Pulker H., Buhler K. M. and Hora R., 1986, "Optical films deposited by a reactive ion plating process", SPIE **678**, 110-114.
10. Toki K., Kusakable K., Odani T., Kobuna S., Shimizu Y., 1996, "Deposition of SiO_2 and Ta_2O_5 films by electron-beam-excited plasma ion plating", Thin Solid Films **281-282**, 401-403.
11. Zoller A., Beisswenger S., Gotzelmann R. and Matl K., 1994, "Plasma ion assisted deposition", SPIE. **2253**, 394-402.
12. Kaufman H. R. and Robinson R. S., 1987, "Operation of Broad-Beam Source", Commonwealth Scientific Co., Alexandria, Vergina.
13. Muller K. H., 1987, "Ion-beam-induced epitaxial vapor-phase growth: A moleculler-dyncmics study", Phys. Rev. **B35**, 7906-7912.
14. Martin P. J., Macleod H. A., Netterfiled R. P., Pacey C. G., and Sainty W. G., 1983, "Ion-beam-assisted deposition of thin film.", Appl. Opt., **22**,179-185.
15. Allen T. H., 1983, "Ion assisted deposition of titania and silica films", Proc. Int'l Ion Engineering Congress-ISIAT'83 & IPAT'83-, Kyoto, 1305-1310.
16. Martin P. J., Netterfield R. P., and Sainty W. G., 1984, "Modification of the optical and structural properties of dielectric ZrO_2 films by ion-assisted deposition", J. Appl. Phys. **55**, 235-241.
17. Al-Jumaily G. A., McNally J. J., and McNeil J. R., 1985, "Effect of assisted deposition on optical scatter and surface microstructure of thin films", J. Vac. Sci. Technol., **A3**, 651-655.
18. Lee C. C. , Liou Y. Y. and Jaing C. C., 1996, "Improvement of the homogeneity of optical thin films by ion-assisted deposition", J. of Mod. Opt. **43**, 1149-1154.
19. Wei D.T and Louderback A., 1979, U.S. Patent 4,142,958; U.S. Patent Re 32,849(1989); assignee: Litton Systems.

第 11 章　光学薄膜の特性と作製技術の進歩

20. Scheuer V., Tilsch M., and Tschudi T., 1994, "Reduction of absorption losses in ion beam sputter deposition of optical coating for the visible and near infrared", SPIE **2253**, 445-454.
21. Wong D.H., 1998, "The research of low loss optical thin film and its application by ion beam sputtering deposition", Master thesis, IOS, NCU, Taiwan.
22. Hsu J.C., 1997, "The research of optical thin films by dual ion beam deposition", Ph. D. thesis, IOS, NCU, Taiwan.
23. Scobey M. A., 1996, "Low pressure reactive magnetron sputtering appatatus and method", U.S. Patent number 5,525,199.
24. Lee C. C., Shiau S. C. and Yang Y., 1999, "The characteristics of ITO film prepared by IAD", Society of Vacuum Coaters (SVC) 42nd Ann. Tech. Conf. Chicago, Paper D-14.
25. Wang R., Lee C. C., 1999, "Design of AR coating using ITO film prepared by IAD", Society of Vacuum Coaters (SVC) 42nd Ann. Tech. Conf. Chicago, Paper O-10.
26. Sullivan B. T., Clarke G., Akiyama T., Osborne N., Ranger M., Dobrowolski J. A., Howe L., Matsumoto A., Song Y. and Kikuchi K. etal ,1998, "New high-rate automated deposition system for the manufacture of amplex multiplayer coatings-I. System description", Technical Digest Series Volume 9, Optical Interference Coatings, Opt. Soc. of Am., P.72.
27. Ion Tech Inc. "Inverted Cylindrical Magnetron sputtering cathode".
28. Lee C. C., Chen H. L., Hsu J. C. and Tien C. L., 1999, "Interference coatings based on synthesized silicon nitride", Appl. Opt. **38**, 2078-2082.
29. Horowitz F., 1983, "Structure-induced optical anisotropy in thin film", Ph. D. Dissertation, Univ. of Arizona.
30. Wharton J. J., 1984, "Microstructure related properties of optical thin films", Ph. D. Dissertation, Univ. of Arizona.
31. Hodgkinson I., Wu Q. H., Brett M. and Robbie K., 1998, "Vacuum deposition of biaxial film with surface-aligned principal axes and large birefringence Δn", Opt. Soc. of Am. Tech. Digest **9**, 104-106. (Opt. Interference Coatings Conference, TuA3.)
32. Hodgkinson I., Wu Q. H. and Rawle C., 1998, "Common-index thin film polarizers for light at normal incidence", Opt. Opt. Soc. of Am. Tech. Digest **9**, 173-175. (Opt. Interference Coatings Conference, TuD6.)
33. Hodgkinson I. and Wu Q. H., 1998, "Anisotropic AR coatings for light at normal incidence", Opt. Soc. of Am. Tech. Digest **9**, 414-416. (Opt. Interference Coatings Conference, ThE3.)
34. Hodgkinson I., Wu Q. H. and McPhun A., 1998, "Rugate filters with spatially-modulated nano-strutures", Opt. Soc. of Am. Tech. Digest **9**, 457-459. (Opt. Interference Coatings Conference, FB3.)

第12章　膜厚の均一性及び膜厚の監視

　膜厚分布の均一性は生産数量に関係するだけでなく、入射光波の波面(Wavefront)へも影響を与えるので、成膜装置の基板支持治具などの設計をするときには、このことを十分考慮すべきである。

　1つの原子・分子が基板に接触する時、直ちに基板に付着するわけではない。基板に接触したときに付着する割合を付着係数という。付着係数は原子・分子の性質や入射角，基板表面の特性，基板温度に関係する。簡単のために、原子・分子が基板上の任意の点で接触したときの付着係数は1と仮定する。差異があるときは適切に修正を行う。

12.1　膜厚分布の理論解析

　これから行う解析は基板が軸を中心に回転をするものと仮定する。一般の装置は均一性を確保するためにこのような構造になっている。この計算には面積分が必要となる。

　重量mの材料が水平に置かれた平面状の蒸発源、あるいはスパッタターゲットから発射されるとき、垂直方向と角度αを成す微小立体角$d\omega$の中に集る材料の微小成分をdMとして積分するとm = $\int$dM が得られる。このとき dM は次式であらわされる。

$$dM = \frac{(n+1)m\cos^n\alpha}{2\pi}d\omega \qquad (12\text{-}1)$$

　式の n は材料の蒸発分布パラメータで蒸気のエネルギーの大きさ、蒸発方式、材料の種類などに関係する。成膜材料が基板から r だけ離れた単位面積 ds 上に

第 12 章　膜厚の均一性及び膜厚の監視

凝集する。このとき ds の方向（面に垂直）と成膜材料の飛来方向がなす角をθとすると、上式は次のように表される。

$$dM = \frac{(n+1)m\cos^n\alpha\cos\theta}{2\pi r^2}ds \tag{12-2}$$

膜の密度をμとすると基板上の膜の厚さ t は次式となる。

$$t = \frac{m\cos^n\alpha\cos\theta}{(\frac{2\pi}{n+1})\mu r^2}ds \tag{12-3}$$

12.1.1　平面状基板支持治具

基板の支持治具を 1 枚の平板とし、図 12-1 に示すように成膜材料の中心からの距離を q，基板と成膜材料の垂直距離を h とする。このときは$\alpha=\theta$である。基板上の中心からρ離れた任意の点を P，方位角をφとすると、成膜距離 r は次のように求められる。

$$\cos\theta = [1 + (\frac{\rho}{h})^2 + (\frac{q}{h})^2 - 2(\frac{\rho}{h})(\frac{q}{h})\cos\varphi]^{-\frac{1}{2}}$$

$$r^2 = h^2 + q^2 + \rho^2 - 2q\rho\cos\varphi$$

基板の中心、則ち$\rho=0$の膜厚をt_0，P 点における膜厚を t とすると、式(12-3)から次式が導ける。

$$\frac{t}{t_0} = [\frac{1 + (\frac{q}{h})^2}{1 + (\frac{\rho}{h})^2 + (\frac{q}{h})^2 - (\frac{2\rho}{h})(\frac{q}{h})\cos\varphi}]^{\frac{n+3}{2}} \tag{12-4}$$

成膜時に良好な膜厚均一性を得るためには、基板を高速に回転させる必要がある。この条件のもとでは基板上の任意の点 P における膜厚 t と中心点の膜厚 t_0 の比は次式となる。

$$\frac{t}{t_0} = [1 + (\frac{q}{h})^2]^{\frac{n+3}{2}} \frac{1}{2\pi}\int_0^{2\pi}[\frac{1}{1 + (\frac{\rho}{h})^2 + (\frac{q}{h})^2 - (\frac{2\rho}{h})(\frac{q}{h})\cos\varphi}]^{\frac{n+3}{2}}d\varphi \tag{12-5}$$

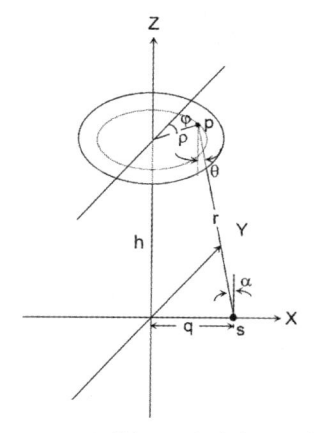

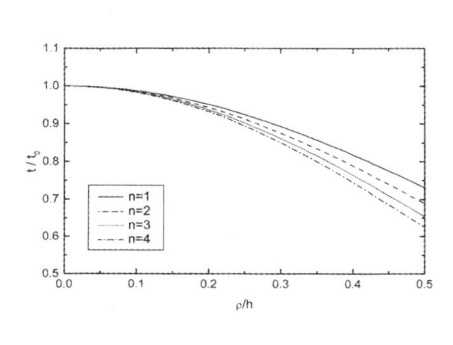

第 12 章　膜厚の均一性及び膜厚の監視

図 12-1　平面基板上の任意点 P と蒸発源またはスパッタターゲット面 s の距離 r, 成す角はそれぞれ α, θ, s と中心の距離は q、基板中心と s 平面の垂直距離は h である。

図 12-2　q=(1/3)h, n=1, 2, 3, 4 のときの平面基板半径方向の膜厚分布

　図 12-2 は q=(1/3)h, n=1, 2, 3, 4 のときの膜厚の分布図である。中心から離れるにしたがって膜厚は徐々に薄くなる。基板の支持治具外側の高さを s に近づければ、膜厚分布の均一性が改善される。このため生産では平板状でなくドーム型基板支持治具が使われる。

12.1.2　球形ドーム型基板支持治具

　図 12-3 のように、球形ドーム型基板支持治具の曲率半径を R, 球の中心を C, ドーム上の任意点 P と C を通る直線が Z 軸となす角度を γ とすると

$$r = [h^2 + q^2 + (2R^2 - 2hR)(1 - \cos\gamma) - 2qR\sin\gamma\cos\varphi]^{1/2} \quad (12\text{-}6)$$

$$\cos\alpha = \frac{h - R(1 - \cos\gamma)}{[h^2 + q^2 + (2R^2 - 2hR)(1 - \cos\gamma) - 2qR\sin\gamma\cos\varphi]^{1/2}}$$

$$\cos\theta = \frac{R - R\cos\gamma + h\cos\gamma - q\sin\gamma\cos\varphi}{[h^2 + q^2 + (2R^2 - 2hR)(1 - \cos\gamma) - 2qR\sin\gamma\cos\phi]^{1/2}}$$

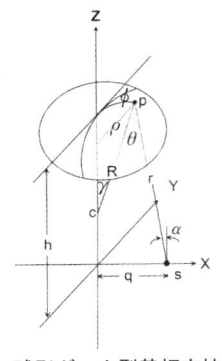

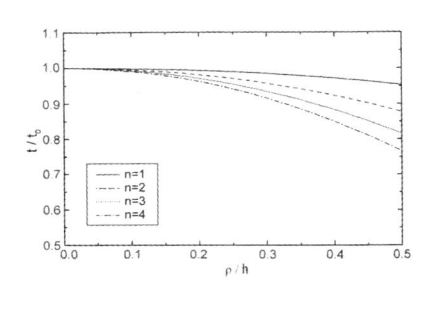

第 12 章　膜厚の均一性及び膜厚の監視

図 12-3　球形ドーム型基板支持治具上の任意点 P と蒸発源またはスパッタターゲット面 s の位置関係

図 12-4　q=(1/3)h, n=1, 2, 3, 4 における膜厚の分布曲線

が得られる。基板支持治具は高速に回転するので、P 点上の膜厚 t とドーム中心の膜厚 t_0 の比は次式となる。

$$\frac{t}{t_0} = \frac{1}{2\pi}\int_0^{2\pi}\frac{[h-R(1-\cos\gamma)]^n(R-R\cos\gamma+h\cos\gamma-q\sin\gamma\cos\varphi)(h^2+q^2)^{\frac{n+3}{2}}}{[h^2+q^2+(2R^2-2hR)(1-\cos\gamma)-2qR\sin\gamma\cos\varphi]^{\frac{n+3}{2}}\cdot h^{n+1}}d\varphi$$

(12-7)

図 12-4 は q=(1/3)h のときの膜厚分布図である。q の値を大きくすると均一性はより改善できるが、真空槽に近づきすぎるため、槽壁で蒸着分子が跳ね返されて品質不良を引起す。q が大きすぎると、蒸着速度は低下するので膜厚分布の最大値も中心からずれる。

12.1.3　遊星式平面基板支持治具

基板上の任意点 P が基板回転により、基板上のその他の任意点 P' と同様な軌跡を辿れば膜厚分布はより均一になる。これが遊星式回転基板支持治具設計の原理である。この様子をあらわしたのが図 12-5 である。

公転回転盤の半径を R, 自転回転盤上の任意点 P と自転回転軸中心 a の距離を ρ, τ を回転時間, Ω を公転角速度, ω を自転角速度とすると、a の軌跡は次

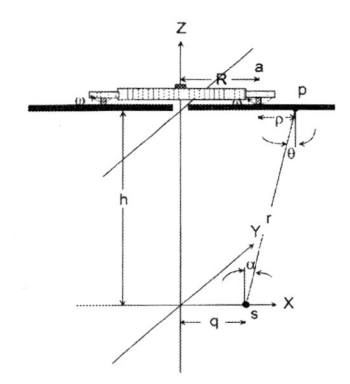

第 12 章　膜厚の均一性及び膜厚の監視

図 12-5　遊星式基板支持治具のモデル図

のようになる。

$$x = R\cos\Omega\tau$$
$$y = R\sin\Omega\tau$$

従って、P 点の遊星運動の軌跡は次式で表される。

$$x_P = x + \rho\cos\omega\tau = R\cos\Omega\tau + \rho\cos\omega\tau \tag{12-8}$$
$$y_P = y + \rho\sin\omega\tau = R\sin\Omega\tau + \rho\sin\omega\tau \tag{12-9}$$
$$r^2 = [(x_P - q)^2 + y_P^2 + h^2] \tag{12-10}$$

基板が蒸発面、またはスパッタターゲット面 s に平行なときは$\theta=\alpha$なので、式(12-3)から T 時間回転した後の基板上の任意点における膜厚 t と自転中心点($\rho=0$) における膜厚 t_0 の比は次のように求められる。

$$\frac{t}{t_0} = \frac{\int_0^T \frac{1}{[(R\cos\Omega\tau + \rho\cos\omega\tau - q)^2 + (R\sin\Omega\tau + \rho\sin\omega\tau)^2 + h^2]^{\frac{n+3}{2}}}d\tau}{\int_0^T \frac{1}{[(R\cos\Omega\tau - q)^2 + (R\sin\Omega\tau)^2 + h^2]^{\frac{n+3}{2}}}d\tau} \tag{12-11}$$

公転半径 R=250mm，基板高さ h=1000mm， ω とΩの比は 3.7、q=0 のとき、n=1，2，3，4 の場合の膜厚分布の均一性を図 12-6 に示す。

成膜するとき s は一つの点ではなく大きさがあるので、式(12-5)，(12-7)，

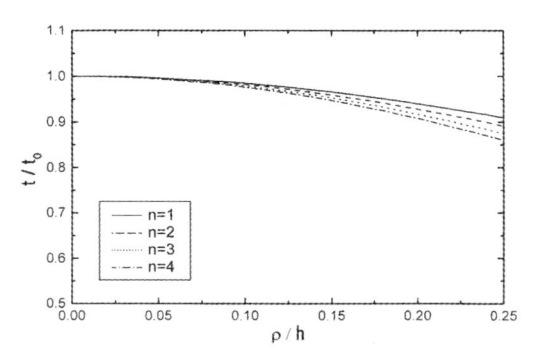

第 12 章　膜厚の均一性及び膜厚の監視

図 12-6　遊星式冶具の膜厚分布の様子

(12-11)の積分をするときは $s=s(X,Y)$ として、$\int dXdY$ を計算する必要がある。h が s の大きさより十分大きい場合には s を点と見なしても差し支えない。

12.1.4　傾斜型平面基板支持冶具

イオンビームスパッタリングを行うときは、図 12-7 に示すように基板をターゲット s に対して傾けて設置しなければならない。

基板の傾斜角度をβ, s を中心が(a,b) にある楕円面, A, B は長軸と短軸（比率は $f=A/B$），基板中心からρ離れた任意の点 P と s の距離を r とする。

Φ はターゲットまたは蒸発源 s 上の任意の方位角とすると、s 上の任意の点 (X_s, Y_s) は次にように表わすことが出来る。

$$X_s = a + A\cos\Phi$$
$$Y_s = b + B\sin\Phi$$

半径ρ, 方位角φ, 高さ h にある基板上の任意点 P での膜厚を求める。幾何学的関係

$$h = h_0 + \rho\cos\varphi\sin\beta$$

から、P 点の位置は

$$(X_p, Y_p, Z_p) = (\rho\cos\varphi\cos\beta, \rho\sin\varphi, h)$$

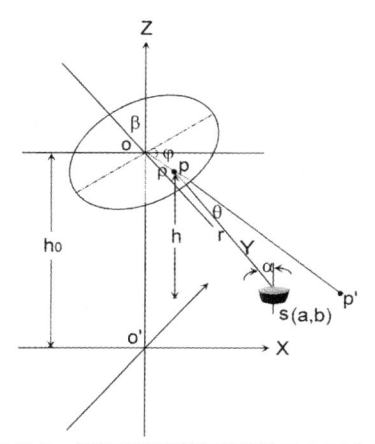

第 12 章　膜厚の均一性及び膜厚の監視

図 12-7　傾斜型平面基板支持治具のモデル図

であるから、S 点の位置は

$$(X_s, Y_s, Z_s) = (a + A\cos\Phi, b + B\sin\Phi, 0)$$

となる。よって次式が得られる。

$$r = \left[(\rho\cos\varphi\cos\beta - a - A\cos\Phi)^2 + (\rho\sin\varphi - b - B\sin\Phi)^2 + h^2\right]^{1/2} \quad (12\text{-}12)$$

$$\cos\alpha = \frac{h}{r} \quad (12\text{-}13)$$

　基板上の P 点を通る法線が XY 平面と P'点で交わると、幾何学的関係から P'点の位置は次のように定められる。

$$(X_{P'}, Y_{P'}, Z_{P'}) = (\rho\cos\varphi\cos\beta + h\tan\beta, \rho\sin\varphi, 0)$$

これより次式が得られる。

$$\overline{P'S} = \left[(\rho\cos\varphi\cos\beta + h\tan\beta - a - A\cos\Phi)^2 + (\rho\sin\varphi - b - B\sin\Phi)^2\right]^{1/2}$$

$$(12\text{-}14)$$

$$\overline{P'P} = \frac{h}{\cos\beta}$$

第 12 章　膜厚の均一性及び膜厚の監視

従って

$$\cos\theta = \frac{r^2 + \overline{P'P}^2 - \overline{P'S}^2}{2r\overline{P'P}} \tag{12-15}$$

が得られる。故に P 点の膜厚は次のようになる。

$$\begin{aligned}
t &= \frac{m\cos^n\alpha\cos\theta}{\left(\dfrac{2\pi}{n+1}\right)\mu r^2} \\
&= \frac{m}{\left(\dfrac{2\pi}{n+1}\right)\mu} \cdot \left[\frac{h^n \cdot \left(r^2 + \overline{P'P}^2 - \overline{P'S}^2\right)}{2 \cdot \overline{P'P} \cdot r^{n+3}}\right] \\
&= \frac{m}{\left(\dfrac{2\pi}{n+1}\right)\mu} \cdot \frac{h^n \cdot \left[\dfrac{h}{2}\cos^2\beta - \sin\beta \cdot (\rho\cos\varphi\cos\beta - a - A\cdot\cos\Phi)\right]}{r^{n+3}}
\end{aligned} \tag{12-16}$$

$\rho=0$、つまり基板中心点の膜厚 t_0 は次のように求められる。

$$\begin{aligned}
t_0 &= \frac{m}{\left(\dfrac{2\pi}{n+1}\right)\mu} \cdot \left[\frac{h^n \cdot \left(r^2 + \overline{P'P}^2 - \overline{P'S}^2\right)}{2 \cdot \overline{P'P} \cdot r^{n+3}}\right] \\
&= \frac{m}{\left(\dfrac{2\pi}{n+1}\right)\mu} \cdot \frac{h_0^n \cdot \left[h_0\cos\beta + \sin\beta \cdot (a + A\cdot\cos\Phi)\right]}{\left[(a + A\cos\Phi)^2 + (b + B\sin\Phi)^2 + h_0^2\right]^{\frac{n+3}{2}}}
\end{aligned} \tag{12-17}$$

従って膜厚の比は次のように求められる。

$$m_1 = \frac{t}{t_0} \tag{12-18}$$

　基板は高速回転するので方位角 φ について積分を行う必要がある。基板上の任意点 P、中心点の膜厚の比 m_2、半径 ρ の関係は次式であらわされる。

$$m_2(\rho) = \frac{\int_0^{2\pi} t\,d\varphi}{\int_0^{2\pi} t_0\,d\varphi} = \frac{1}{2\pi t_0}\int_0^{2\pi} t\,d\varphi \tag{12-19}$$

第12章 膜厚の均一性及び膜厚の監視

ここまではスパッタターゲット面、或いは蒸着源面上の1点からの寄与のみを考察した。蒸着源面が小さくない場合には蒸着源面についても積分しなければならない。蒸着源面における軸の長さ A の最大値を A_m ，軸比を f とする。A（0 から A_m まで積分）及びΦについて積分を行うと、面源全体からの P 点に対する厚さの累積は次式となる。

$$m_3(\rho) = \frac{\int_0^{2\pi} \int_0^{A_m} (\int_0^{2\pi} t d\varphi) dA d\Phi}{\int_0^{2\pi} \int_0^{A_m} 2\pi t_0 dA d\Phi} \tag{12-20}$$

図 12-8 はβ＝45°，h_0＝140mm の時の膜厚分布で、β，h_0 を変化させると分布を変えることができる。βが小さいときには均一性は比較的よいが、イオン源の取り付け位置を変えなければならない。

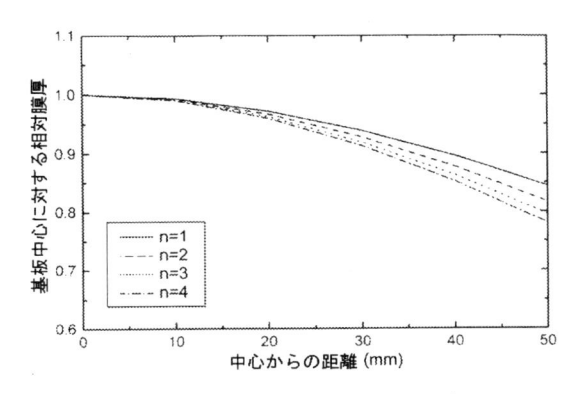

図 12-8 f=1.5, A_m＝50mm, β = 45, (a, b)＝(25mm, 0mm), h_0=140mm で、n=1, 2, 3, 4 の場合の基板上の膜厚分布

12.1.5 傾斜遊星型基板支持治具

図 12-9 に XY-平面と角度βをなす傾斜遊星型回転基板を示す。遊星公転中心点と XY-平面の垂直距離を h_0 とする。蒸発源を楕円形の面源とし、この楕円形面源の XY-平面における中心座標を(a, b)とする。X，Y 軸方向の長さはそれぞれ A，B，軸比率は f＝B/A である。

楕円型面源上の任意の位置 S＝(X_s, Y_s) は次式で表される。

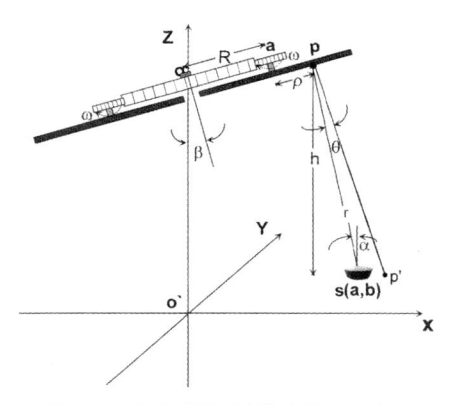

第 12 章　膜厚の均一性及び膜厚の監視

図 12-9　傾斜遊星型支持治具のモデル図

$$X_s = a + A\cos\Phi$$
$$Y_s = b + B\sin\Phi$$

Φ は楕円上の任意の方位角である。

基板上の任意点 P（半径 ρ，方位角 φ，高さ h）の膜厚を求める場合、P 点の座標は次式のように指定した。

$$(X_{p'}, Y_{p'}, Z_{p'}) = (\ell\cos\varphi\cos\beta, \ell\sin\varphi, h)$$

傾斜していない時の P 座標は

$$(X_p, Y_p, Z_p) = (R\cos\Phi\tau + \rho\cos\omega\tau, R\sin\Phi\tau + \rho\sin\omega\tau, h_0)$$

である。$\ell = [(X_p)^2 + (Y_p)^2]^{1/2}$ または $\ell = R + \rho$ で、$\varphi = \tan^{-1}(\dfrac{Y_p}{X_p})$ である。幾何学的位置関係から次式が得られる。

$$h = h_0 + \ell\cos\varphi\sin\beta \qquad (12\text{-}21)$$

面源 S 点の位置は次式で表される。

$$(X, Y, Z) = (a + A\cos\Phi, b + B\sin\Phi, 0)$$

第12章　膜厚の均一性及び膜厚の監視

従って次式が得られる。

$$r = \left[\left(\ell\cos\varphi\cos\beta - a - A\cos\Phi \right)^2 + \left(\ell\sin\varphi - b - B\sin\Phi \right)^2 + h^2 \right]^{1/2} \quad (12\text{-}22)$$

$$\cos\alpha = \frac{h}{r} \quad (12\text{-}23)$$

基板上の点Pの法線がXY-平面とP'点で交わると、幾何学的位置関係よりP'点の位置は $(\ell\cos\varphi\cos\beta + h\tan\beta, \ell\sin\varphi, 0)$ と定められる。従って

$$\overline{P'S} = \left[\left(\ell\cos\varphi\cos\beta + h\tan\beta - a - A\cos\Phi \right)^2 + \left(\ell\sin\varphi - b - B\sin\Phi \right)^2 \right]^{1/2}$$

$$(12\text{-}24)$$

$$\overline{P'P} = \frac{h}{\cos\beta}$$

故に

$$\cos\theta = \frac{r^2 + \overline{P'P}^2 - \overline{P'S}^2}{2r\overline{P'P}} \quad (12\text{-}25)$$

となる。これらよりP点での膜厚は次式となる。

$$\begin{aligned}
t &= \frac{m\cos^n\alpha\cos\theta}{(\frac{2\pi}{n+1})\mu r^2} \\
&= \frac{m}{(\frac{2\pi}{n+1})\mu} \cdot \left[\frac{h^n \cdot (r^2 + \overline{P'P}^2 - \overline{P'S}^2)}{2 \cdot \overline{P'P} \cdot r^{n+3}} \right] \\
&= \frac{m}{(\frac{2\pi}{n+1})\mu} \cdot \frac{h^n \cdot [h\cos\beta - \sin\beta \cdot (\ell\cos\varphi\cos\beta - a - A\cdot\cos\Phi)]}{r^{n+3}} \quad (12\text{-}26)
\end{aligned}$$

一方、$\rho = 0$ とおけば基板中心点における膜厚 t_0 は次式で表される。

$$t_0 = \frac{m}{(\frac{2\pi}{n+1})\mu} \cdot \left[\frac{h^n \cdot (r^2 + \overline{P'P}^2 - \overline{P'S}^2)}{2 \cdot \overline{P'P} \cdot r^{n+3}} \right]$$

第 12 章　膜厚の均一性及び膜厚の監視

$$= \frac{m}{(\frac{2\pi}{n+1})\mu} \cdot \frac{h^n \cdot [h\cos\beta - \sin\beta \cdot (\ell\cos\varphi\cos\beta - a - A\cdot\cos\Phi)]}{r^{n+3}} \quad (12\text{-}27)$$

従って、基板上の任意点と基板中心の膜厚の比は次式となる。

$$m_1 = \frac{t}{t_0}$$

遊星式回転の時、公転時間を T_1、自転時間を T_2、最小公倍数を T とすると、$T = T_1 \times T_2$ である。時間について積分を行うと、膜厚比 m_2 と半径 ρ の関係は次式となる。

$$m_2(\rho) = \int_0^T m_1 d\tau \quad (12\text{-}28)$$

軸長 A の最大値 A_m および軸比の値 f を与え、A（0 から A_m まで）と Φ について積分し、面源全体からの P 点での累積膜厚を求めると、次式のようになる。

$$m_3(\rho) = \frac{\int_0^{2\pi}\int_0^{A_m}(\int_0^T t d\varphi)dAd\Phi}{t_0 T \int_0^{2\pi}\int_0^{A_m} dAd\Phi} \quad (12\text{-}29)$$

図 12-10 は $\beta = 40$、$h_0 = 300mm$ の膜厚分布曲線である。

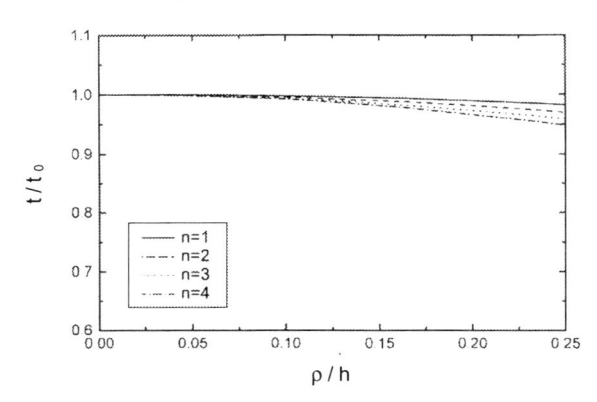

図 12-10　f=1.5，A_m=50mm，β=40°，(a, b)=(0mm, 0mm)，h_o=300mm，公転半径 80mm，公転と自転角速度の比 0.8 の場合，n=1, 2, 3, 4 に対する基板上の膜厚分布

12.2 基板支持治具及び膜厚監視法の選択

12.2.1 実作基板の支持治具及び補助的修正板

　前述の解析は装置設計の初期段階の参考に過ぎない。何故なら、成膜材料の蒸発源やスパッタターゲットは点でも平面でもないからである。各種材料の蒸発分布パラメータ n は各々異なり、同じ成膜材料でも違うパワーで使用する場合には異る。前節の解析で、我々は原子・分子の付着係数を 1 と仮定したが、実際には蒸気原子・分子の入射角が異なるので付着係数も異なる。基板上の温度分布が均等でない場合には、基板上の各点での付着係数も異なる。ZnS の付着係数は温度の上昇に従って著しく低下する。また蒸発分布は均一平面ではなく、蒸発源上部の 3cm 以内の範囲では蒸気の濃度が非常に高く、凸曲面（蒸発源擬似表面と呼ばれる）の蒸発源を形成している。従って実際に基板支持治具を設計する場合にはいかなる蒸着法でも蒸着源、或いはスパッタ蒸着源と基板支持治具の間に修正板（mask）を加えなければならない。厳しい均一性が要求される場合、異なる成膜材料に対してそれぞれ形状の異なる修正板を使用しなければならない。修正板の設計は先の理論計算から得られる膜厚分布に従って形状を作成し、実験結果に基づいて調整を行う。通常、この方法で 1%の均一性を得るのはそう難しくはない。ある種の成膜では 0.01%以下の均一性が要求されるが、この場合、単に修正板設計，蒸発源位置の調整，スパッタ源の位置や角度調節をするだけでは、要求に答えられないし、成膜面積も大きくできない。このような場合には特別な膜厚修正方法を導入しなければならない。イオンビームアシストのイオンビームを用い、グリッド形状や電圧を調節し、不均一分布にして膜厚の厚い部分を削る（etching）か、大面積の成膜材料を使用し、電子ビームやスパッタ放電範囲を往復運動させて原子・分子の蒸発分布を均等にして基板上に沈着させるなどの方法をとる。

12.2.2 監視（モニタ）方式

　膜厚分布の均一度は膜の種類によって決められる。市販装置の多くは±1%が保証範囲だが、カットフィルタやバンドパスフィルタなどへの要求は高い。

第 12 章　膜厚の均一性及び膜厚の監視

　狭帯域バンドパスフィルタに対する要求はさらに高いので、監視方式と監視点の選択が重要となる。この目的は使用可能面積を増やすことにある。
　モニタピース自体が製品の場合を直接監視と呼び、違う場合は間接監視と呼ばれる。直接監視は狭帯域バンドパスフィルタ製造に良く用いられる。広い波長領域をカバーする光学特性を持つ膜系の場合、間接監視が主になる。このようにすると利用可能な成膜面積を広げることが出来る。
　初期の膜厚監視方式は目測法と呼ばれ、肉眼で反射光の色変化を識別するものであった。図 1-2 から分かるように、膜厚が異なるときは各波長（則ち色）に対する干渉の程度が異なるので、膜の色が波長によって変化する。この監視方法は簡単だが精度は低い。
　次に使われる膜厚監視方法は水晶振動子監視法[1]、つまり水晶振動子の振動周波数 f がその質量に反比例するという原理を利用するものである。水晶振動子に積層された膜厚が Δd だけ増加すると水晶振動子の振動周波数は Δf だけ減少する。これより、Δf から Δd の値を逆算することができる。水晶振動子上に積層される膜の膜質は、水晶振動子自身とは異なるので膜を一定の厚さまで成膜しても、振動周波数は水晶振動子本来の特性に従わない。従って、Δd と Δf の間に線形性の関係が成立しなくなる。市販装置で設計する場合、水晶振動子には実効使用寿命があるので、一定の膜厚まで成膜すると水晶振動子片を交換しなければならなくなる。6MHz の水晶振動子監視装置では、使用可能な Δf は 100kHz である。従って周波数が 5.9MHz まで降下すると使用できない。よって、赤外線フィルタを作製する場合にはこの方法はあまり利用されない。水晶振動子監視装置を利用する場合、もう 1 つ欠点、つまり厚さ表示が安定していないことである。誘電体膜に対して、物理厚さを表示することはできるが屈折率を監視することができない。一般に精密な光学成膜を行うとき、成膜レートの制御には利用可能だが厚さの表示は参考になるだけである。よって、水晶振動子監視装置には成膜レート表示がついている。しかし、水晶振動子監視装置には大きな利点もある。出力が電気信号なのでプロセスの自動制御化が簡単である。膜厚誤差に対する要求がそれほど厳しくないフィルタに適用すると、低価格のプロセス自動化成膜装置が作れる。また、金属膜を成膜する場合、水

第 12 章　膜厚の均一性及び膜厚の監視

晶振動子監視の方が後述の光学監視より便利で正確である。

　光学薄膜、特に多層膜の場合には現在最もよく使われる方法は光学監視法である。図 1-2 から分かるように、膜厚増加に従い反射率と透過率は変化する。反射率や透過率が極値に達したとき、成膜した膜の光学厚さ nd は監視波長 λ_0 の 1/4 の整数倍である。この方法は極値法と呼ばれており、簡単で識別しやすいので多くのフィルタの設計の基本は 1/4 波長膜厚となる。極値法で監視することは便利だが誤差は大きい。反射率や透過率は、極値付近では光量変化が非常に緩やか、つまり膜厚の増加分 Δnd が大きく変化しても ΔR や ΔT はあまり変化しないので、必然的に誤差が大きくなる。比較的敏感に反応する位置は 1/8 付近波長膜厚である。そこは変化率が急峻なので、Δnd が小さくても変化量の大きな ΔR や ΔT を観測できる。両者の関係は式 (2-83) より求められる。

$$\Delta(\mathrm{nd}) = \frac{\chi \Delta T}{\sin(4\pi \mathrm{nd}/\lambda)} \tag{12-30}$$

χ は比例定数である。任意の積層系に対しては次式となる。

$$\chi = \frac{2 n_E \lambda}{\pi T^2 \{(1+n_E)^2 - (\frac{n_E}{n}+n)^2\}} \tag{12-31}$$

n_E は積層系の等価屈折率で、未成膜の場合は $n_E = n_S$、則ち基板の屈折率である。n は蒸着する膜の屈折率で d は厚さである。バンドパスフィルタに対しては、式 (8-1) から式 (12-30) を求めることが出来る。χ 値は次式である。

$$\chi = \frac{-T_{MAX} \lambda}{2\pi T^2 F} \tag{12-32}$$

$$F = \frac{4(R_a R_b)^{1/2}}{[1-(R_a R_b)^{1/2}]^2}$$

　R または T は同じような相対誤差を持つ、つまり $\Delta R/R$ または $\Delta T/T$ は同じ (Δnd)/(nd) を持つとすると図 12-11 [2] が得られる。監視成膜終点膜厚が異なると誤差の大きさは異なる。

　極値法の欠点を補うために固定値監視法が使われる。条件として監視光源の

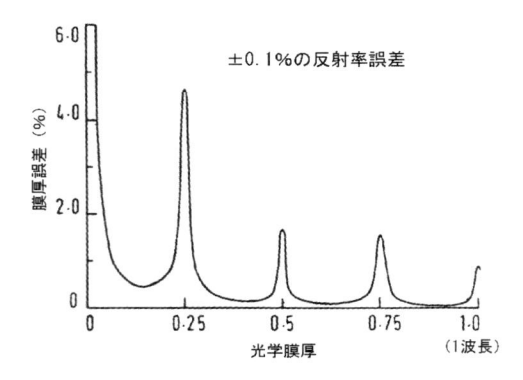

第 12 章　膜厚の均一性及び膜厚の監視

図 12-11　異なる監視成膜終点での膜厚誤差の変化
　　　　図中では n=2.35，監視誤差は±0.1%と仮定 [2]

光強度安定性が良いこと、変調によって不安定量を取り除くことが必要である。この方法は成膜終点が監視波長の 1/4 ではない。可能であれば、選択された監視波長λ_1は反射率（または透過率）が最低 1 つの極値を越え、且つ 3/8 波長膜厚付近に来るものがよい。コンピュータでλ_1の時の膜厚全体の反射率（または透過率）を計算してこの値を成膜終点とする。この方法で多層膜を成膜することは可能であるが、層数が多すぎると敏感な固定値点に到達するのが難しくなる。この場合、監視波長を別の波長λ_2に変える必要があるので、監視用の光センサの前に複数枚の異なる波長の狭帯域バンドパスフィルタを装着したり、モノクロメータを用いて回折格子の角度を回転させて任意の監視波長λ_iを選択出来るようにする。この場合、成膜前にコンピュータで反射率（または透過率）の固定値が最適値になるような波長を高速計算して、監視波長とする。従って、フィルタ全体が出来るまでに、いくつもの波長を使用する必要がある。

　固定値監視法は薄膜の屈折率 n が予めわかっていることを前提にして、固定点の反射率（または透過率）を計算するので、薄膜の屈折率とコンピュータに入力した屈折率が異なっている場合には修正する必要がある。図 12-12 に示すように、A を算出した監視成膜終点，R_Aを反射率，極値をR_{MA}とすると、成膜した時の反射強度は点線に沿うものであり、極値は$R_{MB} \neq R_{MA}$であった。従って、この場合監視成膜終点はR_Bに修正しなければならない。R_Bは式(12-33)

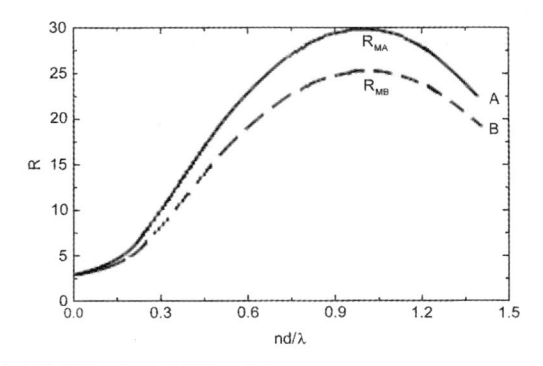

第 12 章　膜厚の均一性及び膜厚の監視

図 12-12　固定点監視法における誤差の修正
図 12-12 を用いて膜の屈折率を修正し、次の膜にたいする新しい屈折率として使う。

から計算できる。式 R_A，R_{MA} は成膜前の入力値、R_{MB} は測定値である。R_B は成膜過程中に高速算出した反射率である。

$$R_B = R_A \frac{R_{MB}}{R_{MA}} \tag{12-33}$$

図 12-12 の縦軸は反射率、透過率の両方に使える。どちらか良いかは $\frac{\Delta R}{R}$ または $\frac{\Delta T}{T}$ のどちらの固定値が大きいかによる。反射防止膜を作製する場合は反射式監視のほうがよい。金属膜を成膜する場合は透過式の監視の方が良い。Cr でビームスプリッタを作製する場合や Al，Au，Ag の反射ミラーを作製する場合には吸収があるので透過率の変化は比較的敏感である。特に Ag を成膜する時には特殊な現象が起きる。図 11-4 に示すように、B から C は膜が島状から連続膜になる時の膜厚の部分である。C 以前は、膜は島状で散乱が多いので透過率は低下する。$d > d_B$ の時には島状は連結し始め、散乱が減少し（減少量は膜厚の増加による透過率の減少量よりも大きい）、透過率が逆に上昇する。$d > d_C$ になると、膜は既に連続膜となっているので、透過率は膜厚の増加とともに急激に低下する。

以上で述べた光学監視法では、特定の波長に対してのみ理論上の設計値が得

第 12 章　膜厚の均一性及び膜厚の監視

られるが、他の波長については情報不足で、理論計算値は不明である。また、膜の屈折率も色収差のために、他の波長では異なる。これを解決するために広帯域スペクトル走査監視法[3]が提案された。この監視センサは一種の分光計で、成膜された膜の分光特性を高速に走査し、コンピュータで理論設計と比較するものである。誤差がある場合はすぐに次の膜厚に対する修正指示が出力される。成膜前に膜ごとに誤差が最小になる波長を主監視波長に選び、成膜中に修正をおこないながら波長領域全体の平均誤差を最小[4, 5]にする。

　この方法は間接監視だけでなく直接監視にも使えるので、作製する商品を見極めて定める。狭帯域バンドパスフィルタの場合は直接光学監視法を用いて監視をするが、監視光の半値幅は狭帯域バンドパスフィルタの半値幅の1/4以下、願わくば1桁下のオーダーである必要がある。1/10以下にすればよい監視結果

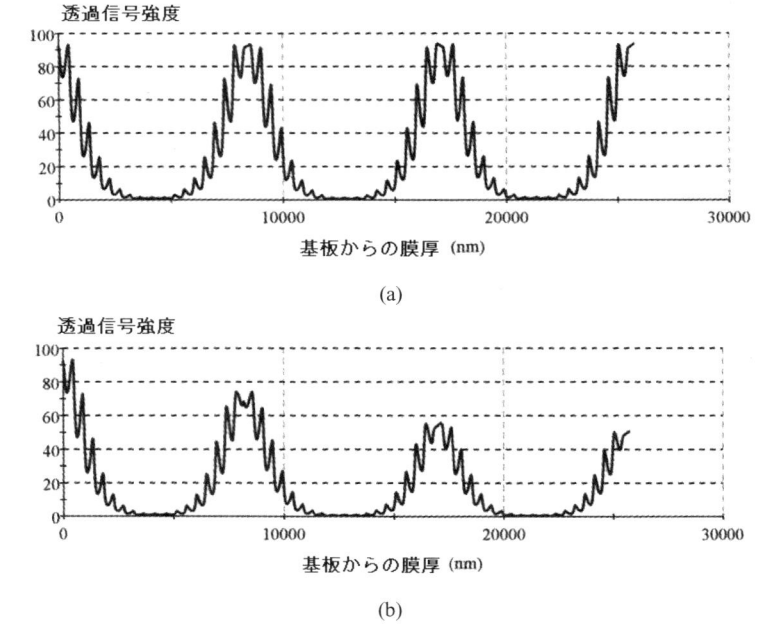

図 12-13　半値幅 $\Delta\lambda_h$ が 0.8nm 以下の狭帯域バンドパスフィルタのシミュレーション
　　　　　監視光の半値幅は(a)0.1nm, (b)1nm である。

が得られる。監視光の半値幅が広すぎると、キャビティ層を越えた後、非中心波長の光強度が中心波長の信号よりも大きくなるので、透過率変化が理論値からはずれて異常になる。ひどい時には信号の上向，下向きが逆になる場合もある。図 12-13 は半値幅 $\Delta\lambda_h \leq 0.8\text{nm}$ の 3 キャビティ狭帯域バンドパスフィルタを成膜する時の光信号変化のシミュレーションである。監視光の半値幅は(a)が 0.1nm，(b)が 1nm である。

12.2.3 監視点の選択

製品となる基板上に監視点がある場合は直接監視という。これ以外は間接監視法である。

水晶振動子監視法は明らかに間接監視である。量産するために、多くの場合光学監視法には間接監視法を用いる。モニタピース（test glass または monitoring glass）は成膜装置の中心に設置され、周囲に複数枚の製品基板が置かれる。多層膜を成膜するには複数枚のモニタピースが使えるように設計しなければならない。その設計のひとつは円盤式である。図 12-14 に示すように、M_i はモニタピースで必要に応じて円盤を回転し、M_2 を M_1 の位置まで移動させる。

このようにすると任意の一枚をモニタピースとして利用できる。必要に応じて、既に成膜済みのモニタピースも重複使用できる。ある種の多層膜を作ると

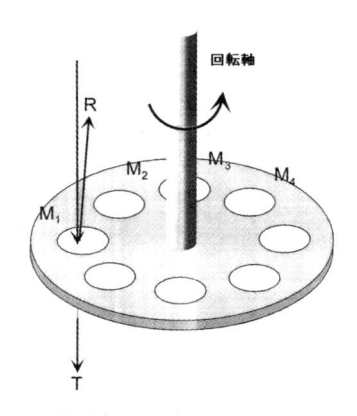

図 12-14 円盤式モニタピース複数枚収容可能な設計

第 12 章　膜厚の均一性及び膜厚の監視

き、高屈折率 H 膜には専ら M_1 モニタピースを使用し、低屈折率 L 膜には専ら M_2 モニタピースを使用することも出来る。

　もう一つの方法は蓄積多片式である。図 12-15 に示すように 100 枚程度のモニタピースを置くことが出来、回転を利用して最も下の 1 枚を M の位置に置いて使用する。

　使い終わったら回転させて収納室に回収すると同時に、他の 1 枚を M の位置に設置する。

　間接監視用モニタピースは必ずしもドーム中心に置くとは限らない。垂直或いは特殊な角度で成膜する場合、成膜材料と基板の相対位置を考慮し、モニタピースの置かれる位置を決める。

　直接監視は膜厚精度と均一性に対する要求が高い成膜に用い、多点監視、単一点監視、単一点偏心監視に分けられる。図 11-38 に示す巻取り型プラスチック成膜装置の場合には、中心と両側の 3 点以上の場所に監視計を置く。これにより大面積全体の分光特性を全て同一に出来る。この装置の成膜蒸着源は常に複数個なので、蒸着パラメータを独立に制御できる。スパッタ成膜の場合にはターゲット形状は長手型になる。プロセスガスの流量やパワーの大きさなどは膜厚の均一性に影響するので複数点監視が必要となる。

　単一点中心監視による成膜が用いられる膜の代表は狭帯域バンドパスフィ

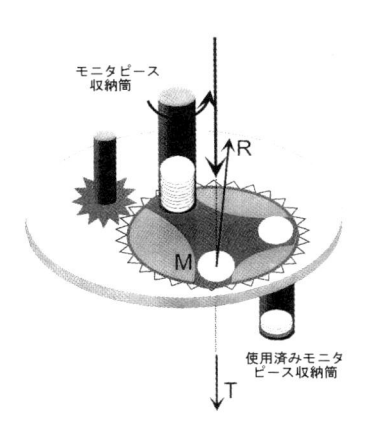

図 12-15　複数モニタピース垂直収納式装置

第 12 章　膜厚の均一性及び膜厚の監視

ルタである。理由は二つある。一つは非常に高い均一性が要求されるからである。広い範囲で均一な狭帯域バンドパスフィルタを得るのは難しい。監視光束の中に厚さの違う膜が含まれるのを防ぐために、監視光束の面積は出来るだけ小さくしなければならない。膜厚分布の均一性がよければ光束面積は大きくでき、光センサーからの信号もたくさんと取り込める。もう一つの理由は、狭帯域バンドパスフィルタの基本膜厚は 1/4 波長膜厚だと言うことである。作製完了まで直接監視による単一点中心監視をすることによって、途中の膜厚にわずかな誤差が含まれても、自己補正効果[6] によって自動的に補正されるからである。つまり、前層の膜厚が 1/4 波長膜厚からずれた場合でも、次の層がそれらを継承補正して実数軸上に止まる。(アドミタンス軌道参照) 式(8-1)の位相は 0 または 180°になる。従って $\sin^2\phi = 0$、則ち中心波長位置は不変である。しかし、反射防止膜やカットフィルタのように、広い波長領域にわたる成膜の場合には効果はない。図 12-16 は 3 キャビティの狭帯域バンドパスフィルタの光学監視図で、監視単色光の半値幅は 0.1nm である。図 12-17 はフィルタ完成後のスペクトルで、フィルタの半値幅は $\Delta\lambda_h$=0.5nm である。隣のチャンネルの信号とのクロストークを小さくするために、-25dB 幅を更に狭くする場合には 4 キャビティ以上の成膜が必要である。図 12-18 に作成したフィルタのスペクトルを示す。狭帯域バンドパスフィルタを監視するとき、光源の特性への要求は極めて厳しい[7,8]。各層の成膜終点は正確に監視する必要がある。

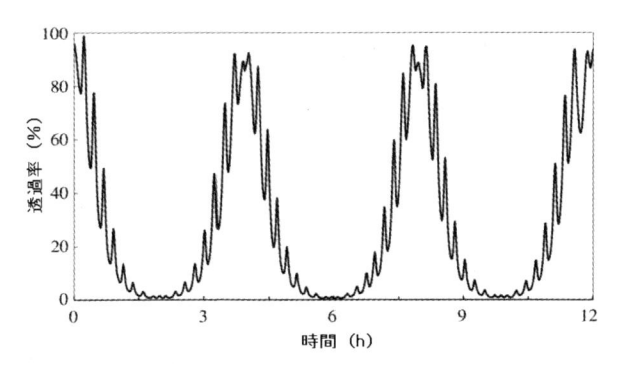

図 12-16　Ta_2O_5/SiO_2 を用いて 100GHz DWDM 用フィルタを成膜したときの監視図

第 12 章　膜厚の均一性及び膜厚の監視

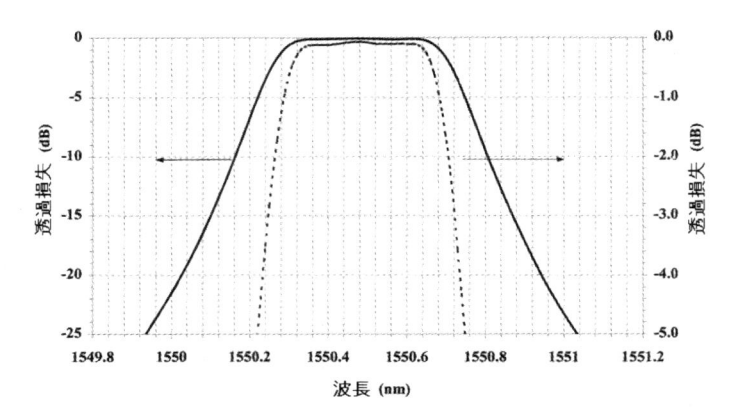

図 12-17　Ta$_2$O$_5$/SiO$_2$ を用いた 100GHz DWDM 用フィルタのスペクトル特性図

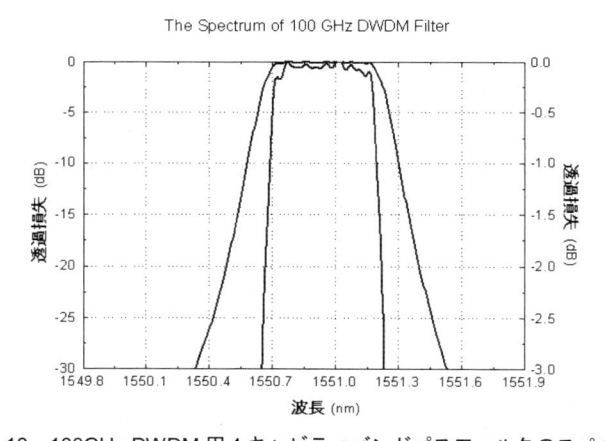

図 12-18　100GHz-DWDM 用 4 キャビティバンドパスフィルタのスペクトル

　図 12-18 の狭帯域バンドパスフィルタの製作には、有効面積を増やすために単一点偏心監視法が使用された。DWDM 用狭帯域バンドパスフィルタの均一性は 0.01%よりよくなければならない。単一点中心監視の場合、有効面積は πa^2（通常 a は 30mm 以下である）だが、単一点偏心監視の場合には有効面積は $4\pi a\rho$（ρ は偏心半径，$\rho \geq a$）まで広げられる。狭帯域バンドパスフィルタの監視光束はなるべく垂直入射で、光束はなるべく小さく平行であることが要求され

第 12 章　膜厚の均一性及び膜厚の監視

る。また、偏心監視を使用する場合には回転時の基板のゆれを最小まで抑えなければならない。回転平行度に対する要求は、8.3.1 節の式により計算できるが、30 分以下にする必要がある。一方、基板支持治具が回転する時のぶれは 1.2 分以下にする必要がある。これらの値は作ろうとする狭帯域バンドパスフィルタの半値幅による。半値幅が狭いほど揺らぎも小さくする必要がある。要求半値幅が 0.8nm で基板直径が 300mm の場合、揺らぎは 0.2 分以下が必要である。

　膜の均一性を良くするには優れた基板支持治具、修正板、安定な成膜材料蒸発分布が必要だが、一定な回転速度を有する支持治具も必要である。成膜レートが 1nm/sec のとき、通常のフィルタ成膜では 15rpm という回転数で十分だが、狭帯域バンドパスフィルタには十分ではない。DMDW 用のフィルタに対する最小回転速度は 600rpm である。これは成膜レート，膜厚誤差の許容度，成膜材料の蒸発分布に対する回転積分を用いて算出できる。従って、この種の成膜基板支持治具の設計や使用成膜材料には特別な注意を払わなければならない。

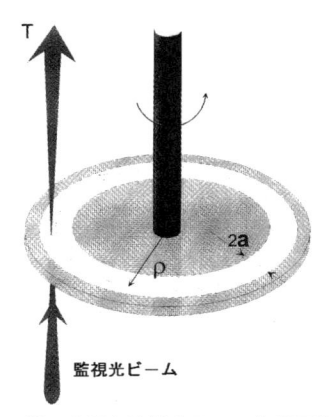

図 12-19　単一点偏心監視を用いて有効面積を広げる

参考文献

1. Pulker H. K., 1984, "Coating on Glass", Chap7, Elsevier Science Publishers B.V.
2. H.A. Macleod, 1981, "Monitoring of optical coatings" ,Appl.Opt. **20**, 82-89.
3. Vidal B. Fornier A and Pelletier E, 1979, "Wideband optical monitoring of nonquarter wave multilayer filter", Appl.Opt. **18**,3851-3856.

第 12 章　膜厚の均一性及び膜厚の監視

4. Vidal B. and Pelletier E, 1979, "Nonquarter wave multilayer filters: optical monitoring with a minicomputer allowing correction of thickness error", Appl. Opt. **18**, 3857-3862.
5. Richier R., Fornier A. and Pelletier E., 1995, "Optical monitoring of thin film thickness", Thin Films for Optical Systems, Chap.3, ed. by Flory F. R., Marcel Dekker, Inc.
6. Macleod H. A. and Pelletier E, 1977, "Error compensation mechanisms in some thin film monitoring systems", Opt. Acta **24**, 907-930
7. 李正中, 1998, "高密度分波多工干涉濾光片之製作", 光學工程季刊, 61 期, 37-41.
8. 孫大雄, 菊池和夫, 蔡旭陽, 唐騏, 李正中, 1999, "DWDM 窄帶濾光片用高精密光學膜厚儀", 光學儀器, 21 卷 4-5 期, 130-136.

第13章　薄膜の光学特性の測定

　高品質なフィルタを作製するためには、まず単層膜が高品質でなければならない。従って単層膜の特性を測定することは極めて重要な第一歩となる。測定すべき特性は光学特性と非光学特性に分けられる。光学特性とは屈折率 n、吸収係数 k、散乱などの光学定数であり、非光学特性とは膜構造、膜の密度、表面形状、硬度、付着性、応力などである。導電膜の場合には電気抵抗値も測定する必要がある。設計が異なれば作製した多層膜フィルタの光学特性も異なるので、適切な装置を用いて反射率、透過率、吸収、散乱、或いはスペクトルや波長シフトなど、環境変化によりもたらされる量を測定する必要がある。

13.1　薄膜の光学定数の測定

　薄膜の屈折率 n、吸収係数 k、物理厚さ d が分かれば、膜の透過率 T（式 2-83）と反射率 R（式 2-82）は求められる。R と T を測定すれば、逆に膜の n，k，d が導けると思われるが、これまで多くの測定・導出方法が提案されてきたにも関わらず、うまく出来ないのが現状である。この方法は分光光度計測法 (Photometry) と偏光解析(Ellipsometry) の 2 つに分けられる。分光光度計測法とは、薄膜からの透過光や反射光を測定して n，k，d を求める方法であり、偏光解析法とは、薄膜によって反射された入射偏光の振幅や位相変化を測定して n，k，d を求める方法である。本書では全ての方法を述べるのではなく、実用上最もよく使われる方法のみを詳しく説明し、残りは参考文献を載せておくので興味のある読者は参照されたい。

13.1.1　偏光解析法

　一般の偏光解析計は図 13-1 のようなもので、PCSA 構造と呼ばれている[1]。

第13章 薄膜の光学特性の測定

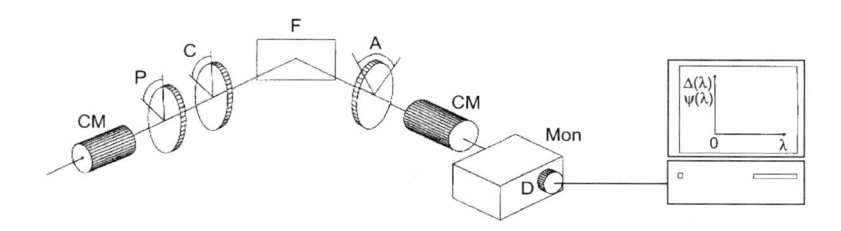

図 13-1 偏光解析計
S：光源、CM：コリメータ　P：偏光板　C：波長板　F：薄膜サンプル　A：検光子　Mon：モノクロメータ　D：センサ

入射光の強度と位相はFで反射されると変化する。両偏光に対する反射率をそれぞれ r_P, r_S とする。P, C, A を調整すると、センサからはいろいろな信号が得られる。この結果次の方程式が得られる。

$$\rho = \frac{r_P}{r_S} = \frac{|r_P|e^{i\delta_P}}{|r_S|e^{i\delta_S}} = \tan\psi e^{i\Delta} \tag{13-1}$$

$$\Delta = \delta_P - \delta_S \tag{13-2}$$

$$\psi = \tan^{-1}\left|\frac{r_P}{r_S}\right| \tag{13-3}$$

Δ と ψ は楕円パラメータと呼ばれ、Δ と ψ が求まれば薄膜の n, k, d の値が計算できる。

Δ と ψ を求める方法は2通りある。一つ目は消光式(Null ellipsometer)と呼ばれ、偏光解析計中の光学部品の角度を変えながら(Faraday cell や Pockels cell を用いて調整する方法もある。)、光信号が最小となるようにし、そのときの光学部品の角度から Δ と ψ を計算する方法である。二つ目は位相変調光度測定法 (Photometric ellipsometer) である。位相変調光度測定法とは位相変調技術を利用して光学部品に変調光信号を加え、得られた光強度をロックインアンプ技術を使って処理し、最後にフーリエ解析により Δ と ψ を求める方法である。

Δ と ψ の測定精度は、得られる n, k, d の値に大きな影響を及ぼす。上記2種類の方法は多かれ少なかれ光学部品の移動や光経路の変化により、Δ と ψ の精度に悪影響する。これを解決するために位相変位偏光解析計が開発された[2]。

第 13 章　薄膜の光学特性の測定

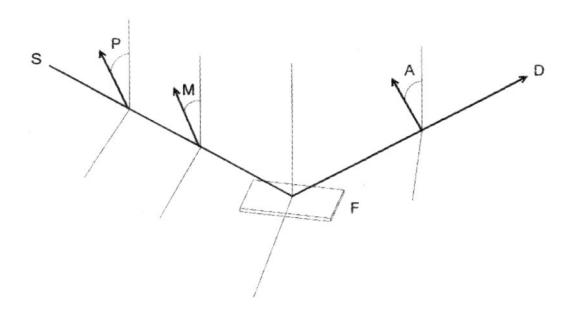

図 13-2　位相変位偏光解析計
S：光源　P：偏光板の方位　M：位相変位器の方位　A：偏光検出器の方位
D：センサ

この装置はADP結晶で作られたPockels cellを位相変位器Mとし、図13-2に示すように、電圧を利用して光の位相変位を調整するものである。

P=45°, M=90°, A=45°の時、偏光の位相が 0, $\pi/2$, π だけ変位すると、光強度は次のようになる。

$$I_1 = I_0[1 + \sin(2\psi)\cos\Delta] \tag{13-4}$$

$$I_2 = I_0[1 - \sin(2\psi)\sin\Delta] \tag{13-5}$$

$$I_3 = I_0[1 - \sin(2\psi)\cos\Delta] \tag{13-6}$$

これより

$$\psi = \frac{1}{2}\sin^{-1}[\frac{I_1 - I_3}{(I_1 + I_3)\cos\Delta}] \tag{13-7}$$

$$\Delta = \tan^{-1}[\frac{I_1 + I_3 - 2I_2}{I_1 - I_3}] \tag{13-8}$$

が得られる。これら ψ と Δ から逆に $n(\lambda)$, $k(\lambda)$, $d(\lambda)$ が算出できる。

偏光解析計では Δ と ψ の測定は非常に微妙であるため、測定技術とその解析は特に重要である。Rivory[3] らはそれらについて整理をし、例を挙げて説明した。詳細について興味のある読者は参考文献を参照されたい。

第13章　薄膜の光学特性の測定

13.1.2　分光光度計測法

　分光計を用いて薄膜の透過率の極値と波長が測定できれば、式(2-127)からこの波長の屈折率を求めることができる。この方法は簡単だが、透過率スペクトルの極値に対応する波長の屈折率しか求められない。屈折率を波長の関数として求めるために多くの方法が開発されてきた。

(i) Abelès 法[4]

　Abelès は 1949 年に、半分膜があり、残り半分には膜がない基板に P 偏光を照射して測定する方法を開発した。

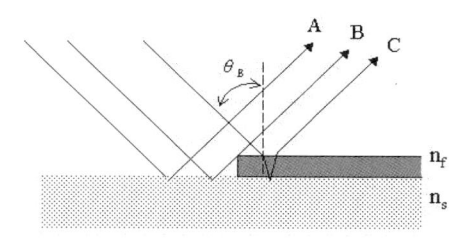

図 13-3　入射光が単色平行光の場合の、Abelès 法による薄膜の屈折率 n_f の測定法

　波長λの P 偏光を斜入射させ、その反射光量を観察する。入射角が薄膜材料の Brewster 角 θ_B になった時に、薄膜からは入射 P 偏光の反射がこなくなるので、A，C で反射光を観察すると基板と膜の明るさが同じになる。このとき、次のような関係が成り立っている。

$$n_f(\lambda) = \tan \theta_B$$

　この測定方法は光の波長を任意に選択でき、且つ膜厚に無関係である。但し膜厚が $nd = \lambda/4$ の時に最も敏感である。

(ii) ATR 法

　この方法は斜入射角の敏感性を利用して薄膜の屈折率を求めるもので、非常

第13章 薄膜の光学特性の測定

に便利な方法である。これは9.2.2節の図9-5(a)で述べたKretschmann構造で、ATR (Attenuated total reflection) 法と呼ばれている。この方法は金属膜と同じ膜上の誘電体膜に対して、急激に降下する反射率カーブの極小値R_{min}と半値幅$\Delta\theta_h$の差異を比較して、薄膜のnとdを求めるものである[5-7]。この方法は非常に敏感なので、現在は薄膜の屈折率を求める方法として使われるだけでなく、化学者、生物学者、薬学者の間でもセンサとして使用されている。

(iii) 包絡線法

分光計は測定や計算には非常に便利で、且つかなりの精度を持っている。分光計を利用して薄膜の透過率Tや反射率Rを測定し、コンピュータでn, k, dを計算する手法は以前に比べ、はるかに容易になった。分光計を利用する場合、透過率測定のほうが反射率測定より容易で精度も比較的高い。薄膜を測定し、前後の次数に対応する極大値T_M、極小値T_m（一つは膜厚が1/2波長の整数倍で、もう一つは奇数倍）、基板の屈折率n_Sがわかれば、2.6節の範例からn, k, dを求めることができる。つまり薄膜の透過スペクトル測定をしてT_MとT_mの包絡線を描けば、$n(\lambda)$, $k(\lambda)$, dが計算できる。これは1976年にManifacierが提案した包絡線法と呼ばれているもので[8]、弱吸収膜には非常に便利である。1983年Swanepoelはこれを基板の両面からの多重反射効果を考慮した方法にまで拡張した[9]。次にこの方法を用いて、薄膜の$n(\lambda)$, $k(\lambda)$, dを求める過程を説明する。

図13-4は薄膜を基板の上に成膜するモデル図で、図13-5はその分光スペクトルである。

この場合第2章から次式が導ける。

$$T = \frac{Ax}{B - Cx + Dx^2} \tag{13-9}$$

$$A = 16n_S(n^2 + k^2) \tag{13-10}$$

$$B = [(n+1)^2 + k^2][(n+1)(n+n_S^2) + k^2] \tag{13-11}$$

$$C = 2[(n^2 - 1 + k^2)(n^2 - n_S^2 + k^2) - 2k^2(n_S^2 + 1)]\cos 2\delta$$
$$-2k[2(n^2 - n_S^2 + k^2) + (n_S^2 + 1)(n^2 - 1 + k^2)]\sin 2\delta \tag{13-12}$$

第 13 章　薄膜の光学特性の測定

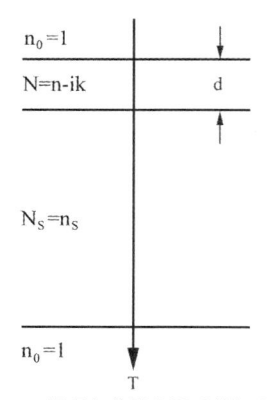

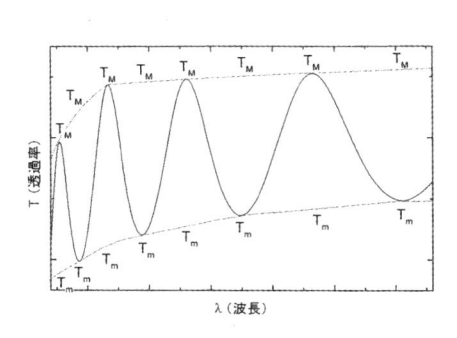

図 13-4　弱吸収薄膜を透明基板上に成膜したモデル

図 13-5　単層弱吸収膜の分光特性図
　　　　点線はスペクトルの包絡線で、$n > n_S$

$$D = [(n-1)^2 + k^2][(n-1)(n-n_S^2) + k^2] \tag{13-13}$$

$$\delta = \frac{2\pi n d}{\lambda} \;;\; x = e^{-\alpha d} \;;\; \alpha = \frac{4\pi k}{\lambda}$$

式(2-124)より基板の屈折率を次のように求める。

$$n_S = \frac{1}{T_S} + \left(\frac{1}{T_S^2} - 1\right)^{1/2} \tag{13-14}$$

図 13-5 の分光特性は干渉縞であるため、$n > n_S$ の時に、T_M は $\delta = m\pi$ の条件、即ち膜厚が 1/2 波長の整数倍であることを満たさなければならない。一方、T_m は $\delta = (2m+1)(\pi/2)$、つまり膜厚が 1/4 波長の奇数倍である条件を満たさなければならない。$n < n_S$ の時は上式の T_M と T_m を入れ替えれば良い。包絡線法はそれぞれの T_M と T_m を結んだもので（図 13-5 の点線）、λ の連続関数と見なせるので、任意の波長で 1 対の極大と極小値を表すことになる。

(1) k＝0 の時は以下の様に求められる。

$$T_M = T_S = \frac{2n_S}{n_S^2 + 1} \tag{13-15}$$

第 13 章　薄膜の光学特性の測定

$$T_m = \frac{4n^2 n_S}{n^4 + n^2(n_S^2 + 1) + n_S^2} \tag{13-16}$$

$$\therefore n = [n_S(B + \sqrt{B^2 - 1})]^{\frac{1}{2}} \tag{13-17a}$$

$$B = \frac{2}{T_m} - \frac{1}{T_S}$$

或は $n = [M + \sqrt{M^2 - n_S^2}]^{\frac{1}{2}}$ \hfill (13-17')

$$M = \frac{2n_S}{T_m} - \frac{n_S^2 + 1}{2}$$

$n < n_S$ の場合には上式の T_M と T_m を入れ替えればよい。

(2) $k \neq 0$、$k \ll n$（$n > n_S$ と仮定する）のときは次式が得られる。

$$\frac{1}{T_m} - \frac{1}{T_M} = \frac{2C}{A} \tag{13-18}$$

$$\approx \frac{(n^2 - 1)(n^2 - n_S^2)}{4n_S n^2} \tag{13-19}$$

従って、次式が得られる。

$$n = [Q + (Q^2 - n_S^2)^{1/2}]^{1/2} \tag{13-20}$$

$$Q = 2n_S \left(\frac{T_M - T_m}{T_M T_m}\right) + \frac{n_S^2 + 1}{2} \tag{13-21}$$

k 値は、はじめに式(13-9)から x を求めておけば次式より求められる。

$$k = -\frac{\lambda}{4\pi d} \ln x \tag{13-22}$$

例えば式(13-9)から T_M と T_m を求められる。

$$x = \frac{F - [F^2 - (n^2 - 1)^3(n^2 - n_S^4)]^{1/2}}{(n - 1)^3(n - n_S^2)} \tag{13-23}$$

$$F = \frac{8n^2 n_S}{T_i}$$

第13章 薄膜の光学特性の測定

$$T_i = \frac{2T_M T_m}{T_M + T_m}$$

膜厚 d は隣同士の極大値と極小値に対応する波長 λ_1, λ_2 上の屈折率 n_1, n_2 より求められる。その位相差が 1/2 波長の時には、膜厚は次式となる。

$$d \approx \frac{\lambda_1 \lambda_2}{2(n_2 \lambda_1 - n_1 \lambda_2)} \tag{13-24}$$

上式は近似値を取っているので、式(13-20)、(13-22)、(13-24)から求められる n, k, d は多少誤差はあるが、極値は 1/2 または 1/4 波長の整数倍なので、先に次数 m を求めてから d, n, k を逆算することにより正確な値がわかる。つまり

$$2nd = m\lambda = (m_1 + \frac{\ell}{2})\lambda, \quad \ell = 0,1,2,3\cdots\cdots$$

または

$$\frac{\ell}{2} = 2d(\frac{n}{\lambda}) - m_1$$

とおいて、$\ell/2 - n/\lambda$ 図を描いて切片 m_1 を求め、m_1 の小数点部分を取除くと m が整数あるいは半整数になる。プログラムを作って n, k, d を計算する場合も、あらかじめおおよその n, k, d を求めてから m 値を求め、逆算により正確な d の値を求める。この d の値から逆算すれば n, k が求められる。 d の値を固定し、分光計で測定した実験値について次式に従って、最適化フィッティングをすることにより $n(\lambda)$, $k(\lambda)$ が得られる。

$$n(\lambda) = a + \frac{b}{\lambda} + \frac{c}{\lambda^2} \tag{13-25}$$

$$k(\lambda) = A + B\lambda + \frac{C}{\lambda} + \frac{D}{\lambda^2}$$

$$k(\lambda) = Ae^{(B/\lambda^2 - C)} \tag{13-26}$$

上記解析で、薄膜は均一膜と仮定したが実際には不均一膜(膜の屈折率が成長方向(z)に従って変化)の場合も多い。この場合、膜マトリックスの式は式

第13章　薄膜の光学特性の測定

(2-95)を用いる。Borgogno[10,11]、Bovard[12]、Liou[13]の各グループはこれについて詳細な解析を行った。この解析道具があると、イオンビームアシストなどを利用して不均一性の改善を行う場合、改善の度合いを解析することができる[13]。

　不均一膜の場合、透過率は式(13-9)の形式で書くことが出来るが、係数を修正する必要がある。基板に近い膜の屈折率を n_b、空気側の屈折率を n_a とすると、次式となる。

$$A = 16 n_a n_b n_S (1 + \frac{k^2}{n_b^2})$$

$$B = [(n_a+1)^2 + k^2][(n_b+1)(n_S^2 + n_b) + k^2]$$

$$C = 2\{(n_a^2 - 1 + k^2)(n_b^2 - n_S^2 + k^2) - 2k^2(n_S^2 + 1)\}\cos 2\delta$$
$$\quad - 2k\{2(n_b^2 - n_S^2 + k^2) + (n_S^2 + 1)(n_a^2 - 1 + k^2)\}\sin 2\delta \quad (13\text{-}27)$$

$$D = [(n_a-1)^2 + k^2][(n_b-1)(n_b - n_S^2) + k^2]$$

$$\delta = 2\pi \bar{n} d / \lambda \quad ; \quad x = e^{-\frac{4\pi}{\lambda} \bar{k} d}$$

$$\bar{n} = \frac{1}{d} \int_0^d n(z) dz \quad (13\text{-}28)$$

$$\bar{k} = \frac{1}{d} \int_0^d k(z) dz$$

　膜の屈折率は前述のものと同様に基板より大きいとき、包絡曲線上の T_M と T_m は次式であることが分かる。

$$T_M = \frac{Ax}{B - C'x + Dx^2} \quad (13\text{-}29)$$

$$T_m = \frac{Ax}{B + C'x + Dx^2} \quad (13\text{-}30)$$

$$C' = 2[(n_a^2 - 1 + k^2)(n_b^2 - n_S^2 + k^2) - 2k^2(n_S^2 + 1)] \quad (13\text{-}31)$$

$d=0$、$n=n_b$ のとき、即ち

$$n_b = [Q + (Q^2 - n_S^2)^{1/2}]^{1/2} \quad (13\text{-}32)$$

Q は式(13-21)で表されるものである。一方 n_a は、

第 13 章　薄膜の光学特性の測定

$$n_a = \frac{2n_b n_S}{n_b^2 - n_S^2}(\frac{T_M - T_m}{T_M T_m}) + [1 + 4n_b^2 n_S^2 \frac{(\frac{T_M - T_m}{T_M T_m})^2}{(n_b^2 - n_S^2)^2}]^{1/2} \qquad (13\text{-}33)$$

となる。厚み変化に対するnの曲線（即ち n(z)）は成膜の透過率監視図から得られる。図 13-6 は電子銃で ZrO_2 を成膜したときの監視図である。1/2 波長膜厚の透過率は成膜始めの透過率に戻っていないことに注意されたい。1/4 波長の正整数倍の点 P の屈折率を n_P とし、監視波長を λ とすると、次式が得られる。

$$n_P = U + (U^2 + 1)^{1/2} \qquad (13\text{-}34)$$

$$U = \frac{2n_S n_b}{n_b^2 - n_S^2}(\frac{1}{T_{mp}} - \frac{1}{T_{Mp}})$$

$$\int_{z_{P-1}}^{z_P} n(z)dz = \frac{1}{4}\lambda \qquad (13\text{-}35)$$

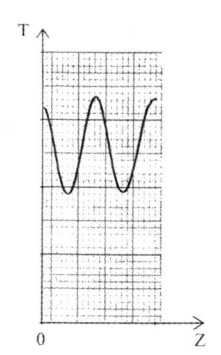

図 13-6　電子銃蒸着による ZrO_2 の監視図
薄膜の不均一性を求めることができる [13]

次に、各点を追って 1/4 波長の n(z) を求めてから次式に代入する。最適化法により係数 a、b、……を求め、監視図の透過率曲線を次式に従ってフィッティングする。

$$n(z) = n_b + az + bz^2 + \cdots\cdots \qquad (13\text{-}36)$$

その平均屈折率は次式である。

第 13 章　薄膜の光学特性の測定

$$\bar{n}(z) = \frac{1}{z}\int_0^z n(z')dz' \tag{13-37}$$

膜の不均一性は次のように定義できる。

$$\frac{\Delta n}{\bar{n}} = \frac{n_a - n_b}{\bar{n}} \tag{13-38}$$

図 11-32 に示すように、イオンアシスト成膜法（11.1.7 節参照）を用いると膜の不均一は改善できる。

式(13-29)と(13-30)から z＝a，z＝b，1/4 波長膜厚でのそれぞれの x の値が求められるので

$$k_p = -\frac{\lambda \ln(x_p)}{4\pi z_p} \tag{13-39}$$

を利用し、$p \neq 0$ のとき、膜成長に伴うそれぞれの(k_P, z_P) での k 値が最適化法により求められる。

$$k(z) = k_b + ez + fz^2 \tag{13-40}$$

平均吸収係数 $\bar{k}(z)$ は次式となる。

$$\bar{k}(z) = \frac{1}{z}\int_0^z k(z')dz'$$

(iv) 光導波路法

　光導波路法が他の方法と異なる点は、膜内で光は全反射の原理により、横方向（x-方向）に進行（経路はノコギリ状）するので通過距離がより長くなることである。光を光導波路内に導入するにはプリズムや回折格子を用いてカップリング導入する[14]。

　この方法は光の薄膜通過距離が比較的長いため、測定される n、k、d はかなり正確なはずだが、膜が微視的構造を有する場合には、散乱や複屈折の影響などを考慮しなければならない。Flory らはこれに対する詳細な解析を行った[15]。興味のある読者は文献を参照されたい。

第13章　薄膜の光学特性の測定

13.2　薄膜の透過率、反射率、吸収及び散乱の測定

　前節の包絡線法で測定した n，k，d の精度は分光計で測定した透過率の精度で決まるので、1/10000 の精度を求めるのは非常に厳しい。反射率 R と透過率 T を組合わせて、n，k，d を求める人もいる[16-20]し、吸収 A を測定して k 値を求める人もいる。薄膜の T，R，A をどのように測定するかということは非常に重要なことである。成膜された多層膜の T，R，A も知る必要がある。散乱 S も薄膜の重要な特性のひとつである。本節ではこれら4項目について説明する。

13.2.1　透過率の測定

　透過率の測定に関して、市販の分光光度計(Spectrophotometer) や光スペクトラムアナライザ(Optical Spectrum Analyzer) は非常に精度が良い。測定装置の精度を決める要素は光源の安定性、分解能、センサの雑音である。分解能は回折格子、光路中の反射ミラー、光路系の設計、光スペクトラムアナライザの Fabry-Perot フィルタの先鋭度に関係する。光源の不安定性以外に、センサからの雑音の影響を小さくするために、光学系は双光路系（デュアルパス）が採用されている。1つの光束は参照光束で、もう1つの光束は測定光束である。被測定サンプルを入れる前に、2つの光路を通る光の強度測定を行い、次いでサンプルを入れて光強度を測定、比較することで正確な透過率が得られる。現在市販の分光光度計の透過率に対する測定精度は 0.1%以上に達している。スペクトル分解能は 0.1nm であるが、光スペクトラムアナライザの分解能は 20pm である。

　斜入射（例えば45°）測定の場合、2つの点に注意しなければならない。1つは光路がずれることとサンプルの照射面積が小さくなることである。このため、参照光とサンプル光の光路上にあるセクタの光孔口径を同じ幅で設計する必要がある。2つ目は斜入射で薄膜、特に多層膜を測定する場合、偏光依存性が発生するので、光源の出力端にグラントムスン（Glan-Thompson polarizer）などの偏光板を入れる必要がある。この様にしないと S-偏光と P-偏光の混合透過率となってしまい、それぞれの偏光に対する透過率が正確に測定できなくなる。

第 13 章　薄膜の光学特性の測定

13.2.2　反射率の測定

市販の分光光度計や光スペクトラムアナライザを利用して薄膜の反射率を測定する場合、測定精度を上げるのは容易なことではない。特に垂直入射の場合の反射率測定は難しい。なぜなら、垂直入射光が通る光路上では、双光路（その中の 1 つは参照光である）、単光路に関わらず少なくとも 1 枚以上の反射面が必要となるからである。これらの反射面での反射率の精度は、フィルタの反射率の精度に直接影響する。勿論、適切に設置すれば、ある精度以上で測定できる。反射率が高くない薄膜（または多層反射防止膜）の反射測定の場合、BK-7 平板ガラス、或いは屈折率 $n(\lambda)$ が既知である平板の裏面を粗く磨き（細かい砂を噴射して粗くする方法も使える）、黒く塗りつぶして参照側反射面とする。$n(\lambda)$ は既知なので、式(2-129)から $R_f(\lambda)$ が分かる。従って、被測定サンプルの反射率を測定、比較することにより正確に反射率が求められる。単層高屈折率膜、金属膜、多層反射ミラーのような高い反射率を持つ薄膜の場合は、Al 反射ミラーを参照側ミラーとし、図 13-7 に示す V-W 法を用いて測定する。

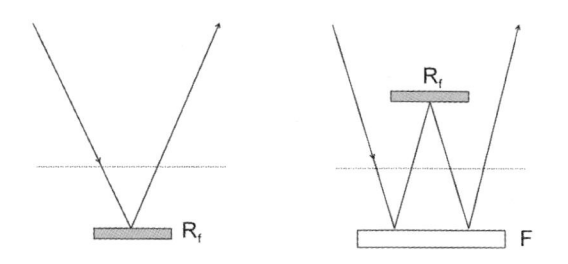

図 13-7　V-W 型反射率のモデル図

(a) 先ず参照ミラー R_f の反射強度 I_1 を測定する。
(b) 次に参照ミラーを上に移し、サンプル F と R_f を点線に対して等距離におく。測定した反射強度を I_2 とすると、サンプルの反射率は $R=(I_2/I_1)^{1/2}$ である。

この値は参照反射ミラーの反射率に無関係である。入射光の入射角は両測定において不変であることが必要であり、サンプル上の各点の反射率は全て同じ

第 13 章　薄膜の光学特性の測定

でなければならない。V-W 法では垂直入射に対する反射率は測定できない。ミラーの面積が十分大きい時は、数回の多重反射が可能になる。例えばサンプル F から 2Q 回の反射があるとき、F の反射率は $R=(I_2/I_1)^{1/2Q}$ である。このときの精度は V-W 型より Q 倍よくなる。

筆者は早年、図 13-8 の装置を用いてレーザミラーの反射率を測定した。この系ではレーザミラーM_1 と M_2 を入れる前に、入射光強度 I_0 を測定する。

M_1 と M_2（M_1 と M_2 は同時に成膜されたレーザミラーで、理論上は同じ反射率 R となる。）を入れ、Q 回の多重反射を経たときの光強度が I_1 のとき、反射率は $R=(I_1/I_0)^{1/Q}$ で求められる。例えば Q=12 で $I_1/I_0=0.9$ が測定されたとすると、このレーザミラーの反射率は R=99.12%であることが分かる。この装置の利点は構造が簡単で価格が安いことである。膜の面積が十分大きい場合には垂直に近い入射や任意の入射角度における反射率も測定できる。

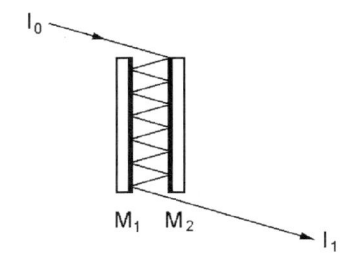

図 13-8　複数回反射を利用して反射率を測定し、精度を高める

いろいろな入射角度に対処したり、光学アライメントをシンプルにしたりするために入出力光に光ファイバを用いる方法もある。光ファイバを用いた測定装置は更に便利である[21,22]。

より正確な反射率を測定するために、多くの方法が提案されている。例えば平板を利用して共振器の損失を調整する方法[23]、光信号の位相変位を測定する方法[24,25]、共振器 Q の値と先鋭度係数(Coefficient of finesse)[26] を鑑別する方法、共振器の出力幅 Δv [27,28] を測定する方法などがある。最後のケースでは、$n\ell$ を共振器の光学長、C を光速とすると、損失は $L = (2\pi n\ell/C)\Delta v$ で、これよ

第 13 章　薄膜の光学特性の測定

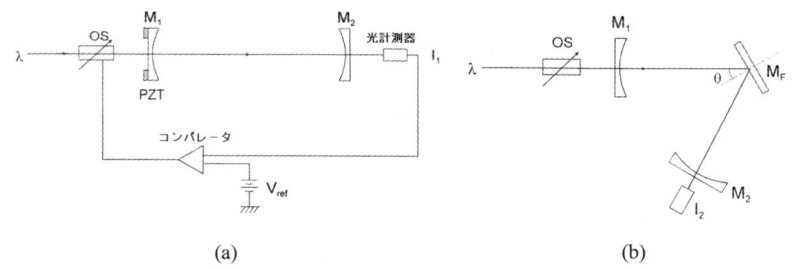

(a)　　　　　　　　　　(b)

図 13-9　共振器中での光子の損失を利用して M_F の反射率を測定するモデル図

り R＝1－L を求めることができる。これ以外に操作が簡単で、且つ正確な高反射率が測定できるものとしては、共振器を利用し、光子減衰過程を測定する方法がある。これは Ring down とよばれ[29,30]、いまのところ最適な方法である。この方法は本来、レーザジャイロスコープ用高反射ミラーの損失を測定するために開発された方法で、その原理を図 13-9 に示す。

図 13-9 で、M_1 と M_2 は 2 枚で 1 つの共振器を構成するミラーで、損失が非常に低い。レーザ光を共振器に入射させ、圧電素子 PZT を利用して M_1 を移動させ、共振器長を入射光波長の整数倍にして共振させ、このときの出力強度 I_1 を測定する。

光電流 I_1 によって変換された電圧 V_1 を予め設定された電圧 V_{ref} と比較し、$V_1 > V_{ref}$ の時に高速光スイッチ OS (Optical switch：音響または光電スイッチ)を用いて光源を切断する。M_1 と M_2 がともに損失がない場合、光は M_1 と M_2 の間を往復反射する。しかし、光を入射させたり出射光(I_1)を測定するために M_1、M_2 は多少透過する様になっている。この光の漏れは共振器に対して透過損失 T となる。また、ミラーの散乱損失 S や吸収損失 A もある。

I_1 の減衰量の時間経過

$$I_1 = I_0 \exp(-t/\tau_C)$$

を測定すると、共振器固有の損失は次の様に求めることができる。

$$L_0 = 1 - e^{-2\ell/c\tau_C} \approx 2\ell/c\tau_C, \tag{13-41}$$

図 13-10 に示すように、τ_C は減衰時定数、即ち $I_1/I_0 = 1/e$ になるまでの時間で

第 13 章　薄膜の光学特性の測定

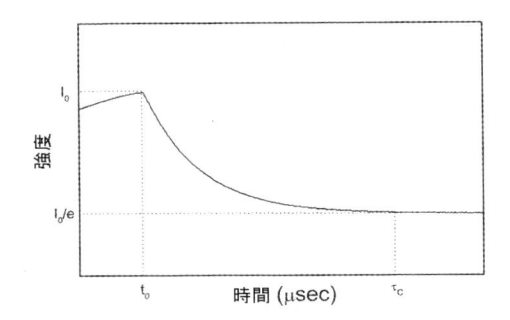

図 13-10　t_0 の時に入射光がカットされた後の光の減衰（指数関数的に減衰）の様子

ある。ℓ は共振器の長さである。

次に、M_2 を移動して測定したい角度におく。次いで、始めに M_2 が設置されていた位置に被測定サンプル M_F を置く。新しい出力光強度 I_2 を測定し、時間とともに減衰する傾きから損失 Lx を求める。これより、M_F の損失は $L=L_x-L_0$ と求まり、反射率は $R=1-L$ と計算される。この方法で測定した反射率の精度は非常に高く、百万分の 1 のオーダーまで測定できる。図 13-9(b)の θ は 30°や 45°が普通であるが任意の角度でも可能である。θ＝0°、即ち垂直入射の反射率を測定する場合、(a)図の M_1 または M_2 を M_F で置き換えて測定し、この時得られた損失をそれぞれ L_1 と L_2 とすると、損失は $L=(L_1+L_2-L_0)/2$ で求めることができる。図 13-11(a)は上述の測定をするために、図 13-9(a)の原理をもとに作られた、極小損失測定が可能な実験装置である。

高反射率レーザミラーの開発が成功したのは以下のような理由があったからである。

(1) 優れた成膜方法が、つまり第 11-1-8 節で述べたイオンビームスパッタ成膜技術があった。
(2) 正確に R 値を測定する方法、つまり本節で述べた様な正確に損失を測定する方法があった。
(3) 基板研磨技術発展のための基板表面粗さ測定方法、つまり後述する 0.1nm 以下の粗さまで測定できる原子間力顕微鏡や位相干渉計などがあった。

筆者は自ら設計したイオンビームスパッタ成膜装置を利用して、大学院生と

第 13 章　薄膜の光学特性の測定

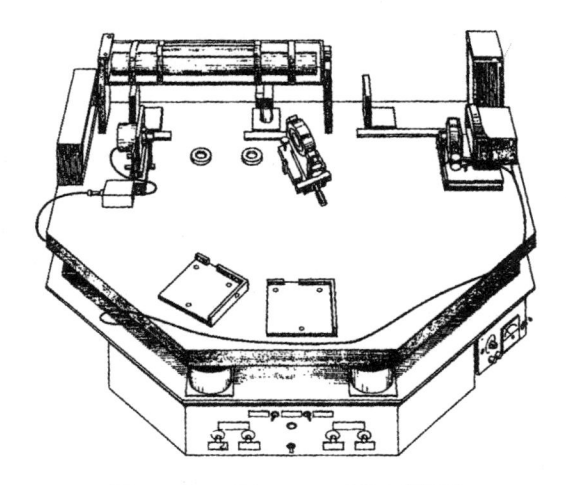

図 13-11(a)　図 13-9a の実験台設計図

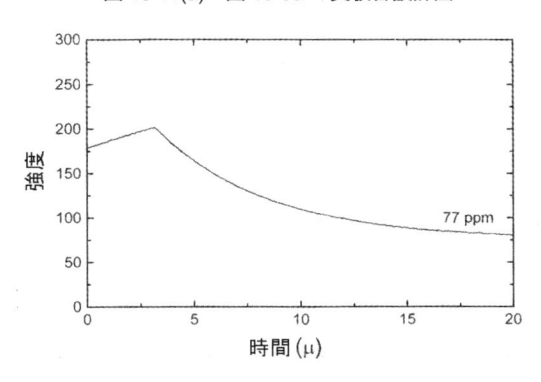

図 13-11(b)　高反射レーザミラーの光学損失

一緒にレーザミラーを成膜した。その損失は図 13-11(b)に示すように 77ppm であった。この値は透過損失 67.5ppm を含んでいるので、正味の損失は 9.5ppm である。この値から得られた反射率は 99.9923%であった[31]。

13.2.3　吸収率の測定

薄膜の光エネルギーに対する吸収 A は基板や結晶体などの光学材料と同様、

第 13 章　薄膜の光学特性の測定

大きく 3 種類に分けられる。一つは光エネルギー($h\nu$)が膜材料のエネルギー準位(ΔE) より大きい場合である。二つ目は膜中に不純物が存在したり、構成分子の結合が不完全な場合である。(通常、測定したい消衰係数 k 値はこの場合にあたる。吸収係数は$\alpha=4\pi k/\lambda$である。)三つ目は膜材料の分子振動吸収や自由電子の吸収である。

普通の材料では、上述の 3 種類はそれぞれ短波長領域、可視光～中赤外線領域、遠赤外線領域にある。(正確な波長領域は材料による。Si、Ge、PbTe における上述 1 番目の吸収は近赤外線領域～中赤外線領域で発生する。) 通常、薄膜の吸収というときには上述の 2 番目の吸収、つまり透明領域での吸収を言う。3 番目の吸収は水や C-H バンドなどのような膜中の成分を検出するのに役立つ。

いままで吸収を測定するのは全て間接測定であった。一番目の方法では、分光光度計や光スペクトラムアナライザを利用して薄膜の透過率 T や反射率 R を測定し、散乱 S が非常に小さい場合には吸収は A＝1－T－R なので、式 $1-e^{-\alpha d_f}$ から吸収係数を求める。ここで、d_f は物理膜厚、α は吸収係数で $4\pi k/\lambda$ に等しい。従って、消衰係数 k の値は $k=-(\lambda/4\pi d_f) \ln (R+T)$ から求まる。この方法は吸収が大きくて反射が小さい場合には誤差は小さい。

二番目の方法はレーザ光を用いて薄膜を照射するものである。光エネルギーを吸収すると薄膜の温度が上昇する事を利用したもので、上昇温度から吸収された熱エネルギーを求め、吸収率 A を得るものである[32,33]。この方法はレーザ熱計測法(Laser Calorimetry) と呼ばれている。この方法では光照射部分付近を理想的に断熱することが難しいので、光エネルギー吸収による温度上昇 ΔT を正確に測定することが困難である。更に、この方法はレーザ光の波長の吸収測定はできるが、それ以外の波長の測定はできない。もう一つの方法もこれと同様、レーザ光を使い光エネルギーを吸収させるもので、吸収の際の熱変形によって引き起こされる入射測定レーザ光の偏向回転角度を測定して、吸収率を計算する。この方法は光熱偏向法(Photo thermal deflection)[34,35] という。

第 13.1.2-iv 節で述べた光導波路法を用い、薄膜内で横方向へ進行する光の強度減衰のレベルを測定して吸収率と k 値を計算することができる[15,36]。

以上述べた方法は k 値、すなわち吸収が比較的大きい場合にのみ測定可能で

ある。第13.1.2-iii 節に述べた包絡線法でk値を測定する場合、kが10^{-4}オーダーになると正確に測定することはできない。k≤10^{-5}オーダーのk値を測定したい場合には図 13-9(a)と同じ方法、つまり光子の共振器中における時間-強度の変化過程を元に、損失測定法で測定出来る。具体的には、成膜する前に基板を垂直にして共振器の中に置き、散乱損失L_Sを測定する。次に、薄膜の膜面をレーザ光に対して垂直にして共振器の中に置き、損失L_kを測定する。その結果、膜損失は$L=L_k - L_0 - L_S$で表される。薄膜の散乱Sが非常に小さいとき、吸収はA≈Lとなる。或いは、散乱S（次の節を参照）が既に測定されている場合、吸収は$A = L - S = \exp\{-4\pi k(\lambda)d_f/\lambda\}$で表される。（$d_f$は薄膜の厚さ）色素レーザを使えばレーザ光の波長を変えられるので、各波長の$k(\lambda)$値と吸収率$A(\lambda)$が測定できる。

13.2.4　散乱の測定

　光が薄膜に入射した場合、入射角と同じ反射角の反射光やスネル（Snell's Law）の法則を満たす屈折角で屈折する透過光以外の光は全て散乱光と称する。光の散乱は表面散乱、母体散乱、界面散乱の3つに分けられる。

　基板本体の表面の微視的構造は図 13-12 (a)＋(b)＋(c) の3種類で構成される[36,37]。図で、(a)は高さ方向に変化する高周波不規則面である。(b)と(c)は異なる周期の、正弦波のような規則性のある変化面を表す。散乱の主な原因は(a)のケースである。(b)と(c)は光の波面(wavefront) 形状に影響を及ぼし、同一波面に位相差が生じる。

　(a)の不規則性は面粗さ $\sigma = [\frac{1}{N}\sum_{i=1}^{N}(z_i - z_0)^2]^{\frac{1}{2}}$ を用いて表す。z_0は平均高さ、z_iはi点における高さである。表面散乱Sと面粗さとの関係は$S = (4\pi\sigma/\lambda)^2$である。面粗さがゼロの時の膜の反射率をR、ゼロではない時の反射率をR'とすると、R'はRより小さく、$R' = R\exp\{(-4\pi\sigma/\lambda)^2\} \approx R[1-(4\pi\sigma/\lambda)^2]$ である。

　薄膜の成長は基板表面に影響される。通常、表面の輪郭に従って変化する。更に、膜凝集エネルギーや方向の違いなども薄膜表面の粗さに影響を及ぼす。薄膜表面散乱はこれらすべてによって引き起こされる。

第 13 章　薄膜の光学特性の測定

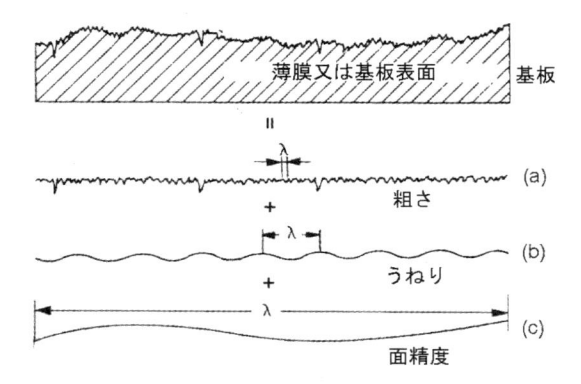

図 13-12　基板の表面は(a)+(b)ївc) に分類できる
(a)は高さ方向の高周波不規則凹凸である。
(b)と(c)は異なる周期を有する規則波である[36,37]。

母体散乱は膜が微視的構造を有するためである。隙間、多結晶、柱状構造などは膜内部に多くの小さい界面を形成してしまう。これにより光がまっすぐ通過できなくなり、母体散乱が発生する。界面散乱は膜と基板面の間、或いは膜と隣接する膜の間や断面に存在する不連続面等による散乱である。

散乱の測定方法は球面を利用する方法[38]、楕円球面を利用する方法、積分球法[39] などがある。測定量としては総散乱を測定する方法、各方位角の散乱[40,41] を測定する方法、両指向性反射率分布関数 BRDF (Bidirectional reflectance distribution function)[42] を測定する方法などがある。

図 13-13 は球面散乱測定法のモデル図である[38]。この球面は精密に研磨されたガラスで、その内側を Al で成膜したものである。これは Coblentz hemisphere と呼ばれており、反射光は反射角方向に向かって球面の外に出てしまうが散乱光はセンサ D に集められる。

楕円球散乱測定法は楕円球体の中にある 2 つの焦点を利用するもので、1 つの焦点から発射した光は必ず他方の焦点にフォーカスする性質を利用して測定を行う。図 13-14 はそのモデル図である。薄膜サンプル F とセンサ D をそれぞれ楕円球体の 2 つの焦点に置く。楕円球体は前述の球面と同様に滑らかに研磨され、その上に高反射の Al 膜または Au 膜が成膜されている。

第 13 章　薄膜の光学特性の測定

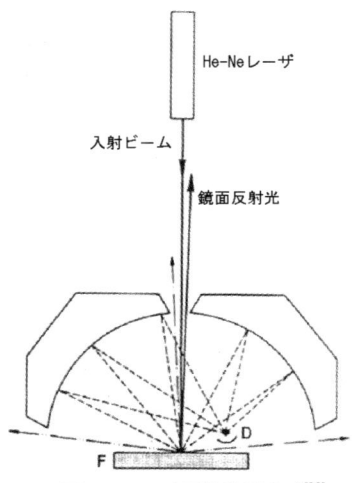

図 13-13　球面散乱測定法[38]

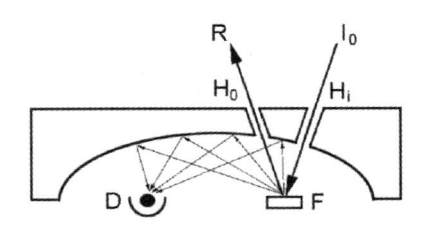

図 13-14　楕円球面散乱測定法

　入射光は小孔 H_I から入って参照面に達する(参照面には $BaSO_4$ または MgO が塗布されている)。参照面で散乱された光は楕円球面で反射し、他方の焦点位置にあるセンサ D に集められる。この様にして参照値 I_0 が測定される。次にサンプル F を参照面の替わりにおいて再度同様に測定する。前と同じように、光は小孔から入って薄膜サンプルまで入射する。反射角と入射角が等しい光は小孔 H_0 から外に出るので、残りの散乱光のみがセンサ D に集められ光強度 I が測定される。このとき、散乱は $S=I/I_0$ となる。この方法は球形散乱測定装置による測定より正確だが、楕円球面は球面より加工しにくいという欠点がある。
　図 13-15 は積分球(Total Integrated Sphere, TIS) を利用して薄膜の散乱 S を測定

第 13 章　薄膜の光学特性の測定

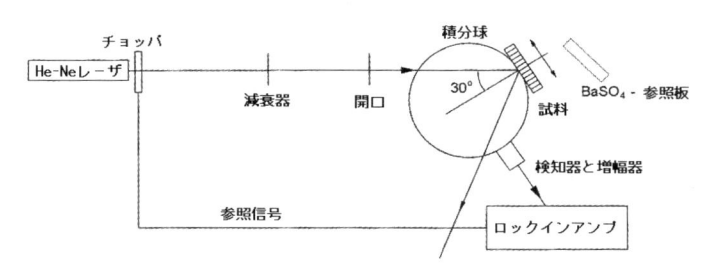

図 13-15　積分球で薄膜散乱 S を測定するモデル図[39]

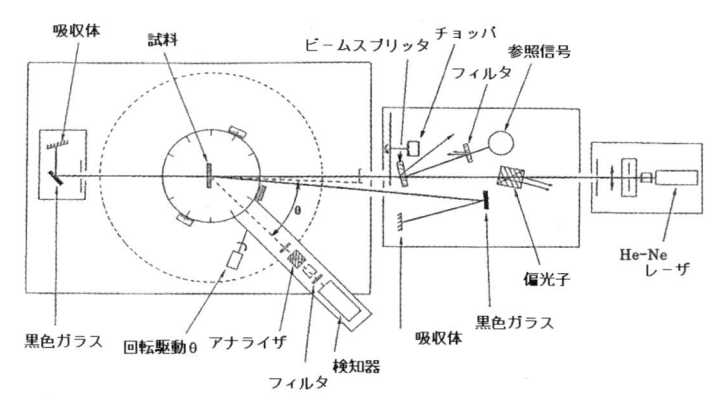

図 13-16　各方位角での散乱を測定するモデル図[40]

するモデル図である[39]。積分球内部には $BaSO_4$ または MgO が塗布されており、入射と正反射方向にそれぞれ1つの小孔があけられている。サンプルを測定する前に、センサDで $BaSO_4$ や MgO で作られた参照散乱面の入射光強 I_0 を測定する。次に、薄膜サンプル F を積分球にぴたりと貼り付ける。入射光は小孔から薄膜サンプル F まで入射した後、透過光 T は積分球から外に、反射光 R は正反射方向に沿って積分球の小孔から外に出る。薄膜に散乱が有る場合、積分球の各表面から反射した散乱光は積分球の内部で往復反射し、最終的にセンサDに入射する。センサDの入射光強を I とすると、散乱は $S = I/I_0$ である。薄膜または多層膜の反射率が非常に高い（透過率が非常に小さい）場合には透過散乱は無視できる。この場合、積分球を用いて散乱を測定するのは簡便で良い方法である。

第 13 章　薄膜の光学特性の測定

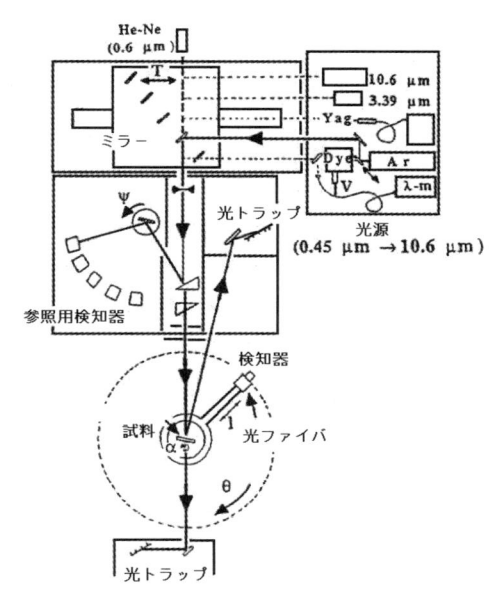

図 13-17　異なる波長に対し各方位角での散乱を測定する方法のモデル図[41]

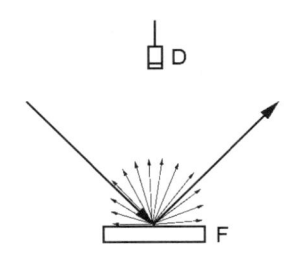

図 13-18　ある一定方向のみの散乱を測定する（D はセンサ）

　図 13-16 は各方位角の散乱を測定するモデル図である[40]。図 13-17 は複数の光源を利用して複数の波長に対する散乱を測定するモデル図である[41]。この 2 種類の測定方法に使われる回転台は必ず一定の水平位置に保持されなければならない。

　ある一定方向の散乱のみを測定したい場合には、図 13-18 に示す測定装置はとても簡便である。

第13章 薄膜の光学特性の測定

13.3 薄膜の充填密度の測定

　薄膜質の中を隙間なく完全に密にすることは通常の成膜技術でできるものではないが、薄膜の膜密度（または隙間の量）を記述するために、充填密度という量を定義する。充填密度(Packing density) P は薄膜の実質部分の体積を、実質部分の体積＋隙間体積で割ったものである。Ogura は博士論文の中で膜構造を用いて説明し、実験測定を行った[43]。以下の説明は、より実用的な測定方法から順に述べてゆく。

　膜中の隙間の屈折率を n_0、膜のバルク材料の屈折率を n_B とすると、膜の実効屈折率 n_f は近似的に次式で表せる。

$$n_f = Pn_B + (1-P)n_0 \tag{13-42}$$

即ち

$$P = \frac{n_f - n_0}{n_B - n_0} \tag{13-43}$$

　故に、真空中（屈折率 $n_0=1$ である）で測定した膜の屈折率を n_f、真空中から取り出されて大気中の水蒸気（水の屈折率は 1.33 である）を十分に吸収した膜の屈折率を n_f' とすると

$$n_f - n_f' = (1-p) - (1-p)1.33$$
$$\therefore P = \frac{n_f' - n_f + 0.33}{0.33} \tag{13-44}$$

となる。膜には不均一性があり（ZnS は成長に伴って緻密になってゆくが、ZrO_2 は疎になる）、しかも材料が異なればその隙間も異なるので、実験から得られる結果は上式のような簡単な式では説明できない。

　Harris[44] らの膜成長のシミュレーション解析から得られた次式は、比較的多くの膜材料に適用できると考えられる。

$$n_f^2 = \frac{(1-P)n_0^4 + (1+P)n_0^2 n_B^2}{(1+P)n_0^2 + (1-P)n_B^2} \tag{13-45}$$

第13章　薄膜の光学特性の測定

別の求め方として、ρを膜の密度、Mを原子量とすると、理論的にClausius-Mossottiの公式から次式のように表される。

$$\frac{n^2-1}{n^2+2}\frac{M}{\rho} = 定数$$

$$\therefore P = \frac{\rho_f}{\rho_B} = \frac{n_f^2-1}{n_f^2+2}\frac{n_B^2+2}{n_B^2-1} \tag{13-46}$$

従ってバルク材料の屈折率 n_B が分かっていれば、真空中で n_f を測定することにより、充填密度Pの値が求められる。

P値は真空中で成膜後の水晶振動子モニタの振動周波数のシフト量 $\Delta f = f - f_0$、真空解除後に水蒸気を十分吸収した後のシフト量 $\Delta f' = f' - f_0$ からも求められる。$\Delta f = B\Delta m = BP\rho_B A d_f$、$\Delta f' = B(1-P)\rho_{H_2O} A d_f$ であるので、$\rho_{H_2O} = 1$、ρ_B を膜材料のバルク材料の密度とすると、

$$\therefore P = \frac{\Delta f}{\Delta f + \Delta f' \rho_B} \tag{13-47}$$

が求められる。もう一つの方法として、波長 2.97μm における水蒸気の吸収を利用してP値を求めることが出来る。$\alpha_w =$ 水の吸収係数 $= 1.27 \times 10^4 \mathrm{cm}^{-1}$ として、T_0、T をそれぞれ 2.97μm における真空中、大気中で水蒸気を十分吸収した後の透過率、d_f を薄膜の厚さとすると[45]、Pは次式となる。

$$P = 1 - \frac{\ln(T_0/T)}{\alpha_w d_f} \tag{13-48}$$

13.4　薄膜表面形状及び粗さの測定

薄膜表面の形状や粗さを測定することにより散乱損失が計算できるが、重要なのはこのことが成膜技術向上の参考になるということである。また、基板表面の研磨技術も本節で述べる方法を用いて高めることが出来る。

あまり微細ではない表面（マイクロメータオーダの面粗さ）を測定する場合

第13章 薄膜の光学特性の測定

はFizeau干渉計などの光学法で測定できる。さらに細かい表面は偏光干渉計やNomarski顕微鏡で測定できる。これらの装置の測定可能な精度は観測波長λで制限され、このときの分解能は1.22 λf/#である（f/#はFナンバー）。

更に微細な粗さを測定する場合、FECO (Fringes of Equal Chromatic Order) 干渉計を利用する。これは多光束干渉計と光スペクトラムアナライザを組み合わせた装置で、精度はナノメータ(nm)まで達する。

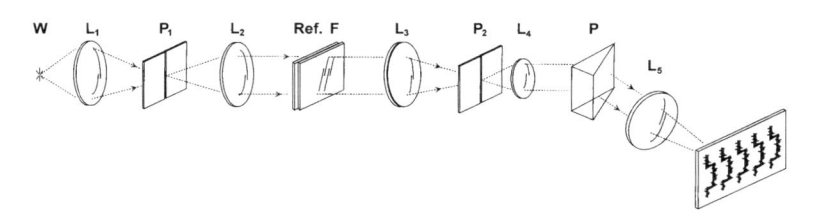

図13-19 FECO干渉計を用いて薄膜の面粗さを測定するモデル図

図13-19はこの測定計のモデル図である。Wは白色光源で、レンズL_1を通してスリットP_1にフォーカスしてからレンズL_2を通して、参照面Refと薄膜サンプルFに平行光で入射する（参照面と薄膜サンプルともに、Agが成膜されて高反射面となっているので多光束干渉となる）。L_3は色消しレンズ(achromatic lens)で、光はスリットP_2にフォーカスしてからレンズL_4を通してプリズムPに平行に入射する。レンズL_5を通して薄膜表面の粗さをマトリックスセンサまたは顕微鏡の拡大スクリーン上に投影する。薄膜表面の各点での平均線に対する凹凸の大きさΔz_iは次式で表すことができる。

$$\Delta z_i = \frac{\lambda}{2} \frac{\Delta x}{\Delta \lambda} \tag{13-49}$$

$\Delta x (=\lambda_{1,m} - \lambda_{2,m}$, mは干渉縞の次数)はスクリーン上で観察される干渉縞の中心線からの距離である。$\Delta \lambda (=\lambda_{1,m} - \lambda_{1,m+1})$は同一波長の、スクリーン上で隣接する次数の干渉縞の距離である。Δzの精度は1nm以下である。

Optical heterodyne profilemetry[46]またはPhase shift interferometryのような位相比較法を利用すると、分解能は0.1nmになる。Mirau干渉顕微鏡を利用する

第13章　薄膜の光学特性の測定

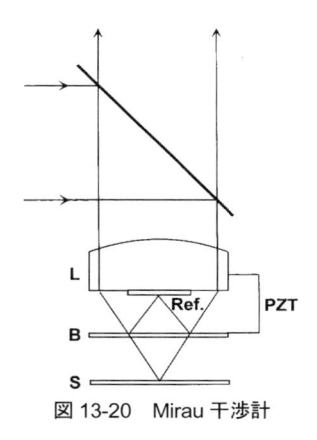

図 13-20　Mirau 干渉計

場合を例にとって説明しよう。図 13-20 において、B および S は各々分離ミラーとサンプルで、レンズ L には非常に平坦な参照ミラー Ref が成膜されている。測定する時、PZT を用いて L と B を位相差が $\pi/2$ ずつずれる様に 3 回移動させる。これより干渉縞の強度は元来の I から I_1、I_2、I_3 となる。強度 I は次式で示される。

$$I = I_0[1 + |\gamma|\cos[\phi(x,y)]$$

ここで $|\gamma|$ は相関度で、干渉縞の鮮明度に関係する。$\phi(x,y)$ はサンプル S と参照面 Ref の位相厚さの差で、Ref から分離ミラー B の距離と B から S の距離は等しいので、$\phi(x,y)$ はサンプル（薄膜または基板）表面の各点における縦方向の高さの位相厚さの差に相当する。従って、$\phi(x,y)(=(2\pi/\lambda)nd(x,y), n=1(空気))$ を測定すれば、S 表面の輪郭 $d(x,y)$ が計算できる。各測定値は

$$I_1 = I_0[1 + |\gamma|\cos[\phi(x,y) + \frac{1}{4}\pi]]$$
$$I_2 = I_0[1 + |\gamma|\cos[\phi(x,y) + \frac{3}{4}\pi]]$$
$$I_3 = I_0[1 + |\gamma|\cos[\phi(x,y) + \frac{5}{4}\pi]]$$

なので、これより

第 13 章　薄膜の光学特性の測定

$$\phi(x,y) = \tan^{-1}[\frac{I_3(x,y) - I_2(x,y)}{I_1(x,y) - I_2(x,y)}] \tag{13-50}$$

が得られる。位相 $\phi(x,y)$ はコンピュータを利用して非常に細かく解析できるので、表面の粗さに対する測定の精度は 0.1nm になる。更に、三次元空間画像を描かせて表面輪郭を観察することもできる。WYKO-3D 干渉計はこの原理に基づいて作られている。この方法で測定する場合、レンズとサンプルは非接触なので、触れてはいけないサンプルの測定に適している。また、測定可能な厚さの範囲は 1 ミクロン以上と非常に広いので、薄膜の厚さ d も測定できる。注意しなければならないのは、膜面と基板の反射位相を同じにしなければいけない。通常、薄い Al 膜を成膜して基板と膜面をカバーする。こうすると両方の位相は同じになるので、測定した d の値はより正確になる。

これ以外の精度の良い測定法としては、プローブを使った機械接触走査法がある。これはプローブ走査法(Stylus profilemetry) といい、プローブが表面凹凸に沿って上下に変化するので、表面輪郭が直接測定できる。精度は 0.1nm である。但し、観察できるのは 2 次元空間の粗い輪郭のみである。この方法は測定できる範囲が非常に広いので、表面の粗さだけではなく薄膜の厚さの測定にも利用できる。測定可能な厚さの範囲は 1 ミクロンのオーダまでである。この方法は操作が簡単なので、薄膜の厚さ d を測定するのに広く利用されている。ただ注意しなければならないのは、測定する時水平をよく調節する必要がある。こうすると膜境界があまり傾かないので膜厚の精度が維持できる。

サンプルを真空室に入れられれば、走査電子顕微鏡(SEM)や透過式電子顕微鏡(TEM) を使うことによって、表面の 3 次元空間輪郭図が観測できる。この精度も 0.1nm レベルである。SEM を使用する時、薄膜が誘電体膜の場合には非常に薄い Au を成膜して、走査電子が流せるようにする必要がある。こうしないと電荷が蓄積して像がぼやけてしまう。TEM を使う時には複製膜を作る必要がある。複製膜は次のように作る。膜の表面輪郭だけを観測したいのなら、サイコロ薄片を用いて膜面に貼り付け、剥してから薄い Au または C を成膜するだけで TEM で膜の表面輪郭を観測できる。膜の断面を観測したいのなら、膜断面を出して15°~ 30°の蒸着角で Pt/C を膜の断面に成膜する。投影の鮮明度が増

第 13 章　薄膜の光学特性の測定

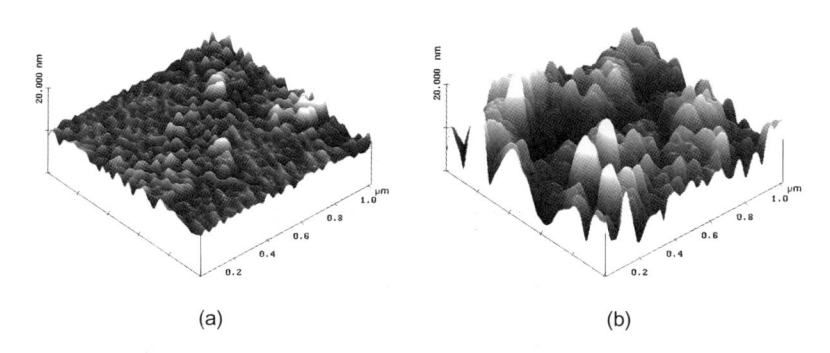

図 13-21　Ag 膜の表面輪郭図　(a)イオンアシストがある場合　(b)イオンアシストがない場合

加したら、正面（つまり 0°）から支持膜の C を成膜する。次にこのサンプルをゆっくりと 2~5%の HF を含む溶液に浸し、ガラスを腐蝕してから膜（複製膜）を分離する。次いで、純水で HF 溶液が完全になくなるまですすぎ、複製膜を Cu 網を用いて取出し、図 11-3 に示すように、TEM でその断面を観測する。TEM の分解能は SEM より高いが、複製膜を作るのが難しい。近年、SEM の性能は各種の電磁干渉の遮蔽技術の発達で大きく進歩してので、直接 SEM で膜層断面の構造を鮮明に観察した人もいる。

　SEM、TEM はともに真空室中で観測しなければならないが、原子間力顕微鏡の発明によって大気中でも高分解能の薄膜表面輪郭が観測できるようになった。

　原子間力顕微鏡を用いて薄膜表面や基板表面の輪郭を測定する場合、鮮明度と分解能はともに上述の方法よりも一段と高くなる。その原理は次のようである。電気伝導体の針先とサンプルとの間の距離が d（1nm 以下）の時、d が小さくなるに連れて増大するトンネル電流 J が発生する。この現象を、フィードバック機構を利用し d 値を常に小さい値に維持できるようにする。針先がサンプルの表面に沿って走査する時、針先を支持する梁（カンチレバ）の変形を検出すれば、サンプルの表面輪郭を測定することができる[47]。この分解能は 0.01nm である。横方向の分解能は 2nm である。図 13-21 は Ag 膜の、イオンアシストがある場合とない場合の測定データである。これを見ると、原子間力顕

微鏡は非常に優れた道具であることが分かる。膜面の良し悪しを判断して成膜方法を改善する道具に利用できる。図 11-34 は原子力間力顕微鏡で TiO_2 と Ta_2O_5 の膜表面を観測した輪郭図である。

13.5 薄膜の硬度、耐摩耗性、付着性及び耐環境性

13.5.1 薄膜のマイクロビッカース硬度の測定

薄膜の硬度は膜材質及び成膜方法に関係する。通常、ダイアモンド角すい圧子を使って薄膜を押してビッカース硬度を測る。ダイアモンド角すい圧子の形状は菱形か正方形である。ここでは正方形ダイアモンド角すい圧子を用いたものを説明する。硬度は Viekers Indentation で計算する。

ダイアモンド角すい圧子を F（ニュートン）の力で薄膜に押し付けると、正方形の錐状くぼみができる。この対角線の長さを d(mm) とすると、正方形ダイアモンドの錐角の角度は $\theta = 136°$ なので、薄膜の硬度は次のような Vickers 硬度で表すことが出来る。

$$\begin{aligned} HV &= \frac{2F\sin(\theta/2)}{d^2} \\ &= 189.96 \times 10^3 \frac{F}{d^2} \end{aligned} \quad (13\text{-}51)$$

ダイアモンドの形が菱形の場合、d を長軸（長軸と短軸との比は 5:1）の長さとすると、硬度（Knoop 硬度）は次式で表される。

$$HK = 1450.95 \times 10^3 \frac{F}{d^2} \quad (13\text{-}52)$$

この実験を行う時、薄膜の厚さはダイアモンド角すい圧子が作るくぼみの深さの 10 倍以上が必要である。この厚さで測定した薄膜の硬度値は基板硬度の影響を受けない。圧子に与える力 F は薄膜の硬度が大きくなるにしたがって大きくする必要がある。必要以上に強く押し付けることは良くないが、可能な範囲で正方形のくぼみが鮮明に観察できるようにすることが重要である。

第 13 章　薄膜の光学特性の測定

13.5.2　薄膜の耐摩耗性の測定

　薄膜の耐摩耗性は硬度と同様に膜材質や成膜方法に関係する。測定方法については 4 つのレベルに分けて説明する。最も要求の軽いレベル 1 は、金属や金属膜+保護膜系に対するものである。試験方法は綿に水またはエタノールなどの液体を浸して、数グラムの力で膜面を擦るものである（汚れた鏡を綺麗に拭く作業に相当）。試験後 10 倍の拡大鏡でこの引っかき傷を数えるか、顕微鏡で散乱を測定する。

　レベル 2 は厚さ 5mm、長さ・幅それぞれ 10mm のガーゼを膜面に 5N の力で押し付け、20mm の距離を往復 50 回擦ってから、この引っかき傷または散乱を観測する。

　レベル 3 は規定の消しゴムで、10N の加圧で 20mm の距離を往復 40 回擦る。或いは、10N の力で消しゴムを用いて膜面を抑えながら、膜サンプルを 120rpm の回転速度で 50 回、回転させる。その後、エタノールで綺麗に拭いてから、引っかき傷または散乱を測定する。耐摩耗性が良い膜はこの後、洗浄しても膜面の色変化は観察されない。

　砂で膜面を衝撃する耐磨耗性試験方法には、漏斗の中に大きさ約 40~140μm の砂粒と類似の炭化珪素、二酸化珪素、砂粒のいずれかを詰め、高さ 3m の位置からパイプを通して自然落下させ、45°傾斜した膜面に噴射する。このあと顕微鏡または散乱計で、この擦り傷を測定する[48]。このとき砂粒濃度は 10g/立方メートル、速度は 10m/s である。

　レベル 4 は最も厳しい要求レベルである。探錐を膜面に置き、加える力を増しながら膜を横向きに移動させ、傷がつき始める時の力を観測する。この擦り傷と加えた力の大きさから耐摩耗性が分かる。この方法から、薄膜と基板の間の付着性を測定することもできる[49, 50]。

13.5.3　付着性の測定

　薄膜の基板への付着性の強弱は膜自身の応力、膜と基板間の膨張係数差、表面結合力に関係する。ASTM(The American Society for Testing and Materials(ASTM D907-70)) の定義によると、吸着とは「2 つの表面が価電子の相互作用の力で

第 13 章　薄膜の光学特性の測定

結合、つまりファンデルワールス力(van der Waals force)、静電力、化学結合力などで結合している状態」をいう。分子間の物理結合力の大きさは 0.05eV（0.03～0.25Gpa）、化学結合力は、各分子毎におおよそ 5～10eV（50Gpa）である。最も簡単な測定方法は、強い粘着性テープを膜面に貼り付け、テープと膜面の間に気泡のないことを確認し、片方の手でサンプルをおさえ、他方の手でテープを膜面に垂直に、3 秒以内、1 秒以内、スナップの 3 種類で引き剥がす。この後、膜の剥離部分の大きさを検査する[49, p.80,図3]。定量化したり、異なる基板上での付着性の差異を測定するために、表面にダイアモンドカッターで正方形網状の傷をいれ、上述のテープ試験方法を用いる方法もある。この後、剥がれた小片の数から付着性の大きさの目安とする。

　定量化の別手法として、円柱の一端面を強力な接着剤で膜面に垂直に貼り付け、円柱の他端を引っ張り、剥離に要した力の大きさから付着性の大きさを計る方法もある[49, p.82, 50]。

13.5.4　恒温、恒湿、液体浸漬試験

　薄膜は微視的構造を有するため隙間が存在する。場合によっては水、塩水、弱酸、弱アルカリ溶液などが隙間に浸入した後の、膜の変化を調べる必要がある。程度が軽い場合は、光学特性劣化くらいで済むが、ひどい場合には剥離や曇りが起きる。

　恒温・恒湿度テストは通常、相対湿度 95%、温度 55℃の環境の下で 6 時間、24 時間放置するか、40℃の下で 10 日間放置する。室温～80℃の間を数回往復するように変化させ、膜質或いは分光特性の変化を測定する方法もある。DWDM 用狭帯域バンドパスフィルタの場合は、中心波長のシフト量を測定する必要がある。図 13-22 は図 12-17 に示す狭帯域バンドパスフィルタの、－20℃～80℃の間の中心波長シフト（波長温度係数）を示したものである。通信用 DWDM 用狭帯域フィルタの温度－波長安定性要求は極めて厳しい。膜の厚さや屈折率の変化など、全てがフィルタの波長温度係数の要因となる。通常、－50℃～70℃のフィルタの波長温度係数は 0.003nm/℃以下、場合によっては 0.001nm/℃以下が要求される。フィルタの波長温度係数は、基板、膜材料の熱

膨張係数、ポアソン比（Poisson ratio）に依存するため、フィルタごとに異なる。高橋はこれについて具体的な解析を行った[51]。波長温度係数による波長シフトを考えると、成膜プロセスだけでなく膜材料や基板の選択も非常に重要である。

通常、液体浸漬は室温で行う。薄膜を 45g/l の塩水、弱酸、弱アルカリ溶液中で 6 時間或いは 24 時間浸し、取出して洗浄し、膜質や光学特性を測定する。

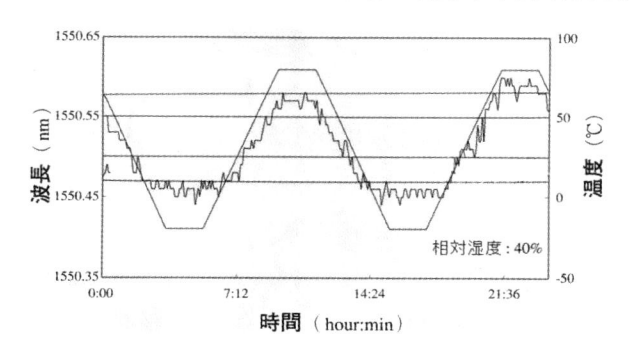

図 13-22　狭帯域バンドパスフィルタの温度変化に伴う中心波長変化

13.5.5　温度テスト

一般に薄膜の熱膨張係数は基板より一桁大きい。高温下では、膜自身の応力によってひずみ放出によるずれが引起されるので、この環境で使用する時には

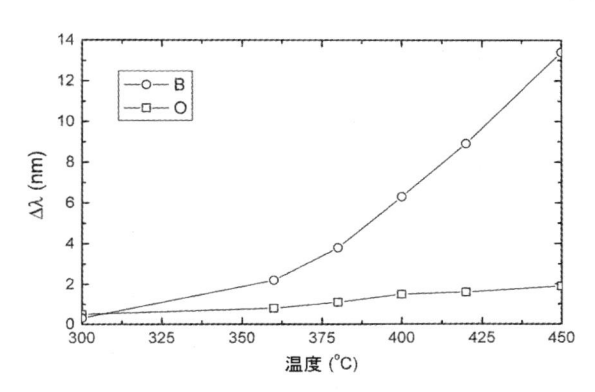

図 13-23　2 種類の異なる IAD（上：200V、下：550V）で成膜した DWDM 狭帯域フィルタの温度変化に伴う波長シフト

あらかじめベーキングテストをする必要がある。コールドミラーの場合には、ハロゲンランプ自身や前方のホットミラーからの反射があるので、500℃のベーキングテストを行い、亀裂や反射率低下の有無を検査する。薄膜の屈折率 n も温度によってわずかに変化する。図 13-23 は異なるイオン加速電圧（550V と 200V）の IAD で成膜した DWDM フィルタの温度変化に伴う中心波長のシフトを示している。成膜プロセスの違う膜の膜質は明らかに異なり、シフト量も異なる。

13.5.6　耐寒，塩水噴霧，太陽光照射，宇宙線・高エネルギー粒子衝突テスト

使用環境が特殊な場合、$-25℃$，$-35℃$，$-55℃$ での 16 時間のテスト、$35℃$，塩水濃度 5%，pH6.5～7.2 の溶液中，24 時間放置テスト，$1kW/m^2$ の太陽光の下での 72 時間以上の放置、高エネルギー電子(β粒子)・α粒子の衝突テスト（宇宙空間を想定）を受けなければならない。詳細な説明及び薄膜の品質レベルの分類は ISO/DIS 9211 国際基準（ISO 9022）を参照されたい。

13.6　薄膜の応力の測定

真空蒸着による薄膜は、高温下で基板上に原子・分子が急速に冷却凝集したものなので、不規則な微視的構造をもっている。この分子配列は必ずしも最低エネルギー状態にあるわけではないので、応力が残存することが想像できる。これを内部応力という。また、薄膜と基板の膨張係数差も大きいので、冷却・取出し後も応力が存在する。これを熱応力と称する。基板が誘電体材料の BK-7 の場合、金属膜の応力は誘電体膜の熱応力より大きいことが推測できる。

プラズマ環境でのスパッタリング、イオンビームスパッタリング、イオンアシスト法などの方法においても、同様な応力問題は存在する。液体成膜法でも、脱水や溶剤除去過程での膜収縮により、膜材料自身の応力や膜と基板間の応力が発生する。

薄膜の応力は引張り応力と圧縮応力に分けられる。膜の成長にしたがって次

第 13 章 薄膜の光学特性の測定

第に疎になる場合、膜は内部に向かって縮むので、成膜面が内側へ曲がり凹面になる。この応力は引張り応力で、このときの値を正にとる。薄膜が成長するにつれて密になるときには、膜が外へ押されて外部に向かって凸になる。これを圧縮応力といい、値を負にとる。

上述から分かるように、薄膜の応力の大きさは基板材質、膜材料、組成、成膜方法、成膜時のパラメータなどに関係する。膜の応力が膜と基板間の付着力より大きい場合には剥離が生じる。応力がやや小さい場合には亀裂が生じる。たとえ応力が小さくても光波の波面 (wavefront) は歪む。また、狭帯域バンドパスフィルタの中心波長は温度変化によりシフトする。従って、応力が小さい薄膜を成膜したり、成膜後に加熱アニールやレーザアニールを用いて応力を低下させることは重要な技術である。

薄膜応力の改善方法を知るためには優れた測定道具が必要である。以下に良く使われるいくつかの測定法について説明する。

13.6.1 ニュートンリング法

これは平面円形基板に成膜した膜の応力による湾曲面と参照平面の間で、干渉により発生するニュートンリングを利用する方法である。膜の直径が膜厚の 50 倍以上ある場合には図 13-24 に示すように、干渉縞の測定から基板の曲率半径 r をもとめ、次式を用いると応力σが計算できる。

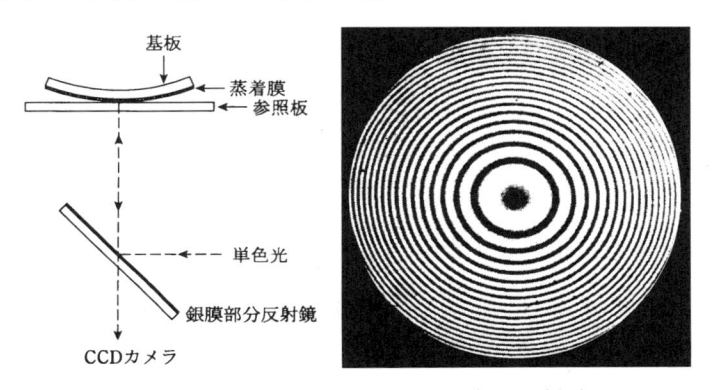

図 13-24 ニュートンリング法で薄膜の応力を測定する

$$\sigma = \frac{1}{6} \frac{E_S}{r(1-\nu)} \frac{t_S^2}{t_f} \tag{13-53}$$

t_S は基板の厚さ、t_f は膜厚、E_S は基板のヤング率（Young's Modulus）、ν は基板のポアソン比（Poisson's ratio）、r は基板の曲率半径である。

13.6.2　片持ち梁法

この方法は図 13-25 に示すように基板の一端を固定し、成膜基板の応力によるそり量（上：圧縮応力、下：引張り応力）を測定するものである。この反り角度 δ はレーザ光を基板の自由端の一点に当て、成膜後の反射光の移動量 θ を測定すれば δ＝θ/2 が分かる。基板上で、光の反射する点と基板の固定点の距離を ℓ とすると、曲率半径は r＝ℓ^2/2δ で近似できる。これを式(13-53)に代入すると、応力は次のようになる。

$$\sigma = \frac{1}{3} \frac{E_S \delta}{\ell^2 (1-\nu)} \frac{t_S^2}{t_f} \tag{13-54}$$

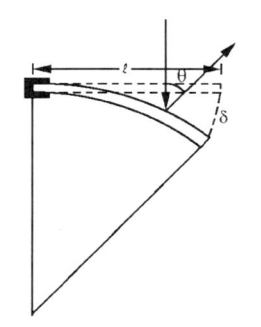

図 13-25　片持ち梁法で薄膜の応力を測定する

13.6.3　干渉計位相シフト法

この方法は Twyman-Green 干渉計を利用したものである。図 13-26 に示すように、位相シフト法[52] を用いて膜曲面と参照平面で生じる干渉模様を測定し、成膜前の基板の曲率半径 R_1、成膜後の曲率半径 R_2 を求める。これより次式が

第 13 章　薄膜の光学特性の測定

得られる。

$$\frac{1}{r} = \frac{1}{R_2} - \frac{1}{R_1}$$

r を式(13-53)に代入して薄膜の応力を求める。成長した膜は基板上で必ずしも円対称（真円）ではないので、この場合の解析には上述の方法よりも更に正確

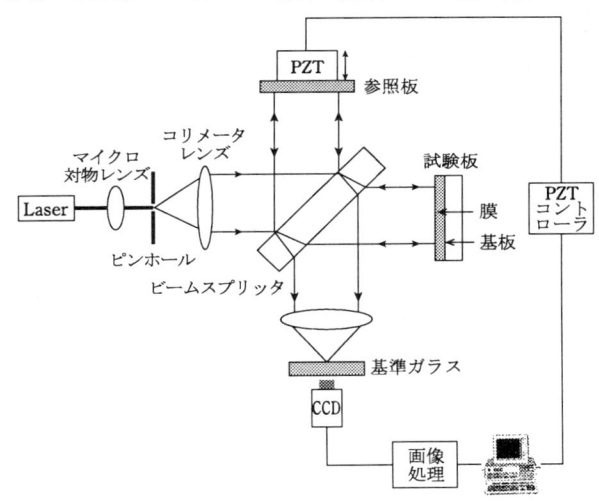

図 13-26　位相シフト Twyman-Green 干渉計

表 13-1　各種の方法で成膜した酸化膜の応力比較

材料	薄膜厚度 (μm)	干渉計位相シフト法の応力 (Gpa)	Sites*の応力 (Gpa)	McNeil**の応力 (Gpa)	Martin**の応力 (Gpa)	Strauss***の応力 (Gpa)	Edlingerの応力 (Gpa)
SiO_2	0.270	-0.521	-0.7〜-0.8	-0.61〜-1.6		-0.7	
TiO_2	0.279	-0.470	-0.4	-0.54			
Ta_2O_5	0.189	-0.489	-0.4〜-0.5		-0.2〜-0.4	-0.55	
Nb_2O_5	0.274	-0.328					-0.2〜-0.5

*イオンビームスパッタ法成膜
**イオンアシスト法成膜
***イオンプレーティング法成膜

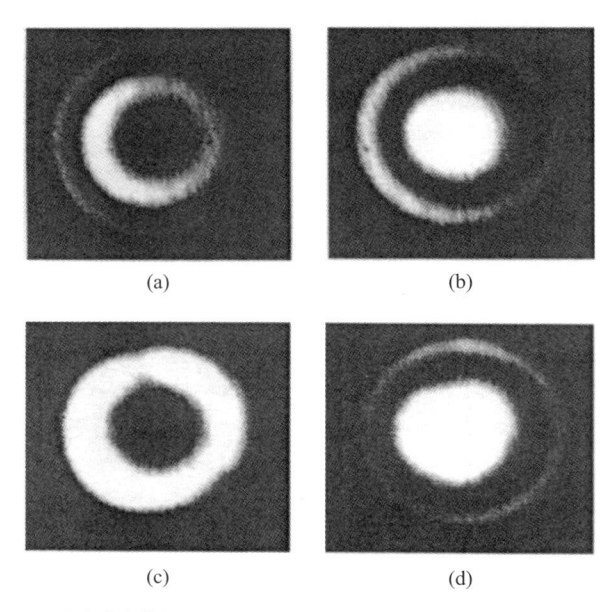

図 13-27　Nb$_2$O$_5$ 薄膜成膜基板の位相シフト干渉模様
　　　　(a) 成膜前：0°位相シフト干渉模様　　(b) 成膜前：180°位相シフト干渉模様
　　　　(c) 成膜後：0°位相シフト干渉模様　　(d) 成膜後：180°位相シフト干渉模様

な平均半径が必要であるが、得られる応力は正確である。

図 13-27 は成膜する前の基板及び Nb$_2$O$_5$ を成膜した後の位相干渉模様である。表 13-1 はこの方法による各種イオンアシストで成膜した酸化膜の応力である。表には、その他の成膜法での応力も比較のために列挙してある。

13.6.4　X 線回折法

Movchan、Demchishiu の薄膜モデルから、応力は膜中の結晶が互いに押したり引っ張ったりする作用に関係することが想像できる。従って、Bragg の回折公式を利用し、X 線回折から得られた薄膜の結晶格子面間隔 d を求めれば、格子の変位を次式のように求められる。

第 13 章　薄膜の光学特性の測定

$$\varepsilon = \frac{d - d_0}{d_0} \tag{13-55}$$

d_0は歪みがない場合の結晶格子面間隔である。これより、応力は次式のように求められる。

$$\sigma = \frac{E_f}{(1 - \nu_f)} \varepsilon P \tag{13-56}$$

E_f、ν_fは膜材料の弾性係数、ポアソン比であり、P は充填密度である[53,54]。

13.7　薄膜の微視的構造の解析

　熱蒸発蒸着法やプラズマスパッタ法などの、伝統的な真空成膜法（第10章参照）を用いて作製した薄膜は微視的構造を持っているので、光学特性不安定や散乱損失などを引起す。これらの問題は第11章で提案した改善方法によって解決できる。微視的構造は成膜パラメータが適正でない時に存在するので、成膜パラメータを調整した後には再度、薄膜の微視的構造の分析が必要になる。従来より透過式電子顕微鏡（TEM）を用いて膜の断面を観測することが良く行われてきた。図11-3に示すように、TEM で観測する時には、複雑な作成プロセスで複製サンプル(replica) を作成しなければならない。現在、走査電子顕微鏡（SEM）も電気的・磁気的遮蔽の改善で分解能が向上し、膜の断面の直接走査

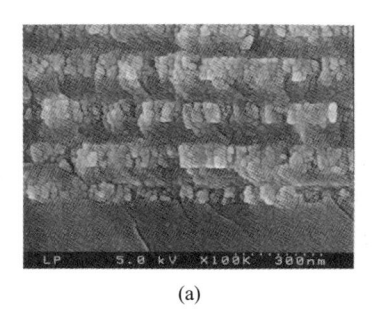

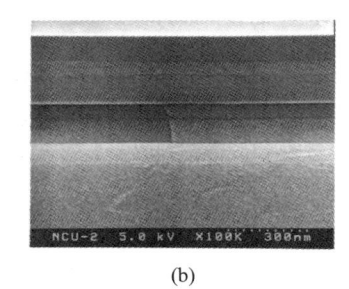

(a)　　　　　　　　　　　　　(b)

図 13-28　SEM で観察された薄膜の微視的構造（拡大率は 10 万倍）
　　　　(a)：電子銃蒸着で成膜した TiO_2/SiO_2 多層膜
　　　　(b)：イオンビームスパッタで成膜した TiO_2/SiO_2 多層膜

も可能である。図13-28はSEMで写した膜断面図である。図13-28aは電子銃蒸着によるTiO$_2$/SiO$_2$の多層膜で、図13-28bはイオンビームスパッタによるTiO$_2$/SiO$_2$の多層膜である。前者は多結晶構造(polycrystal)だが、後者はアモルファス(amorphous)であることがはっきりと分かる。

13.8　薄膜の成分分析

　完全な薄膜成分とは、化学量論比(Stoichiometry)が完全で、且つ不純物を含まないものである。これらは薄膜の透過率に大きな影響を与える。これは薄膜の高出力レーザ照射に対する損傷にも関係する。レーザによる損傷は膜の成長方式、構造、欠陥、基板洗浄などに関係する。

　最も簡単な分析は赤外線分光計を利用して、膜の組成分子の振動吸収スペクトルを観測することである。2.97μmには水分子、4.41μmにはSi-H、9.6μm及び11.3μmにはSi$_2$O$_3$、10.2μmにはSiO、14.35μm及び12.5μmにはSiO$_2$の各吸収帯がある。これらの波長領域で吸収が観察される場合、この波長での透過率減衰値より該当成分の含有量を求めることができる。

　より精密な方法として、光子（X-ray）、電子、イオンなどを用いて薄膜を衝撃し、放出される電子のスペクトルや強度を観測するものもある[55,56]。含まれる不純物の構造や結合バンドが異なるため、中にどんな成分が含まれているかが判断できる。最もよく使われるものとしてXPS(X-ray Photoelectron Spectroscopy)、ESCA(Electron Spectroscopy for Chemical Analysis)、RBS(Rutherford Back Scattering Spectroscopy)、AES(Auger Electron Spectroscopy)、SEM-EDX(Scanning Electron Microscope-Energy Disperssive X-ray)、SIMS(Secondary Ion Mass Spectroscopy)、Raman Spectroscopyなどがある。XPSはX線を薄膜に照射し、酸素IS状態から出てくる電子のエネルギーを観測する。531eVにピークが観測された場合、Ta$_2$O$_5$が含まれていることが分かる。535eVにピークが観測される場合にはSiO$_2$が含まれていることが分かる。通常、これらの測定装置には成分対スペクトルの照合表が用意されている。

　上述の方法は薄膜表面原子層の成分のみが観測できる。より深い部分の成分を調べたい場合にはSputtering-Depth Profiling、つまり薄膜をエッチング(sputter etching) しながら成分を観測する方法が必要である[56]。

13.9　薄膜のレーザ損傷閾値の測定

　これまで、レーザ照射による薄膜の損傷メカニズムについての定説はないが、光吸収による急激な温度上昇により破壊されると考えられている。他の要因としては、強烈な電場振動による分子組織破壊が考えられる。一般にレーザミラー、偏光ミラー、反射防止膜の耐力が最も低い。(lowest damage threshold) どんな膜系でも欠陥、不純物、応力、膜境界不良、汚れた基板などの要因を含んでいれば低損傷閾（しきい）値を示す薄膜になる。

　これまで観測されたもので、最高の耐力を有する薄膜は抵抗加熱および電子銃で成膜した膜である。イオン源を利用して成膜したものは高い密度を有し、且つアモルファスであるが、耐力は抵抗加熱および電子銃による膜に及ばない。多分、低い密度の膜はレーザの強照射による熱の拡散に対して、緩衝作用があるのかもしれない。ゾルゲル法(Sol-gel)で作製した反射防止膜が非常に高い損傷閾値を示す事実は、このことを物語っている。

　フッ化物、HfO_2、Al_2O_3、SiO_2 は TiO_2 よりも本質的に高い損傷閾値を有するが、閾値は薄膜の設計にも依存する。従って、光の電場のピークが膜境界面、或いは高吸収材料上（通常は高屈折率材料）にこないような膜設計をする必要がある。

　損傷閾値の測定は通常、パルスレーザ（パルス時間の長さや波長にも関係する）。をレンズなどでフォーカスし、（焦点の大きさに関係する）薄膜に照射する。照射は、一回照射、数百回照射、或いは照射ごとにエネルギーを増やす方法がある。照射後、顕微鏡または散乱計を用い、どの程度のパワーでどんな損傷を受けたかを調べる。装置に関する詳しい説明は参考文献を参照されたい[57-60]。レーザパワーが弱い状態から徐々に増加させる方法は Ramp-conditioning と呼ばれている。数回に分けてパワーを増加したり、照射時間を増加させる方法は Step-conditioning と呼ばれている。損傷閾値を増大させることを Laser-conditioning または Laser annealing と称する。このとき、使われ

第 13 章　薄膜の光学特性の測定

るレーザの波長は 0.248μm から 10.6μm である。図 13-29 はレーザアニーリング(Laser annealing) を用いて損傷閾値が増大した実験結果を示している[60]。

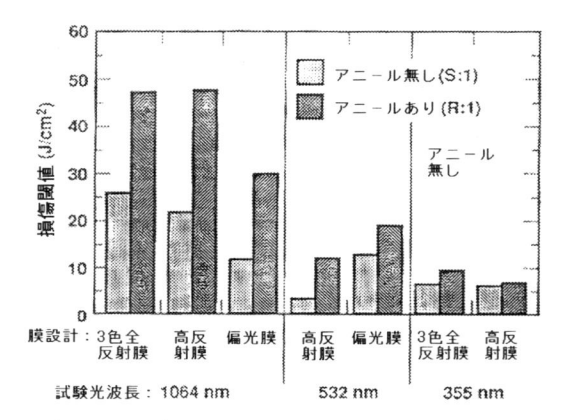

図 13-29　レーザアニーリング(Laser annealing) を用いて損傷閾値を増加させる実験[60]

参考文献

1. Azzam R. M. A. and Bashara N. M.,1977, "Ellipsometry and polarized light", North-Holland Publishing Company.
2. Chu C. W., 1994, "The research on the calculation of optical constant of optical thin film", Ph.D. Thesis, IOS, NCU, Taiwan.
3. Rivory J., 1995, "Ellipsometric measurements", Thin Films for Optical System, Chap. 11, ed. by Flory F. R., Marcel Dekker Inc.
4. Abeles F., 1963, "Methods for determining optical parameters of thin films", in Progress in Optics, Volume **2**, Chap. Ⅵ, ed. by Wolf E., North-Holland Publishing Company, 251-288.
5. Chen W. P. and Chen J. M., 1981, "Use of surface plasma wave for determination of the thickness and optical constant of thin metallic films", J. Opt. Soc. Am. **71**, 189-191.
6. Levesque L., Paton B. E. and Payne S. H., 1994, "Precise thickness and refractive index determination of polyimide films using attenuated total reflection", Appl. Opt. **33**, 8036-8040.
7. Yu T. C., 1998, "Determination of the refractive index of thin film by attenuated total reflection", Master thesis, IOS, NCU, Taiwan.
8. Manifacier J.C., Gasiot J. and Filland J.P., 1976, "Simple method for determination of the optical constant n, k and the thickness of weekly absorbing thin films", J. Phys. E. : Sci. Inst. **9**, 1002-1004.
9. Swanepoel R., 1983, "Determination of the thickness and optical constant of amorphous

第13章 薄膜の光学特性の測定

silicon", J. Phys. E.: Sci. Inst. **16**, 1214-1222.
10. Borgogno J. P., Flory F., Roche P., Schmitt B., Albert G., Pelletier E., and Macleod H. A., 1984, "Refractive index and inhomogeneity of thin films", Appl. Opt. **23**, 3567-3570.
11. Borgogno J. P., 1995, "Spectrophotometric methods for refractive index determination", Thin films for optical system, Chap. 10, ed. by Flory F. R., Marcel Dekker Inc.
12. Bovard B., Milligen F. J. V., Messerly M. J., Saxe S. G. and Macleod H. A., 1985, "Optical constants derivation for an inhomogeneous thin film from in situ transmission measurements", Appl. Opt. **24**, 1803-1827.
13. Liou Y. Y., Lee C. C., Jaing C. C. and Chu C. W., 1995, "Determination of the optical constant profile of thin weekly absorbing inhomogeneous films", Jpn. J. Appl. Phys. **34**, 1952-1957.
14. Ulrich R. and Torge K., 1973, "Measurements of thin film parameter with a prism coupler", Appl. Opt. **12**, 2901-2908.
15. Flory F. R., 1995, "Guided wave technique for characterization of optical coatings", Thin films for Optical Systems, chap. 14, ed. by Flory F. R., Marcel Dekker Inc.
16. Leveque G. and Renard-Villachon Y., 1990, "Determination of Optical Constants of thin film from reflectance spectra", Appl. Opt. **29**, 3207-3212.
17. Denton R. E., Cambell R. P. and Tomlin S. G., "The determination of the optical constants of thin films from measurement of R and T at normal incidence", J. Phys. D: Appl. Phys. **5**, 852-863.
18. Cisneros J. I., Rego G. B., Tomuiama M., Bilac S., Gencaleves J. M., Rodriguez A. E. and Arguello Z. P., 1983, "A method for the determination of the complex reflective index of non-metallic thin films using photometric measurements at normal incidence", Thin Solid Films **100**, 155-167.
19. Stenze O., Hopfe V. and Klobes P., 1991, "Determination of optical parameters for amorphous thin film material on semi-transparent substrates from T and R measurements", J. Phys. D: Appl. Phys. **24**, 2088-2094.
20. Mouchart J., Begal J. and Clement C., 1992, "Infrared optical constant determination of weakly absorbing dielectric thin films", Appl. Opt. **31**,885-897.
21. Lott L. A. and Cash D. L., 1973, "Spectral reflectivity measurements using fiber optics", Appl. Opt. **12**, 837-840.
22. Austin R. L., 1987, "NBS Traceable Spectral reflectance measurements of film reflectance coatings", Solar Energy Material **6**, 435-451.
23. Sanders V., 1977, "High-precision reflectivity measurement technique for low-loss laser mirror", Appl. Opt. **16**, 19-20.
24. Herbelin J. M., Mckay J. A., Kwok M. A., Ueunten R. H., Ureving D. S., Spencer D. J. and Benard D. J., 1980, "Sensitive measurement of photon lifetime and true reflectance in an optical cavity by a phase-shift method", Appl. Opt. **19**, 144-147.
25. Herbelin J. M. and Mckay J. A., 1981, "Development of laser mirrors of very high reflectivity using the cavity-attenuated phase-shift method" Appl. Opt. **20**, 3341-3344.

26. Rempe G., Thompson R. J. and Kimble H. J., 1992, "Measurement of ultralow losses in an optical interferometer", Opt. Letter **17**, 363-365.
27. Yariv A., 1991, "Optical Electronics", 4th ed., Sec. 4.7, 130, Saunders College Publishing, a Division of Holt, Rinehart and Winston, Inc., Tokyo.
28. Peek T. H., 1970, "Measurements on laser mirror loss using a low-finesse scanning interferometer", Opt. Commun. **1**, 341.
29. Anderson D. Z., Frisch J. C. and Massor C. S., 1984, "Mirror reflectometer based on optical cavity decay time", Appl. Opt. **23**, 1238-1245.
30. O'Keefe A. and Deacon D. A., 1988, "Cavity ring-down optical spectrometer for absorption measurements using pulsed laser sources", Rev. Sci. Instrum **59**, 2544-2551.
31. Wong D. H., 1999, "The research and application of ion beam sputtered optical thin film", Master thesis, IOS, NCU, Taiwan, 52.
32. Temple P. A., 1985, "Thin film absorption measurements using laser calorimetry", Handbook of optical constants of solids, Chap. 7, ed. by Palik E. D., Academic N.Y.
33. Alkinson R., 1985, "Development of a wavelength scanning laser calorimeter", Appl. Opt. **24**, 464.
34. Boccara A. C., Fournier D., Jackson W. and Amer N. M., 1980, "Sensitive photo thermal deflection technique for measuring absorption in optically thin media", Opt. Lett. **5**, 377-379.
35. Commandre M. and Roche P., 1995, "Characterization of absorption by photothermal deflection", Thin Films for Optical System, Chap. 12, ed. by Flory F. R., Marcel Dekker Inc.
36. Pulker H. K., 1984, "Coating on Glass", Chap. 3, Elsevier, Amsterdam.
37. McNeil J. R., Wei L. J., Al-Jumaily G. A., Shakirs and McIver J. K., 1985, "Surface smoothing effects of thin film deposition", Appl. Opt. **24**, 480-485.
38. Elson J. M., Rahn J. P. and Bennett J. M., 1983, "Reflection of the total integrated scattering from multilayer-coated optics to angle of incidence, polarization, correlation, length and roughness cross-correlation properties", Appl. Opt. **22**, 3207-3219.
39. Guenther K. H. and Wierer P. G., 1983, "Surface roughness assessment of ultra-smooth laser mirror and substrate", SPIE **401**, 266-279.
40. Roche P. and Pelletier E., 1984, "Characterization of optical surfaces by measurement of scattering distribution", Appl. Opt. **23**, 3561-3655.
41. Amra C., 1995, "Introduction to light scattering in multilayer optics", Thin Films for Optical System, Chap. 13, ed. by Flory F. R., Marcel Dekker Inc.
42. Stuhliger T. W., Dereniak F. L. and Bartell F. D., 1981, "Bidirectional reflectance distribution function of gold-plated sandpaper", Appl. Opt. **20**, 2648-2655.
43. Ogura S., 1975, "Some features of the behabier of optical thin films", Ph.D. Thesis, Newcastle upon Tyne Polytechnic, England.
44. Harris M., Macleod H. A. and Ogura S., 1979, "The relationship between optical inhomogeneity and film structure", Thin Solid Film **57**, 173-178.
45. Atanassov G., Thielsch R. and Popov D., 1993, "Optical properties of TiO_2, Y_2O_3 and CeO_2

第 13 章　薄膜の光学特性の測定

    thin films deposited by electron beam evaporation", Thin Solid Film **233**, 288-292.
46. Sommargren G. E., 1981 "Optical heterodyne profilemetry", Appl. Opt. **20**, 610-618.
47. Binning G., Quate C. F. and Geber C., 1986, "Atomic force microscope", Phys. Rev. Lett. **56**, 930.
48. Ludiwg M. A. and Stoner R. B.,1986, "Quantitative abrasion resistance of optical coatings and substrate", J. Appl. Phys. **60**, 4277-4280.
49. Pulker H. K., 1984, Ref. 36, Chap. 5.
50. Steinmann P. A. and Hintermann, 1989, "A review of mechnical tests for assessment of thin film adbesion", J. Vac. Sct. Technal **A7**, 2267-2272.
51. Takahashi H., 1995 "Temperature stability of thin-film narrow-band pass filters produced by ion-asisted deposition", Appl. Opt. **34**, 667-675.
52. Tien C. L., Lee C. C. and Jaing C. C., 2000, "The measurement of thin film stress using phase shifting interferometry", J of Modern Opt **47**, 839-849.
53. Pulker H. K., 1995, "Mechanical properties of optical thin films", Book of Thin Films for Optical systems, Chap. 15, ed. by Flory F. R., Marcel Dekker Inc.
54. Lee C. C., T. Y. Lee and Y. J. Jen, 2000, "Ion-assisted deposition of silver thin films", Thin Solid Films **359**, 95-97.
55. Gunther K. H., 1981, "Nonoptical characterization of optical coating", Appl. Opt. **20**, 3487-3502.
56. Pulker H. K., 1984, "Coating on Glass", Chap. 8, Sec. 3, Elsevier, Amsterdam.
57. Wood R. M., 1986, "Laser damage in optical material", Adam. Hilger, Boston.
58. Seitel S. C., 1988, "Laser Damage test handbook and database of Nd-YAG laser optics", Montana Laser Optics Inc., Bozeinan MT.
59. Hucker E., Lauth H. and Weissbrodt P., 1996, "Review of structural influence on the laser damage threshed of oxide coatings", SPIE **2714**, 316-330.
60. Kozlowski M. R., 1995, "Damage-resistant laser coatings", Book of Thin Films for Optical systems, Chap. 17, ed. by Flory F. R., Marcel Dekker Inc.

第14章　光学薄膜材料

　これまで、各方面より薄膜の膜質向上に対する多くの要求が出されてきた。その結果、これまで各種の成膜方法が研究・開発された。一方、薄膜の各種特性測定法においても成膜技術の進歩ととも研究・開発が行われた。

　成膜上必要な材料は成膜の目的によって適切なものが選ばれなければならない。蒸着材料は数多くあるが、実際に光学薄膜に利用できる材料は非常に限られている。使用波長領域が異なる場合には、違う材料を使用しなければならない。一般的な用途において、最も重要なことは膜の損失が $10^{-3}\mathrm{cm}^{-1}$ より小さくなければならないことである。以下、光学薄膜材料の特性及び成膜に関して、注意すべき事項を逐一説明する。

14.1　光学薄膜に対する基本要求

　優れた誘電体薄膜は以下の条件を満す必要がある。
- 透明度が高く、吸収が小さいこと
- 屈折率が安定なこと
- 充填密度(packing density) が高いこと
- 散乱が小さいこと
- 均一な材質であること
- 優れた機械的付着力を有すること
- 十分な硬度があること
- 応力が小さいこと
- 化学的に安定で、環境変化に強いこと
- 耐照射光エネルギーが高いこと

第 14 章　光学薄膜材料

14.1.1　透明度

　誘電体材料や半導体材料の透明領域は材料の価電子準位から伝導電子準位までの準位差ΔEと格子振動吸収のエネルギー位置により決まる。前者は透明領域における短波長極限(λ_S)を決定し、波長λ_Sより短い光は電子遷移励起として吸収される。この吸収を基礎吸収(Fundamental absorption)という。後者は透明領域における長波長極限λ_ℓを決定し、波長λ_ℓより長い光は格子振動を引起して吸収される。この吸収を格子振動吸収(Lattice vibration absorption)という。通常、誘電体材料はΔEが非常に大きいので、λ_Sは紫外線領域になる。従って誘電体は可視光及び赤外線領域では透明である。(一部の材料は極端紫外線領域でも透明である。)半導体材料のΔEは比較的小さいので、λ_Sは近赤外線領域または赤外線領域内になる。一般にλ_Sと屈折率との間には次のような近似関係が存在する[1]。

$$\lambda_S = 定数 \times n^4$$

　一般に誘電体材料は中赤外線領域で格子振動吸収が現れるので、誘電体材料のλ_ℓは中赤外線領域になる。格子振動吸収は材料の原子量やケミカルボンドに関係し、近似的に次式で表わされる。

$$\lambda_\ell \propto \sqrt{\frac{m}{F}}, \quad m = m_1 \times m_2 / (m_1 + m_2)$$

m_1, m_2はそれぞれ化合物を構成する元素の原子量で、Fはケミカルボンドに関係する因子である。

　固体材料から得られる結論はすぐにそのまま薄膜に適用出来るわけではない。なぜなら、構造が固体とは既に異なっており、隙間や不純物の混入、更に一部の化合物では成膜の際の吸収などがあるからである。硫化物薄膜、セレン化合物薄膜、一部の酸化物などは成膜の際に分解される。フッ化物薄膜にもこのような問題が起きる。

　透明度低下の原因は吸収と散乱の二種類に分けられる。薄膜の吸収や散乱は光学特性に影響するばかりでなく、高出力光照射に耐えられるかどうかをも左

第 14 章　光学薄膜材料

右する。干渉フィルタの透過率、レーザミラーの反射率、導波路の伝達距離などは、使われる薄膜の吸収や散乱により大きな影響を受ける。

　膜の損失の原因は非常に多い。前述のエネルギー準位吸収、格子振動吸収、自由キャリア吸収などである。その他にも不純物の存在、膜の格子欠陥、分解などがある。高屈折率材料のλ_sはバルク材料(Bulk material)よりも長波長方向へシフトすることがあるので、高屈折率材料は低屈折率材料よりも大きな吸収を示すことが予測できる。

　原子量が大きいほど、またイオン性が減少する材料ほどλ_ℓは長波長領域へシフトする。赤外線材料はちょうどこのような場合に相当する。

　半導体材料のΔEは非常に小さいので、自由キャリア濃度は温度上昇に伴って増加し、透明度を低下させる。室温時、Geの10μmでの吸収は$0.02 cm^{-1}$であるが、70℃の時には$0.12 cm^{-1}$、100℃の時には$0.4 cm^{-1}$まで上昇する。

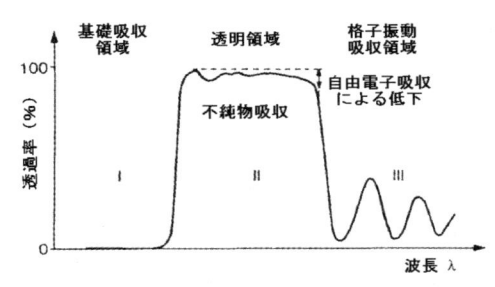

図14-1　光学材料の透過領域[2]
　　　実線は通常見られるスペクトルで、点線は理想的な場合である。
　　　Iは基礎吸収領域，IIは透明領域(不純物と自由キャリア吸収は透過率Tを低下させる)，IIIは格子振動吸収領域である。

14.1.2　屈折率

薄膜の屈折率は幾つかの要因によって決まる。

(i) 膜を構成する化学元素との関係

　屈折率は電場中での価電子の分極の程度をあらわすもので、誘電率との関係

第14章　光学薄膜材料

は $\varepsilon = n^2$ で示される。最外殻電子が分極しやすい物質ならば n は必ず高くなる。単元素物質では、原子量が大きいほど屈折率も高い。$\lambda = 4\mu m$ における C の屈折率は 2.38，Si は 3.4，Ge は 4.0（表 14-1）である。化合物では、共有結合物質はイオン結合物質よりも高い屈折率を示す。なぜなら、共有結合化合物のイオン性は小さく、分極しやすいからである。表 14-2 にいくつかの例を示す。

表 14-1

元素	原子量	n	$\Delta E(eV)$	$\lambda_S(nm)$
C	12	2.38	5.4	0.22
Si	28.1	3.4	1.1	1.13
Ge	72.6	4.0	0.69	1.80
Se	79	2.4	1.86	0.67
Te	127.6	5.1	0.3	3.5

表 14-2

化合物	平均原子量	イオン性	n
NaF	21	3.0	1.31
MgF_2	21	2.7	1.38
ZnO	42	2.0	2.08
TiO_2	32	1.7	2.3
ZnS	50	1.0	2.35
PbTe	167	0.5	5.8

(ii) 膜を構成する晶相との関係

異なる成膜条件下で作られる薄膜の晶相は違うので、屈折率は各条件で異なる。TiO_2 は基板温度が $T_S = 20°C \sim 350°C$ まで上がると、屈折率は 1.9 から 2.3 ($\lambda = 500nm$) まで上昇する。ZrO_2 は T_S が $20°C$ から $350°C$ の間で、屈折率は 1.7 から 2.05 まで変化する。

(iii) 成膜の結晶粒子の大きさと充填率との関係

膜の屈折率は構成する結晶粒子の大きさと充填密度に依存する。膜の結晶粒子の大小や充填密度の大小は基板の温度 T_S や成膜時の圧力 P に依存する。一般に温度が高いほど、また圧力が低いほど結晶粒子は大きく、充填密度も高くなるので、n も大きくなる。よく見かける例は MgF_2 膜である。図 14-2 は MgF_2 と TiO_2 の n と T_S（または充填密度）の関係を示している。これ以外にも、TiO_2, Ta_2O_5, CeO_2, Al_2O_3 などの酸化物膜もこのような振る舞いを示す。しかし、イオンアシスト蒸着やイオンビームスパッタ蒸着を用いて作った薄膜はアモルファスになるので結晶粒がないか、あっても非常に小さいものとなる。この種の膜は充填密度が非常に高いので屈折率はさらに高くなる。

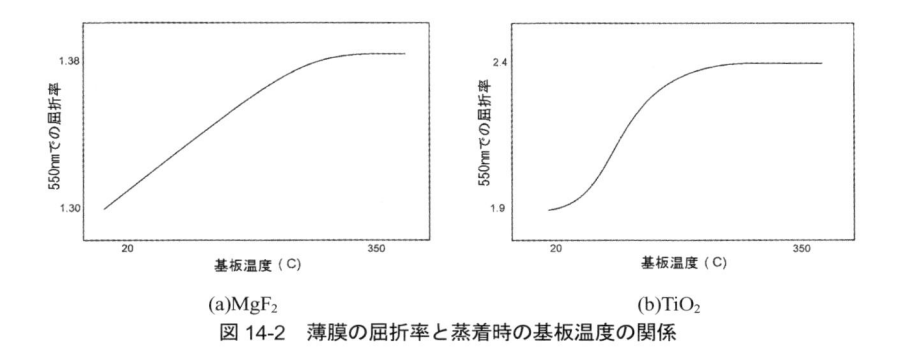

(a)MgF$_2$　　　　　　　　　　　　(b)TiO$_2$
図 14-2　薄膜の屈折率と蒸着時の基板温度の関係

iv) 膜の化学成分との関係

　成膜過程中、蒸発物質は一旦分解してから再結合したりする場合があるので化学成分変化が起こる。屈折率 1.30 の氷晶石を蒸着成膜すると、成膜後の屈折率は 1.38 になる。この原因は氷晶石 Na$_3$AlF$_6$ が NaF 及び AlF$_3$ に分解するためである。NaF の屈折率は 1.29〜1.34 だが AlF$_3$ は 1.385 である。SiO$_x$ 薄膜の場合、x＝1 のとき n＝1.9，x＝1.5 のとき n＝1.55，x＝2 のとき n＝1.45 となる。SiN$_x$ 薄膜の場合は x＝0 のとき n＝3.5 で x＝1.33 のとき n＝1.72 である。

14.1.3　充填密度

　前節では膜の屈折率に影響する原因を述べたが、成膜後の屈折率の安定性は充填密度に深く関係する。充填密度が小さすぎると、環境に影響されやすくなる。なぜなら、水分が膜内部に吸着されて屈折率が変化するからである。場合によっては化学成分も変化する。以下、充填密度について説明する。

　充填密度 P は薄膜密度 ρ_f と同じ成分のバルク材料の密度 ρ_{fb} との比で定義され、微視的構造に深く関係する。

　薄膜の屈折率安定性、機械的強度、化学的安定性、光学散乱などは充填密度に関係するので、どのようにして P 値を大きくするかということは重要な研究課題である。

　一般的に、T_S を上げれば P 値は上昇する。成膜過程で、電子、イオン、紫外線などを利用し、衝撃や照射によって P 値をあげることができる。また蒸発原

子の運動エネルギーを増大させることでも充填密度を上げることができるので、第 11 章で述べたものも有効な方法のひとつである。

14.1.4　散乱

薄膜に微視的構造がある場合、または膜の充填密度が非常に低い場合、膜の中に存在する多くの隙間によって光は散乱を受ける。また、膜構造が多結晶の時には複数の境界面が形成されるので、同様に散乱が引起こされる。現在、最も良い解決方法はイオンビームスパッタ(Ion beam sputtering deposition, IBSD)を利用することであると言われている。

14.1.5　薄膜の均一性

薄膜の設計をする時、一般に、膜の屈折率は均一で且つ等方的であると仮定している。しかし一部の膜は成長に従って変化する。正方向変化、つまり n が膜の厚さの増加に従って増大するもの（例えば ZnS）もあれば、その逆の負方向変化（例えば ZrO_2）もあるので、薄膜設計は一段と難しくなる。

屈折率の均一性は第 11 章でのべたように、各種のエネルギーを増加させる方法を利用すると改善できる。例えば、イオンアシスト成膜など(Ion assisted deposition, IAD)がある。

14.1.6　機械的性質，硬度，付着力及び応力

フィルタは使用される時には拭かれることからは逃れられないから、薄膜の条件としての優れた機械的性質は必要である。一部の硫化物やフッ化物膜（基板加熱条件下の MgF_2 膜を除く）は比較的柔らかいので、機械的摩擦に耐えることが出来ない。このような場合、酸化膜による保護膜（オーバーコート）が必要となる。一般に金属膜は軟い膜に属するので、保護膜が必要である。Al, Au, Ag などで作成した反射ミラーには、上に SiO_2 や MgF_2 の保護膜をつけなければいけない。

あらかじめ基板の上に付着力が比較的強い膜を成膜しておいて、必要な膜の付着力を増加させることもある。酸化膜や MgF_2 はガラスとの付着力が非常に

良く、ZnS は Ge 基板との付着力が非常に優れているのでベース膜として使える。

膜の応力は付着性に影響を及ぼす。応力は二種類に分けられる。一つは膜自身の構造に起因するもので、内部応力という。膜成長につれて充填密度が小さくなるような場合は引張り応力が現れ、充填密度が大きくなると圧縮応力が現れてくる。もう一つは熱応力で、冷却後の薄膜と基板の膨張係数の差異により、収縮の程度が異なるために生じる応力で、多層膜の場合には大きくなる。この場合、互いに似た熱膨張係数をを持つ材料で、ひとつは引っ張り応力を示し、もう一方には圧縮応力を示す材料を使って交互に積層させて全体の応力を最小にする。（良く知られている例だが、ZnS と Na_3AlF_6 を組合せて多層膜を成膜するとこのような状況になる。）しかし、必ずしもこのように出来るとは限らない場合は成膜した後にアニーリングを行って、応力を軽減する。

通常、応力は膜が成長し始める時に非常に大きくなり、膜の厚さが厚くなってくると徐々に低下する。従って第1層目の膜材質と基板とのマッチングが非常に重要となる。構造、成分、膨張係数などはできる限り基板に近いものが良い。

14.1.7 化学的安定性

薄膜はさまざまな環境における腐蝕に耐えられなければならない。最も重要なものは水分の浸透に対する耐久性である。水分浸透により膜の屈折率が変化して光学特性が変化する。場合によっては付着性も低下し、剥離に至ることもある[3]。通常、完成品は48℃95%の相対湿度の環境下で24時間の耐久検査をパスしなければ合格品とならない。使用環境によっては、H_2S, SO_2 など、水蒸気以外の気体に対する耐久性や塩水噴霧などに対する浸食検査も必要である。

ある種の化学変化は薄膜材料や基板から生じる。例えば、PbO を含むガラス基板上に La_2O_3 を成膜すると、化学反応が起きて吸収性の金属 Pb が残る。この場合には、成膜前に SiO_2 をバリア膜として成膜する。この方法は透明伝導膜 ITO にも適用できる。バリア膜は Na が ITO 膜内に浸入するのを防ぐので、透明度や電気伝導性が劣化しにくくなる。勿論、膜材質の化学的整合性も考慮して、

膜と膜の間の化学的変化も避けなければならない。

14.1.8　耐高エネルギー光照射

　人工衛星など宇宙空間に置かれる光学システム中の薄膜は膜面が露出しているので、紫外線，高エネルギー電子，高速粒子などの被爆に耐えられなければならない。

　レーザの発達に伴い、膜は強烈なレーザ光の照射にも耐える必要がある。特に共振器を構成するレーザミラーに対しては高い耐久性が要求される。照射時の薄膜の損傷閾値に対する要求は益々高くなってきている。高い閾値を持つには膜材質の前処理、基板の清浄度、成膜環境、低入射角蒸着、成膜方法（これまでの実験では、通常の電子ビーム蒸着のほうがイオンビームスパッタ成膜よりも高い損傷閾値を示している）、高/低屈折率材料の整合に注意を払う必要がある。上述の注意事項に対して、更なる改善の余地がない場合、低屈折率材料は高屈折率材料よりも高い閾値を有するので、設計で膜厚を適当に調整して、閾値を上げるように工夫する[4]。

14.2　よく使われる光学薄膜の成膜と性質

　成膜に使われる開始材料、成膜方法、蒸着レート、圧力、真空中の水蒸気や酸素などの気体の量、基板温度、成膜装置の形状、基板の特性、基板の清清浄度など、あらゆる事柄全てが薄膜の特性に関係する。薄膜の特性面の観点から、成膜をうまく行う方法について、明確性を失わず且つ簡略にその原則を説明する。はじめに、よく使われる酸化物（酸化膜は硬く、安定で融点が高いので、蒸発には特に問題がなければ電子銃を使用する）について述べてから、フッ化物及びその他の材料について説明する。

　電子銃蒸着、或いは各種スパッタ成膜方法で、酸化膜は成膜過程中に酸素を失うので、無吸収酸化膜を作成するには酸素導入が必要である。その際、中性酸素では完璧な酸化が出来ないので、酸素を電離・反応させて吸収を減らす。例えば、イオンアシスト成膜（IAD）の時、イオン源の中に酸素を導入して電

第 14 章　光学薄膜材料

離する。

　膜の光学定数 N、或いは屈折率 n と消衰係数 k は成膜条件に依存する。表 11-1 に示すように、イオンアシスト成膜法（IAD）は明らかに、薄膜品質の改善に有効であることが実証されているが、イオンビーム電圧、イオン電流、蒸発レート、基板温度などの条件の組合せに注意しなければならない。酸化膜の場合もその例外ではない。薄膜の屈折率や消衰係数の大きさを特に強調するわけではないが、成膜された膜の k 値は無視できるまでに小さくしなければならない。実際に得られる n 値に関しては、付録の中に列挙されているものを参照のこと。但し、ここで挙げている値は参考値であり、実際の n 値は使用される装置の成膜条件により異なる。

　まずは優れた、或いは安定な出発材料を用意する必要がある。このような材料を使えば、成膜過程における圧力や蒸着レートが比較的安定になり、膜の光学定数は安定する。以下、屈折率の高い酸化膜材料から順に説明して行く。

　TiO_2 の屈折率は高く（約 2.2～2.5）、機械的強度も良好で、可視光から赤外線に亘って透明なので、SiO_2 と組合せて作ることの出来る多層膜フィルタ用の材料としては、最もよく使われている。通常、電子銃を用いて成膜するとき、TiO_2 の顆粒を予め融解（溶かし込み）して塊状にしてから成膜する（溶かし込みをするためのエミッション電流値は、成膜時の突沸を防ぐために、成膜時より大きくする必要がある。この原則は他の酸化物の溶かし込みにも適用できる）。熱抵抗フィラメントを用いる場合には成膜の出発材料として TiO を使う必要がある。（TiO の融点は TiO_2 や Ti より低い）スパッタの場合、高純度の Ti をターゲット材料に用い、酸素を導入して成膜する。

　電子銃成膜の場合、導入酸素量の制御は非常に重要である。TiO_2 は酸素を失いやすいばかりでなく、アナターゼ(anatase)とルチル(rutile)という 2 つの異なる結晶構造を持っているので、安定した TiO_2 膜を得るためには出発材料として Ti_3O_5 を用い、適正な酸素導入量の元で成膜することが重要である。イオンアシスト成膜法を使う場合、出発材料の Ti_3O_5 の中に少量の Ti_4O_7 を加える[5]。溶かし込んだ良好な TiO_2 を検査してみると、材料の入ったるつぼの上部には大量の Ti_2O_3 と Ti_3O_5 が存在しているのがわかる。

第 14 章　光学薄膜材料

　Ta_2O_5 もよく使われる高屈折率材料で、可視域から赤外域まで透明である。電子銃蒸着でもスパッタ成膜（Ta ターゲットを用いる）でも可能で、できた膜も TiO_2 より安定である。Ta_2O_5 に 7wt%の Ta を加えて出発材料とすると、成膜は更に安定する[5]。経験上、電子銃によるイオンアシスト成膜、或いはスパッタ成膜において Ta ターゲットを使う場合、出来た Ta_2O_5 膜は TiO_2 膜よりも吸収や散乱が小さく、成膜レートも大きくできる。出来る膜の充填密度は 1 に近いので、SiO_2 と組合せて多層膜フィルタの製作に良く使われる。

　Nb_2O_5 は、屈折率が TiO_2 と Ta_2O_5 の間に位置する高屈折率材料で、近紫外線から赤外線領域まで透明で、スパッタ成膜も可能である（Nb ターゲットを使用する）。電子銃を用いて Nb_2O_5 のイオンアシスト成膜を行うと、充填密度が 1 に近い優れた光学薄膜が作れる。この成膜技術は既に成熟しているが、成膜前の溶かし込みは非常に重要である。以前は Nb_2O_5 を使う人はあまり見かけなかったが、いまでは光学薄膜成膜技術者に採用され始めており、SiO_2 との組合せで多層膜フィルタが作られるようになった。

　ZrO_2 は屈折率が Ta_2O_5 よりやや低い酸化膜である。電子銃成膜で吸収率の低い膜が容易に得られ、紫外線から赤外線領域において透明である。出発材料としては ZrO_2 や Zr などが使われる。屈折率が可視光域で約 2.05 なので、3 層反射防止膜設計における波長領域拡大のための平坦層、則ち 1/2 波長膜厚用材料に適している。不完全酸化の ZrO_x は熱抵抗ボート蒸着用材料になる。低価格の成膜装置を使用する時は電子銃を使わずに熱抵抗ボートを用い、MgF_2 と組合せて非 1/4 波長膜厚の等価膜を成膜することもある。メガネやカメラレンズの反射防止膜を成膜する場合、第 1 層目に MgF_2 を成膜すると、ガラスの中の金属イオンが ZrO_2 と反応するのを防ぐことができる。もし成膜に失敗しても膜をはがして再度成膜することも可能である。

　ZrO_2 の不均一性は他の材料よりもひどいが、$ZrTiO_4$ を混入して蒸着すればこの欠点を大幅に改善できる。この混合膜材料は Merck 社の製品で Substance-1 と呼ばれ、引き続き Sub-2 も開発されている。この材料の蒸発は比較的容易で、イオンアシスト成膜に使う場合には適正なイオン電圧と電流にすると、ZrO_2 の

第14章 光学薄膜材料

不均一性を大幅に改善できる[6]。

HfO_2 の屈折率は ZrO_2 よりやや低いが、その透過率は紫外線（230nm）から遠赤外線(12μm)領域をカバーしており、SiO_2 との組合せで紫外線領域での多層膜、或いは赤外線領域での金属膜（Al, Au）用保護膜にもってこいの材料となる。膜の硬度は他の材料より高く、更に波長 8~12μm では、Al の斜入射用保護膜として使うと、SiO_2 や Al_2O_3 膜の場合の様なひどい反射率低下を招くことがない。また、ハイパワーレーザミラーを成膜するための好材料でもある。

HfO_2 膜を成膜するには HfO_2 や Hf 金属を使って電子銃蒸着する。

Y_2O_3 の屈折率は約 1.8, MgO の屈折率は 1.7 で、紫外線及び赤外線領域において高い透明度を持っている。いずれも蒸発には電子銃が使われる。この屈折率値でなければ成膜出来ないというほど特殊な場合以外は、（プリズム型偏光ビームスプリッタや高入射角膜系）これらの材料を使用する機会は少ない。

SiO は一種の昇華性材料で多孔 Mo ボート（図 10-2h に示す）で蒸着できる。膜の屈折率は 1.9 だが、青い光を吸収するので黄褐色に見える。酸素導入するか、或いはゆっくり成膜すれば、青い光の領域における透明度は増すが、Si_2O_3 膜となるので屈折率は 1.6 に低下する。SiO は主に中赤外線領域で Ge と組合せて各種多層膜フィルタの作成に使われる。またプラスチック基板の付着用の第 1 層として用いられる。

Al_2O_3 の屈折率は可視光領域において約 1.63 で、電子銃蒸着した後も膜は安定なので、MgF_2 や Sub-2 または ZrO_2 と組合せて、可視光領域用の反射防止膜によく利用される。屈折率が 1.7 まで達しないので、出来た反射防止膜の反射色は著しい緑色を呈する。

SiO_2 は性質が優れている酸化膜中で最も低い屈折率材料である（約 1.45〜1.47）。SiO_2 は分解しにくく吸収や散乱も非常に小さく、160nm から 8μm にいたるまで良好な透明度を有しているので、多層膜用の最も優れた低屈折率材料である。SiO_2 の融点と蒸発温度は接近しているので、顆粒状の SiO_2 を出発材料とする電子ビーム蒸着の場合、電子のスイープ速度を高速にしなければならな

第 14 章　光学薄膜材料

い。そうしないと膜材料に深い孔ができて、蒸着レート不安定と蒸発分布不安定を起こす。膜層数が少ない場合の電子ビーム照射方法は、選点法による打点蒸着が可能であるが、多い場合はハースを大きくして、リング状にし、回転運動（図 10-4e）をさせて電子ビーム面積を広げて走査する必要がある。或は顆粒状の SiO_2 の代わりにバルク材料を使えば、上記のような困難から免れられる。イオンビームスパッタで SiO_2 膜を成膜する場合には、SiO_2 ターゲットまたは Si ターゲットのどちらかを使うが、ともにこのような問題は起きない。

　この他、Sb_2O_3 や CeO_2 も過去によく使われた高屈折率材料である。Mo や W ボートをそれぞれ用いると、屈折率がそれぞれ 2.05 及び 2.2 の薄膜が成膜されるが、近年における電子銃の普及で、この方法を使う人は少なくなった。透明導電膜としての ITO (In_2O_3：SnO_2) は多くの人に使われている。ITO とは In_2O_3 に 5%から 15%の SnO_2 を混ぜたもので、その組成比は用途によって異なる。通常、スクリーンディスプレーに使われる ITO 膜の SnO_2 含有量は 10%である。この膜は可視光領域において透明だが、赤外光領域では自由電子濃度が非常に高いために不透過となり、電気伝導を示す。屈折率と電気伝導率は In_2O_3 の含有量と製造工程に関係する。電子銃蒸着によるイオンアシスト成膜やスパッタ成膜で作ることが出来る。この膜は電極として利用する以外に、電磁波漏洩防止(EMF)用の膜にも使える。さらに SiO_2 と組合せれば、各種スクリーンの多層反射防止膜に使える。基板が Na を含むガラスの時には、はじめに SiO_2 層を成膜し、Na イオンの ITO 膜への拡散による悪影響を防ぐ必要がある。

　以上述べた酸化膜は基板を 250℃~300℃まで上げ、チャンバ内の圧力を高真空にしてから 10～30mPa の酸素を導入して成膜すると、堅牢で透明な酸化膜が得られる。基板がプラスチック材料の場合は温度の上限が 120℃（PC 基板）である。材料によっては 100℃（CR-39 基板）または 70℃　（PMMA 基板）となる。これらの基板に良好な膜を成膜するには、イオンアシスト成膜（IAD）やプラズマイオン衝撃など、エネルギーを増大させるための補助手段が必要である。

　ガラス基板を使って多層膜を成膜するとき、基板温度が高すぎるのはよくな

い。なぜなら、薄膜とガラスの膨張係数の差は一般には大きいので、室温まで冷却したとき膜と基板の間に非常に大きな応力が発生して膜に亀裂ができたり、さらには剥離する場合もある。イオンアシスト成膜を使うと基板温度を150℃に加熱するだけで非常に優れた膜質が得られる。基板温度が非常に高い場合やバルク状ガラスの場合、(適切ではないがプリズムなどを高温にするとき) IADによる成膜が必要になる。基板の亀裂を防止するために、場合によっては成膜後1日おいて真空中から取り出すこともある。

 ZnSの透明領域は380nmから14μmで、電子銃が開発されるまでは良く使われた高屈折率材料である(n=2.35)。氷晶石(Na_3AlF_6，n=1.35)と組合せるといろいろなフィルタを作ることができる。ZnSは充填密度が高く圧縮応力を示すが、氷晶石の充填密度は小さく引張応力を呈すので、両者を組合せて成膜すると、多層膜の応力は非常に小さくなる。しかし、氷晶石は水蒸気に弱いので、できたフィルタは密封されなければならない。ZnSとMgF_2(n=1.38)の組合せも各種フィルタ用に使われる。MgF_2は基板温度が250℃の高温では膜質が堅くなるが、ZnSを成膜するときにはその基板温度を150℃以上にできない。なぜなら、ZnSは昇華性材料で、蒸発する時にZnとSに分解し、基板上に沈着してから再びZnSに結合するので、基板の温度が高すぎると、ZnとSが再結合せず吸収膜となるからである。ZnSの赤外線領域での屈折率は2.2なので、この領域での各種多層フィルタ用低屈折率材料としてGeやPbTeと組合せて用いられる。ZnSはTaボートまたは電子銃で成膜できる。

 ZnSeの性質はZnSと似ており、成膜方法も同じである。屈折率はやや高く(約2.58)、ZnSと同様にPbTeと組合せれば赤外線領域の多層フィルタを作ることが出来る。但し、透過領域は18μmまでである。

 フッ化物の特徴は屈折率が低く、紫外線領域における透明度が高い(CeF_3を除けば、透明領域は300nmから5μmまで)ことであるが、膜は柔らかくて水に弱い。(高温で成膜するMgF_2を除く)。

 PbF_2はフッ化物中、比較的屈折率が高い材料である。Taボートまたは電子銃で成膜でき、透過領域は240nmから20μmである。

第 14 章　光学薄膜材料

　CeF_3 の屈折率は 550nm で 1.63 であり、W ボートで成膜できる。

　NaF_3 及び LaF_3 は W ボートで成膜でき、透明領域は 220nm から 2μm で、屈折率は 550nm で 1.59 である。

　ThF_4 の透明領域は 220nm から 15μm で、Ta ボートで成膜する場合の膜質は良好で、屈折率は 1.51 である。紫外線から赤外線領域のあらゆる膜に適しているが、Th が放射性元素なので近年ではあまり使われない。

　MgF_2 はフッ化物の中では最も良く使われる材料で、基板を 250℃以上に加熱すると膜質は硬く、耐摩擦に優れる。その透明領域は 210nm から 10μm で、屈折率は 1.38 と低い。単層反射防止膜用にも適しているし、他の材料と組合せて多層膜フィルタを作る時の低屈折率膜材料としても適している。MgF_2 の成膜には Ta ボートまたは電子銃蒸着を用いる。蒸発の様子を見ていると、少し融解した後に急に蒸発し、時には突沸現象が起きる。この原因は材料の一部分（特に表面や周辺外部と接する部分）が MgO に変化したためである。MgO の融点は MgF_2 より高いので、MgF_2 が蒸発する時に MgO が突沸してしまう。これを防止する方法としては、清浄を保つことと高温時に酸素や空気を導入しないことである。出発材料は純 MgF_2 で、顆粒は小さ過ぎないものを使う。もし成膜した後に材料の周りに白いものがついている場合には、それを除去する必要がある。

　LiF の屈折率は MgF_2 よりも少々低く、紫外線領域において高い透明度を有する。透明領域は 110nm から 7μm であり、Ta ボートで成膜できる。この材料は紫外線領域用の重要な低屈折率材料である。

　Na_3AlF_6（氷晶石）と $NaF_5・Al_3F_{14}$ は特性が良く似ている。屈折率はともに 1.35 で、透明領域は 130nm から 14μm で、Ta ボートで成膜できる。これまで長い間、多くの人が ZnS と組合せて様々なフィルタを作成してきた。その理由の一つは、二つの材料は屈折率差が大きいので、設計上少ない層数で済むからである。更に、一方が引張応力で他方は圧縮応力なので、最終的に出来るフィルタの応力は非常に小さくなる。ただ注意しなければならないのは、両者はともに水蒸気に弱いので、成膜したフィルタは密封する必要がある。

　CaF_2 は屈折率がわずか 1.24 という非常に低い屈折率材料である。透過領域は 150nm～12μm で、紫外線領域用の多層フィルタや反射防止膜用には最も優れた

第 14 章　光学薄膜材料

低屈折率材料で、Mo や Ta ボートで成膜できる。

　以上述べたフッ化物膜の欠点は柔らかくて堅牢でないことである。イオンアシスト成膜で改善を試みた人もいるが、全て成功したわけではない。フッ化物の化学的性質は酸化物ほど安定ではないし、分解もし易いので、成膜方法や条件、或いはイオンビームのパラメータなどについて、更に進んだ研究が期待される。

　Si と Ge は半導体材料で、屈折率はそれぞれ 3.5 と 4.2（Ge 膜の屈折率はバルク材料の屈折率よりも高い。）で、透明領域はそれぞれ 1.1~14μm 及び 1.7~25μm である。主に ZnS, ZnSe, ThF_4 などの低屈折率材料と組合せて、赤外線領域のフィルタを作るのに利用される。両者はともに電子銃で成膜できるが、Ge の場合はカーボンボートによる通電蒸着も可能である。半導体のエネルギー準位は比較的低いので、蒸発後の温度があまり高いのは好ましくない。基板温度が高いと電子は遷移して多くの自由キャリアが発生して透明度が低下する。通常、Ge を成膜する時の基板温度は 150℃以下が適当で、ZnS 膜を成膜する時の要求条件と同じである。

　PbTe は屈折率が約 5.6 で、赤外線領域用における重要な高屈折率材料であり、通常 ZnSe または ZnS と組合せて 8μm 以上用の各種フィルタの作成に使われる。Ta ボートで成膜できるが、蒸着する時に加熱しすぎてはならない。加熱しすぎると成分が分解して長波長領域に吸収が現れる。低吸収が要求される場合、蒸着時の基板温度は 250℃が上限である。ZnS と組み合わせる場合の基板温度は 150℃が上限である。

　以上をまとめると、紫外線領域においては高屈折率材料が比較的欠如していること、可視光領域においては中間屈折率材料が欠如していること、赤外線領域においては低屈折率材料が欠如していることが分かる。赤外線領域では PbTe や Ge などのように、材料の屈折率が非常に高いため、ZnS が低屈折材料となる。紫外線領域で良好な透過特性を持つ材料はフッ化物が主である。HfO_2はぎりぎり 220nm までは使える高屈折率材料である。光電部品及び半導体部品の微小化に伴い製造工程中で使用するステッパ用レンズは 193nm(ArF)のエキシマ

レーザ波長まで透過しなければならない。今後さらに157nm (F_2) への要求もあるので、鏡筒内の光学部品の成膜に用いられる高屈折率材料の開発が重要になる。

可視光領域において、中間屈折率材料が欠如するという問題は紫外線領域の問題よりも容易に解決できる。高低2種類の屈折率材料を用いて中間屈折率材料を混合成膜する技術はかなり完成しており、また商品としても販売されている。更に、Si を利用して SiO_xN_y を作れば、いろいろな x, y を得ることで、様々な中間屈折率膜を作ることができる。使用する波長領域がそれほど広くない場合には、対称積層系を用いることもできる。

14.3 毒性

前述の真空成膜材料は化学実験用材料ほどは毒性を持っていないが、幾つかの点に注意しなければならない。一般的な酸化物で毒性を持つものは非常に少ないが、BeO，PbO，Sb_2O_3 などを使用する場合には注意しなければならない。BeO は劇物材料で、しかも人体中に蓄積しやすく排除しにくい。PbO と Sb_2O_3 は高毒性の材料に属する。原則的にはどんな材料も体内に吸入することは良くないことである。たとえ毒性がなくても、長期わたる吸入で病気になる恐れがある。例えば、長期にわたって SiO を吸入すると肺器官に障害が起きるし、MgO を大量に吸入すると白血球の増加に繋がる。

フッ化物の中では NaF，LiF，AlF_3，PbF_2 などの毒性が比較的強い。CaF_2，MgF_2 には軽い毒性がある。これらが気体である時に吸入してはいけないが、固体である時の危険性は非常に小さい。

硫化物は酸に溶解して強烈な臭いの H_2S 気体を発生させる。これを大量に吸入すると慢性中毒を起して頭痛がする。セレン化合物も同様である。

一般に、材料が固体であるときでは安定でも、気体の時には注意が必要である。従って、成膜後に真空チャンバを開ける時、内部温度が高すぎる場合には、作業員はマスクをしなければならない。Be，Cd，Pb，Mn，Ni，Te などの金属や金属化合物の成膜後には、決してこれらを体内に吸入してはいけない。材料

第 14 章　光学薄膜材料

が粉末状のときにも十分注意する必要がある。触ったら必ず手を綺麗に洗う必要がある。ThF_4 や ThO_2 などは、Th が放射性を持っているので、体内に蓄積しないよう、扱いに十分注意が必要である。

　材料は使わない時には瓶の中で密封し、決して外部に放置してはならない。ある種の材料は一時的に接触しても大丈夫であるが、長期に接触する場合には十分注意を払う必要がある。作業者は常にマスクを装着することも必要である。成膜装置を掃除する時には膜片が散乱して舞上がることがあるので、膜材料の毒性の有無にかかわらず必ずマスクをする必要がある。これを怠ると肺に傷害を起こす可能性がある。

参考文献

1. Black P. W. and Wales J., 1968, "Materials for use in the fabrication of infrared interference filters", Infrared Phys. **8**, 209-222.
2. Pulker H. K., 1979, "Characterization of Optical Thin Film", Appl. Opt., **18**, 1969-1977.
3. Lee C.C., 1982, "Moisture adsorption in optical coating", OSA anneal meeting, Jul. 4, Tucson Az..
4. Lee C.C. and Chu C. W., 1987, "High power CO2 laser mirror- a design", Appl. Opt., **26**, 2544-2548.
5. Ogura S., 1995, "Starting material", Thin Films for Optical System, Chap. 2, ed. By Flory F. R., Marcel Dekker Inc..
6. Lee C. C., Liou Y. Y. and Jaing C. C., 1996, "Improvement of the homogeneity of optical thin film by ion-assisted deposition", J. of Modern Opt. **43**, 1149-1154.

第15章　光学フィルタの成膜例

　2種類以上の光学薄膜を用いることにより多くの種類の干渉フィルタを作ることができる。本章ではいくつかの例を挙げながら、成膜過程中において行うべき事柄についてを説明する。成膜においては2種類の材料を使用することが原則であるが、やむをえない場合には3種類若しくは4種類の材料を用いて干渉フィルタを完成させることになる。

　工場の成膜装置を使って新しい膜系を生産する時、装置テストのためにあらかじめ成膜する必要がある。これによって、毎回同じような成膜が保証されるようにする。最も好ましいのは、各装置に対してそれぞれ決まった製品を成膜するように生産計画を立てることである。なぜなら、成膜装置内の加熱温度分布、成膜材料種、基板の厚さ・形状・大きさの変化など、どんなに小さな工程変更も成膜の再現性に影響を及ぼすからである。この意味でも、成膜前の膜厚許容誤差範囲分析はぜひとも必要である。

15.1　フィルタの設計

　生産者は、顧客から光学特性や環境試験要求などの非光学特性仕様を受け取ってはじめて、必要な基板、膜材料の選定あるいは膜層数、厚さの設計などの作業に着手できる。

　基本的には、設計は標準膜系をもとに着手する。例えば、高反射ミラーの場合は、仕様波長域が広くても狭くても、或いは単一であっても2波長であっても1/4波長膜厚積層系が基本設計となる。エッジフィルタの場合は等価積層系が基になる。反射防止膜や偏光フィルタは第3章から第9章に述べた理論に従って初期設計を行う。

　初期設計で顧客の要求光学特性仕様を満たすことができない場合、市販また

第15章　光学フィルタの成膜例

は自作のソフトで最適化や合成を行う。最適化手法は最初に Baumeister[1] により導入されたもので、数学的に初期設計の一部の膜厚（または屈折率）を変えて、改善したかどうかを評価する方法である。この改善の度合いを評価する評価関数 F は次式で表される。

$$F = \frac{1}{N} \sum_{\lambda=1}^{N} W_\lambda [I(\lambda) - I_0(\lambda)]^2$$

$I_0(\lambda)$ は目標値、$I(\lambda)$ は設計値、W_λ は波長 λ における重みである。F がより小さくなれば改善があったということになる。最適化の工程は F が、より小さくなって、満足な値に達するまで継続される。最適化法に使用される数学的技法はかなり開発されている。最もよく使われるのはシンプレックス法（simplex method）、最小自乗法（least-square fit or damped least squares）、合成法である。合成法とは初期設計膜系に、もう 1 層を加えて最適化を行い、F の傾向を見ながら仕様を満足していなければ続いて 1 層、さらにもう 1 層とつけ加えていく方法である。しかし、Dobrowolski は 1 回に付き、少なくとも 2 層を加えて始めて効果が出る[2] 方法を考案した。Tikhonravov の Needle Variation 法は[3] 非常に高速で有効な方法であると認められている。これは積層系の中に最適な層を探しだし、そこに屈折率が異なる薄い層を挿入し、厚さまたは屈折率を最適化して最小の F 値を得る方法である。

　設計後は製造の成功率分析、つまり膜厚の誤差値に対する許容度がどれくらいあるかを分析する。膜全体の誤差に対する許容度は何パーセントあるか、或いは個々の膜に対する誤差許容度はどのくらいなのかを分析する。通常、強電場が分布する膜の誤差許容範囲は比較的小さい。これらの誤差許容値を基に成膜装置の成膜条件や監視方式の検討行い、膜厚（または屈折率）誤差を許容範囲内に収めることが必要である。新しく作られた膜設計に従うと成膜装置の精度が不足する場合、この精度でも目標値に達することができるように設計を修正し、再度分析する。このような工夫がなければ良品率は低くなる。

　以下に 3 種類のフィルタの設計例を示す。

第15章 光学フィルタの成膜例

(i) コールドミラー

i-A) 仕様

波長：400nm～700nm で R_{ave}>98%

波長：770nm～1200nm で T_{ave}>95%とする。

i-B) 設計

BK-7 または白板ガラスを基板(S)とする。TiO_2 と SiO_2 をそれぞれ高/低屈折率材料とする。図 6-10 を参考にすると、初期設計の監視波長は 450nm であることがわかる。従って

$$S \mid (0.5H\ L\ 0.5H)^8 (0.6H\ 1.2L\ 0.6H)^8 (0.73H\ 1.46L\ 0.73H)^9 \mid Air$$

となる。この光学特性を図 15-1 の薄い線で示す。図より、950nm 以上の透過率がやや落ちているので、シンプレックス法(Simplex refinement) で最適化を行う。最後の3層を2層にし、厚さを各々1.0288H、3.035Lにすれば、950nmから1200nmまでの透過率が改善できる。改善された特性を図 15-1 の濃い線で示す。

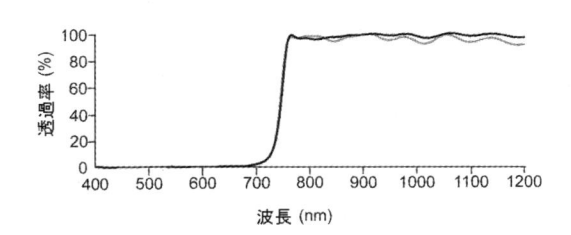

図 15-1 コールドミラーの理想的なスペクトル

i-C) 成膜誤差分析

成膜する時に 2%のランダムな光学膜厚誤差があるということは、TiO_2 膜は 0.9nm、SiO_2 は 1.5nm のランダム誤差を有することである。この誤差を考慮して特性を計算すると、図 15-2 のような特性誤差が得られ、良品率が決して高くないことが推測される。光学膜厚のランダム誤差が 1%以内であれば良品率は

第 15 章　光学フィルタの成膜例

99%に近い。この様な分析から成膜時の要求監視精度を見積もる。

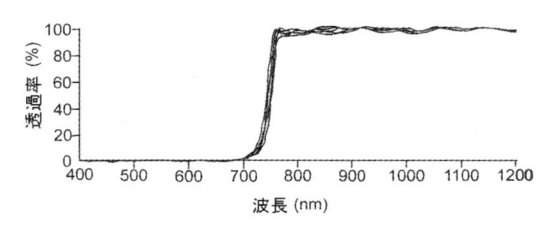

図 15-2　図 15-1 中のコールドミラー成膜において 2%のランダム膜厚誤差を有する時の様子

(ii) 2 波長領域反射防止膜

ii-A) 仕様

波長：400nm〜700nm で R_{ave}<1.5%

波長：1063nm で R<0.5%とする。

ii-B) 設計

基板(S)を BK-7、高/低屈折率材料を TiO_2、SiO_2 として 1/4−1/2−1/4λ膜系を採用する。第 1 層目の 1/4λ膜は TiO_2/SiO_2 からなる 2 層膜とすると、光学膜厚はそれぞれ 0.063λ と 0.089λ になる。（監視波長＝510nm）この特性は図 15-3 の薄い線のようになる。波長領域は仕様に合致するが、1063nm での反射率は明らかに高すぎるので、シンプレックス法による最適化を行い、次の膜膜系を得る。

　　　S｜0.348H 0.284L 3.644H 1.068L｜Air

特性は図 15-3 の点線で表される。明らかに 4 層膜系は仕様要求を満たさないので、合成最適化を利用して 8 層まで層数をふやす。これより次の膜系が得られる。

　　　S｜0.36H 0.28L 2.8H 0.176L 0.272H 0.068L 0.272H 1.144L｜Air

第 15 章　光学フィルタの成膜例

　この光学特性は図 15-3 の濃い線のように仕様要求を満足するようになる。この膜系の第 6 層目は非常に薄いので監視精度が高くなければならない。

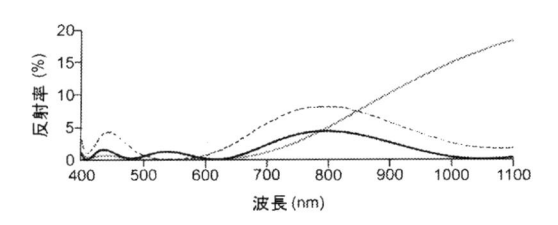

図 15-3　2 波長領域反射防止膜を設計する時の理想的なスペクトル

ii-C) 成膜誤差分析

　図 15-4 は光学膜厚が 4%のランダム誤差を有する場合の光学特性図である。2%の誤差であれば受け入れられる可能性があるが、4%の誤差は明らかに大きすぎる。2%の誤差は第 6 層目の膜厚誤差にすると 0.12nm であり、水晶振動子監視を用いることのできる範囲である。光学監視を用いる場合には、使用する光信号が非常に安定していなければならない。第 6 層の膜厚誤差が特性に与える影響はそれほど大きくなく、むしろ敏感なのは第 1 層目と第 8 層目である。設計から第 6 層目を取除くと、膜系の構造は次のようになる。

　　S｜0.337H 0.28L 2.696H 0.208L 0.498H 1.183L｜Air

スペクトルを計算すれば、この場合でも反射防止膜の効果はかなり良い事がわかる。

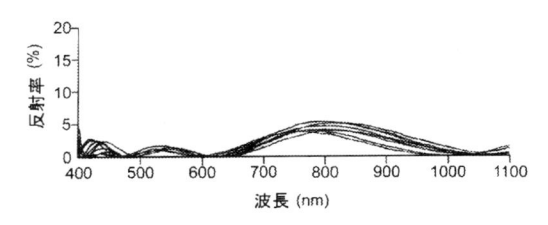

図 15-4　図 15-3 の 2 波長領域反射防止膜成膜が 4%のランダム誤差を有する場合の様子

第 15 章　光学フィルタの成膜例

(iii) DWDM 用狭帯域バンドパスフィルタ

iii-A) 仕様

中心波長：1550.92nm

最大透過率損失：<0.3dB

−0.5dB 巾：>0.35nm

−25dB 巾：<1.25nm

透過領域のリップル：<0.3dB である。

iii-B) 設計

この仕様は明らかに図 8-6 に示すような矩形狭帯域バンドパスフィルタなので、少なくとも 3 つのキャビティが必要である。Ta_2O_5 と SiO_2 を高/低屈折率材料として、設計を S |　(H L)^8 2H (L H)^8 L (H L)^8 H 6L H (L H)^8 L(H L)^8 2H (L H)^8 | Air としたときのスペクトルを図 15-5 に示す。

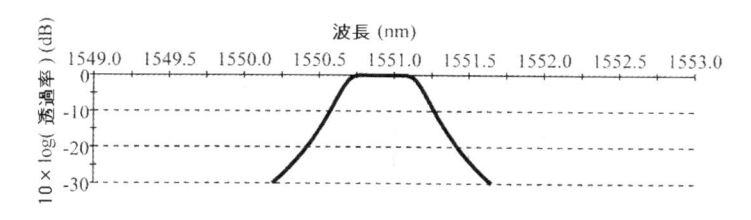

図 15-5　100GHz、DWDM 用狭帯域バンドパスフィルタのスペクトル

iii-C) 成膜誤差分析

図 15-6 は上述の設計で、1/10000 のランダムな膜厚誤差があるときのスペクトルである。明らかに仕様を満足しない。狭帯域バンドパスフィルタの場合、たとえ各層の厚さがかなり正確に成膜できたとしても、一部の敏感な膜に 3/10000 の膜厚誤差が発生してしまうと仕様を満たすことができなくなる（詳細な分析については第 12 章の参考文献 7 を参照）。従って水晶振動子監視計を用いて膜厚を監視する場合には、精度が 1/10000 以下のなので、このフィルタ

第 15 章　光学フィルタの成膜例

は作れないことになる。このフィルタを作るには光学的監視方法で、しかも膜厚誤差自己補償機能を有する直接監視方式と呼ばれる方式を利用しなければならない（第 12 章参照）。

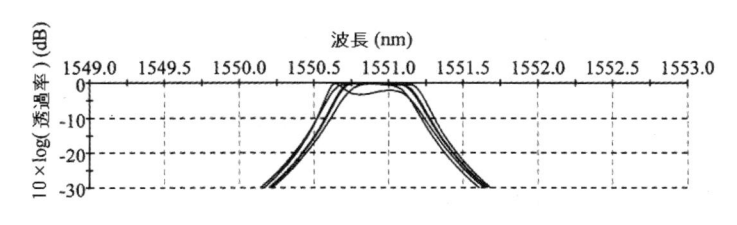

図 15-6　図 15-5 の狭帯域バンドパスフィルタ
各膜のランダムな膜厚誤差が 1/10000 あると、仕様を満足できない。

　以上挙げた 3 種類の設計例は必ずしも唯一の解ではないし、要求仕様もシステムの変更により変わる。ここで挙げた例は読者の入門用の参考設計例であり、また製造工程上行った評価もこれらの設計に対してごく簡単に記述をしただけである。実際の製造工程分析を詳細に解説するには材料や成膜装置個々の特性を考慮しなければならないことはいうまでもない。すべての状況を把握してはじめてその成膜時における各層ごとの注意すべきポイントが明確になる。

15.2　基板の準備

　基板の種類は非常に多いが、おおよそ次の 4 種類にまとめられる。
1. 結晶体
2. 光学ガラス：
　　クラウンガラス（PbO の含有量が 3%以下で材質は軽くて硬い。屈折率は低く、色収差が小さい。）、
　　フリントガラス（PbO の含有量は 3%以上で材質は重くて硬い。屈折率は高く、色収差は大きい。）
3. プラスチック：
　　PMMA（クラウンガラスに類似）、PC、PS（フリントガラスに類似）

第 15 章　光学フィルタの成膜例

　4．半導体：Si、Ge

　基板の種類に関わらず、積層させる面の清浄度は最も重要である。その重要性は成膜技術に勝るとも劣らない。次に重要なのは基板加熱温度である。三番目は基板と膜材料の熱膨張係数差及び発生する熱応力の解消方法などである。

　基板の洗浄方法は材質の違いによっても異なる。たとえ似たような基板でもいくつかの洗浄方法がある。以下の説明は洗浄に関する原則的なものである。洗浄の第一歩は洗剤で洗うことであるが、フリントガラスの場合には白ヤケ（白斑と称するアルカリ性の薄い膜）や青ヤケ（酸性の薄い膜）が発生しやすいので、場合によっては研磨剤で研磨してから洗浄する。洗剤洗浄の次は 2-3 槽の純水による超音波洗浄を行う。最後に高揮発性の有機溶剤、または強い熱風で純水をきれいに拭い去り、乾燥させる。ガラス面には決して水跡を残してはいけない。（徹底的に洗浄した基板は、水を流すと面全体に水が流れる。このときあたかも水がないように見える。）基板がプラスチックの場合、アルコールやアセトンなどの有機溶剤で脱水することが出来ないので、必ず熱風を用いて高速乾燥する。ガラスやその他の基板も熱風を用いることができる。（射出した直後のプラスチック基板をすぐに成膜室に入れる場合には洗浄は不要である。）プラスチック基板以外の場合はアルコールとエーテルの混合溶剤を用いて、手で拭くだけで、超音波洗浄は不要である。（ある種の基板は超音洗浄を行うと逆に表面に損傷を与えたり、中のイオンが析出して表面の粗さが増したりする。この種の基板は超音波洗浄してはいけない。）

　基板洗浄後は直ちに成膜室の中に入れるべきであるが、やむをえないときは乾燥した清浄な箱の中に置く。放置時間が長くなったときは再洗浄する必要がある。

　成膜前にはイオンビームを照射したり、少し熱を加えたりして基板上の水分を除去する。

15.3　成膜と膜厚の監視

　成膜方法については、すでに第 10 章で数多く紹介したので、ここでは電子

第15章　光学フィルタの成膜例

銃蒸着にイオンアシスト成膜を付加する方法について説明する。

　成膜装置を図11-24に示す。排気工程は機械ポンプを用いて圧力を10Pa～1Paまで粗引きし、次にクライオポンプ、油拡散ポンプあるいはその他のポンプを使用して本引きする。油拡散ポンプを用いる場合、ポリコールド（Polycold）やマイスナーコイル（Meissener coil）を導入すれば水に対する排気速度があげられ、油の逆流防止もできる。

　蒸着するにはまず膜材料を用意する。TiO_2やTa_2O_5などは蒸着時に突沸が起きない様に、事前に塊状に溶かし込みをする必要がある。蒸着レート、酸素導入量、膜の屈折率は事前に記録しておく。第15-1節で述べたコールドミラーの場合の全層数は50層になるが、成膜中はTiO_2やSiO_2の成膜条件が一定になるように保持しなければならない。保持できれば屈折率n_H，n_Lは一定となる。

　アシストに使うイオン源の加速イオン電圧とイオン電流は、TiO_2の成膜時のときのほうがSiO_2より大きくなる。イオン源の放電ガスはアルゴンガスのほかにも適当量の酸素を導入する。また蒸発源付近にも適切な量の酸素導入が必要である。

　基板加熱に関しては、ガラスは150℃まで加熱することができるが、プラスチックは70℃が上限である。

　次に膜厚監視方法について述べる。前に述べた3つの例については、はじめの2つの場合は間接監視が適当である。間接監視法において水晶振動子を用いる場合、水晶振動子の冷却、或いは使用寿命に注意しなければならないし、TiO_2，SiO_2の蒸発分布の違いに合わせて、水晶振動子監視計に入力する密度、抵抗値、ツーリングファクタなどを別々に設定する必要がある。

　光学監視法を用いる場合、監視片1枚あたり6層から8層（この程度ではS/N比は十分とれる。）程度成膜したら新しい監視片と入替える。従って50層を成膜するには、全部で7枚の監視片が必要となる。監視片の収納機構設計として、図12-15のようなものを用いれば50枚～100枚程度装着できるので、一対のTiO_2/SiO_2を成膜するごとに監視片を入れ替えることができる。監視波長の選択もなるべく成膜終止点が監視曲線の極値を超えた付近に来るように選べは、誤差が比較的小さくなる。監視波長として、異なる膜厚の成膜には異なる波長を

選択すればこのように出来る。現在では自動制御用のコンピュータを利用すると、反射率（または透過率）をどの値で止めるべきかがすぐ計算できる。スペクトル走査機能を持つ自動制御システムであれば、膜が成膜されたときに光学特性が理論値と合致するかどうかがいつでも比較できるので便利である。もし合致していなければ、次の層またはその後の層をどのように修正すれば理論値が得られるかを高速に計算し、処理することができる。コンピュータがない場合には事前に各層の成膜後の反射率（または透過率）を計算しておく必要がある。これにより成膜終点を決める。

　ある種の製品は、成膜時に斜めに置く場合がある。図4-10のダイクロイックフィルタではそのような場合がある。ところが監視片は垂直入射で、且つ基板回転支持治具の中心に置かれるので、設計膜厚が nd のとき、目標成膜厚を nd/cosθ に変更する必要がある。（θは膜中での入射光の屈折角）またある種のフィルタは視野（FOV）を拡大するために、膜厚を傾斜分布させることがある。この場合、例えば 80mm 巾のフィルタの両端における中心波長位置差が 26nm であれば、見たときの色が中央と周辺で同じになる。この様な成膜にはマスク(mask)を基板支持治具の下に設置する必要がある。

　三番目の狭帯域バンドパスフィルタに対しては、光学的直接監視法を採用するほうが良い。特にDWDM用狭帯域バンドパスフィルタの場合には、光学式直接監視方法が必要である。この監視システムにおける光源の光強度安定性、光の平行性、光スポットの大小、形状、システムの精密度、積層膜の均一性、センサのS/N比に対する要求は通常の光学成膜装置よりも厳しい。

15.4　光学特性の検査

　製品基板が厚い場合、成膜終了後すぐに基板を取り出すことは無理である。冷却後、しばらく待ってからあるいは一晩置いてから真空状態を破って取り出す。このようにしないと基板や膜に亀裂が生じる（イオンアシスト成膜法は基板温度が比較的低いので、この問題は少ない。）ことがある。

　作製した製品の分光特性は分光光度計で測定する。実測値と理論値が一致し

第 15 章　光学フィルタの成膜例

ない場合、成膜パラメータ記録や監視記録図などを検討し、生産上問題のあった部分を突き止める。分光特性が合格した場合には、同一の基板支持治具における各位置の製品について、光学特性のバラツキを測定する。バラツキが大きすぎる場合には膜厚修正板を再修正するか、その他の成膜パラメータを調整する（電子ビームの形状、エミッション電流、イオンビーム角度、グリッド形状、電圧など）。

　成膜した部品が光学システムの中に置かれるとき、光の入射角度は必ずしも垂直とは限らない。実際に使用する時の入射角があまり大きくない場合には、垂直入射時のスペクトルを元に斜入射時の光学特性を計算して斜入射時の特性を推定する事も行われる。入射角度が大きい場合には、実際に使用する角度で直接分光特性を測定する方がよい。3 番目の例の DWDM 用狭帯域フィルタの場合には使用する時は図 15-7 のように配置される。

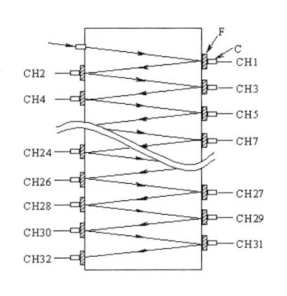

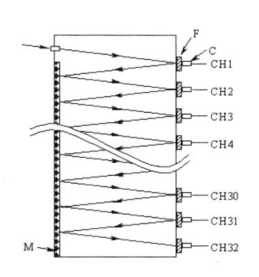

図 15-7　32 チャンネル合分波器用フィルタの配置を示すモデル図
　　　F は狭帯域バンドパスフィルタ、C はコリメータレンズ(GRIN lens)、M は図の上から下へ進むにしたがって反射率が徐々に高くなる高反射率反射ミラーである。

15.5　非光学特性の検査

非光学特性の検査には少なくとも次の各項の検査が必要である。
1. ピンホールの有無
　　ピンホールとは膜中で成膜されていない（完璧に成膜されていないもの

も含む）小さな領域を指す。原因としては、基板に欠陥があった場合、成膜時の突沸があった場合、成膜された膜蒸着分子が壁から基板の上に跳ね返る場合（成膜装置の壁が十分冷やされていない場合に起きる）などがある。

2. 色ムラの有無

　　基板材質の表面が不均一であったり、基板の洗浄が不十分であったり、基板洗浄後の脱水が不完全で水跡が残された場合に起きる。

3. 付着性の良し悪し
4. 恒温恒湿度試験後の分光特性変化の有無

　　変化がある場合は充填率が高くないことを示しているので、イオンビームの電圧・電流を調節する必要がある。

5. 耐摩耗性

15.6　成膜装置の掃除

　蒸発またはスパッタ原子・分子は基板上に付着するだけでなく、真空槽内壁にも付着する。これらの不要な膜は成膜完成後に除去しなければならない。残っていると次回成膜する時に排気時間が長くなる。場合によっては次の成膜過程で汚染を引起し、膜質に異常をもたらす。

　掃除の方法はガラス・ビーズ・ブラスタ（GBB）を用いて除去できる。また、あらかじめアルミ箔で壁、シャッタ、治具などを包み、成膜完成後にアルミ箔を捨てて新しいものに入替えることもできる。アルミ箔を入替える時に注意しなければならないのは、はがれた膜の破片や微粒片などを真空槽内の電子銃や排気口付近に残さないことである。作業中は、作業員もマスクをしてこれらの粉片を吸入しないように注意する。

　この他に、電子銃やイオン源のクリーニングも非常に重要な作業である。電子銃のハースやライナー、電子ビーム放射口付近には最も残留不純物が残りやすいので気をつけなけらばいけない。掘削器具で除去したり、サンドペーパーで磨く時には残留微小粒子を残さない様にする。残って入ると次回、電子銃が

第 15 章　光学フィルタの成膜例

　起動する時にショートする。イオン源の場合、主な汚染はグリッド表面である。グラファイト製グリッドは掘削器具で軽く削除するか、40%のフッ化アンモニウム（ammonium biflouride）溶液を用いて化学的に除去する。グリッドが Mo で作られている場合、GBB（2kg の圧力）でグリッド上の汚れを除去する。新たに装着する時はあらかじめ洗浄し、赤外線や熱風で乾燥する。

　オペレータは熟練すると、成膜装置の機能を十分に発揮させることが出来るだけでなく、常に清浄で新品に近い状態に維持することができる。

　装置の定期点検も重要である。電子銃の電子ビームとイオン源のイオンビームの形状や分布を常に最高な状態に保ち、排気系をきちんと保守することによって、リークレートを 3×10^{-5} Pal/min 以下に保持し、排気速度が落ちないようにしなければならない。

参考文献

1. Baumeister P. W., 1958, "Design of multilayer filter by successive approximations", J. Opt. Soc. Am. **48**, 955-958.
2. Dobrowolski J. A. ,1965, "Completely automatic synthesis of optical thin film systems", Appl. Opt. **4**, 937-946.
3. Furmans. S. A. and A. V. Tikhonravov, 1992, "Basic of Optics of Multilayer Systems", 1st ed., (Gif-sur-Yvette Cedex-France. : Editions Frontiered)
4. Frey H. and Kienel G., 1987, "Dünnschichttechnologie", P.479, VDI Verlag GmbH , Düsseldorf.

付録1　光学薄膜材料の特性

材料	蒸発温度 (℃)	成膜方法	屈折率	透過領域 (μm)	備考
AlF_3**	800-1300	B(Mo,Ta,Pt)E	1.36(0.23μm)	0.22-12	UV成膜、UVレーザミラー
AlN		Alターゲット(S,I)	1.9-2.2 (0.63μm)	0.3-IR	
Al_2O_3	2000-2200	Al_2O_3(E,S,I) Al, Al_2O_3ターゲット(S,I)	1.63(0.55μm)	0.2-8	多層膜、保護膜
BaF_2	1300-1500	B(W,Mo,Ta)、E	1.48(0.5μm)	0.25-15	赤外線反射防止膜、多層膜
BeO**	2230	B(Ta,W), E	1.82 (0.193μm) 1.72(0.55μm)	0.19-IR	
Bi_2O_3		E,S	1.9-2.45	0.45-8	
BiF_3		B(C)	1.74(1μm) 1.65(10μm)	0.26-20	
CaF_2*	1280	B(Ta,W,Mo)	1.23-1.26 (0.546μm)	0.15-12	過加熱の場合分解
CdSe	500-700	B(Ta,Mo),E	2.45(3μm)	0.7-25	過加熱の場合分解 IR多層膜
CdS*	600-800	B(W,Mo,Ta)	2.3(3μm)	0.55-18	太陽電池、IR多層膜
CdTe	900-1100	B(Mo,W)	2.7(2μm)	0.86-28	IR多層膜
CeF_3	1400-1600	B(W,Mo,Ta)E	1.63(0.55μm)	0.3-12	多層膜、反射防止膜
CeO_2	~2000	E	2.0-2.4 (0.55μm)	0.4-16	多層膜、反射防止膜
CsI	600-800	B(Ta,Mo)	1.7(0.5μm)		X線蛍光スクリーン
Cr_2O_3	1900-2000	B(W,Mo),E	2.24-i0.07 (0.7μm)	1.2-10	吸収積層系、反射防止膜 Cr/CrO_X
DyF_2	1200-1300	B(Mo,Ta),E	1.53(0.55μm)	0.22-12	赤外線成膜
Fe_2O_3	1600-1800	B(W),E	2.72-i0.11 (0.55μm)	0.8-	反射防止膜 Fe/FeO_X
GaAs*	850	B(W)	3.2	0.9-18	

付録1 光学薄膜材料の特性

材料	蒸発温度 (℃)	成膜方法	屈折率	透過領域 (μm)	備考
GdF_3			1.59(0.55 μm)	0.28-	Na_3AlF_6と組み合わせてハイパワーUVレーザミラー、反射防止膜
Gd_2O_3	2200	E	1.92(0.55 μm)	0.32-15	
Ge	1300-1500	B(C),E	4.25	1.7-25	赤外線成膜
HfO_2	2300-2500	HfO_2 (E) Hfターゲット(S,I)	1.9-2.15	0.23-12	SiO_2と組み合わせて紫外線用多層膜
HoF_3		B(Ta),E	1.6(0.55 μm)	0.25-	AlF_3と組み合わせてKDP結晶面近紫外線ハイパワー反射ミラー
Ho_2O_3		E	2.0	0.3-	
In_2O_3		B'(W),E	2.0(0.55 μm)	0.35-1.5	電気導伝膜
ITO	~1400	B',E,S	2.06-i0.016 (0.5 μm)	0.4-1	透明導伝膜 In_2O_3:SnO_2(5-10%)
LaF_3	1200-1600	B(Mo.Ta.W)	1.59(0.55 μm)	0.22-14	Na_3AlF_6またはAlF_3と組み合わせてハイパワーUVレーザミラー、反射防止膜
La_2O_3	1500	B(W),E	1.95(0.55 μm)	0.26-11	
LiF^{**}	870	B(Mo,Ta),E	1.36(0.55 μm)	0.11-8	反射防止膜
MgF_2^*	1300-1600	B(W,Ta,Mo) E	1.38(0.55 μm)	0.13-10	反射防止膜、多層膜
MgO^*	1700-2000	E	1.7(0.5 μm)	0.23-9	
NaF^{**}	988	B(Mo)	1.34(0.55 μm)	0.13-15	Na_3AlF_6と組み合わせてUVレーザミラー
Na_3AlF_6	800-1200	B(Ta,Mo)	1.35(0.5 μm)	0.13-14	多層膜、反射防止膜
$Na_5Al_3F_{14}$	800-1000	B(Ta,Mo)	1.35(0.5 μm)	0.13-14	多層膜、反射防止膜
Nb_2O_5	1600-2500	Nb_2O_5 (E,S,I) Nbターゲット(E,S,I)	2.1-2.3 (0.5 μm)	0.32-8	多層膜
NdF_3	1200-1600	B(W,Mo,Ta)	1.6(0.55 μm)	0.17-12	Na_3AlF_6と組み合わせてUVレーザミラー

付録 1 光学薄膜材料の特性

材料	蒸発温度 (℃)	成膜方法	屈折率	透過領域 (μm)	備考
Nd_2O_3	1900	B(W),E	2(0.55 μm)	0.4-8	
$PbCl_2$**		B(Pt,Mo)	2.3(0.55 μm)	0.3-14	
PbF_2**	700-1000	B(Pt),E,B'(Ta)	1.5(0.55 μm)	0.24-20	多層膜
$PbTe$**	850	B(Ta,Mo)	5.6(5 μm)	3.4-30	IR 多層膜
PbO**	>900		2.6(0.55 μm)		
PbS**	675	B(W)	3.9-4.2	3-7	
Pr_6O_{11}		B(W),E	1.9-2	0.35-2	
Sb_2O_3**	>700	B(W,Mo),E	2(0.55 μm)	0.3-12	過加熱の場合分解
Sb_2S_3	300-500	B(Ta,Mo)	3.0(0.55 μm)	0.8-24	IR 多層膜
Sc_2O_3	2400	E	1.86(0.55 μm)	0.3-13	
Si	1500	E,S,I	3.45(3 μm)	1.1-14	
Si_3N_4		Si ターゲット (E,S,I)	1.72(1.5 μm)	0.25-9	SiN_X X=0-1.333 n =1.72-3.42
SiO*	1200-1600	B(W,Ta,Mo) E	1.9(0.55 μm)	0.55-8	多層膜、反射防止膜、付着膜、装飾
Si_2O_3	1200-1600	B(W,Ta,Mo) E	1.55(0.55 μm)	0.35-8	多層膜、保護膜
SiO_2	1800-2200	SiO_2 (E,S,I) Si, SiO_2 ターゲット(E,S,I)	1.45-1.47 (0.55 μm)	0.16-8	多層膜用低屈折率材料
SnO_2	1220	B'(Mo,Ta),E,S	2.0 (0.55 μm)	0.4-1.5	電気導伝膜
SrF_2	1300-1500	B(Ta,Mo)	1.44(0.55 μm)	0.2-10	IR 膜
Substance1	2200-2400	B(W),E	2.1(0.5 μm)	0.4-7	多層膜、反射防止膜、付着層(Merck 製品)
Substance2	2000-2200	B(W),E	2.1(0.5 μm)	0.4-7	多層膜、反射防止膜、付着層(Merck 製品)
SubstanceM1	2100	E	1.7(0.55 μm)	0.3-9	MgO の代用品として反射防止膜、応力は MgO より低い、水及び CO_2 と反応しない(Merck 製品)
SubstanceH4	2250	E	2.1(0.55 μm)	0.3-7	EM Ind. Inc. 製品
Ta_2O_5	1900-2200	Ta_2O_5 (E,S,I) Ta ターゲット (E,S,I)	2-2.3(0.5 μm)	0.35-10	TiO_2 の代わりに SiO_2 と組み合わせてフィルタ、吸収は比較的少、屈折率も安定、価格は高い

付録1　光学薄膜材料の特性

材料	蒸発温度(℃)	成膜方法	屈折率	透過領域(μm)	備考
Te	550	B(Ta)	4.9(6 μm)	3.4-20	
Ti		E,S,I	3.03-i3.65 (0.65 μm)		付着層、電気導伝層、光減衰膜、吸収層
TiN		E,S,I	1.39-i2.84 (0.65 μm)		装飾、表面強化
TiN_xW_v		E,S,I	1.3-i1.8 (0.633 μm)		
TiO_2	1900-2200	TiO_x (E,S,I) Ti(E,S,I) TiO(B(Ta,W))	2.2-2.5 (0.55 μm)	0.35-12	SiO_2 と組み合わせて複数種のフィルタ、酸素を失いやすい、成膜レート、酸素導入、基板温度に敏感、付着層
TlCl		B(Ta)	2.6(0.2 μm)	0.4-20	
ThF_4**	900-1300	B'(Ta,Mo,Pt) E	1.5(0.55 μm)	0.16-15	放射性、UV,VIS,IR用多層膜、反射防止膜
ThO_2**	3050	E	1.8(0.55 μm)	0.25-7	放射性、UV,VIS,IR用多層膜、反射防止膜
V_2O_5	>700	E,S	1.9(0.55 μm)		熱変色膜
WO_3	1400-1600	B(W,Mo,Pt),E	2.2(0.55 μm)	0.4-	電気変色膜
YF_3	~1100	B(Mo),E	1.5(0.55 μm)	0.2-14	IR 成膜
Y_2O_3	2300-2500	E	1.79(0.55 μm)	0.25-2	多層膜、絶縁層
YbF_3	1200-1300	B(Mo,Ta),E	1.52(0.55 μm)	0.22-12	IR 成膜
Yb_2O_3	1900	E	1.75(0.55 μm)	0.28-	
ZnO	1100	B(W,Mo),E	2(0.55 μm)	0.35-20	
ZnS	1000-1100	B(Ta,Mo),E	2.35(0.55 μm)	0.38-14	Ts<150℃ 多層膜、保護膜；可視光高屈折率膜、赤外線低屈折率膜
ZnSe	600-900	B(W,Ta,Mo),E	2.6(0.55 μm)	0.6-18	赤外線膜、多層膜、彩色膜
ZrO_2	2500	ZrO_2 (E,S,I) Zr ターゲット (E,S,I)	2.05(0.5 μm)	0.3-8	多層膜

付録1　光学薄膜材料の特性

材料	蒸発温度 (℃)	成膜方法	屈折率	透過領域 (μm)	備考
Ag	1000-1200	B(Mo,Ta),E,S	0.07-i4.2 (0.65 μm)		反射ミラー
Al	1100-1300	Wire(W),E,S,I	1.3-i7.11 (0.65 μm)		反射ミラー
Au	1100-1300	B(W,Mo),E,S	0.142-i3.374 (0.65 μm)		反射ミラー、電気導伝層
Cr	1300-1400	B(W),S,E	3.67-i4.365 (0.65 μm)		付着層、ビームスプリッタ、光減衰膜
Cu	1250-1450	B(Mo,Ta),E,S,I	0.46-i3.1(0.6 μm)0.25-i5.0 (0.8 μm)		電気伝導線、摩擦層
Fe		E,S	2.88-i3.37 (0.65 μm)		
Ni		B,E,S	2-i3.8 (0.65 μm)		
Ni-Cr-Fe (Inconel)	1300-1400	B(W),S			中性ビームスプリッタ
Ni-Cr (Nichrome)	1300-1400	B'(W,Ta)			中性ビームスプリッタ
Pb*	700-850	B(W),E,S			
Pd		E,S	1.78-i4.35 (0.65 μm)		
Pt	1800-2000	B(W),E	2.37-i4.2 (0.65 μm)		反射ミラー
Rh		E.S	2.18-i5.6 (0.65 μm)		反射ミラー

B：電熱ボード、B'：抵抗電熱ボード（酸化アルミニウム、水晶るつぼの間接加熱）
E：電子銃、S：DC、RFスパッタ　I：イオンビームスパッタ
**は猛毒性あり
* やや毒性あり（いずれも成膜後、真空チャンバを開く時にその蒸気を吸入しないように。）
◎上記表中の薄膜の屈折率、消衰係数、成膜の出発材料、成膜方法は参考用。

付録 2 薄膜光学原理・製作と計測に関する参考文献と会議

薄膜光学原理、製作および計測に関する参考文献

- Macleod H.A., 2001, "Thin Film Optical Filters" 3rd, Adam Hilger Ltd.
- Dobrowolski J. A., 1995, "Optical Properties of Films and Coatings", Chap.42 of Handbook of Optics, 2nd ed., McGraw-Hill, Inc.
- Baumeister P., 1999, "Optical Coating Technology", Book of five days short course.
- Flory F. R. ed., 1995, "Thin Films for Optical Systems", Marcel Dekker Inc.
- Frey H. and Kienel G. ed., 1987, "Thin Film Technologies", VDI-Verlag GmbH.
- Thelen A., 1988, "Design of Optical Interference Coatings", McGraw-Hill book company.
- Knittl Z., 1976, "Optical of Thin Films", John Wiley & Sons.
- Pulker H. K., 1984, "Coating on Glass", Elsevier, Amsterdam.
- Liddell H. M., 1981, "Computer-Aided Techniques for the Design of Multilayer Filters", Adam Hilges Ltd.
- Furman S. A. and Tikhonavov A. V., 1992, "Basics of Optics of Multilayer Systems", Editions Fronieres, Fong & Sons printers Pte. Ltd., Singapore.
- Heavans O. S., 1965, "Optical Properties Thin Solid Films", Dover Publication Inc.
- Ander H., 1967, "Thin Films in Optics", Focal Press.
- Yeh P., 1988, "Optical Waves in Layered Media", John Wiley & Sons.
- Exarhos G., 1992, "Preparation of Thin Films", Marcel Dekker Inc.
- Hodgkinson I. J. and Wu Q. H., 1998, "Birefringent Thin Films and Polarizing Elements", World Scientific, Singapore.
- Bunshah R. F. ed., 1982, "Deposition Technologies for Films and Coatings", Noyes Publication.
- Smith D., 1995, "Thin-Film Deposition", MaGraw-Hill, Inc.
- Palik E. D. ed., "Handbook of Optical Constants of Solids", 1985, Academic Press, Inc.
- Willey R. R., 1996, "Practical Design and Production of Optical Thin Films", Marcel Dekker, Inc.
- Rancourt J. D., 1987, "Optical Thin Films, Users Handbook", Macrnillan Publishing Company.
- Exarhos G. S. ed., 1993, "Characterization of Optical Materials", Butterworth-Heinemann.
- Holland L., 1956, "Vacuum Deposition of Thin Films", Chapman and Hall. London.
- Musset A. and Thelen A., 1966, "Multilayer Antireflection Coatings", Progress in Optics 8, 201-237.
- "Physics of Thin Films" 1963 年 Vol.1 から今に至るまで関連系列の全ての著書 Academic Press にて出版.

付録 2　薄膜光学原理・製作と計測に関する参考文献と会議

- Maissel L. I. and Glany R. ed., 1970, "Handbook of Thin Film Technology", McGraw-Hill Book Company.
- Bach-Krause(eds),1997,"Thin Film on Glass", Springes-Verlag Berlin Heidelberg.
- Mahan J. E., 2000, "Physical Vapor Deposition of Thin Film", John Wiley and Sons Inc.
- 日本学術振興会薄膜第 131 委員会編集, 1983, "Thin Film Handbook", OHM 社出版, 東京.
- Optronics 社編集, 1992, "光学薄膜技術手引 Thin Films & Their Application in Opto-Electronics", 増補改訂版, 東京.
- 田民坡, 劉德令彙編, 1991, "薄膜科学と技術手引", 上・下二巻, 機械工業出版社, 北京.
- 唐晉發, 鄭權, 1983, "応用薄膜光学", 上海科學技術出版社, 上海.
- 唐晉發, 顧培夫, 1987, "薄膜光学と技術", 機械工業出版社, 北京.
- 林永昌, 盧維強, 1990, "光學薄膜原理", 國防工業出版社, 北京.
- 顧培夫, 1990, "薄膜技術", 中國浙江大學出版社, 中國浙江省
- 周九林, 尹樹百編集, 1976, "光學薄膜技術", 國防工業出版社, 北京.
- 王力衡, 黃遠添編集, 鄭海濤, 1991, "薄膜技術", 中國清華大學出版, 北京.
- 藤原史郎編, 1985, "光学薄膜", 共立出版社, 東京.
- 村山洋一編, 1986, "最新薄膜製作, 加工, 評価技術", 昭和印刷社, 東京.
- 横田英嗣編, 1986, "プラスチック光学部品コーティング技術", トリケップス出版社, 東京.
- 李金宏, 1991, "薄膜衍生光學特性の変化現象", 黎明書店, 台湾新竹.
- 葉倍宏, 1992, "薄膜光學のコンピューターモニターと分析", 台灣復文興業社, 台南.
- 衛泰宇, 李正中, 1998, "光學薄膜成膜技術と應用", 台湾アカデミー光電グループ, 台北.

薄膜光学原理、製作および計測に関する会議

- Optical Society of America(OSA) "Optical Interference Coatings" Topical Meeting.（三年に一度）
- European Optical Society(EurOpt) SPIE と共同開催 Optical Interference Coatings.（二年に一度）
- SPIE 会議、今日まで光学薄膜関連の特号は少なくても以下：Vol. 50, 140, 324, 325, 346, 400, 401, 652, 678, 692, 823, 891, 1019, 1125, MS6, 1149, MS26, 1210, 1270, 1272, 1323, 1441, 1624, 1782, MS63, 2114, 2253, 2262, 2364, 2406, 2776, 3133, 3738 など.
- Society of Vacuum Coaters Technical Conference.（毎年一回）
- 中華人民共和国で二年に一度開催される光学薄膜会議.

索　引

<成膜材料>

Al_2O_3	421
CaF_2	424, 426
CeF_3	424
Ge	425
HfO_2	421
ITO (In_2O_3: SnO_3)	422
LiF	424
MgF_2	424, 426
NaF_3	424
Nb_2O_5	420
PbF_2	423
PbTe	425
Si	425
SiO	421, 426
SiO_2	421
Ta_2O_5	420
ThF_4	424, 427
TiO_2	419
Y_2O_3	421
ZnS	423
ZnSe	423
ZrO_2	420

< A-Z >

DC Sputtering Deposition	287
Dual Cathodes Sputtering Deposition	289
ECRCVD (electron cyclotron resonance CVD)	278
Electron Beam Gun Evaporation	282
Ion-beam Assisted Deposition, IAD	318
Ion Beam Sputtering Deposition, IBSD	293, 324
Ion Cluster Deposition	312
Ion Plating Deposition	313
Laser Deposition	285
Magnetron Sputtering Deposition	290
Microwave Ion Source	299
MOCVD (metal-organic CVD)	277
Molecular Beam Epitaxy, MBE	287
PECVD (plasma enhance CVD)	277
Photochemical CVD	278
Planar Diode Sputtering Deposition	287
Plasma Ion Assisted Deposition	315
Pockels cell	367
Resistive Heating	280
RF-Heating	287
RF Ion Source	299
RF Sputtering Deposition	288
Sputtering Deposition in Plasma Environment	287
Synchrotron Radiation CVD	278
Thermal Evaporation Deposition	280

<あ行>

Abelès 法（分光光度計測法）	368
ITO 膜	422
アーク放電	286
アドミタンス軌道法	84
アルミニウム（Al）膜	139, 146
イオンアシスト蒸着（IAD）	318
イオンビームアシスト法	318
イオンビームスパッタリング	293, 324
イオンプレーティング法	313
位相板	128
位相変位偏光解析	367
位相変化	25
ウエット（液）成膜法	273
液相エピタキシャル法	276
液体浸漬試験	396
S-偏光	9, 20
X線回折法（応力測定法）	402
エッジフィルタ	167
FECO 干渉計	390
LCVD (Laser CVD)	278
エンドホール型イオン源	319
温度テスト	397

<か行>

カウフマン（Kaufman）型ワイドイオン源	294, 298

化学気相成長法（CVD）	277
片持ち梁法（応力測定法）	400
活性化反応蒸着法	311
カット波長	167
干渉型エッジフィルタ	169
干渉計位相シフト法（応力測定法）	400
間接監視用モニタピース	359
基板	435
基板の洗浄法	436
球形ドーム型基板支持治具	343
吸光度（光学的濃度）	123,199
吸収	44,218,238
吸収係数	16,382
吸収性媒質	31
吸収損失	159,379
吸収率	382
吸収率の測定	381
球面散乱測定法	384
狭帯域バンドパスフィルタ	206
金属膜のアドミタンス軌道	91
金属膜の成膜	146
金属膜の反射率	141
金属膜反射ミラー	135
金属膜反射率の向上と保護膜	142
金属膜ビームスプリッタ	120
金属-誘電体膜ビームスプリッタ	126
金（Au）膜	138,149
銀（Ag）膜	120,138,148
Clausius-Mossottiの公式	389
Goos-Haenchenシフト	27
屈折率	14,413
屈折率の異方性	336
屈折率の修正	249
クラスタイオンビーム法	312
グラントムスン偏光板	376
グロー放電	295
クロム（Cr）膜	120,122,139
傾斜型平面基板支持治具	346
傾斜屈折率単層反射膜	112
傾斜屈折率膜	195,200,334
傾斜遊星型基板支持治具	349
恒温・恒湿度テスト	396
光学アドミタンス	14
光学アドミタンスの角度依存性	252
光学アドミタンスの修正	251
光学監視法（膜厚監視法）	355,437
光学特性の検査	438
光学薄膜の作製技術	301
光学薄膜の作製方法	273
光学薄膜の特性	301
高屈折率基板反射防止	101
高屈折率基板反射防止膜	79
高屈折率酸化膜材料	419
高屈折率スペーサ層	215,218,228
高周波イオン源	299
高周波加熱	287
高周波スパッタリング	288
高速多層膜作製装置	332
高速マグネトロンスパッタ（イオンアシストを加えた）	330
広帯域スペクトル走査監視法（膜厚監視法）	358
広帯域バンドパスフィルタ	205
高／低屈折率積層法	193
光熱偏向法	382
高反射ミラー	107,135
固定監視法（膜厚監視法）	355
コールドミラー	431
混合成膜材料	420

<さ行>

最大透過率	211,230,231
酸腐蝕法	273
散乱	416
散乱損失	159,163,379
散乱の測定	383
自己遮蔽効果	306
斜入射	19,34,47,227,249
斜入射特性の応用	270
修正板（mask）	353
充填密度	322,328,388,415
消衰係数	13,141,382
蒸着パラメータの膜質への影響	302
蒸発源	280

索　引

常用金属膜の反射率	136,137
常用金属膜の偏光特性	136
ショットキーバリア	112
水晶式振動子監視法（膜厚監視法）	354,437
垂直入射	17
スネルの法則	17
スペーサ層	207,257
成膜材料の毒性	426
積層系膜マトリックス	216
積分球	385
全反射	26
全反射減衰	255,368
全反射不完全	53
相対波数	75
増反射膜	143
阻止帯	167,174
阻止帯の拡張	183
ゾルゲル法	275

＜た行＞

ダイクロイックミラー	127
d'Alembert方程式	12
対称多層積層系	169,170,172,178,182,232
太陽エネルギー吸収膜	109
楕円球散乱測定法	384
楕円偏光	35
多キャビティバンドパスフィルタ	222
多層膜	56
多層膜作製（単一材料による）	333
多層膜のアドミタンス軌道	90
多層膜マトリックス	60
多点監視（膜厚直接監視法）	360
ダブルカソードスパッタリング	289
単一材料による多層膜作製	333
単一点中心監視（膜厚直接監視法）	360
単一点偏心監視（膜厚直接監視法）	360
単層膜のアドミタンス軌道	87
短波長透過フィルタ	167,205
チタン（Ti）膜	124
中心波長シフト	227,229
中性減衰フィルタ	123
中性分離	119

中性分離ミラー	120
長波長透過フィルタ	167,205
直流スパッタリング	287
DWDM用狭帯域バンドパスフィルタ	434,439
TE-偏光	9
TM-偏光	10
低屈折率基板反射防止	94
低屈折率基板反射防止膜	76
低屈折率スペーサ層	215,218,229
抵抗加熱法	280
デュアルイオンビームスパッタ	328
電磁波方程式（S-偏光）	10
電磁波方程式（P-偏光）	12
電子ビーム蒸着法（EB法）	282
電場分布	113
電場分布（反射防止膜の）	115
電場分布（レーザミラー膜内部）	116
等位相曲線	86
等価アドミタンス	39,46
等価屈折率	233
透過係数	18,40
等価光学アドミタンス	20
透過損失	379
透過帯	167,210
透過帯の圧縮	189
透過帯の拡張	184
透過帯リップル	178,200
透過率	19,23,40,59,65
透過率（阻止帯の）	174
透過率（透過帯の）	176
透過率の向上（透過帯リップルの抑制）	178
透過率の測定	376
同時成膜	200,333
等反射率曲線	85
銅（Cu）膜	138
透明度	412
透明導電膜	422
毒性（成膜材料の）	426
ドライ（気相）成膜法	276
Twyman-Green干渉計	400

索　引

<な行>

2色分離	119
2波長領域反射防止膜	432
ニュートラルビームスプリッタ	120
ニュートンリング法（応力測定法）	399
ヌープ（Knoop）硬度	394
熱蒸発蒸着法	280

<は行>

バイアス印加蒸着法	311
薄膜構造の欠陥（膜の損失）	327
薄膜の応力	398,416
薄膜の化学的安定性	417
薄膜の均一性	416
薄膜の光学定数の測定	365
薄膜の硬度	394,416
薄膜の成分分析	404
薄膜の耐摩耗性	395
薄膜の微視的構造	301,336,403
薄膜の付着性	395
薄膜の付着力	416
薄膜のレーザ損傷閾値	405,418
薄膜表面形状と粗さの測定	389
バッファーレイヤ	106
反射係数	18,40
反射防止膜	73
反射防止膜（光ダイオードセンサの効率増加）	112
反射率	19,23,40,57,65,150
反射率の測定	377
半値幅	210,214,231,233
バンドストップフィルタ	193
バンドパスフィルタ	206
P-偏光	10,19
ビームスプリッタ	43,119
光解離効果	286
光導波路法（分光光度計測法）	375
非干渉型エッジフィルタ	167
非光学特性の検査	439
非偏光カットフィルタ	256
非偏光高反射ミラー	262
非偏光反射防止膜	264
非偏光バンドパスフィルタ	267
非偏光膜	256
評価関数	430
広幅イオン源	294
2つの波長領域反射防止	106
ファブリ-ペロー型フィルタ	206
フィネス（先鋭度）	208,211,378
不完全酸化（膜の損失）	327
不均一性媒質膜	54
不均一膜法	195
不在層	269
不純物（膜の損失）	325
フッ化物膜	423
物理気相成長法（PVD）	278
プラズマアシスト法	313
プラズマイオンアシスト法	315
プラズマスパッタリング法	287
プラチナ（Pt）膜	149
プローブ走査法	392
分解能	211
分岐比（T/R値）	119
分光光度計測法	368
分子線エピタクシャル成長法	287
分離角度	119
平板型二極スパッタリング	287
平面状基板支持治具	342
ベクトル図法	73
偏光解析法	365
偏光ビームスプリッタ	119,130
包絡線法（分光光度計測法）	369
ホットミラー	108
ポテンシャル透過率	159,239

<ま行>

マイクロ波イオン源	299
マイクロビッカース硬度	394
膜厚監視点の選択	359
膜厚監視法	353,437
膜厚分布	341
膜損失	158
マグネトロンスパッタリング	290
膜の複屈折性	336

膜マトリックス ……………………… 39
マッチング層（整合層）…………… 107,194,241
Mirau干渉顕微鏡 ……………………… 390
無偏光ビームスプリッタ …………… 125,266
メタモードスパッタ ………………… 329
メッキ ………………………………… 274
目測法（膜厚監視法）………………… 354
モザイク式ビームスプリッタ ……… 122

<や行>

遊星式平面基板支持治具 …………… 344
誘電体狭帯域バンドパスフィルタ … 213
誘電体膜高反射帯 …………………… 156
誘電体膜高反射ミラー ……………… 150
誘電体膜ビームスプリッタ ………… 124

誘導透過干渉フィルタ ……………… 239
溶液沈殿法 …………………………… 274
陽極酸化法 …………………………… 275
1/4波長積層系反射ミラー …………… 150
1/4波長膜厚積層系 …………………… 169

<ら行>

ラングミュア法（LB法）…………… 275
リップル除去設計 …………………… 194
立方体型ビームスプリッタ ………… 122
臨界角 ………………………………… 26
レーザ蒸着法 ………………………… 285
レーザ損傷閾値 ……………………… 405,418
レーザ熱計測法 ……………………… 382
ロジウム（Rh）膜 …………………… 139,149

著者紹介

李　正中（Cheng-Chung Lee）

　略歴：1969 年成功大学物理学科卒
　　　　1983 年 University of Arizona, Optical Science Center 光学博士取得
　　　　光学エンジニアリング学会常務理事
　　　　中央大学光電科学研究所所長
　　　　真空科学技術学会理事長
　　　　工業技術アカデミー 光電研究所顧問など歴任
　現在：国立中央大学光電科学研究所教授
　著書："Ion beam sputtering"（1995）
　　　　「光學薄膜製鍍技術及應用」（1998）など

　URL：http://www.ios.ncu.edu.tw/cclee/

こうがくはくまく　　せいまくぎじゅつ
光学薄膜と成膜技術

2002 年 9 月 25 日	初版第 1 刷発行
2003 年 5 月 25 日	初版第 2 刷発行
2005 年 8 月 30 日	初版第 3 刷発行
2008 年 7 月 31 日	初版第 4 刷発行

著　　　者　　李　正中Ⓒ
　　　　　　　り　せいちゅう
訳　　　者　　株式会社 アルバック
発　行　者　　青木 豊松
発　行　所　　株式会社 アグネ技術センター
　　　　　　　〒107-0062 東京都港区南青山 5-1-25 北村ビル
　　　　　　　TEL 03 (3409) 5329 / FAX 03 (3409) 8237
印刷・製本　　株式会社 平河工業社　　Printed in Japan, 2002, 2003, 2005, 2008

落丁本・乱丁本はお取り替えいたします。　　　ISBN978-4-901496-01-8 C3054
定価の表示は表紙カバーにしてあります。